智能硬件应用开发1+X职业技能FPGA配套教材

基于Verilog HDL的数字系统设计简明教程

——全部案例基于远程云端平台实现

■ 主　编◎赵　科

■ 副主编◎郑剑海

中国铁道出版社有限公司

CHINA RAILWAY PUBLISHING HOUSE CO., LTD.

内 容 简 介

本书根据课堂教学、实验操作要求并通过远程云端硬件实验平台呈现，以提高学生的实际工程设计能力为目的，深入浅出地介绍了基于 Verilog HDL 的数字系统设计。全书共分 8 章，分别是：EDA 技术概述，Verilog HDL 语言基础，组合逻辑电路设计，时序逻辑电路设计，时序状态机设计，存储器设计，常用接口电路设计，复杂数字电路系统设计，附录为远程云端实验平台简介。本书按照知识递进、难度递进的原则组织内容，通过大量完整的实例讲解了基于远程云端硬件实验平台的 Verilog HDL 数字系统设计的基本原理、概念和方法。

本书主要面向高等院校应用型本科 EDA 技术和 FPGA 应用开发等课程，推荐作为电子、通信、自动化、电气等学科专业与相关实践指导课的授课教材或主要参考书，同时也可以作为参加电子设计竞赛的高年级学生、从事数字电路设计的工程人员的自学参考书，还可作为智能硬件应用开发 1+X 证书项目高级证书的培训配套教材。

图书在版编目（CIP）数据

基于Verilog HDL的数字系统设计简明教程：全部案例基于远程云端平台实现/赵科主编. —北京：中国铁道出版社有限公司，2021.12
智能硬件应用开发1+X职业技能FPGA配套教材
ISBN 978-7-113-28503-6

Ⅰ.①基… Ⅱ.①赵… Ⅲ.①VHDL语言-数字电路-高等学校-教材②数字系统-系统设计-高等学校-教材 Ⅳ.①TN790.2②TP271

中国版本图书馆CIP数据核字（2021）第223152号

书　　名：基于 Verilog HDL 的数字系统设计简明教程——全部案例基于远程云端平台实现
作　　者：赵　科

策　　划：王春霞　　编辑部电话：（010）63551006
责任编辑：王春霞　李学敏
封面设计：高博越
责任校对：孙　玫
责任印制：樊启鹏

出版发行：中国铁道出版社有限公司（100054，北京市西城区右安门西街 8 号）
网　　址：http://www.tdpress.com/51eds/
印　　刷：三河市国英印务有限公司
版　　次：2021 年 12 月第 1 版　2021 年 12 月第 1 次印刷
开　　本：850 mm × 1 168 mm　1/16　印张：18.5　字数：472 千
书　　号：ISBN 978-7-113-28503-6
定　　价：58.00 元

前 言

随着EDA技术的发展，其在电子信息、通信、自动化控制及计算机应用等领域的重要性日益突出。与此同时，随着技术市场对EDA技术需求的不断提高，产品的市场效率和技术要求也必然会反映到教学和科研领域中。EDA技术在职业教育、本科和研究生教学中有两个明显的特点：其一，各专业中EDA教学实验课程的普及率和渗透率极高；其二，几乎所有实验项目都部分或全部融入了EDA技术，其中包括数字电子技术、计算机组成与设计、计算机接口技术、数字通信技术、嵌入式系统和DSP等实验内容，并且更多地注重创新性实验。这显然是科技发展和市场需求双重影响下的结果。远程云端硬件平台的产生适应了时代的发展要求，满足互联网要求，克服了EDA技术学习的时间和空间限制，最大限度地满足硬件调试和设计要求。

本书的内容包括Verilog HDL语法详细讲解，EDA工程软件使用方法详解，以及具体工程案例，实验项目指导和远程云端硬件调试。教学安排以语言为基础，循序渐进地设计数字电路，并最终通过远程云端硬件平台调试完成复杂数字系统设计。通过本书的学习可以独立进行FPGA设计，完成数字系统设计，最终通过远程云端硬件平台实现数字系统。书中讲解项目设计时，任务明确、条理清晰、结构规范、系统性强，并对硬件电路进行优化设计，进行仿真验证，注重工程实践和实际应用。学生可以根据书中的大量实例进行知识扩展和创新设计。授课教师可以根据本课程的实验学时和教学内容的要求，以及学生的兴趣程度，以不同的方式或形式布置学生完成综合性、创新性项目。

本书有以下几方面的特色：

（1）基础内容精练。本书是针对FPGA工程应用的，所以基础理论及语法内容简洁凝练，主要提供一种查阅功能。

（2）工程特点突出。本书突出实践性，针对电类相关专业分别举例，并结合基础性应用，全方位介绍实际工程应用的开发方法。

（3）注重编程技巧，软件仿真测试及远程云端硬件调试。

（4）内容全面。本书采用的案例，覆盖了电类相关专业，可以使读者得到丰富的工程开发方面的设计知识。

本书由赵科任主编，郑剑海任副主编。在本书编写过程中，得到了北京杰创永恒科技有限公司郝晓彬、张秋瑞等工程师的大力帮助，参考和引用了有关专家的相关文献，在此一并表示衷心的感谢。

由于时间仓促和编者水平所限，书中难免有疏误和不当之处，恳请读者批评指正。

编　者

2021 年 8 月

目 录

第1章 EDA技术概述

EDA技术渗透到电子产品设计的各个环节，是电子学领域的重要学科，形成一个独立的产业。没有EDA技术的支持，就不能完成超大规模集成电路的设计制造，反过来生产制造技术的不断进步也必将对EDA技术提出新的要求。本章首先介绍EDA技术及其发展，接着介绍EDA设计工具，介绍硬件描述语言，最后介绍可编程逻辑器件。

1.1 EDA技术及其发展

EDA（Electronic Design of Automation，电子设计自动化）是电子设计与制造技术发展的核心。EDA技术是以大规模可编程逻辑器件为设计载体，以计算机为工具，在EDA工具软件平台上，对以硬件描述语言（Hardware Description Language，HDL）为系统逻辑描述手段完成的设计文件，自动地完成逻辑化简、逻辑分割、逻辑综合、结构综合（布局布线）以及逻辑优化和仿真测试等功能，直至实现既定性能的电子线路系统。EDA技术使得设计者的工作仅限于利用软件的方式，即利用硬件描述语言和EDA软件来完成对系统硬件功能的实现。EDA技术涉及面很广，内容丰富，从教学和实用角度看，主要应掌握大规模可编程逻辑器件、硬件描述语言、软件开发工具和实验开发系统（见附录A）等方面内容。EDA技术的出现不仅更好地保证了电子工程设计各级别的仿真、调试和纠错，为其发展带来强有力的技术支持，并且在电子、通信、化工、航空航天、生物等各个领域占有越来越重要的地位，很大程度上减轻了相关从业者的工作强度。

EDA技术在最近几年获得了飞速发展，应用领域也变得越来越广泛，其发展过程是现代电子设计技术的重要历史进程，主要包括以下几个阶段：

① 早期阶段，即CAD阶段。20世纪70年代左右的社会已经存在中小规模的集成电路，当时人们采用传统的方式进行制图，设计印制电路板（Printed Circuit Board，PCB）和集成电路，不仅效率低、花费大，而且制作周期长。人们为了改善这一情况，开始运用计算机进行PCB设计，用CAD这一崭新的图形编辑工具代替电子产品设计中布图布线这类重复性较强的劳动，其功能包括

设计规则检查、交互图形编辑、PCB 布局布线、门级电路模拟和测试等。

② 发展阶段,即 CAE 阶段。20 世纪 80 年代左右,EDA 技术已经到了一定的发展和完善阶段。由于集成电路规模逐渐扩大，电子系统变得越发复杂，为了满足市场需求，人们开始对相关软件进行进一步的开发,在把不同 EDA 工具合成一种系统的基础上,完善了电路功能设计和结构设计。EDA 技术在此时期逐渐发展成半导体芯片的设计，已经能生产出可编程半导体芯片。

③ 成熟阶段。在 20 世纪 90 年代以后，微电子技术获得了突飞猛进的发展，集成几千万乃至上亿的晶体管只需一个芯片。这给 EDA 技术带来了极大的挑战，促使各大公司对 EDA 软件系统进行更大规模的研发，以高级语言描述、系统级仿真和综合技术为特点的 EDA 就此出现，使得 EDA 技术获得了极大的突破。

进入 21 世纪后，EDA 技术得到了更大的发展，电子设计成果以自主知识产权（IP）的方式得以表达和确认，软硬件 IP 核在电子行业的产业、技术和设计应用领域得到广泛应用。系统级、行为验证级硬件描述语言相继出现，更加方便复杂电子系统的设计和验证。

1.2 硬件描述语言

硬件描述语言是电子系统硬件行为描述、结构描述和数据流描述的语言。利用这种语言，数字电路系统的设计首先可以从顶层到底层（从抽象到具体）逐层描述自己的设计思想，用一系列分层次的模块来表示极其复杂的数字系统。然后，利用电子设计自动化工具，逐层进行仿真验证，再把其中需要变为实际电路的模块组合，经过自动综合工具转换到门级电路网表。最后，再用专用集成电路（Application Specific Integrated Circuit，ASIC）或现场可编程门阵列（Field Programmable Gate Array，FPGA）自动布局布线工具，把网表转换为要实现的具体电路布线结构。

硬件描述语言是对电路系统的结构、行为的标准文本描述。硬件描述语言和一些并行编程语言一样存在并行性的表达方式。然而，和大多数用于软件设计的编程语言不同，硬件描述语言可以描述硬件系统在不同时间的时序行为，而时序性正是硬件电路的重要性质之一。在计算机辅助设计中，用于描述电路模块中连线、各层次模块之间互连的硬件描述语言代码称为“网表”。硬件描述语言可以在结构级（或称逻辑门级）、行为级、寄存器传输级这几种不同的层次上对电路进行描述，实现同一功能的硬件描述语言，也可以使用任一层次的硬件描述语言代码来描述。通过逻辑综合，后两种层次的硬件描述语言代码可以被转换到低抽象级别的门级描述，但是采用不同厂商的工具、使用不同的综合设置策略可能会产生不同的结果。

在实现具体的硬件电路之前，设计人员可以利用硬件描述语言来进行仿真。在硬件实现的过程中，硬件描述语言的源文件通常会被转换成一种类似可执行文件的中间文件，该文件可以解释硬件描述语言的各种代码、语句的语义。正由于此，硬件描述语言具有了类似软件编程语言的一些性质，但是总体来说，它仍然属于规约语言、建模语言的范畴。模拟电路也有自己的硬件描述语言，但和数字电路的差异较大。

常用的硬件描述语言有 VHDL、Verilog HDL、System-Verilog 和 System C 等，而 VHDL 和 Verilog HDL 是当前最流行的，并已成为 IEEE 的工业标准硬件描述语言，得到众多 EDA 公司的支持，在电子工程领域已成为事实上的通用硬件描述语言。Verilog HDL 和 VHDL 作为描述硬件电路设计的语言，其共同的特点在于：能形式化地抽象表示电路的行为和结构、支持逻辑设计中层次与范围的描述、可借用高级语言的精巧结构来简化电路行为的描述、具有电路仿真与验证机制以保证设计的正确性、支持电路描述由高层到低层的综合转换、硬件描述与实现工艺无关（有关工艺参数可通过语言提供的属性包括进去）、便于文档管理、易于理解和设计重用。但是 Verilog HDL 和 VHDL 又各有其自己的特点，由于 Verilog HDL 早在 1983 年就已推出，至今已有近四十年的应用历史，因而 Verilog HDL 拥有更广泛的设计群体，成熟的资源也远比 VHDL 丰富。与 VHDL 相比，Verilog HDL 的最大优点是：它是一种非常容易掌握的硬件描述语言，只要有 C 语言的编程基础，再加上一些实际操作，一般读者就可掌握这种设计技术。而掌握 VHDL 设计技术就比较困难，这是因为 VHDL 不直观，需要有 Ada 编程基础，一般需要较长时间才能掌握 VHDL 的基本设计技术。目前版本的 Verilog HDL 和 VHDL 在行为级抽象建模的覆盖范围方面也有所不同。一般认为 Verilog HDL 在系统级抽象方面比 VHDL 略差一些，而在门级开关电路描述方面比 VHDL 强得多。

用 VHDL/Verilog HDL 语言开发 PLD/FPGA 的完整流程为：

① 文本编辑：用任何文本编辑器都可以进行，也可以用专用的 HDL 编辑环境。通常 VHDL 文件保存为 .vhd 文件，Verilog 文件保存为 .v 文件。

② 功能仿真：将文件调入 HDL 仿真软件进行功能仿真，检查逻辑功能是否正确（也称前仿真，对简单的设计可以跳过这一步，只在布线完成以后，进行时序仿真）。

③ 逻辑综合：将源文件调入逻辑综合软件进行综合，即把语言综合成最简的布尔表达式和信号的连接关系。逻辑综合软件会生成 .edf（edif）的 EDA 工业标准文件。

④ 布局布线：将 .edf 文件调入 PLD 厂家提供的软件中进行布线，即把设计好的逻辑安放到 CPLD/FPGA 内。

⑤ 时序仿真：需要利用在布局布线中获得的精确参数，用仿真软件验证电路的时序（也称后仿真）。

⑥ 编程下载：确认仿真无误后，将文件下载到芯片中。

通常以上过程可以都在 PLD/FPGA 厂家提供的开发工具（如 Quartus II、ISE 和 Vivado）中完成。

1.3 EDA 设计工具

EDA 软件设计工具大体分为两类：一类是 EDA 专业软件公司，较著名的有 Synopsys、Cadence 和 Mentor-Graphics 公司等，这类公司都有各自独立的设计流程与相应的 EDA 设计工具；另一类是半导体器件厂商为了销售自己的产品而开发的 EDA 工具，较著名的公司有 Altera、Xilinx 和 Lattice 公司等。EDA 专业软件公司独立于半导体器件厂商，其推出的 EDA 系统具有较好的标准化和兼容性，同时也注重追求技术上的先进性，适合于学术性基础研究或专业从事集成电路设计的单位使用。而半导体厂商开发的 EDA 软件工具，比较适合新产品开发单位使用。

EDA 设计工具在 EDA 技术应用中占有极其重要的位置。按照功能划分，EDA 工具大致可分为设计输入工具（编辑器）、设计仿真工具（仿真器）、检查 / 分析工具、优化 / 综合工具、布局布线工具（适配器）及下载工具（编程器）等多个模块。

1. 设计输入工具（编辑器）

设计输入工具一般包括在集成开发软件或者综合 / 仿真工具中，编辑器包括文字编辑器和图形编辑器。在系统设计中，文字编辑器用来编辑硬件系统的自然描述语言，在其他层次用来编辑电路的硬件描述语言文本。在数字系统中的门级、寄存器级和芯片级，常用的描述语言为 VHDL 和 Verilog HDL；在模拟电路级，硬件描述语言通常为 SPICE 的文本输入。图形编辑器可用于硬件设计的各个层次。在版图级，图形编辑器用来编辑表示硅工艺加工过程的几何图形。在高于版图层次的其他级，图形编辑器用来编辑硬件系统的方框图、状态图和原理图等。典型的原理图输入工具至少包含有基本单元符号库、原理图编辑功能和产生网表的功能。

2. 设计仿真工具（仿真器）

仿真器又称为模拟器，主要用来帮助设计者验证设计的正确性。在硬件系统设计的各个层次都要用到仿真器。在数字系统设计中，硬件系统由数字逻辑器件和它们之间的互连表示，仿真器就是确定系统的输入 / 输出关系，采用的方法是把每一个数字逻辑器件映射为一个或几个进程，把整个系统映射为由进程互连构成的进程网络，该网络就是设计的仿真模型。

3. 检查 / 分析工具

在集成电路设计的各个层次都会用到检查 / 分析工具。在版图级必须用设计规则检查工具来保证版图所表示的电路可以被可靠地制造出来。在逻辑门级，检查 / 分析工具可以用来检查是否有违反扇出规则的连接关系。时序分析器一般用来检查最坏情形时电路中的最大和最小延时。

4. 优化 / 综合工具

优化 / 综合工具用来把一种硬件描述转换为另一种描述，转换过程同时伴随着设计的某些改进。在逻辑门级可用逻辑最小化来对布尔表达式进行简化。在寄存器级，优化工具可以用来确定控制序列和数据路径的最优组合。各个层次的综合工具可将硬件的高层次描述转换为低层次描述，也可将硬件的行为描述转换为结构描述。

5. 布局布线工具（适配器）

适配器的任务是完成目标系统在器件上的布局布线，通常都由 PLD 的厂商提供专门针对器件开发的软件来完成。如 Altera 公司的 EDA 集成开发环境 Quartus II 中含有嵌入的适配器；Xilinx 公司的 ISE 和 Vivado 同样含有自己的适配器。适配器最后输出的是各厂商自己定义的下载文件。

6. 下载工具（编程器）

下载工具的任务是将适配器最后输出的下载文件下载到对应的可编程逻辑器件中，以实现硬件设计。通常由可编程逻辑器件厂商提供的专门针对器件的下载或编程软件来完成。

1.4 可编程逻辑器件

可编程逻辑器件（Programmable Logic Device，PLD）作为一种通用集成电路产生，它的逻辑功能按照用户对器件编程来确定。一般的 PLD 的集成度很高，足以满足设计一般的数字系统的需要。PLD 是能够为客户提供范围广泛的多种逻辑能力、特性、速度和电压特性的标准成品部件，而且此类器件可在任何时间改变，从而完成许多种不同的功能。

对于可编程逻辑器件，设计人员可利用价格低廉的软件工具快速开发、仿真和测试其设计。然后，可快速将设计编程到器件中，并立即在实际运行的电路中对设计进行测试。采用 PLD 的另一个关键优点是在设计阶段中客户可根据需要修改电路，直到对设计工作感到满意为止。基于

PLD 可重写的存储器技术，要改变设计，只需要简单地对器件进行重新编程。一旦设计完成，客户可立即投入生产，只需要利用最终软件设计文件简单地编程所需要数量的 PLD 即可。

可编程逻辑器件的两种主要类型是现场可编程门阵列和复杂可编程逻辑器件。

FPGA 是在 PAL、GAL 等可编程器件的基础上进一步发展的产物。它是作为专用集成电路领域中的一种半定制电路而出现的，既解决了定制电路的不足，又克服了原有可编程器件门电路数有限的缺点。FPGA 器件是可编程的逻辑阵列，能够有效地解决原有的器件门电路数较少的问题。FPGA 的基本结构包括可编程输入 / 输出单元，可配置逻辑块，数字时钟管理模块，嵌入式块 RAM，布线资源，内嵌专用硬核，底层内嵌功能单元等。由于 FPGA 具有布线资源丰富、可重复编程和集成度高、投资较低的特点，在数字电路设计领域得到了广泛的应用。FPGA 的设计流程包括算法设计、代码仿真以及设计、板机调试，设计者以及实际需求建立算法架构，利用 EDA 建立设计方案或 HDL 编写设计代码，通过代码仿真保证设计方案符合实际要求，最后进行板级调试，利用配置电路将相关文件下载至 FPGA 芯片中，验证实际运行效果。

CPLD（Complex Programming Logic Device，复杂可编程逻辑器件）主要由逻辑块、可编程互连通道和 I/O 块三部分构成。CPLD 中的逻辑块类似于一个小规模 PLD，通常一个逻辑块包含 4 ~ 20 个宏单元，每个宏单元一般由乘积项阵列、乘积项分配和可编程寄存器构成。每个宏单元有多种配置方式，各宏单元也可级联使用，因此可实现较复杂组合逻辑和时序逻辑功能。对集成度较高的 CPLD，通常还提供了带片内 RAM/ROM 的嵌入阵列块。可编程互连通道主要提供逻辑块、宏单元、输入 / 输出引脚间的互连网络。输入 / 输出块（I/O 块）提供内部逻辑到器件 I/O 引脚之间的接口。逻辑规模较大的 CPLD 一般还内带 JTAG 边界扫描测试电路，可对已编程的高密度可编程逻辑器件做全面彻底的系统测试，此外也可通过 JTAG 接口进行系统编程。由于集成工艺、集成规模和制造厂家的不同，各种 CPLD 分区结构、逻辑单元等也有较大的差别。

尽管 FPGA 和 CPLD 都是可编程 ASIC 器件，有很多共同特点，但由于 CPLD 和 FPGA 结构上的差异，具有各自的特点：

① CPLD 更适合完成各种算法和组合逻辑，FPGA 更适合于完成时序逻辑。换句话说，FPGA 更适合于触发器丰富的结构，而 CPLD 更适合于触发器有限而乘积项丰富的结构。

② CPLD 的连续式布线结构决定了它的时序延迟是均匀的和可预测的，而 FPGA 的分段式布线结构决定了其延迟的不可预测性。CPLD 的速度比 FPGA 快，这是由于 FPGA 是门级编程，并且 CLB 之间采用分布式互连，而 CPLD 是逻辑块级编程，并且其逻辑块之间的互连是集总式的。

③ CPLD 通过修改具有固定内连电路的逻辑功能来编程，FPGA 主要通过改变内部连线的布线来编程；FPGA 可在逻辑门下编程，而 CPLD 是在逻辑块下编程。

④ CPLD 比 FPGA 使用起来更方便。CPLD 的编程采用 EEPROM 或 FASTFLASH 技术，无须外部存储器芯片，使用简单。而 FPGA 的编程信息需存放在外部存储器上，使用方法复杂。

在编程上，FPGA 比 CPLD 具有更大的灵活性。CPLD 主要是基于 EEPROM 或 FLASH 存储器编程，编程次数可达上万次，优点是系统断电时编程信息也不丢失。CPLD 又可分为在编程器上编程和在系统编程两类。FPGA 大部分是基于 SRAM 编程，编程信息在系统断电时丢失，每次上电时，需从器件外部将编程数据重新写入 SRAM 中。其优点是可以编程任意次，可在工作中快速编程，从而实现板级和系统级的动态配置。

一般情况下，CPLD 保密性好，FPGA 保密性差。CPLD 的功耗要比 FPGA 大，且集成度越高越明显。FPGA 的集成度比 CPLD 高，具有更复杂的布线结构和逻辑实现。

小结

利用 EDA 技术方便进行电子系统设计，使用硬件描述语言（Verilog HDL/VHDL），用软件的方式设计硬件，用软件方式设计的系统到硬件系统的转换由有关开发软件工具自动完成，设计过程中可用有关软件进行各种仿真，系统可现场编程，在线升级，整个系统可以集成在一个芯片（FPGA/CPLD）上，体积小，功耗低，可靠性高。EDA 技术是现代电子设计的发展趋势。

习题

1-1　EDA 的英文全称是什么？ EDA 的中文含义是什么？

1-2　常用硬件描述语言有哪几种？这些硬件描述语言在逻辑描述方面有什么区别？

1-3　名称解释：逻辑综合、逻辑适配、行为仿真、功能仿真和时序仿真。

1-4　CPLD 的英文全称是什么？ CPLD 的结构主要由哪几部分组成？每部分的作用如何？

1-5　FPGA 的英文全称是什么？ FPGA 的结构主要由哪几部分组成？每部分的作用如何？

1-6　简述 EDA 的 FPGA/CPLD 设计流程。

1-7　IP 在 EDA 技术的应用和发展中的意义是什么？

1-8　查阅 EDA 技术的最新发展方向。

第 2 章 Verilog HDL 语言基础

本章首先讲解 Verilog HDL 硬件描述语言的程序结构和语法，然后介绍硬件电路设计的三种常用描述方法，最后介绍硬件电路仿真技术 Testbench。

本章的学习目标主要有两个：① 通过学习常用 Verilog HDL 语法及硬件电路描述方法，为后续 FPGA 应用开发打下坚实的基础；② 理解和掌握不可综合的，但是用于 Testbench 仿真的 HDL 语法部分，对设计的硬件电路进行仿真验证。

2.1 程序结构

2.1.1 硬件描述语言简介

硬件描述语言（HDL）类似于计算机高级程序设计语言（如 C 语言等），它是一种以文本形式来描述数字系统硬件的结构和功能的语言，用它可以表示逻辑电路图、逻辑表达式，还可以表示更复杂的数字逻辑系统所完成的逻辑功能（即行为）。人们还可以用 HDL 编写设计说明文档，这种文档易于存储和修改，适用于不同的设计人员之间进行技术交流，还能被计算机识别和处理。计算机对 HDL 的处理包括两个方面：逻辑仿真和逻辑综合。

逻辑仿真是指用计算机仿真软件对数字逻辑电路的结构和行为进行预测，仿真器对 HDL 描述进行解释，以文本形式或时序波形形式给出电路的输出。在电路被实现之前，设计人员根据仿真结果可以初步判断电路的逻辑功能是否正确。在仿真期间，如果发现设计存在错误，可以对 HDL 描述进行修改，直至满足设计要求为止。

逻辑综合是指从 HDL 描述的数字逻辑电路模型中导出电路基本元件列表，以及元件之间连接关系（常称为门级网表）的过程，即将 HDL 代码转换成真实的硬件电路。它类似于高级程序设计语言中对一个程序进行编译，得到目标代码的过程。所不同的是，逻辑综合不会产生目标代码，而是产生门级元件及其连接关系的数据库，根据这个数据库可以制作出集成电路或印制电路板。

早期较为流行的硬件描述语言是 ABEL，目前，有两种硬件描述语言符合 IEEE 标准：VHDL 和 Verilog HDL（简称 Verilog），Verilog 的句法根源出自通用的 C 语言，较 VHDL 易学易用。VHDL 是 20 世纪 80 年代中期由美国国防部支持开发出来的，约在同一时期，由 Gateway Design Automation 公司开发出 Verilog 语言。1990 年，Verilog 被公开推向市场，并逐渐成为最流行的描述数字电路的语言。1995 年，Verilog 正式被批准为 IEEE 的标准，即 IEEE 1364—1995。此后，该语言的修订增强版引入了一些新的特性，分别于 2001 年、2005 年被批准为 IEEE 的标准，即 IEEE 1364—2001 和 IEEE 1364—2005。修订增强版支持原始 Verilog 版本的所有特性。

尽管这两种语言在很多方面都有所不同，但在学习逻辑电路时，设计者使用任何一种语言都可以完成自己的任务。学习时一定要明确硬件描述语言不同于一般程序语言的两点：时序性和并行性。Verilog 代码要描述电路何时进行何种动作，要有时序概念；实际电路中不同单元同时动作，对应 Verilog 代码中各语句块可以交换顺序而不影响设计功能。因此在书写 Verilog 代码时应该用电路设计思想而不能按照程序设计思想书写。故而，一般不把 Verilog 代码称为“程序”。

2.1.2 Verilog 基本程序结构

Verilog 描述的硬件电路就是一个模块（module），一个模块可以表示简单的门电路，也可以表示复杂功能的数字电路。一般一个模块就是一个文件，但也可以将多个模块放入一个文件中。多个模块并行运行，不同模块之间可以通过端口连接进行模块调用，实现结构化、层次化数字电路设计。模块的基本结构如下：

```
module 模块名 ( 端口 1, 端口 2, 端口 3)
端口模式说明 (input,output,inout);      }
参数定义 ( 可选 )：                       } 说明部分
数据类型定义 (wire,reg 等 );              }

实例化调用低层模块或基本门级元件；        }
连续赋值语句 (assign);                    } 逻辑功能描述部分，
过程块结构 (initial,always)               } 顺序可以任意
行为描述语句；endmodule                   }
```

模块结构总是以关键词 module 开始，以关键词 endmodule 结束。“模块名”是定义该模块的唯一标识符，其后括号中定义的为端口列表，各端口以逗号隔开，端口名的定义符合标识符定义规则，但不能是 Verilog 定义的关键词。“端口模式说明”可以为输入模式（input）或输出模式（output）或双向模式（inout）之一，它决定了模块与外界交互信息的方式。input 模式模块只能从外界读取数据，output 模式模块向外界送出数据，而 inout 模式可以读数据也可以送出数据。“参数定义”是用符号常量代替数值常量，以增加程序的可读性和可修改性，这是一个可选择的语句。“数据类型定义”用来指定模块内所有信号的数据类型，常用类型如寄存器型（reg）或线网型（wire）等。模块中所用到的所有信号分为端口信号和内部信号，出现在端口列表的信号是端口信号，其他的信号为内部信号。信号都必须进行数据类型的定义，如果没有定义，则默认为 wire 型。不能将 input 和 inout 类型的端口信号定义为 reg 数据类型。

模块中最核心的部分是逻辑功能描述，通常使用三种不同风格描述逻辑电路的功能：

① 结构化描述方式：实例化调用低层模块或基本门级元件的方法，即调用其他已定义过的低层次模块或 Verilog 内部预先定义好的基本门级元件对整个电路的功能进行描述（对只使用基本门级元件描述电路的方法，也可以称为门级描述方式）。

② 数据流描述方式：使用连续赋值语句（assign）对电路的逻辑功能进行描述。通过说明数据的流程对模块进行描述。此方式特别适用于组合逻辑电路的建模。

③ 行为描述方式：使用过程块结构描述电路功能。过程块结构有 initial 和 always 语句等，过程块结构内部是行为语句（比较抽象的高级程序语句，如过程赋值语句、IF 语句、CASE 语句等）。行为描述侧重于描述模块的逻辑功能，不涉及实现该模块的具体硬件电路结构。

硬件电路设计人员可以选用这三种方式中的任意一种或混合使用几种描述电路的逻辑功能，并且在程序中排列的先后顺序是任意的。在数字电路设计中，术语“寄存器传输级（RTL）描述”，在很多情况下是指能够被逻辑综合工具接受的行为和数据流的混合描述。在经过综合工具综合之后，综合结果一般都是门级结构描述。

2.2 基本语法

Verilog 语言继承了 C 语言的许多语法结构，同时又增加了一些新的规则，下面介绍 Verilog 语言的基本语法规则。

2.2.1 基本语法规则

1. 关键词

关键词（又称保留字）是 Verilog 中预留的用于定义语言结构的特殊字符串，通常为小写的英文字符串。在 Verilog 中有 100 个左右预定义的关键词，如表 2.1 所示。

表 2.1　Verilog 关键词

always	and	assign
begin	buf	bufif0
bufif1	case	casex
casez	cmos	deassign
default	defparam	disable
edge	else	end
endcase	endmodule	endfunction
endprimitive	endspecify	endtable
endtask	event	for
force	forever	fork
function	highz0	highz1
if	initial	inout
input	integer	join
large	macromodule	medium
module	nand	negedge

续表

nmos	nor	not
notif0	notifl	or
output	parameter	pmos
posedge	primitive	pull0
pull1	pullup	pulldown
rcmos	real	realtime
reg	releses	repeat
rnmos	rpmos	rtran
rtranif0	rtranif1	scalared
small	specify	specparam
strength	strong0	strong1
supply0	supply1	table
task	time	tran
tranif0	tranif1	tri
tri0	tri1	triand
trior	trireg	vectored
wait	wand	weak0
weak1	while	wire
wor	xnor	xor

2. 标识符

给程序代码中的对象（如模块名、电路的输入和输出端口、变量等）取名所用的字符串称为标识符，标识符通常由英文字母、数字、$ 符和下画线“_”组成，并且规定标识符的第一个字符必须以英文字母或下画线开始，不能以数字或 $ 符开头。Verilog HDL 标识符不能与保留关键词重名。特别注意，Verilog HDL 是一种区分大小写的语言，即对大小写敏感，因此在书写代码时应特别注意区分大小写，以避免出错。例如：clk、counter8、_net、bus_D 等都是合法的标识符；74HC138、$counter、a*b 则是非法的标识符；A 和 a 是两个不同的标识符；以 $ 开始的字符串是为系统函数保留的，如“$display”，系统函数将在后面的章节中介绍。

转义标识符以“\”开始，以空白符（空格、制表符 Tab 键、换行符）结束，可包含任意可打印的字符，而其头尾（反斜线和空白符）不作为本身转义标识符内容的一部分。例如：

```
reg clk;
reg \clk ;
```

clk 与 \clk 是一样的。将反斜线和空白符之间的字符逐个进行处理。在“;”前必须加入一个空白符，否则“;”会被解释为标识符字符串的一部分。

3. 间隔符

Verilog 的间隔符（又称为空白符）包括空格符（\b）、Tab 键（\t）、换行符（\n）及换页符。如果间隔符不是出现在字符串中，则没有特殊的意义，使用间隔符主要起分隔文本的作用，在必要的地方插入适当的空格或换页符，可以使文本错落有致，便于阅读和修改。在综合时，则该间隔符被忽略。所以 Verilog 是自由格式，即编写程序时，可以跨越多行书写，也可以在一行内书写。

4. 注释符

Verilog 支持两种形式的注释符：/*……*/ 和 //。其中，/*……*/ 为多行注释符，用于写多行注释；// 为单行注释符，以双斜杠 // 开始到行尾结束为注释文字。注释只是为了改善程序的可读性，在编译时不起作用。

5. 逻辑值集合

鉴于硬件电路的特殊性，为了表示数字逻辑电路的状态，Verilog 语言规定了下列 4 种基本的逻辑值：

① 0：逻辑 0 或逻辑假。

② 1：逻辑 1 或逻辑真。

③ x（X）：未知状态（仿真时表示不确定的值，或者综合时表示不关心）。

④ z（Z）：高阻态。

2.2.2 常量及其表示

在程序运行过程中，其值不能被改变的量称为常量。Verilog 中的常量可由前面介绍的 4 种基本逻辑值组成。有 3 种类型的常量：整数型常量、实数型常量和字符串型常量。其中整数型常量是可以逻辑综合的，而实数型常量和字符串型常量用于逻辑仿真。

1. 整数型常量

整数型常量有 4 种进制表示方式：二进制整数（b 或 B），十进制整数（d 或 D），十六进制整数（h 或 H），八进制整数（o 或 O）。

整数型常量有两种常用的表示方法：一是使用简单的十进制数形式表示常量，例如：30、-2 都是十进制数表示的常量，用这种方法表示的常量被认为是有符号的常量。二是使用带基数的形式表示常量，其格式为：[< 位宽 >]'< 进制 >< 数值 >。

其中位宽和进制均可省略，但一般建议书写完整使代码一目了然。省略进制，则默认为十进制数。例如：47，对应为 32'd47。

数值是进制数基数内合法字符或者 x（代表不定值）、z（代表高阻值）。在数字电路中，一个 x 可以用来代表十六进制数的四位二进制数，八进制数的三位，二进制数的一位的状态。z 的表示方式同 x 类似。z 还有一种表达方式，可以写作“?”。在使用 case 表达式时建议使用这种写法，以提高程序的可读性。例如：

```
4'b10x0    //位宽为 4 的二进制数，从低位数起第二位为不定值
4'b101z    //位宽为 4 的二进制数，从低位数起第一位为高阻值
12'dz      //位宽为 12 的十进制数，其值为高阻值（第一种表达方式）
12'd?      //位宽为 12 的十进制数，其值为高阻值（第二种表达方式）
8'h4x      //位宽为 8 的十六进制数，其低四位值为不定值
```

一个数字可以被定义为负数，只需在位宽表达式前加一个减号，减号必须写在数字定义表达式的最前面。注意：减号不可以放在位宽和进制之间，也不可以放在进制和具体的数之间。例如：

```
-8'd5      //这个表达式代表 5 的补数（用八位二进制数表示）
8'd-5      //非法格式
```

2. 实数型常量

实数型常量也有两种表示方法：一是使用简单的十进制计数法，例如：0.1、2.0、5.67 等都是十进制计数法表示的实数型常量。二是使用科学计数法，由数字和字符 e 或 E 组成，e 或 E 的前面必须要有数字而且后面必须为整数。Verilog 语言中可以将实数转换为整数，将实数通过四舍五入的方法转换成最接近的整数。

3. 字符串型常量

字符串是双引号内的字符序列，但字符串不允许分成多行书写。在表达式和赋值语句中，字符串要转换成无符号整数，用一串 8 位 ASCII 值表示，每一个 8 位 ASCII 码代表一个字符（包括空格）。例如，为了存储字符串 “hello world!”，就需要定义一个 8 × 12 位的变量。

为了改善可读性和方便修改程序，Verilog 允许用参数定义语句定义一个标识符来代表一个常量，称为符号常量，以利用代码更改或模块复用。在 Verilog HDL 中用 parameter 来定义符号常量。定义格式为：

```
parameter 参数名 1 = 表达式, 参数名 2 = 表达式, …, 参数名 n = 表达式;
```

parameter 是参数型数据的确认符，确认符后跟着一个用逗号分隔开的赋值语句表。在每一个赋值语句的右边必须是一个常数表达式。也就是说，该表达式只能包含数字或先前已定义过的参数。见下例：

```
parameter msb=7;                                   // 定义参数 msb 为常量 7
parameter a=25,f=29;                               // 定义两个常量参数
parameter r=5.7;                                   // 声明 r 为一个实型参数
parameter byte_size=8,byte_msb=byte_size - 1;      // 用常数表达式赋值
parameter average_delay= (r+f) /2;                 // 用常数表达式赋值
parameter signed [15:0] WIDTH;              // 定义参数 WIDTH 为有正负号，宽度为 16
```

参数型常量经常用于定义延迟时间和变量宽度。参数值可以在编译时被改变。在模块或实例引用时可通过参数传递改变在被引用模块或实例中已定义的参数。模块实例化时底层模块的参数值的改变可以使用 defparam 语句，或者通过在模块实例化引用中指定新参数值来进行更改。例如：

```
// 带参数的底层模块
module fadder_1
    (i_A,i_B,i_Cin,o_Sum,o_Cout); // 端口声明
    input i_A,i_B;
    input i_Cin;
    output o_Sum,o_Cout;
    parameter   S_delay = 1,C_delay = 1;// 定义两个延时参数 S_delay 与 C_delay
    assign  #S_delay o_Sum = i_A ^ i_B ^ i_Cin;
    // o_Sum 等于三个输入的异或并延时 1 个时间单位赋值
    assign  #C_delay o_Cout=(i_A ^ i_B)&i_Cin | i_A & i_B;
    // o_Cout 为进位信号输出端，计算并延时 1 个时间单位赋值
endmodule
```

（1）defparam 语句

defparam 语句的格式：

defparam（包含层次路径）参数 1,…,（包含层次路径）参数 n;

例如：

```
//defparam 语句改变参数值
module fadder_1_delay
```

```
        (i_A,i_B,i_Cin,o_Sum,o_Cout);
        input i_A,i_B;
        input i_Cin;
        output o_Sum,o_Cout;
        // 实例化底层模块 fadder_1
        fadder_1  u_fadder_1_delay
        (.i_A(i_A),.i_B(i_B),.i_Cin(i_Cin),.o_Sum(o_Sum),.o_Cout(o_Cout));
        // 将底层模块的时延参数改成 2
        defparam u_fadder_1_delay.S_delay=2, u_fadder_1_delay.C_delay=2;
endmodule
```

（2）模块实例化引用

在模块实例化引用中指定新参数值有两种不同形式，即按位置赋参数值和按照名称赋参数值。例如：

```
// 按位置赋参数值
module fadder_1_delay
        (i_A,i_B,i_Cin,o_Sum,o_Cout);
        input i_A,i_B;
        input i_Cin;
        output o_Sum,o_Cout;
      // 实例化底层模块 fadder_1
      // 第一个数值 2 赋值给参数 S_delay，因为其是 fadder_1 中第一个声明的参数
      // 第二个数值 3 赋值给 C_delay，因为其是 fadder_1 中第二个声明的参数
      fadder_1  #(2,3)  u_fadder_1_delay
      (.i_A(i_A),.i_B(i_B),.i_Cin(i_Cin),.o_Sum(o_Sum),.o_Cout(o_Cout));
endmodule

// 按名称赋参数值
module fadder_1_delay
        (i_A,i_B,i_Cin,o_Sum,o_Cout);
        input i_A,i_B;
        input i_Cin;
        output o_Sum,o_Cout;
      // 实例化底层模块 fadder_1，新参数的赋值与参数名称一一对应
        fadder_1  #(.S_delay(2),.C_delay (3)) u_fadder_1_delay
      (.i_A(i_A),.i_B(i_B),.i_Cin(i_Cin),.o_Sum(o_Sum),.o_Cout(o_Cout));
endmodule
```

2.2.3　变量及其数据类型

在程序运行过程中其值可以改变的量称为变量，在 Verilog 中变量的数据类型表示数字电路中的物理连线、数据存储和传送单元等物理量。在 Verilog 语言中，有两大类型的变量：线网型变量和寄存器型变量。

1. 线网型变量

线网类型是硬件电路中元件之间实际连线的抽象，如器件的引脚，内部器件（如与门的输出）等。线网型变量代表的是物理连线，不能存储逻辑值，它的值由驱动元件的值决定。当线网型变量没有被驱动元件驱动时，线网的默认值为高阻态 z（线网 trireg 除外，它的默认值为 x）。

线网类型的声明格式如下：

```
线网类型   [signed]   [ 位宽 ]  线网名;
```

其中 [signed] 表示声明一个带有符号的变量，默认情况下变量无符号。

线网类型包含多种不同功能的子类型，但可综合的子类型只有 wire、tri、supply0 和 supply1 四种，其他子类型还有 tri0（下拉类型）、tri1（上拉类型）、wand（线与类型驱动）、wor（线或类型驱动）、triand（三态线与类型）、trior（三态线或类型）、trireg 等。最常用的线网类型由关键词 wire 定义。Verilog 程序模块中输入 / 输出信号类型省略时自动定义为 wire 型。wire 型信号可以用作任何方程式的输入，也可以用作“assign”语句或实例元件的输出。

wire 型信号的格式如下：

```
wire [n-1:0] 数据名 1，数据名 2，…，数据名 i; // 共 i 条总线，每条总线内有 n 条线路
```

或

```
wire [n:1] 数据名 1，数据名 2，…，数据名 i;
```

wire 是 wire 型数据的确认符，[n-1:0] 和 [n:1] 代表该数据的位宽，即该数据有几位。最后跟着的是数据的名字。如果一次定义多个数据，数据名之间用逗号隔开。声明语句的最后要用分号表示语句结束。看下面的几个例子：

```
wire      a;                    //定义了一个 1 位的 wire 型数据
wire [7:0] b;                   //定义了一个 8 位的 wire 型数据
wire [4:1] c,d;                 //定义了二个 4 位的 wire 型数据
```

2. 寄存器型变量

寄存器类型表示一个抽象的数据存储单元，它具有状态保持作用。寄存器型变量只能在 initial 或 always 内部被赋值。寄存器型变量在没有被赋值前，它的默认值是 x。

Verilog 语言中，有 4 种寄存器类型的变量：

① reg：用于行为描述中对寄存器型变量的说明。

② integer：32 位有符号的整数型变量。

③ real：64 位有符号的实数型变量，默认值是 0。

④ time：64 位无符号的时间型变量。

常用的寄存器类型用关键词 reg 进行声明。reg 型变量表示一个抽象的数据存储单元，变量的值从一条赋值语句保持到下一条赋值语句。如果没有明确地说明寄存器型变量，一般是无符号数。reg 型变量的定义格式如下：

```
reg [signed] [ 位宽 ] 数据名 1，数据名 2，…，数据名 i;
```

reg 是 reg 型数据的确认标识符，位宽用 [n-1:0] 或 [n:1] 来表示，即该数据有 n 位（bit）。最后跟着的是数据的名字。如果一次定义多个数据，数据名之间用逗号隔开。声明语句的最后要用分号表示语句结束。例如：

```
reg   rega;              //定义了一个 1 位的名为 rega 的 reg 型数据
reg  [3:0] regb;         //定义了一个 4 位的名为 regb 的 reg 型数据
reg  [4:1] regc, regd;   //定义了两个 4 位的名为 regc 和 regd 的 reg 型数据
```

对于 reg 型数据，其赋值语句的作用就像改变一组触发器的存储单元的值。在 Verilog 中有许多构造（construct）用来控制何时或是否执行这些赋值语句。这些控制构造可用来描述硬件触发器的各种具体情况，如触发条件用时钟的上升沿等，或用来描述具体判断逻辑的细节，如各种多路

选择器。reg 型数据的默认初始值是不定值。reg 型数据可以赋正值，也可以赋负值。但当一个 reg 型数据是一个表达式中的操作数时，它的值被当作是无符号值，即正值。例如：当一个 4 位的寄存器用作表达式中的操作数时，如果开始寄存器被赋值 -1，则在表达式中进行运算时，其值被认为是 +15。

integer、real、time 三种寄存器类型变量都是纯数字的抽象描述，不对应任何具体的硬件电路。

integer 型变量通常用于对整数型常量进行存储和运算，整数型变量至少有 32 位，在算术运算中 integer 型数据被视为有符号的数，负数用二进制补码的形式存储。例如：

```
integer i;              // 一个整数型变量 i
…
i=-6;                   //i 值为 32' b111…11010
```

real 型变量通常用于对实数型常量进行存储和运算，可以用十进制或科学计数法表示。实数声明不能定义范围，其默认值为 0。当实数值被赋给一个 integer 型变量时，后者得到一个接近实数值的一个整数值。

time 型变量注意用于存储仿真的时间，它只存储无符号数，其默认值为 0。每个 time 型变量存储一个至少 64 位的时间值，为了得到当前的仿真时间，常调用系统函数 $time。

在数字电路的仿真中，经常需要对存储器（如 RAM、ROM）进行建模。Verilog 通过对 reg 型变量进行扩展，建立数组来对存储器建模，数组中的每个单元通过一个数组索引进行寻址。Verilog 只能对存储器进行字寻址，不能对存储器中的字进行按位寻址。定义存储器的格式如下：

```
reg [n-1:0] 存储器名 [m-1:0];
```

或

```
reg [n-1:0] 存储器名 [m:1];
```

在这里，reg[n-1:0] 定义了存储器中每一个存储单元的大小，即该存储单元是一个 n 位的寄存器。存储器名后的 [m-1:0] 或 [m:1] 则定义了该存储器中有多少个这样的寄存器。最后用分号结束定义语句。例如：

```
reg [7:0] mema[255:0];
```

这个例子定义了一个名为 mema 的存储器，该存储器有 256 个 8 位的存储器。该存储器的地址范围是 0 到 255。

注意：对存储器进行地址索引的表达式必须是常数表达式。

另外，在同一个数据类型声明语句里，可以同时定义存储器型数据和 reg 型数据。例如

```
parameter wordsize=16, memsize=256;  // 定义两个参数。
reg [wordsize-1:0]  mem[memsize-1:0],writereg,readreg;
```

尽管 memory 型数据和 reg 型数据的定义格式很相似，但要注意其不同之处。如一个由 n 个 1 位寄存器构成的存储器组是不同于一个 n 位的寄存器的。例如：

```
reg [n-1:0]   rega;        // 一个 n 位的寄存器
reg  mema [n-1:0];         // 一个由 n 个 1 位寄存器构成的存储器组
```

一个 n 位的寄存器可以在一条赋值语句里进行赋值，而一个完整的存储器则不行。例如：

```
rega = 0;          //合法赋值语句
mema = 0;          //非法赋值语句
```

如果想对 memory 中的存储单元进行读 / 写操作，必须指定该单元在存储器中的地址。下面的写法是正确的。

```
mema[3] = 0;  //给memory中的第3个存储单元赋值为0
```

进行寻址的地址索引可以是表达式，这样就可以对存储器中的不同单元进行操作。表达式的值可以取决于电路中其他的寄存器的值。例如，可以用一个加法计数器来做 RAM 的地址索引。

3. 向量

线网和寄存器类型的数据可以声明为向量（即位宽大于 1）。如果未指定位宽，则默认为变量（1 位）。

向量通过位宽定义语法 [msb:lsb] 指定地址范围。括号中最左边的数总是代表向量最高有效位，最右边的数则代表最低有效位。msb 和 lsb 必须是常数值或 parameter 参数，或者是可以在编译时计算为常数的表达式，且可以为任意符号的整数值，即正数、负数或零均可。msb 可以大于、等于甚至小于 lsb，例如：

```
wire a;                     //标量线网a
reg i;                      //标量寄存器i
reg[7:0] data;              //向量寄存器data
wire[7:0] dt1;              //向量线网dt1
wire[1:8] dt2;              //msb可以小于lsb
reg[-1:-5] dt3;             //msb和lsb均可以为负数
```

对于上面例子中的向量，可以指定其中的某一位或若干相邻位进行操作，例如：

```
assign dt1[5:2] = data[3:0]
initial
   dt3[-3] = dt1[0];
```

4. 数组

线网和变量可以声明为一个数组，数组中的每一个元素可以是标量也可以是向量。数组的定位格式为

```
数据类型 [位宽] 数据名[地址范围];
```

其右边的地址范围指定了该数组的每一维的元素的个数，例如：

```
wire bus [5:0]              //6个位宽为1的wire型数据组成的一维数组
reg [7:0] data [3:0]        //4个位宽为8的reg型数据组成的一维数组
tri [3:0] output [7:0]      //8个位宽为4的tri型数据组成的一维数组
```

一维 reg 型数组比较特殊，其通常被称为存储器，下面以此为例来详细讨论一位数组的概念。Verilog 设计中常常需要用到 RAM/ROM 型存储器模型，这些存储器模型可以使用寄存器变量的一位数组形式来描述。数组中的每个单元通过一个数组地址来指定，每个单元的位宽可为一位或多位，其定义格式为

```
reg [位宽] 存储器名 [地址范围];
```

例如：

```
reg data1 [7:0];                    //8 个 1 位的寄存器组成的存储器 data1
reg [7:0] data2 [7:0];              //8 个 8 位的寄存器组成的存储器 data2
```

通过把每个单元的地址作为数组的下标，可以访问存储器中某个特定的单元。对存储器中的单元进行读 / 写操作必须指定单元地址。所以一个完整的存储器不能在一条赋值语句中完成，必须分别对每个单元赋值。例如：

```
data2[0]                        //data2 存储器中的第一个单元
data2 = 0;                      // 非法的语句
data1[0] = 0;                   // 合法的语句
data2[7] = 8'hff;               // 合法的语句
```

另外，可以用系统函数 $readmemb 和 $readmemh 对存储器进行赋值，具体使用方式请参考 2.4.3 节的相关内容。

2.2.4　表达式

表达式由操作数和运算符组成，根据运算符的意义计算出一个结果值。Verilog 语言设计中，表达式通常出现在赋值语句的等号右边，计算一个结果并赋值给等号左边的变量。

1. 操作数

操作数包含多种数据类型，但是某些语法结构要求特定类型的操作数。通常，操作数可以是常数、整数、实数、变量、参数、存储器、位选（向量 wire 或 reg 型数据的其中一位）、域选（向量 wire 或 reg 型数据的其中一组选定的位）和函数调用等。

2. 位宽处理

表达式运算结果的位宽由最大操作数的位宽决定，若出现在赋值语句中，由赋值等号左端的变量位宽决定。例如：

```
wire [3:0] a, b;
wire [5:0] sum;
assign sum = a + b;     // 左边的 sum 最大位宽为 6 位，所以运算结果为 6 位
```

上例中，最大位宽为表达式左边的 sum，a+b 的结果如果溢出，溢出位存储在 sum[4] 中，多余高位由 0 填充。若位宽不足（假设 sum 位宽为 4），操作结果的溢出部分会被丢掉。

对于一较大的表达式，其运算中间结果同样按照上面的规则取最大操作数的位宽进行运算。如果表达式中有一个操作数为无符号数，则位宽较小的所有操作数会由 0 补齐至最大位宽；如果表达式中所有操作数均为有符号数，则位宽较小的所有操作数会由其符号位补齐至最大位宽，再进行运算。

2.2.5　运算符及其优先级

1. 运算符 Verilog

Verilog 语言提供了 30 多个运算符，表 2.2 列出了对逻辑电路综合有用的部分运算符。按照功能，运算符可以大致分为算术运算符、逻辑运算符、关系运算符、移位运算符等几大类。按照参与运算的操作数的个数，运算符可以分为单目、双目和三目运算符，单目运算符只对一个操作数进行运算；双目运算符是指一个运算符需要带两个操作数，即对两个操作数进行运算；三目运算符需要带三个操作数。

① 算术运算符又称为二进制运算符，在进行整数除法运算时，结果值要略去小数部分，只

取整数部分。而进行取模运算时，结果值的符号位采用模运算式里第一个操作数的符号位。

注意：在进行算术运算操作时，如果某一个操作数有不确定的值 x，则整个结果也为不定值 x。

表 2.2　Verilog 的运算符

<table>
<tr><th>类　型</th><th>符　号</th><th>功能说明</th><th>类　型</th><th>符　号</th><th>功能说明</th></tr>
<tr><td>算术运算符</td><td>+
-
-
*
/
%</td><td>二进制加
二进制减
2 的补码
二进制乘
二进制除
求余</td><td>关系运算符
（双目运算符）</td><td>>
<
>=
<=
==
!=
===
!==</td><td>大于
小于
大于等于
小于等于
相等
不相等
相等
不相等</td></tr>
<tr><td>位运算符
（双目运算符）</td><td>~
&
|
^
^~ 或 ~^</td><td>按位取反
按位与
按位或
按位异或
按位同或</td><td>缩位运算符
（单目运算符）</td><td>&
~&
|
~|
^
^~ 或 ~^</td><td>缩位与
缩位与非
缩位或
缩位或非
缩位异或
缩位同或</td></tr>
<tr><td>逻辑运算符
（双目运算符）</td><td>!
&&
||</td><td>逻辑非
逻辑与
逻辑或</td><td>移位运算符
（双目运算符）</td><td>>>
<<
<<<
>>></td><td>右移
左移
算数左移
算数右移</td></tr>
<tr><td>位拼接运算符</td><td>{,}
{{}}</td><td>将多个操作数拼接成为一个操作数</td><td>条件运算符
（三目运算符）</td><td>?:</td><td>根据条件表达式是否成立，选择表达式</td></tr>
</table>

② 逻辑运算符的运算结果是 1 位，“!”是单目运算符，其余是双目运算符。如果操作数由多位组成，若操作数的每一位都是 0，则认为该操作数具有逻辑 0 值；反之，若操作数中的某一位是 1，则认为该操作具有逻辑 1 值；如果任一个操作数为 x 或 z，则逻辑运算的结果为不定值 x。例如，设变量 A、B 的值分别为 2’b10 和 2’b00，则 A 为逻辑 1，B 为逻辑 0，于是 !A=0，!B=1，A&&B=0，A||B=1。

③ 在进行关系运算时，如果声明的关系是假的（false），则返回值是 0；如果声明的关系是真的（true），则返回值是 1；如果某个操作数的值不定，则关系是模糊的，返回值是不定值 x。

逻辑相等（==）和逻辑不等（!=）又称为逻辑相等运算符，其结果由两个操作数的值决定。由于操作数中某些位可能是不定值 x 和高阻值 z，结果可能为不定值 x。而相等（= = =）和非相等（! = =）运算符则不同，它在对操作数进行比较时对某些位的不定值 x 和高阻值 z 也进行比较，两个操作数必须完全一致，其结果才是 1，否则为 0，不会出现 x。"= = =" 和 "!= =" 运算符常用于 case 表达式的判别，所以又称为“case 等式运算符”。这四个相等运算符的优先级别是相同的，例如：

```
a = 0; b = 1; c = 3'b1x1; d = 3'b1x1;
a == b;                          // 等于逻辑值 0
a != b;                          // 等于逻辑值 1
c == a;                          // 等于逻辑值 x
```

```
c === d;                                      // 等于逻辑值 1
c !== d;                                      // 等于逻辑值 0
if(a == 1'bx)    $display("a is x");          // 当 a 等于 x 时，这个语句不执行
if(a === 1'bx)   $display("a is x");          // 当 a 等于 x 时，这个语句执行
```

④ 位运算符中除 ~ 是单目运算符以外，均为双目运算符。两个长度不同的数据进行位运算时，系统会自动地将两者按右端对齐。位数少的操作数会在相应的高位用 0 填满，以使两个操作数按位进行操作。

⑤ 在 Verilog 语言中有一个特殊的运算符：位拼接运算符 {}。用这个运算符可以把两个或多个信号的某些位拼接起来进行运算操作。其使用方法如下：

{ 信号 1 的某几位 , 信号 2 的某几位 , ... , 信号 n 的某几位 } 即把某些信号的某些位详细地列出来，中间用逗号分隔，最后用大括号括起来表示一个整体信号，例如：

```
{a,b[3:0],w,3'b101}
```

也可以写成

```
{a,b[3],b[2],b[1],b[0],w,1'b1,1'b0,1'b1}
```

在位拼接表达式中不允许存在没有指明位数的信号。这是因为在计算拼接信号的位宽的大小时必须知道其中每个信号的位宽。

位拼接还可以用重复法来简化表达式，例如：

```
{4{w}}              // 这等同于 {w,w,w,w}
```

位拼接还可以用嵌套的方式来表达，例如

```
{b,{3{a,b}}}        // 这等同于 {b,a,b,a,b,a,b}
```

用于表示重复的表达式，如上例中的 4 和 3，必须是常数表达式。

⑥ 缩位运算符是 Verilog 语言中新增加的，它和位运算符是有区别的。位运算符是将两个操作数按对应位进行的逻辑运算，操作数是几位数，则运算结果也是几位数。而缩位运算是对单个操作数的所有位逐步地从左至右两两进行相应运算，最后的运算结果是 1 位二进制数，例如：

```
a = 4'b0101;
&a                  // 等于 0
|a                  // 等于 1
^a                  // 等于 0
```

⑦ 移位运算符包括 <<（左移位运算符）、>>（右移位运算符）、<<<（算数左移）和 >>>（算数右移）。其使用方法如下：

a >> n(a >>> n) 或 a << n(a <<< n)，a 代表要进行移位的操作数，n 代表要移几位，n 被认为是一个无符号数，若其为 x 或 z，则移位结果为 x。对于移位产生的空位，两种逻辑移位运算都用 0 来填补移出的空位，对于算数移位左移运算空位用 0 填充，而算数右移则由符号位来填充。下面举例说明：

```
module    shift;
    reg [3:0]   start,result;
    initial begin
        start = 1;                    //start 在初始时刻设为值 0001
        result =(start << 2);         // 移位后，start 的值 0100，然后赋给 result
```

```
    end;
endmodule
```

从上面的例子可以看出，start 在移过两位以后，用 0 来填补空出的位。进行移位运算时应注意移位前后变量的位数，例如：

```
4'b1001 << 1;          //等于 5'b10010
4'b1001 << 2;          //等于 6'b100100
1 << 6;                //等于 32'b1000000
4'b1001 >> 1;          //等于 4'b0100
4'b1001 >> 4;          //等于 4'b0000
-10 >>> 3;             //等于 -2
```

⑧ 条件运算符共有三个操作数，是唯一的三目运算符。它首先计算条件表达式的值，根据条件表达式的值从两个表达式中选择一个表达式作为输出结果，如果条件表达式的值为 x，真假表达式都会进行计算，然后对两个结果逐位比较，取相等值，而不等值由 x 代替。格式如下：

```
条件表达式？真表达式：假表达式；
```

条件表达式常用于数据流建模中的条件赋值，作用类似于多路选择器。例如：

```
assign data = en ? dout : 8b'z ;
```

此外，条件操作符还可以嵌套使用，例如：

```
assign data = en ? (select ? dout1 : dout2) : 8b'z ;
```

2. 运算符优先级

表 2.3 是 Verilog 运算符的优先级。优先级的顺序从下向上依次增加。列在同一行的运算符优先级相同。所有运算符在表达式中都是从左向右结合（条件运算符除外），使用圆括号可以改变运算的顺序。

表 2.3 运算符的优先级

类　型	运　算　符	优先级别
取反	! ~ -(求 2 的补码)	最高优先级
算术	* / % + -	↑
移位	>> << >>> <<<	
关系	< <= > >=	
等于	== != === !==	
缩位	& ~& ^ ^~ | ~|	
逻辑	&& ||	
条件	?:	
拼接	{} {{}}	最低优先级

注：小括号可以改变默认优先级，为了避免混淆，对于复杂的表达式，建议使用小括号。

2.3 描述方式

为了实现系统的逻辑功能，对同一系统进行设计时可以采用多种描述方式进行建模。Verilog 通常可以使用三种不同风格描述电路的功能：一是使用实例化低层模块的方法，即调用其他已定义好的低层模块对整个电路的功能进行描述，或者直接调用 Verilog 内部基本门级元件描述电路的结构，通常将这种方法称为结构化描述方式；二是使用连续赋值语句（assign 语句）对电路的逻辑功能进行描述，通常称为数据流描述方式；三是使用过程块语句结构（包括 initial 语句结构和 always 语句结构）和比较抽象的高级程序语句对电路的逻辑功能进行描述，通常称为行为描述方式。

2.3.1 结构化描述

结构化描述方式与电路结构一一对应，建模前必须设计好详细、具体的电路图，通过实例化调用已有的用户编好的低层次模块或 Verilog 预先定义的基本门级元件，并使用线网来连接各器件，描述出逻辑电路中元件或模块彼此的连接关系。模块定义中是不允许嵌套定义模块的，模块之间的相互调用只能通过实例化实现。定义好的模块相当于一个模板，使用模板可以创建一个对应的实际对象。当一个模块被调用时，Verilog 语言可以根据模板创建一个对应的模块对象，这个对象有自己的名字、参数、端口连接关系等。使用定义好的模板创建对象的过程称为实例化，创建的对象称为实例。每个实例必须有唯一的名字。对已定义好的模块进行实例化引用的语法格式如下：

```
模块名 实例名 （端口连接关系列表）;
```

模块端口与之连接的信号的数据类型必须遵循：输入端口在模块内部必须为 wire 型数据，在模块外部可以连接 wire 或 reg 型数据；输出端口在模块内部可以为 wire 或 reg 型数据，在模块外部必须连接到 wire 型数据；连接两个端口位宽可以不同，但仿真结果可能因 Verilog 仿真器不同，通常有警告。

1. 实例化基本门级元件

Verilog 内置如表 2.4 所示的 12 种基本门级元件，实例化元件格式如下：

```
门类型 实例名（输出，输入，控制信号）;
```

表 2.4　基本门级元件

类　型	元件符号	功能说明
多输入门	and	多输入与门
	nand	多输入与非门
	or	多输入或门
	nor	多输入或非门
	xor	多输入异或门
	xnor	多输入同或门
多输出门	buf	多输出缓冲器
	not	多输出反相器
三态门	bufif0	控制端低电平有效的三态缓冲器
	bufif1	控制端高电平有效的三态缓冲器
	notif0	控制端低电平有效的三态反相器
	notif1	控制端高电平有效的三态反相器

例如：

```
nand  NAND1 ( out, in1, in2, in3 ) ;
not  NOT1( out1, out2, in ) ;
bufif0  BUFF0( out, in, ctrl) ;
```

上例实例化了三输入与非门、二输出反相器和低电平控制的缓冲器，其中实例名 NAND1、NOT1、BUFF0 可以省略，圆括号中的输出、输入变量、控制信号必须与原理图对应，且输出变量在前，输入其次，控制信号在后。

2. 实例化底层模块

实例化用户定义的底层模块必须指定实例名，层次化设计中，父模块例化子模块时，有两种例化方法，即端口映射可以采用名字关联也可以按顺序关联，但关联方式不能混合使用。

第一种方式是命名端口连接方式，其语法格式为

```
模块名 实例名(.端口名(连线1), .端口名2(连线2),…);
```

用命名端口连接方式进行连接，每个连接关系用一个点开头，然后是需要进行连接的模块的端口名，端口后面的括号中指定该端口需要连接到当前层次模块的哪个信号。由于端口连接关系列表中明确指定了端口的连接关系，因此各个端口在连接列表中的顺序可以随意改变，而不影响实际连接结果。若某个端口不连接，则在连接列表中不列出该端口，但此写法通常会在仿真工具编译时报警。因此在忽略某个端口时，在端口连接关系列表中写出这个端口，但不指定它所连接的信号，而是打一个空括号，这种写法更有利于程序的可读性。

第二种方式是顺序端口连接方式，其语法格式为

```
模块名 实例名(连线名1, 连线2,…);
```

用顺序端口连接方式进行连接，不需要给出模块端口名，只需要按一定的顺序列出需要连接到的信号名即可。Verilog 语言将根据端口在模块声明列表中的声明顺序，把信号和模块端口连接起来。排列在顺序端口列表第一位的信号，将连接到模块端口声明列表中排在第一位的端口。使用顺序端口连接方式进行实例化的时候，不能随意改变端口连接列表中信号的排列顺序，否则会产生错误的连接关系。注意，顺序端口连接参考的是端口声明顺序而非定义顺序。例如：

```
fadder_1 add_1 (i_A[0],i_B[0],i_Cin,o_Sum[0],o_Cout);
//…

//定义一个1位全加器
module fadder_1
(//端口声明
i_A,i_B,i_Cin,o_Sum,o_Cout
);
//端口定义
    output o_Sum,o_Cout;
    input i_A,i_B;
    input i_Cin;
//…
```

上例中信号 i_A[0] 连接的是 i_A 端口，而与输出端口 o_Sum 在端口定义时定义在第一位无关。在顺序端口连接方式进行实例化时，若某个端口不做连接，可以在端口连接列表中留出其位置，但不指定任何连接的信号，例如：

```
fadder_1 add_1 (i_A[0],i_B[0],i_Cin, ,o_Cout);
```

上例中输出端口 o_Sum 不连接任何信号。需要注意某个端口悬空，如上例必须要在连接列表中预留位置（即用空格逗号隔开）。

2.3.2　数据流描述

对于小规模电路设计，Verilog 门级描述可以很好地完成设计工作。设计者可以通过实例化预定义的门单元和自定义功能模块的方式构建整个电路模型。但是对于大规模的电路设计几乎不可能通过逐个实例化门单元的方式来构建电路，设计者往往需要从更高层次入手进行电路描述。数据流描述是设计者从数据在各存储单元之间进行流动和运算的角度，对电路功能进行的描述。利用数据流描述方式，设计者可以借助 Verilog 提供的高层次运算符（如 +、* 等），直接对数据进行高层次的数学和逻辑运算建模，而不关心具体的门级电路结构。

在数字电路中，信号经过逻辑电路的过程就像数据在电路中流动，即信号从输入流向输出。当输入变化时，总会在一定的时间后在输出端呈现出效果。数据流描述就是模拟数字电路的这一特点。数据流描述一般使用连续赋值语句 assign 实现，主要用于实现组合逻辑电路。

1. 连续赋值语句

Verilog 的连续赋值语句是进行数据流描述的基本语法。它表示对线网的赋值，且赋值发生在任意右边信号发生变化时。连续赋值语句右边表达式的值发生变化后，左边变量值在同一时刻发生相应改变，没有时间上的间隔。连续赋值语句的功能等价于门级描述，但层次高于门级描述，可以方便、灵活地用来进行组合逻辑的建模。

连续赋值语句必须以 assign 开头，出现在与门单元实例化相同的代码层次。其语法如下：

```
assign [延迟] wire 型变量 = 表达式;
```

注意：Verilog 的行为描述中也可以有 assign 开头的赋值语句，称为过程连续赋值语句。过程连续赋值语句出现在 always 或者 initial 语句之中，其功能与连续赋值语句没有直接关系，且不可综合。

关键词 assign 后面添加可选的延迟参数，用于在仿真时模拟组合电路的门延迟。等号左边必须是 wire 型变量，不能是 reg 型。等号右边是表达式，Verilog 表达式提供了丰富的运算符，可以在高层次对数据进行各种运算。表达式的运算结果通过连续赋值语句赋值到组合逻辑的输出信号。

此外，Verilog 表达式还允许多位宽操作数的直接运算，而门单元只能连接位宽为 1 的端口信号。

连续赋值语句可以在变量声明时对变量赋值，我们称这种赋值方式为隐式的连续赋值。隐式的连续赋值不需要关键词 assign，只需在变量声明时，将等号和表达式直接添加在变量名后面。

因此，一个连续赋值语句，往往可以简化数字电路的设计，使设计者可以专注于算法的设计和优化。

2. 数据流描述实例

利用各种表达式及算术运算符，可以快速地设计复杂的数学和逻辑运算。例如：

```
// 利用数据流描述的四位加法器

module adder4
(input [3:0] a, input [3:0] b, input cin, output [3:0]sum, output cout);
assign {cout,sum} = a + b + cin;// 直接用 "+" 运算符进行加法运算
endmodule
```

```
// 构建更高位宽的加法器，只需要扩大赋值语句左、右变量的位宽即可
// 利用数据流描述构建的 8×8 乘法器

module multiplier_8×8
(input [7:0] a, input [7:0] b, output [15:0]p);
assign p = a * b;                           // 直接用“*”运算符进行乘法运算
endmodule
```

对于乘法操作，赋值语句左边变量的位宽往往是右边表达式各个操作数的位宽之和。这是防止左边变量没有足够的位宽来存储可能的最大乘法结果而造成的数据丢失。

在进行逻辑综合时，综合工具自动综合优化出来的门级电路，其性能已经达到甚至超过了人们用门级描述设计的相同功能的电路。

2.3.3 行为描述

直接根据电路的外部行为进行建模，而与硬件电路结构无关，这种建模方式称为行为描述。行为建模从一个很高的抽象角度来表示电路，通过定义输入-输出响应的方式描述硬件行为。行为描述一般使用 initial 和 always 过程块结构，其他所有的行为语句只能出现在这两种过程结构语句里面。这两种过程块结构分别代表一个独立的执行过程，二者不能嵌套使用，每个 initial 和 always 语句模块它们都是并行的。由于行为描述加入了多种灵活的控制功能，因此其主要用于构建更为复杂的时序逻辑和行为级仿真模型。但是，按照一定规范书写的行为描述语句也可以用来构建组合逻辑模型。行为语句主要包括：块语句、过程赋值语句、条件语句和循环语句。

1. 过程块结构

过程块结构主要包括 initial 过程块结构和 always 过程块结构。

（1）initial 过程块

initial 过程块主要用于仿真测试，用来对变量进行初始化或生产激励波形，从模拟 0 时刻开始执行，指定的内容只执行一次，一个模块可以有多个 initial 块结构，都是同时从 0 时刻开始并行执行。initial 过程块不能进行逻辑综合，其格式如下：

```
initial
begin/fork
    延时控制 1  行为语句 1;
    延时控制 2  行为语句 2;
    …
    延时控制 n  行为语句 n;
end/join
```

延时控制表示行为语句执行前的“等待时延”，默认表示从 0 时刻开始。延时控制的格式为：# 延时数。例如：

```
reg a,b,c;
initial
    a = 1'b0;                        // initial 中只有一条赋值语句，可以直接写出
// initial 中有多条赋值语句，需要使用 begin 和 end 块语句括起来
initial
begin
    b = 1'b0;
    c = 1'b0;
```

```
end
```

上例使用 initial 语句对变量 a、b、c 做了初始化。由于没有时序控制语句出现，这两条初始化语句都是从仿真 0 时刻同时开始执行，在同一仿真时间将初始值 0 赋给 a、b、c，且不分先后。

如果在某条语句前加上实现延时控制语句“# 延迟数”，那么相关赋值过程会在前面的赋值语句后完成，经过指定的延迟时间后再执行，且指定的延迟时间不同，则执行的时刻不同。通过这种方式可以生成特定的激励波形，例如：

```
reg[ 3: 0] a;
initial begin
    a = 4'b0000;
    #5 a = 4'b0001;
    #5 a = 4'b0011;
    #5 a = 4'b0010;
    #5 a = 4'b0110;
end
```

上例中的 a 值在 0 时刻为“0000”，到 5 个时间单位延迟后变成“0001”，在 10 个时间单位延迟时变成“0011”，在 15 个时间单位延迟时变成“0010”，在 20 个时间单位延迟时变成“0110”。即从 0 时刻到 20 个时间单位延迟内每隔 5 个时间单位延迟，产生一个 4 位二进制的变化 a，在 20 个时间单位延迟后 a 赋值为“0110”。

（2）always 过程块

always 过程块是一直重复执行的，可被综合也可用于仿真，多个 always 过程块并行执行，与书写前后顺序无关，其格式如下：

```
always @ （敏感信号列表）
begin
    行为语句 1;
    行为语句 2;
    …
    行为语句 n;
end
```

敏感信号列表中信号发生指定的变化就会触发 always 过程块的运行，敏感信号列表是可选的。敏感信号列表中使用“*”，即 always@(*) 或 always@*，表示在该敏感信号列表中加入了当前 always 过程块的所有输入，避免综合与仿真不匹配的问题。如果 always@() 中敏感信号列表不全，可能导致综合与仿真结果不一致的问题；如果一个 always 没有敏感信号列表，则这个 always 语句将会产生一个仿真死循环。例如：

```
always clk = ~ clk;
```

这个 always 将会生成一个 0 延迟的无限循环跳变过程，发生仿真死锁。如果加上延时控制，则这个 always 语句将变成一条非常有用的描述语句。例如：

```
always #10 clk = ~ clk;
```

这个例子生成了一个周期为 20 单位的无限循环的信号波形，常用这种方法来描述时钟信号，作为仿真时激励信号来测试所设计的电路。

常用的敏感信号列表有电平触发信号和边沿触发信号。用 always 设计组合逻辑电路时，将所有的输入变量都列入敏感信号列表，不能包含任何边沿触发信号，只要有逻辑变量发生改变就会触发 always 过程块执行。在 always 语句中添加阻塞赋值语句，并利用表达式的各种运算符，就可以像数据流描述中那样设计出组合逻辑电路。但不同于数据流描述，always 结构化过程语句中的赋值语句，等号左边的变量必须是 reg 型的。例如：

```
always @ (a or b or c)
always @ (a, b, c)
always @ (*)
always @ *
```

用 always 设计时序电路时，采用边沿触发条件，Verilog 提供了 posedge（上升沿）和 negedge（下降沿）两个关键字描述。例如：

```
always @ (posedge clk)    //clk上升沿触发
always @ (posedge clk or negedge clear)
```

2. 块语句

块语句包括串行块 begin...end 和并行块 fork...join 两种。当块内只有一条语句时，可以省略 begin...end 或 fork...join。串行块内的各条语句按它们在块内的位置顺序执行，如果在仿真时有延时控制，则每条语句的延时控制都是相对于前一条语句结束时刻的延时控制。并行块内各条语句各自独立地同时开始执行，各条语句的起始执行时间都等于进入该语句块的时间。在具有延时控制的仿真时，各语句的延时都是相对于进入并行块的时间同时延时。如串行块和并行块分别存在于不同的 initial 或 always 结构中，它们是并行执行的。当串行块和并行块嵌套在同一个 initial 或 always 中，内层语句可以看作是外层语句的一条普通语句，内层语句块的执行时间由外层语句块的规则决定，而内层语句块开始执行时，其内部语句的执行遵守内层块的规则。块语句可以有块名，起名的方法是在 begin 或 fork 后面添加“: 名字”。

3. 过程赋值语句

在 initial 和 always 过程块结构中的赋值语句为过程赋值语句，多用于对 reg 型变量进行赋值，被赋值后其值保持不变，直到赋值进程又被触发，变量才能赋予新值。过程赋值语句分为阻塞赋值和非阻塞赋值两种。

（1）非阻塞（Non_Blocking）赋值方式（ 如 b <= a; ）

① 块结束后才完成赋值操作。

② b 的值并不是立刻就改变的。

③ 这是一种比较常用的赋值方法（特别在编写可综合模块时）。

（2）阻塞（Blocking）赋值方式（ 如 b = a; ）

① 赋值语句执行完后，块才结束。

② b 的值在赋值语句执行完后立刻就改变。

③ 可能会产生意想不到的结果。

非阻塞赋值方式和阻塞赋值方式的区别常给设计人员带来问题。问题主要是给“always”块内的 reg 型信号的赋值方式不易把握。例如，在“always”模块内的 reg 型信号采用下面的这种赋值方式：

```
b <= a;
```

这种方式的赋值并不是马上执行的，也就是说“always”块内的下一条语句执行后，b 并不等于 a，而是保持原来的值。“always”块结束后，才进行赋值。而另一种赋值方式——阻塞赋值方式，如下所示：

```
b = a;
```

这种赋值方式是马上执行的。也就是说执行下一条语句时，b 已等于 a。尽管这种方式看起来很直观，但是可能会引起麻烦。下面举例说明：

【例 2.3-1】 使用非阻塞赋值方式描述电路。

```
always @( posedge clk )
begin
    b <= a;
    c <= b;
end
```

例 2.3-1 的“always”块中用了非阻塞赋值方式，定义了两个 reg 型信号 b 和 c，clk 信号的上升沿到来时，b 就等于 a，c 就等于 b，这里应该用到了两个触发器。请注意：赋值是在“always”块结束后执行的，c 应为原来 b 的值。这个“always”块实际描述的电路功能如图 2.1 所示。

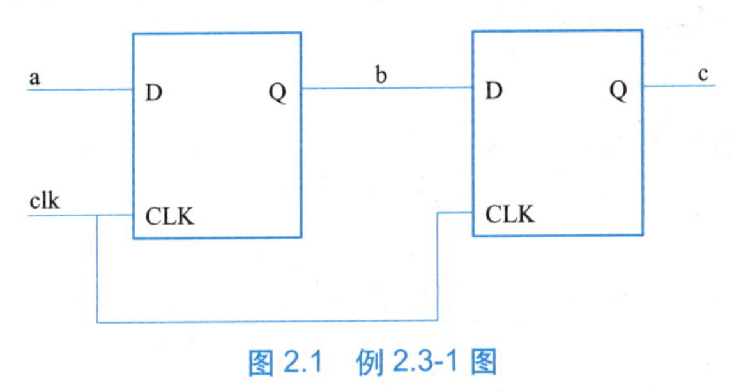

图 2.1　例 2.3-1 图

【例 2.3-2】 使用阻塞赋值方式描述电路。

```
always @( posedge clk )
begin
    b = a;
    c = b;
end
```

例 2.3-2 的“always”块中用了阻塞赋值方式。clk 信号的上升沿到来时，将发生如下的变化：b 马上取 a 的值，c 马上取 b 的值（即等于 a），生成的电路图如图 2.2 所示。该电路只用了一个 D 触发器来寄存 a 的值，又输出给 b 和 c。这大概不是设计者的初衷，如果采用例 2.3-1 的非阻塞赋值方式就可以避免这种错误。

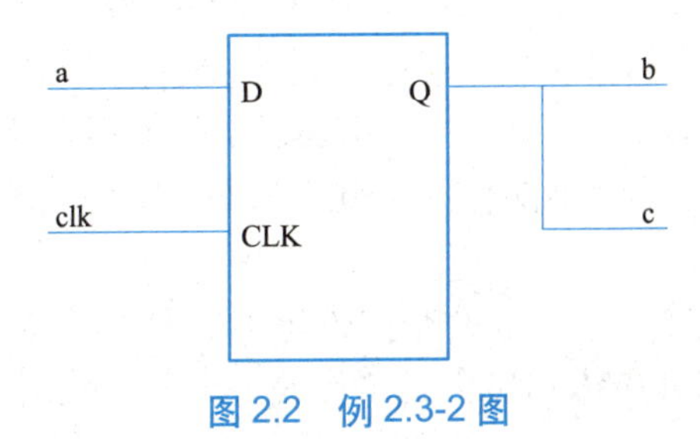

图 2.2　例 2.3-2 图

阻塞赋值和非阻塞赋值是学习 Verilog 语言的一个难点，多条阻塞赋值语句是顺序执行的，而多条非阻塞语句是并行执行的。

在使用 always 块描述组合逻辑电路时使用阻塞赋值，在含有时序逻辑电路的 always 块描述时使用非阻塞赋值。不要在同一个 always 块内同时使用阻塞赋值和非阻塞赋值。无论是使用阻塞赋值还是非阻塞赋值，不要在不同的 always 块内对同一个变量进行过程赋值。

4. 条件语句

（1）if...else 语句

if 语句用来判定所给定的条件是否满足，根据判定的结果（真或假）决定执行给出的两种操作之一。Verilog HDL 语言提供了三种形式的 if 语句。

- if(表达式) 语句 ;

例如：

```
if (a > b)        out1 <= int1;
```

- if(表达式)　　语句 1;
　　　　else　　语句 2;

例如：

```
if(a > b)    out1 <= int1;
    else     out1 <= int2;
```

- if(表达式 1)　　语句 1;
　　　　else if(表达式 2) 语句 2;
　　　　else if(表达式 3) 语句 3;
　　　　...
　　　　else if(表达式 m) 语句 m;
　　　　else 语句 n;

例如：

```
if(a > b)         out1 <= int1;
else if(a == b)   out1 <= int2;
else              out1 <= int3;
```

六点说明：

① 三种形式的 if 语句中，在 if 后面都有“表达式”，其一般为逻辑表达式或关系表达式。系统对表达式的值进行判断，若为 0，x，z，按“假”处理;若为 1，按“真”处理，执行指定的语句。

② 第二、第三种形式的 if 语句中，在每个 else 前面有一分号，整个语句结束处有一分号。这是由于分号是 Verilog 语句中不可缺少的部分，这个分号是 if 语句中的内嵌套语句所要求的。

如果无此分号,则出现语法错误。但应注意,不要误认为上面是两条语句(if 语句和 else 语句)，它们都属于同一个 if 语句。else 子句不能作为语句单独使用，它必须是 if 语句的一部分，与 if 配对使用。

③ 在 if 和 else 后面可以包含一条内嵌的操作语句（如上例)，也可以有多条操作语句，此时，用 begin 和 end 这两个关键词将几条语句包含起来形成一个复合块语句。例如：

```
if(a>b) begin
    out1<=int1;
```

```
    out2<=int2;
end
else begin
    out1<=int2;
    out2<=int1;
end
```

注意：在 end 后不需要再加分号。因为 begin...end 内是一个完整的复合语句，不需再附加分号。

④ 允许一定形式的表达式简写方式。如下面的例子：

```
if(表达式)        等同于  if(表达式== 1 )
if(!表达式)       等同于  if(表达式!= 1 )
```

⑤ if 语句的嵌套是指在 if 语句中又包含一个或多个 if 语句，其一般形式如下：

```
if(表达式1)
    if(表达式2) 语句1; (内嵌if)
    else  语句2;
else
    if(表达式3) 语句3; (内嵌if)
    else  语句4;
```

应当注意，if 与 else 的配对关系，else 总是与它上面的最近的 if 配对。如果 if 与 else 的数目不一样，为了实现程序设计者的意图，可以用 begin...end 块语句来确定配对关系。例如：

```
if( )
    begin
        if( )  语句1; (内嵌if)
    end
else    语句2;
```

这时 begin...end 块语句限定了内嵌 if 语句的范围，因此 else 与第一个 if 配对。注意，begin...end 块语句在 if...else 语句中的使用，因为有时 begin...end 块语句的不慎使用会改变逻辑行为，见下例：

```
if(index>0)
    for(scani = 0; scani < index; scani = scani + 1)
    if(memory[scani]>0)
    begin
    $display("...");
    memory[scani] = 0;
    end
else /*错误*/
$display("error-indexiszero");
```

尽管程序设计者把 else 写在与第一个 if（外层 if）同一列上，希望与第一个 if 对应，但实际上 else 是与第二个 if 对应的，因为它们相距最近。正确的写法应当是这样的：

```
if(index>0)
    begin
    for(scani = 0; scani < index; scani = scani + 1)
    if(memory[scani] > 0)
        begin
        $display("...");
        memory[scani]=0;
```

```
        end
    end
else      /*错误*/
$display("error-indexiszero");
```

⑥ if...else 例子。下面的例子取自某程序中的一部分，这部分程序用 if...else 语句来检测变量 index 以决定三个寄存器 modify_segn 中哪一个的值应当与 index 相加作为 memory 的寻址地址，并且将相加值存入寄存器 index 以备下次检测使用。

```
//定义寄存器和参数
reg [31:0] instruction,segment_area[255:0];
reg [7:0] index;
reg [5:0] modify_seg1,modify_seg2,modify_seg3;
parameter
segment1 = 0, inc_seg1 = 1,
segment2 = 20, inc_seg2 = 2,
segment3 = 64, inc_seg3 = 4,
data = 128;
//检测寄存器 index 的值
if(index < segment2)
    begin
    instruction = segment_area[index + modify_seg1];
    index = index + inc_seg1;
    end
else if(index < segment3)
    begin
    instruction = segment_area[index + modify_seg2];
    index = index + inc_seg2;
    end
else if (index < data)
    begin
    instruction = segment_area[index + modify_seg3];
    index = index + inc_seg3; end
else
    instruction = segment_area[index];
```

（2）case 语句

case 语句是一种多分支选择语句。if 语句只有两个分支可供选择，而实际问题中常常需要用到多分支选择，Verilog 语言提供的 case 语句直接处理多分支选择。case 语句通常用于微处理器的指令译码，它的一般形式如下：

- case（表达式） <case 分支项> endcase
- casez（表达式）<case 分支项> endcase
- casex（表达式）<case 分支项> endcase

case 分支项的一般格式如下：

```
分支表达式：                语句
默认项（default 项）：      语句
```

说明：

① case 括号内的表达式称为控制表达式，case 分支项中的表达式称为分支表达式。控制表达式通常表示为控制信号的某些位，分支表达式则用这些控制信号的具体状态值来表示，因此分支

表达式又可以称为常量表达式。

② 当控制表达式的值与分支表达式的值相等时，就执行分支表达式后面的语句。如果所有的分支表达式的值都没有与控制表达式的值相匹配的，就执行 default 后面的语句。

③ default 项可有可无，一个 case 语句里只准有一个 default 项。

下面是一个简单的使用 case 语句的例子。该例子中对寄存器 rega 译码以确定 result 的值。

```
reg [15:0]      rega;
reg  [9:0] result;
case (rega)
    16 'd0:       result = 10 'b0111111111;
    16 'd1:       result = 10 'b1011111111;
    16 'd2:       result = 10 'b1101111111;
    16 'd3:       result = 10 'b1110111111;
    16 'd4:       result = 10 'b1111011111;
    16 'd5:       result = 10 'b1111101111;
    16 'd6:       result = 10 'b1111110111;
    16 'd7:       result = 10 'b1111111011;
    16 'd8:       result = 10 'b1111111101;
    16 'd9:       result = 10 'b1111111110;
    default:      result = 'bx;
endcase
```

④ 每一个 case 分项的分支表达式的值必须互不相同，否则就会出现矛盾现象（对表达式的同一个值，有多种执行方案）。

⑤ 执行完 case 分项后的语句，则跳出该 case 语句结构，终止 case 语句的执行。

⑥ 在用 case 语句表达式进行比较的过程中，只有当信号的对应位的值能明确进行比较时，比较才能成功。因此要注意详细说明 case 分项的分支表达式的值。

⑦ case 语句的所有表达式的值的位宽必须相等，只有这样控制表达式和分支表达式才能进行对应位的比较。一个经常犯的错误是用 'bx，'bz 来替代 n'bx，n'bz，这样写是不对的，因为信号 x，z 的默认宽度是机器的字节宽度，通常是 32 位（此处 n 是 case 控制表达式的位宽）。

case 语句与 if...else if...else 语句的区别主要有两点：

① 与 case 语句中的控制表达式和多分支表达式这种比较结构相比，if...else if...else 结构中的条件表达式更为直观一些。

② 对于那些分支表达式中存在不定值 x 和高阻值 z 位时，case 语句提供了处理这种情况的手段。下面的两个例子介绍了处理 x、z 值位的 case 语句。

【例 2.3-3】 case 语句对分支表达式存在 z 或 x 位的处理情况。

```
case (select[1:2])
2 'b00:   result = 0;
2 'b01:   result = flaga;
2 'b0x,2 'b0z: result = flaga? 'bx : 0;
2 'b10:   result = flagb;
2 'bx0,2 'bz0: result = flagb? 'bx : 0;
default: result='bx;
endcase
```

【例 2.3-4】 case 语句对 z 或 x 的处理显示。

```
case(sig)
```

```
1 'bz:    $display("signal is floating");
1 'bx:    $display("signal is unknown");
default: $display("signal is %b",sig);
endcase
```

Verilog 语言针对电路的特性提供了 case 语句的其他两种形式，用来处理 case 语句比较过程中的不必考虑的情况。其中 casez 语句用来处理不考虑高阻值 z 的比较过程，casex 语句则将高阻值 z 和不定值都视为不必关心的情况。所谓不必关心的情况，即在表达式进行比较时，不将该位的状态考虑在内。这样，在 case 语句表达式进行比较时，就可以灵活地设置以对信号的某些位进行比较。见下面的两个例子：

【例 2.3-5】 casez 语句处理不考虑高阻值 z 的比较过程。

```
reg[7:0] ir;
casez(ir)
8 'b1???????: instruction1(ir);
8 'b01??????: instruction2(ir);
8 'b00010???: instruction3(ir);
8 'b000001??: instruction4(ir);
endcase
```

【例 2.3-6】 casex 语句不考虑高阻值 z 和不定值的比较过程。

```
reg[7:0] r, mask;
mask = 8'bx0x0x0x0;
casex (r ^ mask)
     8'b001100xx: stat1;
     8'b1100xx00: stat2;
     8'b00xx0011: stat3;
     8'bxx001100: stat4;
endcase
```

（3）条件描述的完备性

Verilog 程序设计中容易犯的一个通病是由于不正确使用语言，生成了并不想要的锁存器。下面通过两例给出在“always”块中不正确使用 if 语句，造成这种错误的例子。

【例 2.3-7】 if 语句使用中产生锁存器。

```
always @ (a or b)
    begin
        if (a) q <= b;
    end
```

【例 2.3-8】 if 语句使用中不产生锁存器。

```
always @ (a or b)
    begin
        if (a) q <= b;
        else     q <= 0;
    end
```

检查例 2.3-7 中“always”块，if 语句保证了只有当 a=1 时，q 才取 d 的值。这段程序没有写出 a = 0 时的结果，那么当 a=0 时会怎么样呢？

在“always”块内，如果在给定的条件下变量没有赋值，这个变量将保持原值，也就是说会生成一个锁存器。

如果设计人员希望当 a = 0 时 q 的值为 0，else 项就必不可少了，请注意看例 2.3-8 的 “always” 块，整个 Verilog 程序模块综合出来后，“always” 块对应的部分不会生成锁存器。

Verilog HDL 程序另一种偶然生成锁存器是在使用 case 语句时缺少 default 项的情况下发生的。

【例 2.3-9】　case 语句使用中产生锁存器。

```
always @ (sel[1:0] or a or b)
    case( sel[1:0] )
         2'b00: q <= a;
         2'b11: q <= b;
    endcase
```

【例 2.3-10】　case 语句使用中不产生锁存器。

```
always @ (sel[1:0] or a or b)
    case( sel[1:0] )
         2'b00: q <= a;
         2'b11: q <= b;
         default: q <= 0;
    endcase
```

case 语句的功能是：在某个信号（sel）取不同的值时，给另一个信号（q）赋不同的值。注意看例 2.3-9，如果 sel = 2'b00，q 取 a 值，而 sel = 2'b11，q 取 b 的值。这个例子中不清楚的是：如果 sel 取 2'b00 和 2'b11 以外的值时 q 将被赋予什么值？结果程序即默认为 q 保持原值，这就会自动生成锁存器。

例 2.3-10 中 q 的赋值很明确，程序中的 case 语句有 default 项，指明了如果 sel 不取 2'b00 或 2'b11 时，编译器或仿真器应赋给 q 的值。程序所示情况下，q 赋为 0，因此不生成锁存器。

以上就是怎样来避免隐形生成锁存器的错误。如果用到 if 语句，最好写上 else 项。如果用 case 语句，最好写上 default 项。遵循上面两条原则，就可以避免发生这种错误，使设计者更加明确设计目标，同时也增强了 Verilog HDL 程序的可读性。

5. 循环语句

在 Verilog 语言中存在着四种类型的循环语句，它们用来控制执行语句的执行次数。

① forever 连续的执行语句。

② repeat 连续执行一条语句 *n* 次。

③ while 执行一条语句直到某个条件不满足，如果一开始条件即不满足（为假），则语句一次也不能被执行。

④ for 通过以下三个步骤来决定语句的循环执行。

a. 先给控制循环次数的变量赋初值；

b. 判定控制循环的表达式的值，如为假则跳出循环语句，如为真则执行指定的语句后，转到第 3 步；

c. 执行一条赋值语句来修正控制循环变量次数的变量的值，然后返回第 2 步。

下面对各种循环语句进行详细的介绍。

（1）forever 语句

forever 语句的格式如下：

```
forever   语句;
```

或

```
forever   begin  多条语句 end
```

forever 循环语句常用于产生周期性的波形，用来作为仿真测试信号。它与 always 语句的不同之处在于不能独立写在程序中，而必须写在 initial 块中。

（2）repeat 语句

repeat 语句的格式如下：

```
repeat（表达式） 语句；
```

或

```
repeat（表达式） begin 多条语句 end
```

在 repeat 语句中，其表达式通常为常量表达式。下面的例子中使用 repeat 循环语句及加法和移位操作来实现一个乘法器。

```
parameter size = 8,longsize = 16;
reg [size:1] opa, opb;
reg [longsize:1] result;
begin:mult
reg [longsize:1] shift_opa, shift_opb;
shift_opa = opa;
shift_opb = opb;
result = 0;
repeat(size)
begin
    if(shift_opb[1])
    result = result + shift_opa;
    shift_opa = shift_opa << 1;
    shift_opb = shift_opb >> 1;
end
end
```

（3）while 语句

while 语句的格式如下：

```
while（表达式）   语句；
```

或

```
while（表达式）   begin  多条语句        end
```

下面举一个 while 语句的例子，该例子用 while 循环语句对 rega 这个 8 位二进制数中值为 1 的位进行计数。

```
begin:count1s
reg [7:0] tempreg;
count=0;
tempreg = rega;
while(tempreg)
begin
    if(tempreg[0])  count = count + 1;
        tempreg = tempreg >> 1;
```

```
    end
    end
```

（4）for 语句

for 语句的一般形式为：

```
for(表达式 1; 表达式 2; 表达式 3)   语句;
```

它的执行过程如下：

① 先求解表达式 1。

② 求解表达式 2，若其值为真（非 0），则执行 for 语句中指定的内嵌语句，然后执行下面的第 3 步；若为假（0），则结束循环，转到第 5 步。

③ 若表达式为真，在执行指定的语句后，求解表达式 3。

④ 转回上面的第②步骤继续执行。

⑤ 执行 for 语句下面的语句。

for 语句最简单的应用形式是很容易理解的，其形式如下：

```
for(循环变量赋初值；循环结束条件；循环变量增值) 执行语句
```

for 循环语句实际上相当于采用 while 循环语句建立以下的循环结构：

```
begin
循环变量赋初值;
while(循环结束条件)
begin
    执行语句;
    循环变量增值;
end
end
```

这样对于需要 8 条语句才能完成的一个循环控制，for 循环语句只需两条即可。

下面分别举两个使用 for 循环语句的例子。例 2.3-11 用 for 语句来初始化 memory；例 2.3-12 则用 for 循环语句来实现前面用 repeat 语句实现的乘法器。

【例 2.3-11】 for 语句初始化 memory。

```
begin:init_mem
reg[7:0] tempi;
for(tempi = 0; tempi < memsize; tempi = tempi + 1)
    memory[tempi] = 0;
end
```

【例 2.3-12】 for 语句实现乘法器。

```
parameter size = 8, longsize = 16;
reg[size:1] opa, opb;
reg[longsize:1] result;
begin:mult
integer bindex;
result=0;
for( bindex = 1; bindex <= size; bindex = bindex + 1 )
    if(opb[bindex])
    result = result + (opa << (bindex - 1));
```

```
end
```

在 for 语句中，循环变量增值表达式可以不必是一般的常规加法或减法表达式。下面是对 rega 这个 8 位二进制数中值为 1 的位进行计数的另一种方法。

```
begin: count1s
reg[7:0] tempreg;
count=0;
for(tempreg = rega; tempreg; tempreg = tempreg >> 1)
    if(tempreg[0])
    count = count + 1;
end
```

（5）disable 语句

一般情况下，循环语句都留有正常的出口用于退出循环，但是有些特殊情况下，需要强制退出循环，就可以使用 disable 语句。在使用 disable 强制退出循环时，必须给循环部分起个名字，起名的方法是在 begin 后面添加“: 名字”。

```
//做 4 次加 1 操作后强制退出循环，然后继续执行后续操作
begin: adder
    for ( i = 0; i < 5; i = i + 1 )
    begin
        sum = sum + 1;
        if ( i == 3) disable adder;
    end
end
后续操作 1;
后续操作 2;
```

6. 任务和函数

在 Verilog 语言中，任务和函数提供了在一个描述中从不同位置执行公共程序的能力，将一个大程序可以分解成较小程序，更容易阅读和调试源文件描述。

任务和函数的区别：

① 在一个仿真时间单位内执行函数，而任务可以包含时间控制语句。

② 函数不能调用任务，但任务可以调用函数和其他任务。

③ 函数至少有一个 input 类型的参数，没有 output 或 inout 类型的参数，而任务可以有任意多个和任意类型的参数。

④ 一个函数返回一个值，而任务不返回值。

⑤ 函数是通过一个值来响应输入的值，函数作为表达式内的一个操作数；而任务可以支持多个输入并计数出多个结果的值，返回传递的 output 和 inout 类型的参数结果。

⑥ 函数定义中，不能包含任何时间控制，如 #、@ 和 wait 等，而任务无此限制。

⑦ 函数不能有任何非阻塞赋值或过程连线赋值语句，不能有任何时间触发。

例如，定义一任务或函数对一个 16 位的字进行操作让高字节与低字节互换，把它变为另一个字（假定这个任务或函数名为：switch_bytes）。

任务返回的新字是通过输出端口的变量，因此 16 位字字节互换任务的调用源码是这样的：

```
switch_bytes(old_word, new_word);
```

任务 switch_bytes 把输入 old_word 的字的高、低字节互换放入 new_word 端口输出。而函数返回的新字是通过函数本身的返回值，因此 16 位字字节互换函数的调用源码是这样的：

```
new_word = switch_bytes(old_word);
```

下面分别介绍任务和函数语句的要点。

（1）任务

如果传给任务的变量值和任务完成后接收结果的变量已定义，就可以用一条语句启动任务。任务可以启动其他的任务，其他任务又可以启动别的任务，可以启动的任务数是没有限制的。不管有多少任务启动，只有当所有的启动任务完成以后，控制才能返回。

① 任务的定义。

定义任务的语法如下：

任务：

```
task <任务名>;
      <端口及数据类型声明语句>
      <语句 1>
      <语句 2>
      ...
      <语句 n>
endtask
```

这些声明语句的语法与模块定义中的对应声明语句的语法是一致的。

② 任务的调用及变量的传递。

启动任务并传递输入输出变量的声明语句的语法如下：

任务的调用：

```
<任务名>(端口 1, 端口 2, ... , 端口 n);
```

下面的例子说明怎样定义任务和调用任务：

任务定义：

```
task     my_task;
    input a, b;
    inout c;
    output d, e;
    ...
    <语句>        //执行任务工作相应的语句
    ...
    c = foo1;    //赋初始值
    d = foo2;    //对任务的输出变量赋值
    e = foo3;
endtask
```

任务调用：

```
my_task(v,w,x,y,z);
```

任务调用变量（v, w, x, y, z）和任务定义的 I/O 变量（a, b, c, d, e）之间是一一对应的。当任务启动时，由 v，w 和 x 传入的变量赋给了 a，b 和 c，而当任务完成后的输出又通过 c，d 和 e 赋给了 x，y 和 z。下面是一个具体的例子用来说明怎样在模块的设计中使用任务，使程序容易读懂：

【例 2.3-13】 程序模块中使用任务。

```
module traffic_lights;
    reg  clock, red, amber, green;
    parameter   on=1, off=0, red_tics=350, amber_tics=30, green_tics=200;
    //交通灯初始化
    initial     red=off;
    initial     amber=off;
    initial     green=off;
    //交通灯控制时序
    always      begin
        red=on;                      //开红灯
        light (red, red_tics);       //调用等待任务
        green=on;                    //开绿灯
        light (green, green_tics);   //等待
        amber=on;                    //开黄灯
        light (amber, amber_tics);   //等待
    end
//定义交通灯开启时间的任务
task     light(color, tics);
output   color; input[31:0] tics;
begin
    repeat (tics) @(posedge clock); //等待tics个时钟的上升沿
    color=off;                      //关灯
end endtask
//产生时钟脉冲的always块
always begin
    #100 clock=0;
    #100 clock=1;
end
endmodule
```

这个例子描述了一个简单的交通灯的时序控制，并且该交通灯有它自己的时钟产生器。

（2）函数

函数的目的是返回一个表达式的值。

定义函数的语法：

```
function <返回值的类型或范围> (函数名);
    <端口说明语句>
    <变量类型说明语句>
begin
<语句>
...
end
endfunction
```

请注意 <返回值的类型或范围> 这一项是可选项，如省略则返回值为一位寄存器类型数据。下面用例子说明：

```
function [7:0] getbyte;
    input [15:0] address;
    begin
```

```
            <说明语句>      //从地址字中提取低字节的程序
            getbyte = result_expression; //把结果赋予函数的返回字节
        end
    endfunction
```

从函数返回的值：函数的定义蕴含声明了与函数同名的、函数内部的寄存器。如在函数的声明语句中<返回值的类型或范围>省略，则这个寄存器是一位的，否则是与函数定义中<返回值的类型或范围>一致的寄存器。函数的定义把函数返回值所赋值寄存器的名称初始化为与函数同名的内部变量。下面的例子说明了这个概念：getbyte 被赋予的值就是函数的返回值。

函数的调用：函数是通过将函数作为表达式中的操作数来实现的。

其调用格式如下：

```
    <函数名> (<表达式>, ... ,<表达式>)
```

其中函数名作为确认符。下面的例子中通过对两次调用函数 getbyte 的结果值进行位拼接运算来生成一个字。

```
    word = control ? {getbyte(msbyte),getbyte(lsbyte)} : 0;
```

函数的使用规则：与任务相比较，函数的使用有较多的约束，下面给出的是函数的使用规则：

① 函数的定义不能包含有任何的时间控制语句，即任何用 # 、@ 或 wait 来标识的语句。

② 函数不能启动任务。

③ 定义函数时至少要有一个输入参量。

④ 在函数的定义中必须有一条赋值语句给函数中的一个内部变量赋以函数的结果值，该内部变量具有和函数名相同的名字。

举例说明：下面的例 2.3-14 定义了一个可进行阶乘运算的名为 factorial 的函数，该函数返回一个 32 位的寄存器类型的值，该函数可向后调用自身，并且打印出部分结果值。

【例 2.3-14】 程序模块中使用函数。

```
    module  tryfact;
        //函数的定义
        function[31:0] factorial;
            input[3:0] operand;
            reg [3:0] index;
            begin
                factorial = operand? 1 : 0;
                for(index = 2; index <= operand; index = index + 1)
                    factorial = index * factorial;
            end
        endfunction
        //函数的测试
        reg[31:0] result;
        reg[3:0]  n;
        initial begin
            result=1;
            for(n = 2; n <= 9; n = n + 1) begin
            $display("Partial result n= %d result= %d", n, result);
            result = n * factorial(n) /( (n*2) + 1 );
            end
```

```
        $display( "Finalresult=%d", result);
        end
    endmodule     //模块结束
```

2.3.4 描述形式与电路建模

无论数字系统多么复杂，其都是由许多基本的单元电路和模块搭建起来的。对于所有的集成电路，最基本的单元都是晶体管，将不同尺寸的晶体管用不同的方式相互连接，可以构成模块电路，如各种组合逻辑门、边沿触发的 D 触发器、D 锁存器、RAM 存储器、放大器、电流源等。利用 Verilog 进行数字电路设计时，首先利用 Verilog 描述电路的功能，然后利用综合工具将 RTL 代码综合成一个个门级电路单元模块。在数字电路设计中，基本的电路单元模块不需要精确到晶体管，只需要指定到逻辑门单元即可。

用什么样的电路基本单元模块，以及什么样的方式进行连接，从而构成数字电路系统，即电路的建模形式。对不包含任何存储单元（如寄存器、锁存器）的电路设计称为组合逻辑电路的建模；若电路包含存储单元且所有的存储单元都用同一个时钟信号进行触发，则该电路的设计称为同步时序逻辑电路建模；若电路包含存储单元且这些存储单元有不同的触发信号和条件，则该电路的设计称为异步时序逻辑电路建模。

Verilog 语言提供结构化描述（或称门级描述）、数据流描述和行为描述抽象层次的描述形式，从最低级的门级描述到最高级的行为描述，它们可以在不同的层次进行电路的建模。不同层次的描述形式通常都可以用来对同一个功能电路进行建模，即它们综合处理的电路结构都是相同的。高层次的描述方式可以比低层次的描述方式使用更少的代码，并用直观的方法描述电路模型，仿真速度快。低层次的描述形式通常与实际芯片的物理结构接近。充分利用 Verilog 各种丰富的语法进行电路建模，学会在各个层次进行思维的切换，对于设计者设计出高效的可综合的 Verilog 代码非常必要。

对于组合逻辑建模，数据流描述可以很容易地转换为行为描述，其转换方法为：

① 将数据流描述中的连续赋值语句左边的变量定义为 wire 类型；

② 利用 always 模块描述组合逻辑，将连续赋值语句等号右边的所有信号都加到 always 语句后面的敏感列表中，且所有的信号都是电平敏感的；

③ 在 always 模块中利用阻塞赋值语句对左边变量进行赋值，赋值语句等号右边的表达式与连续赋值语句右边的表达式相同。

虽然数据流描述可以用以上方法转换成行为描述，但是设计者还是应尽量使用更为直观的语法来构建组合逻辑。如利用各种条件判断语句，行为描述构成组合逻辑往往可以使用较少的代码，并构建出功能复杂的组合逻辑电路。

时序逻辑建模不同于组合逻辑建模，利用门级描述和数据流描述进行时序逻辑建模必须指定组合逻辑单元的延迟。因为时序逻辑需要通过带有延迟和反馈的组合逻辑来实现时序功能。

2.4 逻辑仿真

逻辑仿真是逻辑验证的一种方法，验证是芯片设计过程中非常重要的一个环节。任何无缺陷的芯片都是验证出来的，而不是设计出来的。验证过程的准确和完备，在一定程度上决定了芯片的命运。本节重点介绍仿真的概念、仿真平台的搭建，以及如何利用高效的仿真平台来验证设计。仿真是使用 EDA 工具，通过对实际情况的模拟，验证设计的正确性。在 FPGA/CPLD 设计领域，最常用的仿真工具是第三方工具——ModelSim，也可以使用 EDA 集成开发环境自带仿真器进行仿真。主流的功能验证方法是对 RTL 级代码进行仿真，给设计增加一定的激励信号，观察响应结果。当然，仿真激励必须能够完整地体现设计规格，验证的覆盖率要尽可能全面。

2.4.1　Testbench 简介

Testbench，顾名思义就是测试平台。在仿真的时候，Testbench 用来产生测试激励信号给待测试设计（DUT），同时检查待测设计的输出是否与预期一致，从而达到验证设计功能的目的。基于 Testbench 的仿真流程如图 2.3 所示，使用 HDL（硬件描述语言）编制 Testbench（仿真文件），为 DUT 提供激励信号并正确实例化 DUT，将仿真数据显示在终端或存为文件，也可以显示在波形窗口中供分析检查，或通过用户接口自动比较仿真结果与理想值，分析设计的正确性，并分析 Testbench 自身的覆盖率和正确性。

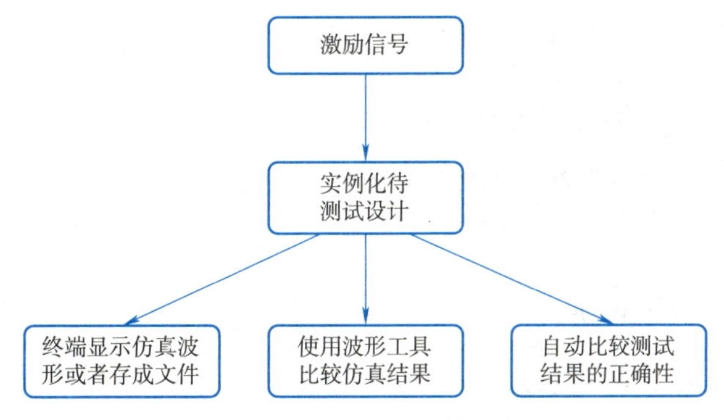

图 2.3　基于 Testbench 的仿真流程

2.4.2　激励信号

在进行仿真激励前，先对待测试设计进行实例化，实例化方法参照模块调用方法。接下来进行仿真激励编写，快速掌握一些测试激励的写法是非常重要的，可以有效提高代码的质量，减少错误产生，并能全面覆盖测试信号。

initial 和 always 是两种基本的过程结构语句，在仿真开始时就相互并行执行。通常来说，被动地检测响应时使用 always 语句，而主动地产生激励时则使用 initial 语句。initial 和 always 的区别是 initial 语句只执行一次，而 always 语句不断地重复执行。但是，如果希望在 initial 里多次运行一个语句块，可以在 initial 里嵌入循环语句（如 while、repeat、for 和 forever 等），比如：

```
initial
begin
    forever              // 永远执行
    begin
    ...
    end
end
```

而 always 语句通常只有在一些条件发生时才能执行，比如：

```
always @ (posedge Clock)
```

```
begin
    SigA=SigB;
    ...
end
```

当发生 Clock 上升沿时，执行 always 操作，begin...end 中的语句顺序执行。

下面分别介绍时钟信号和复位信号等激励信号的常用编写方法。

1. 产生时钟信号

① 用 initial 语句产生时钟信号的方法如下：

```
// 产生一个周期为 10 的时钟信号
parameter PERIOD = 10;
reg clk;
initial
begin
    clk = 0;
    forever
        # (PERIOD/2) clk = ~ clk;
end
```

② 用 always 语句产生时钟的方法如下：

```
// 用 always 语句产生一个周期为 10 的时钟信号
parameter PERIOD = 10;
reg clk;
initial
    clk = 0;  // 将 CLK 初始化为 0
always
    # (PERIOD/2) clk = ~ clk;
```

以上两种方法所产生的时钟信号波形如图 2.4 所示。

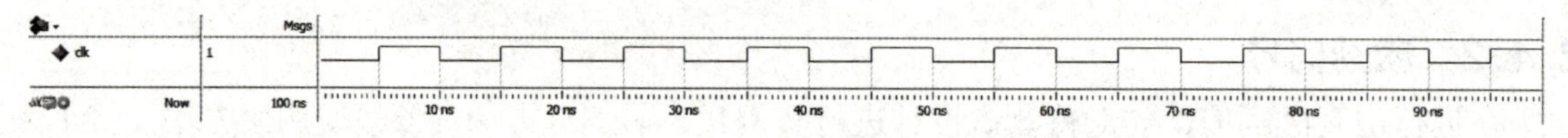

图 2.4 时钟信号波形

③ 有时在设计中会用到占空比不是 50% 的时钟信号，比如可以用 always 语句实现占空比为 40% 的时钟信号，代码如下：

```
// 占空比为 40% 的时钟
parameter  Hi_Time = 4, Lo_Time = 6;
reg clk;
always
begin
    # Hi_Time clk = 0;
    # Lo_Time clk = 1;
end
```

以上代码所产生的时钟信号波形如图 2.5 所示。

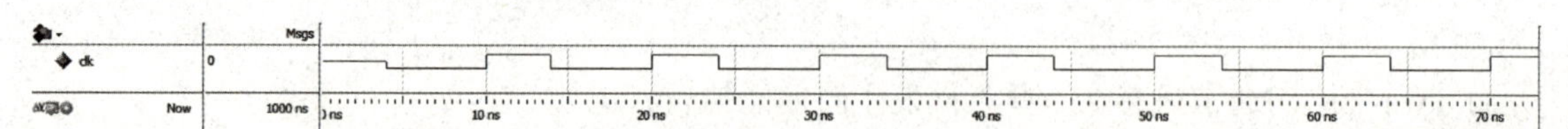

图 2.5 占空比 40% 的时钟信号波形

④ 如果需要产生固定数目的时钟脉冲，可以在 initial 语句中使用 repeat 语句来实现，代码如下：

```
//两个周期的时钟信号
parameter PulseCount = 4, PERIOD = 10;
reg clk;
initial
begin
    clk = 0;
    repeat (PulseCount)
    # (PERIOD/2) clk = ~ clk;
end
```

以上代码所产生的时钟信号波形如图 2.6 所示。

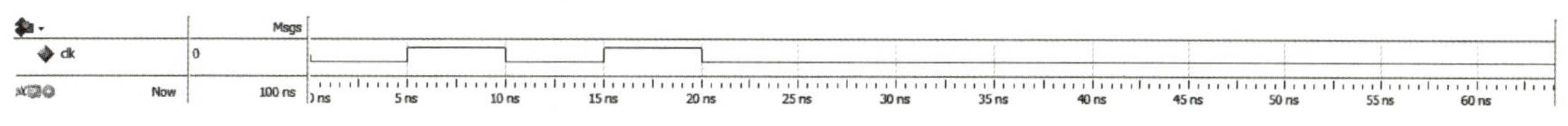

图 2.6　两个周期的时钟信号波形

⑤ 相移时钟信号的产生，代码如下：

```
//相移为 2 的时钟信号
parameter H_TIME = 5, L_TIME = 10, PHASE_SHIFT = 2;
reg Absolute_clk1; //寄存器变量
wire Derived_clk;  //线网变量
always
begin
    # H_TIME Absolute_clk1 = 0;
    # L_TIME Absolute_clk1 = 1;
end
assign  # PHASE_SHIFT  Derived_clk = Absolute_clk1;
```

这里首先使用 always 语句产生了一个 Absolute_clk1 基准时钟信号，然后用 assign 语句将该基准时钟延时，产生了一个相移为 2 的 Derived_clk 相移时钟信号，波形图如图 2.7 所示。

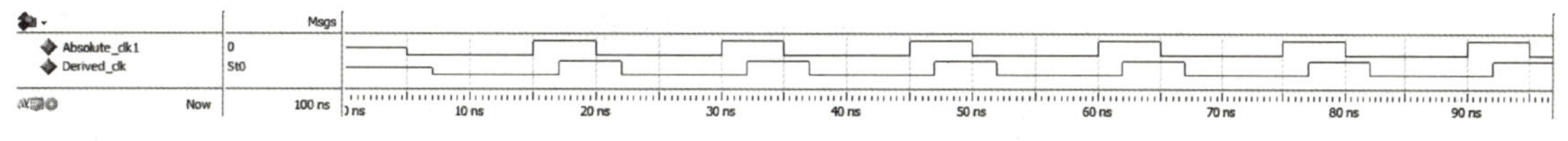

图 2.7　相移为 2 的时钟信号波形

值得注意的是，在图 2.7 中的 Absolute_clk1 为 register（寄存器）型变量，初始值为 X；而 Derived_clk 为 wire（线网）型变量，初始值为 Z。

2. 产生复位信号

复位信号不是周期信号，因此可以使用 initial 语句产生一个值序列。

① 异步复位信号的产生代码如下：

```
//异步复位信号
parameter PERIOD = 10;
reg Rst;
initial
begin
    Rst = 1;
    # PERIOD Rst = 0;
    # (5* PERIOD) Rst = 1;
```

```
end
```

Rst 为低有效，以上代码在 10 ns 时开始复位，复位持续时间为 50 ns，如图 2.8 所示。

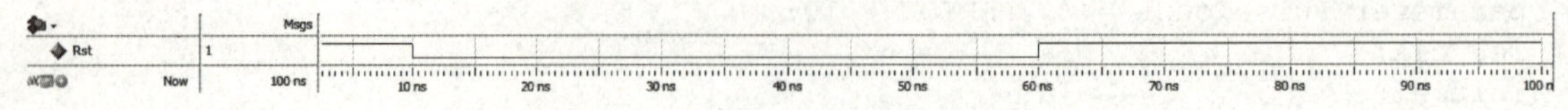

图 2.8　异步复位信号波形

② 同步复位信号的产生代码如下：

```
//同步复位信号
reg Rst;
reg CLK;
always #10 CLK = ~ CLK;
initial
begin
    CLK = 0;
    Rst = 1;
    @( negedge CLK) //等待时钟下降沿
    Rst = 0;
    # 30;
    @( negedge CLK) //等待时钟下降沿
    Rst = 1;
end
```

该代码首先采用 always 语句产生周期为 20 ns 的 CLK 时钟信号，时钟信号初始设为 0，并将 Rst 初始化为 1，然后在第一个 CLK 的下降沿处开始复位。再延时 30 ns，然后在下一个时钟下降沿处撤销复位。这样，复位的产生和撤销都避开了时钟的有效上升沿，因此这种复位可以认为是时钟下降沿的同步复位，如图 2.9 所示。

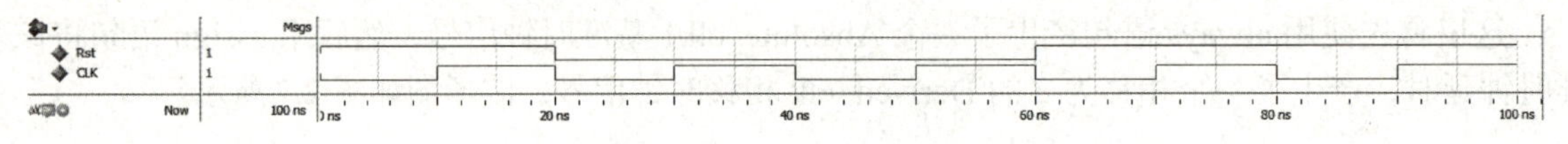

图 2.9　同步复位信号波形

③ 另一种同步复位信号的实现方法如下：

```
//同步复位信号
reg Rst;
reg CLK;
always #10 CLK = ~ CLK;
initial
begin
    Rst = 1;
    CLK = 0;
    @( negedge CLK) //等待时钟下降沿
    Rst = 0; //复位开始
    repeat (3) @( negedge CLK);      //经过 3 个时钟下降沿
    Rst = 1; //复位撤销
end
```

该代码首先将 Rst 初始化为 1，在第一个 CLK 的下降沿处开始复位，然后经过 3 个时钟下降沿，在第 4 个时钟下降沿处撤销复位信号 Rst，如图 2.10 所示。

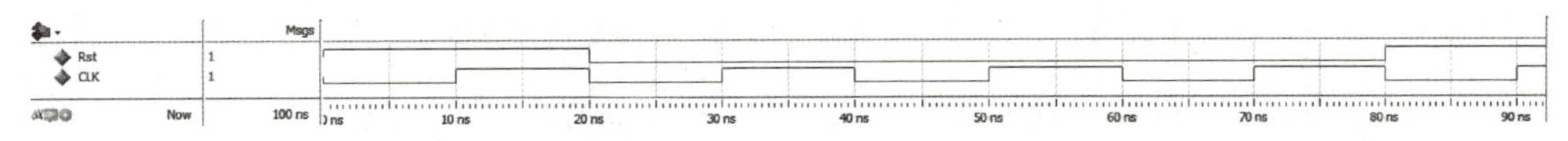

图 2.10　同步复位信号波形

3. 产生并行激励信号

如果希望在仿真的某一时刻同时启动多个任务，可以采用 fork...join 语法结构。例如，在仿真开始 100 ns 后，如果希望同时启动发送和接收任务，而不是发送完毕后再进行接收，可以采用如下代码：

```
//并行激励
initial
begin
  #100;
  fork //并行操作
    Send task
    Receive task
  join
end
```

2.4.3　系统自定义函数和任务

在编写 Testbench 时，一些系统函数和系统任务可以帮助我们产生测试激励，显示调试信息，协助定位。

比如使用 display 语句在仿真器中打印出地址和数据：

```
$ display ("Addr: % b -> DataWrite: % d", Mpi_addr , Data_out);
```

同时也可以利用时序检查的系统任务来检查时序，例如：

```
$setup (Sig_D, posedge CLK, 1);
// 如果在 CLK 上升沿到达之前的 1ns 时间内 Sig_D 发生跳变，则将给出建立时间违反告警
$hold(posedge CLK, Sig_D, 0.1);
// 如果在 CLK 上升沿到达之后的 0.1ns 时间内 Sig_D 发生跳变，则将给出保持时间违反告警
```

另外，也可以利用 $random() 系统函数来产生测试激励数据，比如：

```
Data_out = {$random} % 256; // 产生 0 ~ 255 的数据
```

$time 系统函数可以用来返回当前的仿真时间，协助仿真。

能够用于 Testbench 中的系统任务和函数有很多，它们的使用方法大同小异，非常简单。感兴趣的读者可以参考其他 Verilog 的语法资料。

在编写测试激励时，往往需要从已有的文件中读入数据，或者把数据写入到文件中，以便做进一步分析。那么在 Verilog 语言中这是如何实现的呢？

先来看看如下代码：

```
req [7:0] DataSource [0:47] ;// 定义一个二维数组(存储单元)
$readmemh ( "Read_In_File.txt" , DataSource );
```

该代码的含义是将 Read_In_File 文件中的数据读入到 DataSource 数组中，然后就可以直接使用这些数据了。

向文件中写入数据的代码如下：

```
integer Write_Out_File;                    // 定义一个整数的文件指针
//打开文件
Write_Out_File = $fopen ("Write _ Out _File. txt");
//往文件中写入内容
$fdisplay (Write_Out_File, "@ % h\ n % h", Mpi_addr, Data_in);
// 关闭文件
$fclose (Write_Out_File);
```

Verilog HDL 语言中共有以下一些系统函数和任务：

$bitstoreal，$rtoi，$display，$setup，$finish，$skew，$hold，$setuphold，$itor，$strobe，$period，$time，$printtimescale，$timefoemat，$realtime，$width，$real tobits，$write，$recovery。

在 Verilog 语言中，每个系统函数和任务前面都用一个标识符 $ 来加以确认。这些系统函数和任务提供了非常强大的功能。下面对一些常用的系统函数和任务分别加以介绍。

1. $display 和 $write 任务

$display 和 $write 任务的格式如下：

```
$display(p1, p2, ... , pn);
$write(p1, p2, ... , pn);
```

这两个函数和系统任务的作用是用来输出信息，即将参数 p2 到 pn 按参数 p1 给定的格式输出。参数 p1 通常称为“格式控制”，参数 p2 至 pn 通常称为“输出表列”。这两个任务的作用基本相同。$display 自动地在输出后进行换行，$write 则不是这样。如果想在一行里输出多个信息，可以使用 $write。在 $display 和 $write 中，其输出格式控制是用双引号括起来的字符串，它包括两种信息：

格式说明由“%”和格式字符组成。它的作用是将输出的数据转换成指定的格式输出。格式说明总是由“%”字符开始。对于不同类型的数据用不同的格式输出。表 2.5 中给出了几种常用的输出格式。

表 2.5 常用的输出格式

输出格式	说　明
%h 或 %H	以十六进制数的形式输出
%d 或 %D	以十进制数的形式输出
%o 或 %O	以八进制数的形式输出
%b 或 %B	以二进制数的形式输出
%c 或 %C	以 ASCII 码字符的形式输出
%v 或 %V	输出网络型数据信号强度
%m 或 %M	输出等级层次的名字
%s 或 %S	以字符串的形式输出
%t 或 %T	以当前的时间格式输出
%e 或 %E	以指数的形式输出实型数
%f 或 %F	以十进制数的形式输出实型数
%g 或 %G	以指数或十进制数的形式输出实型数，无论何种格式都以较短的结果输出

普通字符即需要原样输出的字符。其中一些特殊的字符可以通过表 2.6 中的转码序列来输出。表中的字符形式用于格式字符串参数中，用来显示特殊的字符。

表 2.6　转码序列表

换码序列	功　能
\n	换行
\t	横向跳格（即跳到下一个输出区）
\\	反斜杠字符 \
\"	双引号字符"
\o	1 到 3 位八进制数代表的字符
%%	百分符号 %

在 $display 和 $write 的参数列表中，其“输出表列”是需要输出的一些数据，可以是表达式。下面举几个例子说明。

【例 2.4-1】 使用 $display 任务。

```
module    disp;
initial
begin
    $display("\\\t%%\n\"\o101");
end
endmodule
输出结果为
\%
"A
```

从上面的这个例子中可以看到一些特殊字符的输出形式（八进制数 101 就是 ASCII 字符 A）。

【例 2.4-2】 使用 $display 任务进行最多位数显示。

```
module disp;
reg[31:0] rval;
Pulldown(pd);
initial
begin
    rval=101;
    $display("rval=%h hex %d decimal", rval, rval);
    $display("rval=%o otal %b binary", rval, rval);
    $display("rval has %c ascii character value",rval);
    $display("pd strength value is %v",pd);
    $display("current scope is %m");
    $display("%s is ascii value for 101",101);
    $display("simulation time is %t",$time);
end
endmodule
```

其输出结果为：

```
rval=00000065 hex 101 decimal
rval=00000000145 octal 00000000000000000000000001100101 binary
rval has e ascii character value
pd strength value is StX
current scope is disp
e is ascii value for 101
simulation time is 0
```

在 $display 中，输出列表中数据的显示宽度是自动按照输出格式进行调整的。这样在显示输出数据时，在经过格式转换以后，总是用表达式的最大可能值所占的位数来显示表达式的当前值。在用十进制数格式输出时，输出结果前面的 0 值用空格来代替。对于其他进制，输出结果前面的 0 仍然显示出来。例如，对于一个值的位宽为 12 位的表达式，如按照十六进制数输出，则输出结果占 3 个字符的位置，如按照十进制数输出，则输出结果占 4 个字符的位置。这是因为这个表达式的最大可能值为 FFF（十六进制）、4095（十进制）。可以通过在 % 和表示进制的字符中间插入一个 0 自动调整显示输出数据宽度的方式，见下例：

```
$display("d=%0h a=%0h",data,addr);
```

这样在显示输出数据时，在经过格式转换以后，总是用最少的位数来显示表达式的当前值。下面举例说明：

【例 2.4-3】 使用 $display 任务进行最少位数显示。

```
module printval;
reg [11:0]r1;
initial
begin
    r1=10;
    $display("Printing with maximum size=%d=%h",r1,r1);
    $display("Printing with minimum size=%0d=%0h",r1,r1);
end enmodule
```

输出结果为：

```
Printing with maximum size=10=00a:
printing with minimum size=10=a;
```

如果输出列表中表达式的值包含有不确定的值或高阻值，其结果输出遵循以下规则：

① 在输出格式为十进制数的情况下：

如果表达式值的所有位均为不定值，则输出结果为小写的 x。

如果表达式值的所有位均为高阻值，则输出结果为小写的 z。

如果表达式值的部分位为不定值，则输出结果为大写的 X。

如果表达式值的部分位为高阻值，则输出结果为大写的 Z。

② 在输出格式为十六进制数和八进制数的情况下：

每四位二进制数为一组，代表一位十六进制数；每三位二进制数为一组，代表十位八进制数。

如果表达式值相对应的某进制数的所有位均为不定值，则该位进制数的输出的结果为小写的 x。

如果表达式值相对应的某进制数的所有位均为高阻值，则该位进制数的输出结果为小写的 z。

如果表达式值相对应的某进制数的部分位为不定值，则该位进制数输出结果为大写的 X。

如果表达式值相对应的某进制数的部分位为高阻值，则该位进制数输出结果为大写的 Z。

对于二进制输出格式，表达式值的每一位的输出结果为 0、1、x、z。下面举例说明：

语句输出结果：

```
$display("%d", 1'bx);                    输出结果为: x
$display("%h",14'bx0_1010);              输出结果为: xxXa
$display("%h %o",12'b001x_xx10_1x01,12'b001_xxx_101_x01);
输出结果为: XXX 1x5X
```

注意：因为 $write 在输出时不换行，要注意它的使用。可以在 $write 中加入换行符 \n，以确保明确的输出显示格式。

2. 系统任务 $monitor

系统任务 $monitor 的格式如下：

```
$monitor(p1,p2,...,pn);
$monitor;
$monitoron;
$monitoroff;
```

任务 $monitor 提供了监控和输出参数列表中的表达式或变量值的功能。其参数列表中的输出控制格式字符串和输出表列的规则和 $display 中的一样。当启动一个带有一个或多个参数的 $monitor 任务时，仿真器则建立一个处理机制，使得每当参数列表中变量或表达式的值发生变化时，整个参数列表中变量或表达式的值都将输出显示。如果同一时刻，两个或多个参数的值发生变化，则在该时刻只输出显示一次。但在 $monitor 中，参数可以是 $time 系统函数。这样参数列表中变量或表达式的值同时发生变化的时刻可以通过标明同一时刻的多行输出来显示，例如：

```
$monitor($time, "rxd=%b txd=%b",rxd,txd);
```

在 $display 中也可以这样使用。注意在上面的语句中，“,,”代表一个空参数。空参数在输出时显示为空格。

$monitoron 和 $monitoroff 任务的作用是通过打开和关闭监控标志来控制监控任务 $monitor 的启动和停止，这样使得程序员可以很容易地控制 $monitor 何时发生。其中 $monitoroff 任务用于关闭监控标志，停止监控任务 $monitor，$monitoron 则用于打开监控标志，启动监控任务 $monitor。通常在通过调用 $monitoron 启动 $monitor 时，不管 $monitor 参数列表中的值是否发生变化，总是立刻输出显示当前时刻参数列表中的值，这用于在监控的初始时刻设定初始比较值。在默认情况下，控制标志在仿真的起始时刻就已经打开了。在多模块调试的情况下，许多模块中都调用了 $monitor，因为任何时刻只能有一个 $monitor 起作用，因此需配合 $monitoron 与 $monitoroff 使用，把需要监视的模块用 $monitoron 打开，在监视完毕后及时用 $monitoroff 关闭，以便把 $monitor 让给其他模块使用。$monitor 与 $display 的不同处还在于 $monitor 往往在 initial 块中调用，只要不调用 $monitoroff，$monitor 便不间断地对所设定的信号进行监视。

3. 时间度量系统函数 $time

在 Verilog 中有两种类型的时间度量系统函数：$time 和 $realtime。用这两个时间度量系统函数可以得到当前的仿真时刻。

（1）系统函数 $time

$time 可以返回一个 64 位的整数来表示当前的仿真时刻值。该时刻是以模块的仿真时间尺度为基准的。下面举例说明。

【例 2.4-4】 系统函数 $time 的使用。

```
'timescale 10ns/1ns
module test;
reg set;
parameter p=1.6;
initial
```

```
begin
    $monitor($time,"set=",set);
    #p set=0;
    #p set=1;
end
endmodule
```

输出结果为：

```
0 set=x
2 set=0
3 set=1
```

在这个例子中，模块 test 想在时刻为 16 ns 时设置寄存器 set 为 0，在时刻为 32 ns 时设置寄存器 set 为 1。但是由 $time 记录的 set 变化时刻却和预想的不一样。这是由下面两个原因引起的：

① $time 显示时刻受时间尺度比例的影响。在上面的例子中，时间尺度是 10 ns，因为 $time 输出的时刻总是时间尺度的倍数，这样将 16 ns 和 32 ns 输出为 1.6 和 3.2。

② 因为 $time 总是输出整数，所以在将经过尺度比例变换的数字输出时，要先进行取整。在上面的例子中，1.6 和 3.2 经取整后为 2 和 3 输出。注意：时间的精确度并不影响数字的取整。

（2）$realtime 系统函数

$realtime 和 $time 的作用是一样的，只是 $realtime 返回的时间数字是一个实型数，该数字也是以时间尺度为基准的。下面举例说明：

【例 2.4-5】 系统函数 $realtime 的使用。

```
'timescale10ns/1ns
module test;
reg set;
parameter p=1.55;
initial
begin
    $monitor($realtime,"set=",set);
    #p set=0;
    #p set=1;
end
endmodule
```

输出结果为：

```
0 set=x
1.6 set=0
3.2 set=1
```

从上面的例子可以看出，$realtime 将仿真时刻经过尺度变换以后即输出，不需进行取整操作。所以 $realtime 返回的时刻是实型数。

4. 系统任务 $finish

系统任务 $finish 的格式如下：

```
$finish;
$finish(n);
```

系统任务 $finish 的作用是退出仿真器，返回主操作系统，也就是结束仿真过程。任务 $finish

可以带参数，根据参数的值输出不同的特征信息。如果不带参数，默认 $finish 的参数值为 1。下面给出了对于不同的参数值，系统输出的特征信息：

0：不输出任何信息。

1：输出当前仿真时刻和位置。

2：输出当前仿真时刻、位置和在仿真过程中所用 memory 及 CPU 时间。

5. 系统任务 $stop

系统任务 $stop 的格式如下：

```
$stop;
$stop(n);
```

$stop 任务的作用是把 EDA 工具（如仿真器）置成暂停模式，在仿真环境下给出一个交互式的命令提示符，将控制权交给用户。这个任务可以带有参数表达式，根据参数值（0、1 或 2）的不同，输出不同的信息。参数值越大，输出的信息越多。

6. 系统任务 $readmemb 和 $readmemh

在 Verilog 程序中有两个系统任务 $readmemb 和 $readmemh，用来从文件中读取数据到存储器中。这两个系统任务可以在仿真的任何时刻被执行使用，其使用格式共有以下 6 种：

① $readmemb("<数据文件名>",<存储器名>);

② $readmemb("<数据文件名>",<存储器名>,<起始地址>);

③ $readmemb("<数据文件名>",<存储器名>,<起始地址>,<结束地址>);

④ $readmemh("<数据文件名>",<存储器名>);

⑤ $readmemh("<数据文件名>",<存储器名>,<起始地址>);

⑥ $readmemh("<数据文件名>",<存储器名>,<起始地址>,<结束地址>);

在这两个系统任务中，被读取的数据文件的内容只能包含：空白位置（空格，换行，制表格和 form-feeds），注释行（// 形式的和 /*...*/ 形式的都允许），二进制或十六进制的数字，数字中不能包含位宽说明和格式说明。对于 $readmemb 系统任务，每个数字必须是二进制数字；对于 $readmemh 系统任务，每个数字必须是十六进制数字。数字中不定值 x 或 X，高阻值 z 或 Z，和下画线（_）的使用方法及代表的意义与一般 Verilog 程序中的用法及意义是一样的。另外，数字必须用空白位置或注释行来分隔开。

在下面的讨论中，地址一词指对存储器（memory）建模的数组的寻址指针。当数据文件被读取时，每一个被读取的数字都被存放到地址连续的存储器单元中。存储器单元的存放地址范围由系统任务声明语句中的起始地址和结束地址来说明，每个数据的存放地址在数据文件中进行说明。当地址出现在数据文件中，其格式为字符“@”后跟上十六进制数。例如：

```
@hh...h
```

对于这个十六进制的地址数中，允许大写和小写的数字。在字符“@”和数字之间不允许存在空白位置。可以在数据文件里出现多个地址。当系统任务遇到一个地址说明时，系统任务将该地址后的数据存放到存储器中相应的地址单元中去。

对于上面六种系统任务格式，需补充说明以下五点：

① 如果系统任务声明语句中和数据文件里都没有进行地址说明，则默认的存放起始地址为该存储器定义语句中的起始地址。数据文件里的数据被连续存放到该存储器中，直到该存储器单元

存满为止或数据文件里的数据存完。

② 如果系统任务中说明了存放的起始地址，没有说明存放的结束地址，则数据从起始地址开始存放，存放到该存储器定义语句中的结束地址为止。

③ 如果在系统任务声明语句中，起始地址和结束地址都进行了说明，则数据文件里的数据按该起始地址开始存放到存储器单元中，直到该结束地址，而不考虑该存储器的定义语句中的起始地址和结束地址。

④ 如果地址信息在系统任务和数据文件里都进行了说明，那么数据文件里的地址必须在系统任务中地址参数声明的范围之内。否则将提示错误信息，并且装载数据到存储器中的操作被中断。

⑤ 如果数据文件里的数据个数和系统任务中起始地址及结束地址暗示的数据个数不同的话，也要提示错误信息。

下面举例说明：

先定义一个有 256 个地址的字节存储器 mem：

```
reg[7:0] mem[1:256];
```

下面给出的系统任务以各自不同的方式装载数据到存储器 mem 中。

```
initial   $readmemh("mem.data",mem);
initial   $readmemh("mem.data",mem,16);
initial   $readmemh("mem.data",mem,128,1);
```

第一条语句在仿真时刻为 0 时，将装载数据到以地址是 1 的存储器单元为起始存放单元的存储器中去。第二条语句将装载数据到以单元地址是 16 的存储器单元为起始存放单元的存储器中去，一直到地址是 256 的单元为止。第三条语句将从地址是 128 的单元开始装载数据，一直到地址为 1 的单元。在第三种情况中，当装载完毕，系统要检查在数据文件里是否有 128 个数据，如果没有，系统将提示错误信息。

7. 系统任务 $random

这个系统函数提供了一个产生随机数的手段。当函数被调用时返回一个 32 位的随机数，它是一个带符号的整型数。

$random 一般的用法是：$ramdom % b；其中 b>0，它给出了一个范围在 (-b+1):(b-1) 中的随机数。下面给出一个产生随机数的例子：

```
reg[23:0] rand;
rand = $random % 60;
```

上面的例子给出了一个范围在 -59 ～ 59 之间的随机数，下面的例子通过位并接操作产生一个值在 0 ～ 59 之间的数。

```
reg[23:0] rand;
rand = {$random} % 60;
```

利用这个系统函数可以产生随机脉冲序列或宽度随机的脉冲序列，以用于电路的测试。下面例子中的 Verilog 模块可以产生宽度随机的随机脉冲序列的测试信号源，在电路模块的设计仿真时非常有用。读者可以根据测试的需要，模仿下例，灵活使用 $random 系统函数编制出与实际情况类似的随机脉冲序列。

【例 2.4-6】 系统任务 $random 的使用。

```
'timescale 1ns/1ns
module random_pulse(dout);
output [9:0] dout;
reg dout;
integer delay1,delay2,k;
initial
begin
    #10 dout=0;
    for (k = 0; k < 100; k = k + 1)
    begin
        delay1 = 20 * ( {$random} % 6);
        // delay1 在 0 到 100ns 间变化
        delay2 = 20 * ( 1 + {$random} % 3);
        // delay2 在 20 到 60ns 间变化
        #delay1 dout = 1 << ({$random} %10);
        //dout 的 0 ~ 9 位中随机出现 1，并出现的时间在 0 ~ 100ns 间变化
        #delay2 dout = 0;
        // 脉冲的宽度在 20 到 60ns 间变化
    end
end
endmodule
```

小结

本章重点讲述了 Verilog HDL 硬件描述语言的语法，包括以下几方面内容：

（1）程序基本结构；

（2）Verilog HDL 基本语法，熟悉 Verilog 预定义的关键词，标识符命名规则等，掌握常量的分类及表示方法，掌握变量的定义及表示，熟练运用各种运算符；

（3）了解程序设计的三种主要描述方式，并采用最合理的描述方式进行电路建模。重点掌握实例化、连线赋值和过程块语句三种并行语句，同时在过程块语句中使用过程赋值、条件语句和循环语句等顺序语句；

（4）掌握逻辑仿真，对所设计的硬件电路进行仿真测试，掌握激励信号编写和系统函数及任务的调用。

习题

2-1 在 Verilg HDL 的操作符中，哪些操作符的运算结果总是一位？试举例说明。

2-2 变量类型 wire 型和 reg 型有什么本质区别？它们可以用于什么类型的语句中？

2-3 阻塞赋值和非阻塞赋值有何区别？

2-4 在 Verilog HDL 语言中，下列标识符是否正确？

（1）system1 （2）2reg （3）_2to1mux （4）exec$ （5）FourBIT_adder

2-5　在 Verilog HDL 语言中规定的四种基本逻辑值是什么？

2-6　在 Verilog HDL 程序中，如果没有说明输入和输出变量的数据类型，试问它们默认的数据类型是什么？

2-7　请选择正确的答案：

（1）“//” 的含义是（　　）。

A. 脚本文件中的注释符号　　B. Verilog module 中的注释符号

C. 左移符号　　D. 除法

（2）“/* */” 的含义是（　　）。

A. 脚本文件中的注释符号　　B. Verilog module 中的注释符号

C. 乘法　　D. 除法

（3）变量 X 在 always 语句块中被赋值，应该被定义的数据类型为（　　）。

A. wire　　B. parameter　　C. reg　　D. int

（4）always @(posedge clk) 语句在（　　）情况下被执行。

A. clk 为高电平　　B. clk 为低电平　　C. clk 为上升沿　　D. clk 为下降沿

（5）“/” 的含义是（　　）。

A. 脚本文件中的注释符号　　B. Verilog module 中的注释符号

C. 乘法　　D. 除法

（6）“*” 的含义是（　　）。

A. 脚本文件中的注释符号　　B. Verilog module 中的注释符号

C. 乘法　　D. 除法

（7）变量 Y 在 assign 语句中被赋值，应该被定义的数据类型为（　　）。

A. wire　　B. parameter　　C. reg　　D. int

（8）always @(clk) 语句在（　　）情况下被执行。

A. clk 为高电平　　B. clk 为低电平　　C. clk 为上升沿　　D. clk 电平变化时

第 3 章 组合逻辑电路设计

本章重点介绍以下组合逻辑电路的设计：编码器、译码器、数据选择器、数据分配器、数值比较器、加法器和算术逻辑单元等电路；同时进行相应的仿真测试。

本章的学习目标主要有五个：①掌握 Quartus II 工程软件的使用方法；②进一步掌握 Verilog HDL 语言结构；③掌握组合逻辑电路的设计方法；④掌握对组合逻辑电路的仿真测试方法；⑤掌握远程云端实验对组合逻辑电路的测试。

3.1 编码器

编码是用二进制代码表示不同事物的过程。具有编码功能的电路称为编码器。编码器分为普通编码器和优先编码器，二进制编码器的结构框图如图 3.1 所示。本节将学习二进制普通编码器和二进制优先编码器。

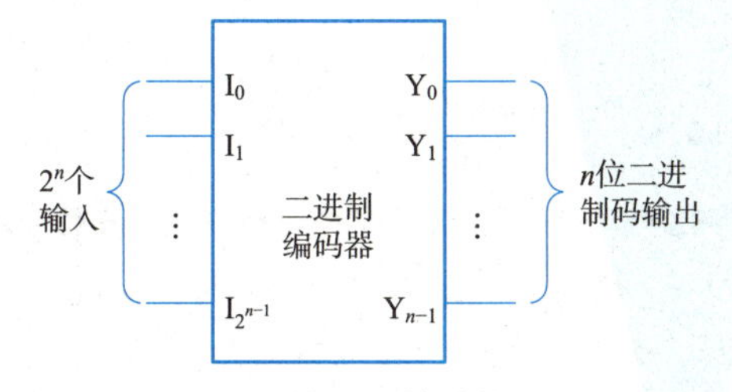

图 3.1　编码器的结构框图

3.1.1　普通编码器

普通编码器是指任何时候只允许输入一个有效编码信号，否则输出就会发生混乱。下面介绍 8 线 -3 线编码器，输入待编码信息 I 高电平有效，输出代码 Y 以二进制原码形式输出。

【例 3.1-1】 普通编码器的 Verilog HDL 描述。

```
module encoder83( i,y );
    input [7:0] i;              //8 个输入待编码信息
    output reg [2:0] y;         //3 位二进制代码输出
    always @ ( i ) begin
      case ( i )                //case 分支语句，不具有优先级
        8'b0000_0001 : y = 3'b000;
        8'b0000_0010 : y = 3'b001;
        8'b0000_0100 : y = 3'b010;
        8'b0000_1000 : y = 3'b011;
        8'b0001_0000 : y = 3'b100;
        8'b0010_0000 : y = 3'b101;
        8'b0100_0000 : y = 3'b110;
        8'b1000_0000 : y = 3'b111;
        default : y = 3'b000;
      endcase
    end
endmodule
```

上例设计采用了 case 语句，case 语句是一种多分支语句，类似真值表直接表述方式的描述，具有直观和层次清晰的特点，在电路描述中具有广泛而又独特的应用。case 语句将条件表达式依次与各分支项进行匹配，无优先级，case 语句允许出现多个分支取值同时满足 case 表达式的情况，这种情况下将执行最先满足表达式的分支项，然后即跳出 case 语句，不再检测其余分支项目。除非所有条件中的选择情况能完整覆盖 case 语句中的表达式取值，否则最后一个分支必须加上 default 语句，用来表示完成以上已列的所有分支中未列出的其他取值的逻辑操作。

【例 3.1-2】 普通 8 线 -3 线编码器的 Testbench 仿真测试。

```
'timescale 1ns/1ps
module encoder83_tb;
    reg [7:0] x;                        // 加入激励信号
    wire [2:0] y;                       // 显示的输出信号
    encoder83 TEST(
        .i(x),
        .y(y));                         // 实例化待测设计
    initial
    begin
        x = 1;                          // 初始化 x
        repeat (7)  #10 x = x * 2 ;     // 每延迟 10ns，x 信号左移一位
        #10 x=0;
        repeat (130)  #5 x = x + 1;     // 每延迟 5ns，x 信号加 1，重复 130 次
        #10 $stop;
    end
endmodule
```

视频

普通编码器 modelsim仿真

仿真波形如图 3.2 所示，初始化激励信号 x 为二进制数 0000_0001，每延迟 10 ns，激励信号左移一位，重复 7 次，每次输入仅有 1 个高有效输入位，输出有效编码代码依次是二进制码 000，001，010，011，100，101，110，111。第 80 ns 时，x=0000_0000，从 85 ns 开始，x 每延迟 5 ns 加 1，80 ~ 90 ns 期间输出编码均为 000，无法区分是有效编码还是无效编码，说明普通编码器任何时刻有且仅能有一个有效信息输入，否则编码输出混乱。

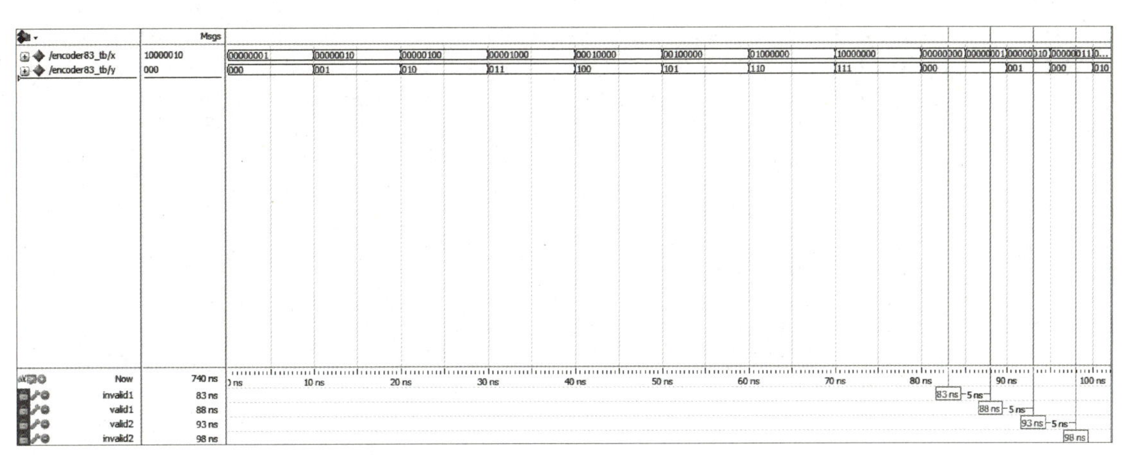

图 3.2　普通 8 线 -3 线编码器仿真波形

3.1.2　优先编码器

优先编码器允许同时输入两个以上的有效编码信号。当同时输入几个有效编码信号时，优先编码器能按预先设定的优先级别，只对其中优先权最高的一个信号进行编码。下面通过两种方式编写了优先编码器 CD4532，输入待编码信息 I 高电平有效，输出代码 Y 以二进制原码形式输出，该编码器具有使能输入端 EI，高电平有效；状态标识位 GS，标识输出编码为有效编码或无效编码，高电平有效；输出使能信号 EO 方便优先编码器扩展使用，优先编码器如图 3.3 所示。

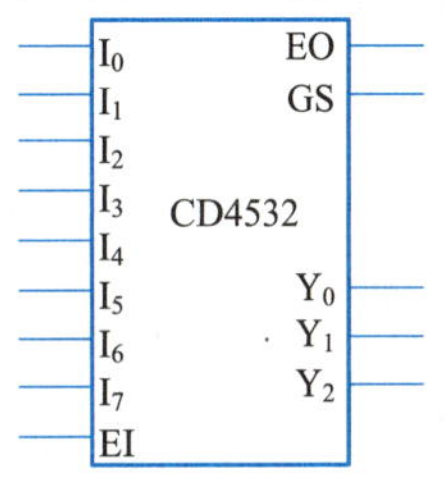

图 3.3　优先编码器 CD4532

【例 3.1-3】 优先编码器的 Verilog HDL 描述实例 1。

```
module pencoder83_1(ei, i, y, gs, eo);
    input ei;                              //使能输入
    input [7:0] i;                         //输入信号
    output reg [2:0] y;                    //输出编码
    output reg gs, eo;                     //状态标识 gs，输出使能 eo
    always @ ( * )
    begin
        if ( !ei )  begin                  //使能 ei 低电平，无效
            y = 0;
            gs= 0;                         //标识位低电平，标志输出编码 y 为无效编码
            eo= 0;
        end
        else begin                         //使能 ei 高电平，有效
            if ( i[7] == 1 ) begin         //i[7] 优先级最高
                y = 3'b111;
                gs = 1;
                eo = 0;
            end
            else if ( i[6] == 1 ) begin
                y = 3'b110;
                gs = 1;
                eo = 0;
            end
```

```
            else if ( i[5] == 1 ) begin
                y = 3'b101;
                gs = 1;
                eo = 0;
            end
            else if ( i[4] == 1 ) begin
                y = 3'b100;
                gs = 1;
                eo = 0;
            end
            else if ( i[3] == 1 ) begin
                y = 3'b011;
                gs = 1;
                eo = 0;
            end
            else if ( i[2] == 1 ) begin
                y = 3'b010;
                gs = 1;
                eo = 0;
            end
            else if ( i[1] == 1 ) begin
                y = 3'b001;
                gs = 1;
                eo = 0;
            end
            else if ( i[0] == 1 ) begin    //i[0] 优先级最低
                y = 3'b000;
                gs = 1;
                eo = 0;
            end
            else  begin                    // 没有信号编码时
                y =  3'b000;
                gs = 0;                    // 标识位低电平，标志输出编码 y 为无效编码
                eo = 1;                    // 只有此时输出使能有效，方便级联低位芯片
            end
        end
    end
endmodule
```

【例 3.1-4】 优先编码器的 Testbench 仿真测试 1。

```
'timescale 1ns/1ps
module pencoder83_1_tb;
    reg ei;                        // 加入激励信号 ei
    reg [7:0] i;                   // 加入激励信号 i
    wire [2:0] y;                  // 输出编码 y
    wire gs, eo;                   // 输出状态标识信号 gs 和输出使能 eo 信号
    pencoder83_1 TEST(
        .ei(ei),
        .i(i),
        .y(y),
        .gs(gs),
        .eo(eo) );                 // 实例化优先编码器
    initial begin
```

```
        ei = 0;                                  //初始化ei
        i = 1;                                   //初始化i
        #10 ei = 1;                              //延迟10ns，使能ei
        repeat (7)  #10 i = i * 2 ;              //每延迟10ns，激励i左移一位
        #10 i=0;                                 //没有有效编码输入i
        repeat (130)  #5 i = i + 1;              //每延迟5ns，输入i加1
        #10 $stop;
    end
endmodule
```

仿真波形如图 3.4 所示，从图中可以看出，前 10 ns 时间段，EI 使能低电平无效，状态标识 GS 为低电平无效，表示此时输出编码 000 为无效编码，输出使能 EO 为低电平，不能够级联低位芯片。从 10 ns 开始，使能 EI 有效，初始化激励信号 i 为 0000_0001，每延迟 10 ns，激励信号左移一位，重复 7 次，每次输入仅有 1 个高有效输入，输出有效编码代码依次是 000，001，010，011，100，101，110，111，且 GS 为有效高电平。第 90 ns 时，i = 0000_0000，输出编码均为 000，GS 为低电平，表示此时编码 000 为无效编码输出，但输出使能 EO 为高电平，可以用来驱动低位编码芯片，实现编码器功能扩展。从 95 ns 开始，i 每延迟 5 ns 加 1，第 95 ns 时，i = 0000_0001，输出编码为 000，GS 为高电平，表示此时编码 000 为有效编码输出，状态标识 GS 用来区分是有效编码还是无效编码。在 100 ns 时，i = 0000_0010，在 105 ns 时 i = 0000_0011，此时输出编码均为 001，说明优先对 i[1] 进行编码输出，通过波形说明优先编码器允许多个有效信息输入。

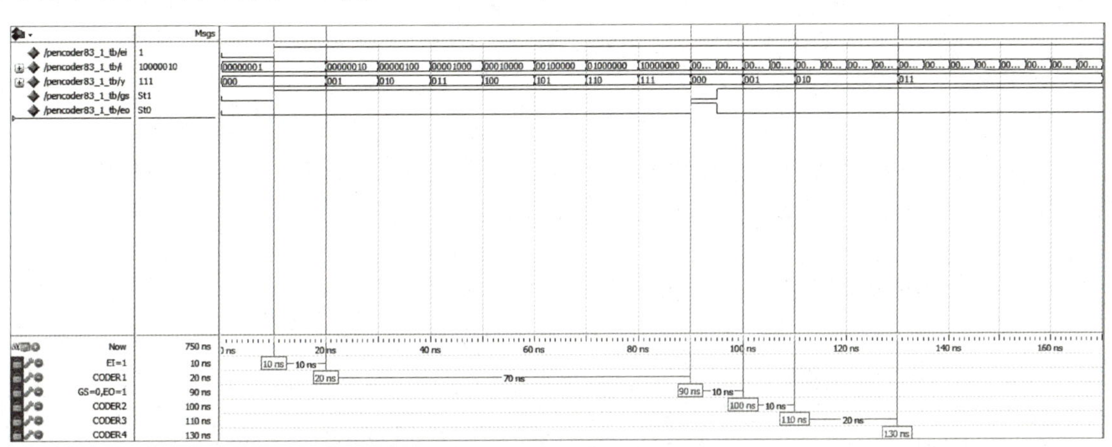

图 3.4　优先 8 线 -3 线编码器仿真波形

优先编码器实例 1（见例 3.1-3）采用 if ... else if ... else 语句实现了优先级判断，而没有使用 case 语句实现，注意区别。if 语句指定一个有优先级的编码逻辑，而 case 语句生成的逻辑是并行的，不具有优先级。if ... else if ... else 结构速度较慢，但占用 FPGA 的面积小；case 结构速度较快，但占用面积较大，需要设计者平衡。

【例 3.1-5】优先编码器的 Verilog HDL 描述实例 2。

```
module pencoder83_2(ei, i, y, gs, eo);
    input ei;                            //使能输入
    input [7:0] i;                       //信号输入
    output reg [2:0] y;                  //三位编码输出
    output reg gs, eo;                   //状态标识gs，输出使能eo
```

```
    always @ ( * )
    begin
       if ( !ei )  begin                  //使能ei低电平时，初始化
          y =3'b000;
          gs = 0;
          eo = 0;
       end
       else begin                         //使能ei高电平，编码器工作
          gs = 1;
          eo = 0;
          casex(i)                        //分支结构，具有优先级
          8'b1xxx_xxxx: y = 3'd7;
          8'b01xx_xxxx: y = 3'd6;
          8'b001x_xxxx: y = 3'd5;
          8'b0001_xxxx: y = 3'd4;
          8'b0000_1xxx: y = 3'd3;
          8'b0000_01xx: y = 3'd2;
          8'b0000_001x: y = 3'd1;
          8'b0000_0001: y = 3'd0;
          default: begin                  //无有效信号输入时
             y = 3'b000;
             gs = 0;
             eo = 1;                      //只有此时输出使能有效，方便级联低位芯片
          end
          endcase
       end
    end
endmodule
```

例 3.1-5 采用 casex 语句，casex 语句将 x 和 z 值都看作无关位，通过分支匹配实现优先级判断。硬件电路设计中要注意，if ... else if ... else 和 casex 语句可以实现优先级设计，注意与 case 语句的区别。

【例 3.1-6】 优先编码器的 Testbench 仿真测试 2。

```
'timescale 1ns/1ps
module pencoder83_2_tb;
    reg ei;                                    //加入激励信号ei
    reg [7:0] i;                               //加入激励信号i
    wire [2:0] y;                              //输出编码y
    wire gs, eo;                               //输出状态标识信号gs和输出使能eo信号
    pencoder83_2 TEST(
       .ei(ei),
       .i(i),
       .y(y),
       .gs(gs),
       .eo(eo)
    );                                         //实例化优先编码器
    initial
    begin
       ei = 0;                                 //初始化ei
       i = 1;                                  //初始化i
       #10 ei = 1;                             //延迟10ns，使能ei
       repeat (7)  #10 i = i * 2 ;             //每延迟10ns，激励i左移一位
```

```
        #10 i=0;                                    //没有有效编码输入 i
        repeat (130)  #5 i = i + 1;                 //每延迟 5ns，输入 i 加 1
        #10 $stop;
    end
endmodule
```

仿真波形与图 3.4 一样，说明两种描述优先编码器的方式都正确。方式一采用了 if 语句和 else if 语句的嵌套，具有优先级。方式二采用 casex 分支语句，也具有优先级。

3.2 译码器

译码是编码的逆过程，它能将二进制码翻译成代表某一特定含义的信号，具有译码功能的电路称为译码器。译码器主要分为二进制译码器、非二进制译码器和显示译码器。本节将学习二进制译码器和显示译码器的设计。

3.2.1 二进制译码器

二进制译码器将输入的二进制代码翻译成代表特定含义的输出。下面设计 3 线 -8 线译码器 74HC138，原理图如图 3.5 所示，该译码器有三个使能端，E_1 和 E_2 低电平使能，E_3 高电平使能，三位二进制代码输入端 A，八个输出端 Y，且输出低电平有效。

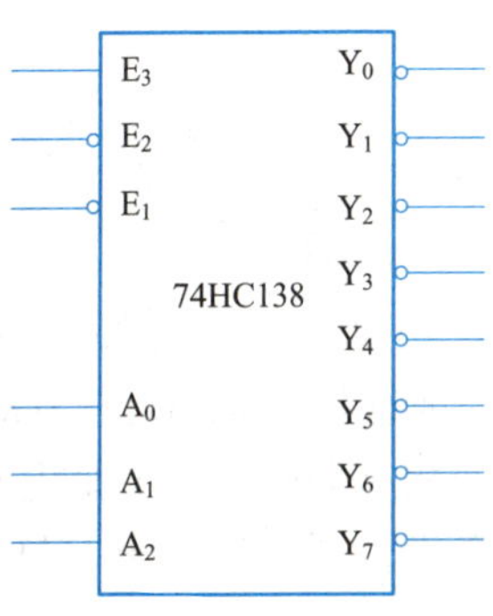

图 3.5　74HC138 译码器

【例 3.2-1】 译码器的 Verilog HDL 描述实例。

```
module decoder38( e,a,y );
    input [3:1] e;                          //使能信号 E3，E2，E1
    input [2:0] a;                          //译码地址
    output reg [7:0] y;                     //译码输出
    integer i;                              //定义中间变量，整数型 i，用于 for 循环语句
    always @ ( e or a )
    begin
    y = 8' b1111_1111;                      //初始输出均无效
    for ( i = 0; i <= 7; i = i + 1 )
    if (( e == 3'b100 ) && ( a == i ))
        y[i] = 0;                           //对应地址的输出端输出有效低电平
    else y[i] = 1;
    end
endmodule
```

本例中使用了一种循环语句 for 语句，循环变量为 i 用于指示循环的次数，循环变量常被定义为 integer 整数型，integer 整数型的定义不需要特定指出数据位数，默认为 32 位宽的二进制数，是可以综合的。此循环语句的执行过程可以分为以下三个步骤：

① 首先得到循环次数的初始值 i=0；

② 在循环开始前，判断是否满足继续循环的条件 i<=7，否则跳出循环；

③ 在本次循环结束时，计算循环控制变量的值 i = i + 1。

循环语句 repeat 与 for 语句不同，repeat 语句的循环次数在进入循环语句之前就已经决定了，

无须循环变量控制。

【例 3.2-2】 译码器的 Testbench 仿真测试。

```
'timescale 1ns/1ps
module decoder38_tb;
    reg [3:1] e, a;                         //定义激励信号
    wire [7:0] y;                           //定义输出显示
    decoder38 TEST(
       .e(e),
       .a(a),
       .y(y));                              //实例化调用待测试设计译码器
    initial fork                            //并行块
       e = 3'b100;                          //初始化，使能译码器
       a = 3'b000;                          //译码地址初始值
       repeat (7) #80 e = e + 1;            //每 80ns，使能 E 加 1，重复 7 次
       repeat (56) #10 a = a + 1;           //每 10ns 译码地址加 1，重复 56 次
       #600 $stop;
    join
endmodule
```

仿真波形如图 3.6 所示，通过使用并行块语句 fork...join 语句实现了并行激励，三位使能信号 E 和地址信号 a 都是从 0 时刻延迟，使能信号每 80 ns 变化一次，同时在使能信号不变时，地址信号变化从 000 至 111 变化 8 次，通过波形发现在使能为二进制 110 时，地址信号对应的输出译码为低电平，否则输出为 1111_1111 全部无效，仿真波形验证译码器设计正确。

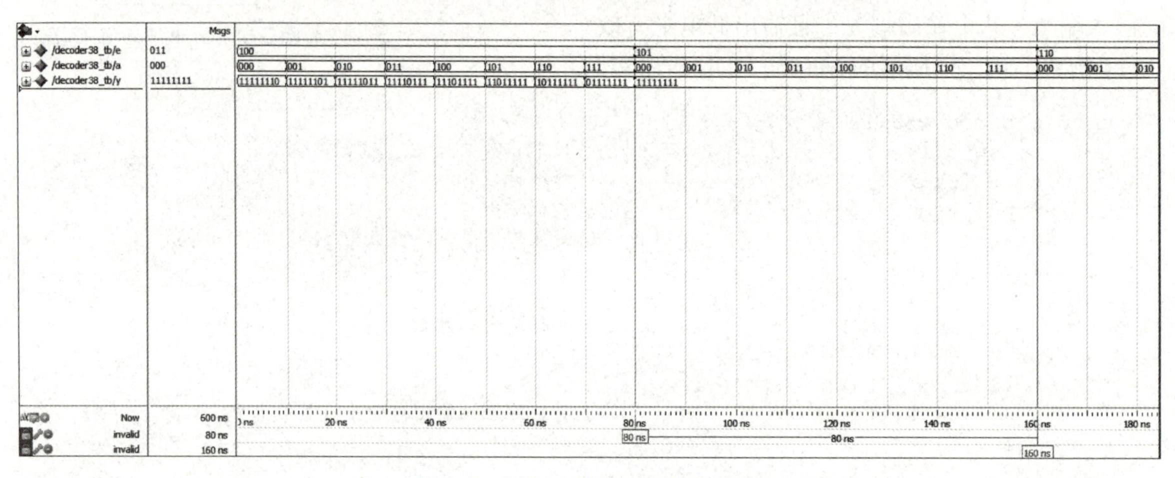

图 3.6　3 线 -8 线译码器仿真波形

在 Verilog HDL 中有两种过程块：一种是 begin...end，是可综合的；另一种是 fork...join，常用于仿真测试。begin...end 语句块中的语句是顺序执行的，而 fork...join 语句块中的语句是被并行启动的，其执行终结要等待语句块中执行最慢的语句来结束。

3.2.2　显示译码器

下面介绍驱动共阴七段数码管的显示译码器设计。74HC4511 显示译码器如图 3.7 所示，其中 LT 为数码管测试信号，其为低电平时数码管译码显示为字形 8；BL 为动态熄灭数码管信号，低电平有效，同时 LT 应为无效高电平；LE 为锁存数码管显示信号，高电平有效，且同时 LT 和 BL 为

无效高电平；正常译码时，LE 应为低电平，BL 为高电平，LT 为高电平。在正常译码时，若输入 D 的数据为 1010 ～ 1111 六种输入时，显示译码器使数码管熄灭。

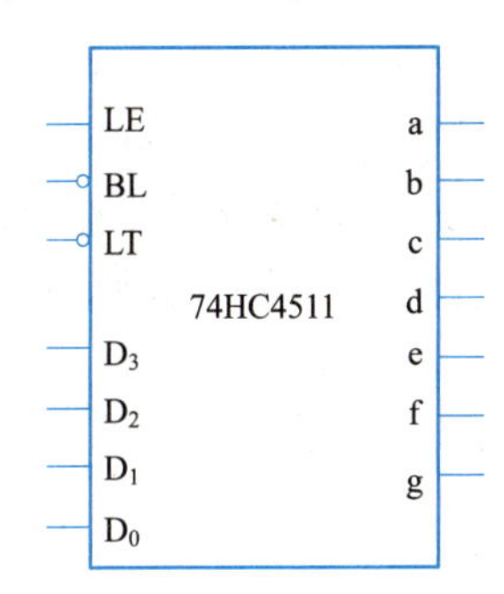

图 3.7　74HC4511 显示译码器

【例 3.2-3】 显示译码器的 Verilog HDL 描述实例。

```
module decoder74HC4511(
    input le, bl, lt,                 //锁存信号 le，动态熄灭信号 bl，测试信号 lt
    input [3:0] data,                 //数据输入
    output reg a,b,c,d,e,f,g);        //七段数码输出
    always @ ( * )                    // * 表示默认所有输入信号均为敏感信号
    begin
    casex ({le, bl, lt})              //三个信号具有优先级
    3'b011: case(data)                //采用分支语句进行真值表描述，不具优先级
      4'b0000: {a,b,c,d,e,f,g} = 7'b1111110;    //显示数字 0
      4'b0001: {a,b,c,d,e,f,g} = 7'b0110000;    //显示数字 1
      4'b0010: {a,b,c,d,e,f,g} = 7'b1101101;    //显示数字 2
      4'b0011: {a,b,c,d,e,f,g} = 7'b1111001;    //显示数字 3
      4'b0100: {a,b,c,d,e,f,g} = 7'b0110011;    //显示数字 4
      4'b0101: {a,b,c,d,e,f,g} = 7'b1011011;    //显示数字 5
      4'b0110: {a,b,c,d,e,f,g} = 7'b0011111;    //显示数字 6
      4'b0111: {a,b,c,d,e,f,g} = 7'b1110000;    //显示数字 7
      4'b1000: {a,b,c,d,e,f,g} = 7'b1111111;    //显示数字 8
      4'b1001: {a,b,c,d,e,f,g} = 7'b1111011;    //显示数字 9
      4'b1010: {a,b,c,d,e,f,g} = 7'b0000000;    //不显示
      4'b1011: {a,b,c,d,e,f,g} = 7'b0000000;    //不显示
      4'b1100: {a,b,c,d,e,f,g} = 7'b0000000;    //不显示
      4'b1101: {a,b,c,d,e,f,g} = 7'b0000000;    //不显示
      4'b1110: {a,b,c,d,e,f,g} = 7'b0000000;    //不显示
      4'b1111: {a,b,c,d,e,f,g} = 7'b0000000;    //不显示
      endcase
    3'bxx0: {a,b,c,d,e,f,g} = 7'b1111111;       //数码管所有二极管点亮，显示字形 8
    3'bx01: {a,b,c,d,e,f,g} = 7'b0000000;       //动态熄灭数码管
    3'b111: {a,b,c,d,e,f,g} = {a,b,c,d,e,f,g};  //锁存数码管显示内容
    default: ;
    endcase
  end
endmodule
```

本例采用了 case 嵌套，casex 语句体现了 LE、BL、LT 三个信号的控制优先级。本例中使用了并位运算符 {}，它可以将多个信号按二进制位拼接起来，作为一个多位信号使用。

3.3 数据选择器

在多路数据传送过程中，能够根据需要将其中任意一路选出来的电路，称为数据选择器，也称为多路选择器或多路开关（Multiplexer）。数据选择器是根据给定的通道选择信号，从一组输入信号中选出指定的一个送至输出端的组合逻辑电路，其原理图如图 3.8 所示。本节学习二选一数据选择器和四选一数据选择器。

3.3.1 二选一数据选择器

二选一数据选择器通过通道选择端 S 来选择输入数据 D0 或 D1，逻辑符号如图 3.9 所示。

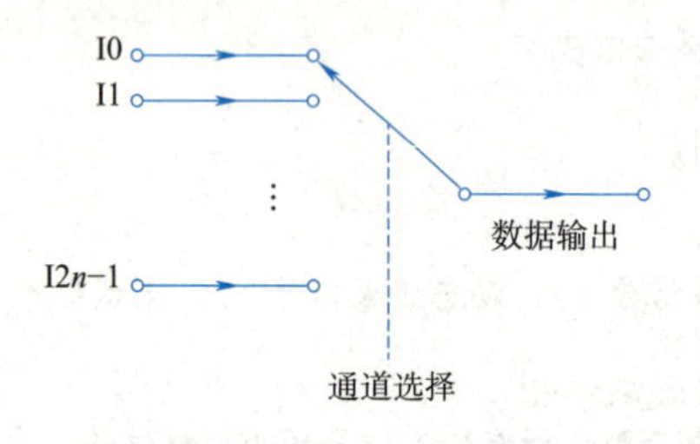

图 3.8 数据选择器原理图

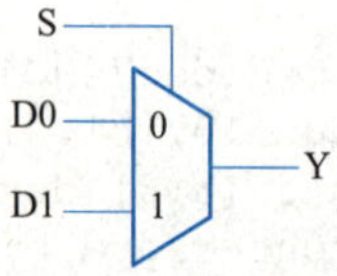

图 3.9 二选一数据选择器逻辑符号

【例 3.3-1】 二选一数据选择器的 Verilog HDL 描述实例。

```
module mux21a(
    input d1,                       //数据端 1
    input d0,                       //数据端 0
    input s,                        //通道选择端
    output y );                     //数据输出端
    assign y = s ? d1 : d0;         //s=1 时选择 d1，否则选择 d0
endmodule
```

本例采用了三目条件语句，操作符“?”“:”使设计书写简洁。当“?”前条件表达式为真时，选择并计算“ : ”前表达式的值，否则选择并计算“ : ”后表达式的值。

3.3.2 四选一数据选择器

四选一数据选择器的逻辑符号如图 3.10 所示。

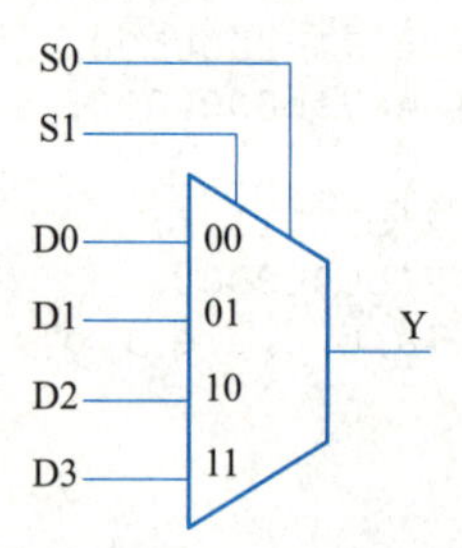

图 3.10 四选一数据选择器逻辑符号

【例 3.3-2】 四选一数据选择器的 Verilog HDL 描述实例 1。

```
module mux41a_1(
```

```
    input d0,                          //数据端 d0
    input d1,                          //数据端 d1
    input d2,                          //数据端 d2
    input d3,                          //数据端 d3
    input [1:0] s,                     //地址选择端
    output y);                         //输出端口定义
    reg temp;                          //定义 reg 型中间变量
    always @ ( * )
        begin
           case (s)
           2'b00: temp = d0;
           2'b01: temp = d1;
           2'b10: temp = d2;
           2'b11: temp = d3;
           default: temp = d0;         //默认选择数据 d0
           endcase
    end
    assign y = temp;                   //连续赋值输出
    endmodule
```

采用 case 语句，通过行为描述的方法，表述了四选一数据选择器的功能。

【例 3.3-3】 四选一数据选择器的 Verilog HDL 描述实例 2。

四选一数据选择器的逻辑表达式如下所示：

$$Y = \overline{S_1}\,\overline{S_0}D_0 + \overline{S_1}S_0D_1 + S_1\overline{S_0}D_2 + S_1S_0D_3$$

根据逻辑表达式可以采用连续赋值语句实现。

```
module mux41a_2(
    input d0,            //数据端 d0
    input d1,            //数据端 d1
    input d2,            //数据端 d2
    input d3,            //数据端 d3
    input [1:0] s,       //地址选择端
    output y);           //输出端口定义
    assign y = ( ~s[1] & ~s[0] & d0 )
              |( ~s[1] &  s[0] & d1 )
              |(  s[1] & ~s[0] & d2 )
              |(  s[1] &  s[0] & d3 );    //连续赋值，逻辑表达式
endmodule
```

通过数据流的形式，描述了四选一数据选择器的逻辑功能。

【例 3.3-4】 四选一数据选择器的 Verilog HDL 描述实例 3。

```
module mux41a_3(
    input d0,            //数据端 d0
    input d1,            //数据端 d1
    input d2,            //数据端 d2
    input d3,            //数据端 d3
    input [1:0] s,       //地址选择端
    output y);           //输出端口定义
    reg temp;            //定义 reg 型中间变量
    always @( * )
```

```
        begin
            if ( s == 2'b00 ) temp = d0;
            else if ( s == 2'b01 ) temp = d1;
            else if ( s == 2'b10 ) temp = d2;
            else temp = d3;
        end
    assign y = temp;
endmodule
```

采用行为描述方法，通过 if 语句实现逻辑功能。

【例 3.3-5】 四选一数据选择器的 Verilog HDL 描述实例 4。

依据结构描述方法，四选一数据选择器设计可以参照图 3.11 所示结构，调用例 3.3-1 二选一数据选择器 mux21a 来实现。

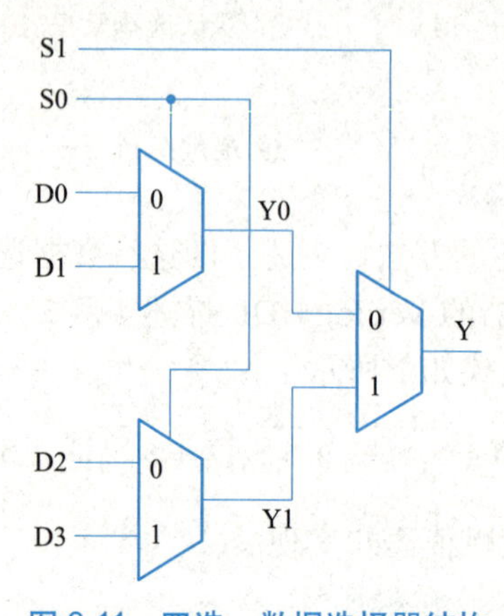

图 3.11 四选一数据选择器结构

```
module mux41a_4(
    input d0,           //数据端 d0
    input d1,           //数据端 d1
    input d2,           //数据端 d2
    input d3,           //数据端 d3
    input [1:0] s,      //通道信号选择端
    output y);          //输出端口定义

    wire y0, y1;        //定义 wire 型中间变量

    //调用二选一数据选择器
    mux21a u1( .d0(d0), .d1(d1), .s(s[0]), .y(y0) );
    mux21a u2( .d0(d2), .d1(d3), .s(s[0]), .y(y1) );
    mux21a u3( .d0(y0), .d1(y1), .s(s[1]), .y(y) );
endmodule
```

通过结构化设计方法，实例化 3 个二选一数据选择器 mux21a，根据连线结构，设计四选一数据选择器。

【例 3.3-6】 四选一数据选择器的 Testbench 仿真测试。

```
'timescale 1ns/1ps
module mux41a_tb;
    reg d0,d1,d2,d3;
```

```
    reg [1:0] s;
    wire y;
    mux41a_4 mux(d0,d1,d2,d3,s,y);   //可实例化 mux41a_1~mux41a_4 任意一待测对象
        initial
        begin
            d0 = 0;
            d1 = 0;
            d2 = 0;
            d3 = 0;
            s = 2'b00;                           //给定初始值
            fork                                 //并行块语句
                repeat(100)  #10 d0 = ~ d0;      //d0 周期 20ns
                repeat(50)   #20 d1 = ~ d1;      //d1 周期 40ns
                repeat(25)   #40 d2 = ~ d2;      //d2 周期 80ns
                repeat(10)  #100 d3 = ~ d3;      //d3 周期 200ns
                repeat(5)   #200 s = s + 1;      //S 每 200ns 自动加 1
            join
            $stop;
        end
endmodule
```

可以分别对例 3.3-2 ~ 例 3.3-5 描述的四选一数据选择器进行仿真，仿真波形如图 3.12 所示。采用并行激励信号，数据端 d0 ~ d3 为四种不同频率的数据信号，通过仿真可以看出，根据选择信号 s 的不同值，输出信号 y 选择输出不同的数据端信号。当 s=00 时，输出 y 选择数据 d0；当 s=01 时，输出 y 选择数据 d1；当 s=10 时，输出信号 y 选择数据 d2；当 s=11 时，输出信号 y 选择 d3 数据；仿真结果显示四种描述四选一数据选择器的实例设计均正确。

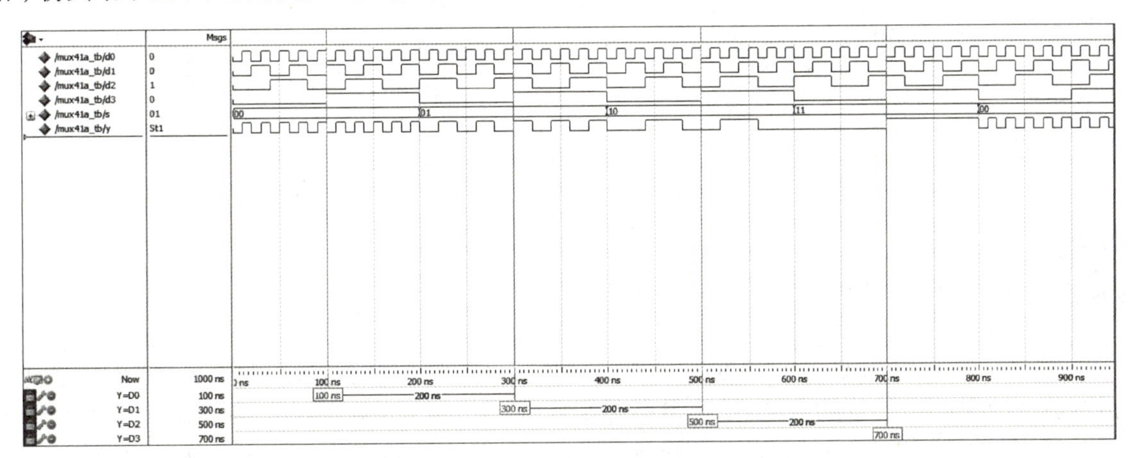

图 3.12　四选一数据选择器仿真波形

3.4　数据分配器

数据分配器相当于多输出的单刀多掷开关，它是将公共数据线上的数据通过通道选择信号送到不同的通道上去的逻辑电路。一分四数据分配器原理图如图 3.13 所示。

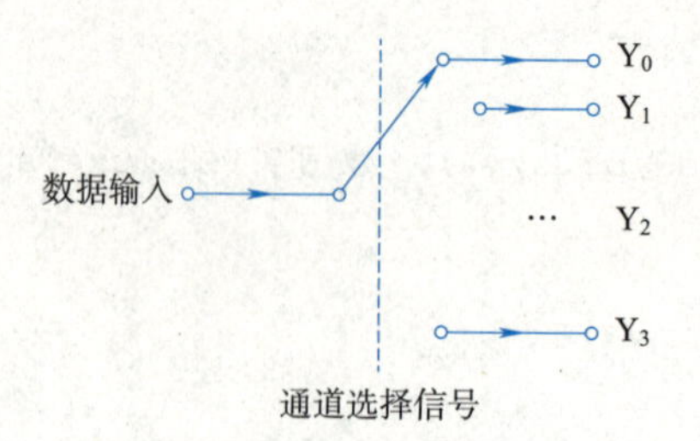

图 3.13　一分四数据分配器原理图

【例 3.4-1】　一分四数据分配器的 Verilog HDL 描述。

```
module demux14a (
    input data,                                     //公共数据输入端
    input s1, s0, en,                               //通道选择信号 s1、s0；使能信号 E
    output reg y0, y1, y2, y3 );                    //数据输出端
    always @ *                                      // *表示默认所有输入端口信号都作为敏感信号
        case(en)
        1'b1: case ({s1, s0})                       //使能有效
            2'b00: begin y0 = data; y1 = 1'bz; y2 = 1'bz; y3 = 1'bz; end
            //数据分配到 y0，其他输出高阻态
            2'b01: begin y0 = 1'bz; y1 = data; y2 = 1'bz; y3 = 1'bz; end
            //数据分配到 y1，其他输出高阻态
            2'b10: begin y0 = 1'bz; y1 = 1'bz; y2 = data; y3 = 1'bz; end
            //数据分配到 y2，其他输出高阻态
            2'b11: begin y0 = 1'bz; y1 = 1'bz; y2 = 1'bz; y3 = data; end
            //数据分配到 y3，其他输出高阻态
            endcase
        //使能无效
        default: begin y0 = 1'bz; y1 = 1'bz; y2 = 1'bz; y3 = 1'bz; end
        endcase
    endmodule
```

z 或 Z 表示高阻态，不区分大小写，高阻态还可以用问号“?”来表示。

3.5　数值比较器

在数字系统中，特别是在计算机中常需要对两个数的大小进行比较。数值比较器就是对两个二进制数 A 和 B 进行比较的逻辑电路，比较结果有 A > B、A < B 和 A = B 三种情况。

以下通过参数化设计方法设计数值比较器，用来比较 N 位数据 A 和 B 的大小，通过修改参数 N 的大小方便修改比较数据的位宽，方便设计移植，设计代码如下。

【例 3.5-1】　数值比较器的 Verilog HDL 描述。

```
module compare_3 ( y, a, b );
parameter N = 3;          //参数化位宽，默认为 3
input [N-1:0] a;          //数据 a
input [N-1:0] b;          //数据 b
output [2:0] y;           //比较结果输出，y[2] 代表 a<b，y[1] 代表 a=b，y[0] 代表 a>b
reg [2:0] y;
always @ ( a or b )
```

```
begin
   if ( a > b )      y <= 3'b001;
   else if ( a == b)  y <= 3'b010;
   else             y <= 3'b100;
end
endmodule
```

关键词 parameter 用来定义常量 N，通过改变 N 的值，可以很容易地改变整个设计，改变被比较数据的位数。

3.6 加法器

算术运算是数字系统的基本功能，更是计算机中不可缺少的组成单元。而加法器是算术运算电路中的基本单元，包括半加器和全加器。如果只考虑两个加数本身，而不考虑低位进位的加法运算，称为半加器。而全加器能进行被加数、加数和来自低位的进位信号相加，并根据求和结果给出该位的进位信号。

一位数据半加器，是指两个一位数据相加时，不考虑低位进位的相加，其逻辑图如图 3.14 所示。下面设计采用门级调用描述。

【例 3.6-1】 一位数据半加法器的 Verilog HDL 描述。

```
module halfadder (s, c, a, b);
   input a, b;          // 被加数 A, 加数 B
   output s, c;         // 和为 S, 进位为 C

   xor (s, a, b);       // 调用门级电路, 实例名可省, 调用顺序先输出, 后输入
   and (c, a, b);       // 调用门级电路, 实例名可省, 调用顺序先输出, 后输入
endmodule
```

一位数据全加器，是指两个一位二进制数相加时，考虑低位进位的加法。全加器的设计可以根据逻辑表达式或真值表设计，也可以采用行为描述或结构化描述。下面采用结构化描述设计方法。一位数据全加器如图 3.15 所示，调用例 3.6-1 的一位半加器和底层标准或门来实现一位数据全加器。

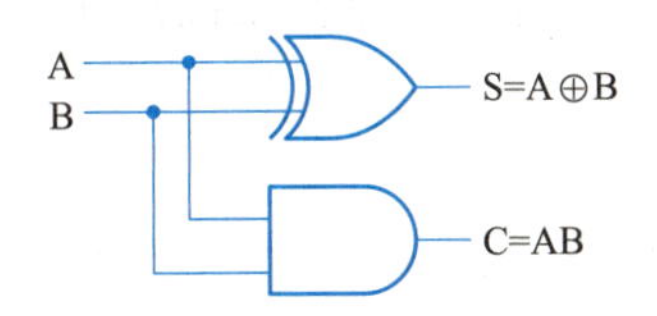

图 3.14　半加器原理逻辑图

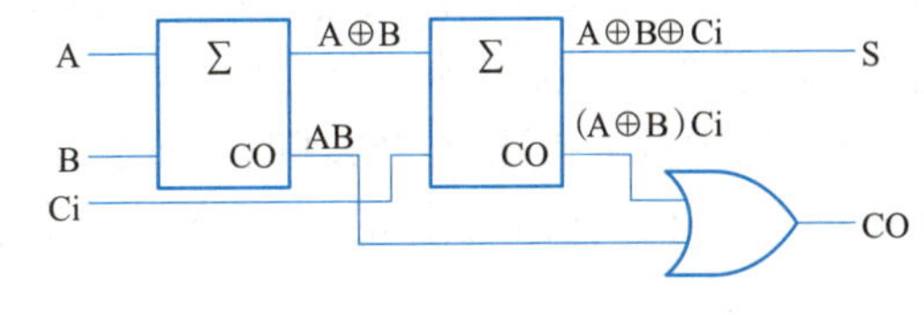

图 3.15　1 位数据全加器

【例 3.6-2】 一位数据全加法器的 Verilog HDL 描述。

```
module fulladder (s, co, a, b, ci);
   input a, b, ci;                        // 被加数 A, 加数 B, 低位进位 Ci
   output s, co;                          // 和 S, 向高位进位 CO
   wire s1, d1, d2;                       // 内部节点信号
   halfadder HA1 (s1, d1, a, b);          // 端口信号按照位置对应关联, 顺序固定
   halfadder HA2 (.a(s1), .b(ci), .s(s),.c(d2));
                                          // 端口信号按照名称对应关联, 顺序任意
```

```
    or G1(co, d2, d1);                  //调用底层标准或门，注意调用顺序，先输出后输入
endmodule
```

下面通过例 3.6-3 实现四位加法器，其采用结构化设计方法，电路如图 3.16 所示，通过调用四次一位全加器，而全加器的设计可以调用例 3.6-2 所设计的模块。

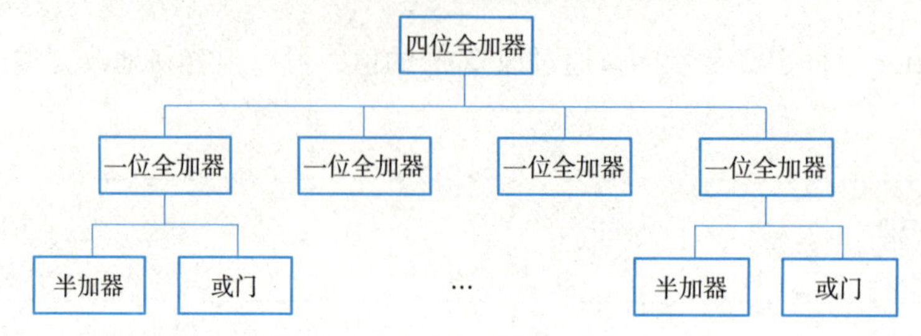

图 3.16　四位加法器组成电路

【例 3.6-3】 四位数据加法器的 Verilog HDL 描述。

```
module adder_4bit (s, c3, a, b, c_1);
    input [3:0] a, b;           //4 位被加数 A 和 B
    input c_1;                  //最低位进位 C_1
    output [3:0] s;             //4 位和
    output c3;                  //向最高位的进位信号
    wire c0, c1, c2;            //内部进位信号

    fulladder FA0 (s[0], c0, a[0], b[0], c_1),        //调用 1 位全加器
              FA1 (s[1], c1, a[1], b[1], c0),
              FA2 (s[2], c2, a[2], b[2], c1),
              FA3 (s[3], c3, a[3], b[3], c2);
endmodule
```

本例通过元件例化，调用四次一位全加器，串联实现多位数据相加，结构清晰，思路明确。其中元件例化就是引入一种连接关系，将预先设计好的模块定义为一个元件，然后利用特定的调用语句将此元件与当前设计实体中的端口相连接，从而为当前设计实体引进新的、低一级的设计模块。通过元件例化是使 Verilog HDL 设计模块构成自上而下层次设计的一种重要途径。元件例化是可以多层次的，一个调用了较低层次元件的顶层设计实体模块本身也可以被更高层次设计实体调用，成为更高层次设计实体的一个元件。

例 3.6-4 将采用行为描述方式实现四位加法器。

【例 3.6-4】 四位数值加法器的 Verilog HDL 行为描述。

```
module adder_4
    #(parameter N = 4)(                     //参数化，设置加法器位宽 N，默认为四位
    output [N-1:0] sum,                     //N 位加法器的和
    output cout,                            //加法器的进位信号
    input [N-1:0] a, b,                     //N 位被加数 a 和加数 b
    input cin );                            //最低位进位

    assign {cout, sum} = a + b + cin;       //行为描述加法
endmodule
```

新建 Quartus II 工程，通过例 3.6-3 产生 .rbf 文件，通过如图 3.17 所示四位加法器实验进行验证，

显示加法器设计的正确性，关于实验中的管脚说明见表 3.1。同样新建 Quartus II 工程，通过例 3.6-4 产生 .rbf 文件，通过图 3.17 所示实验可以验证设计的正确性。

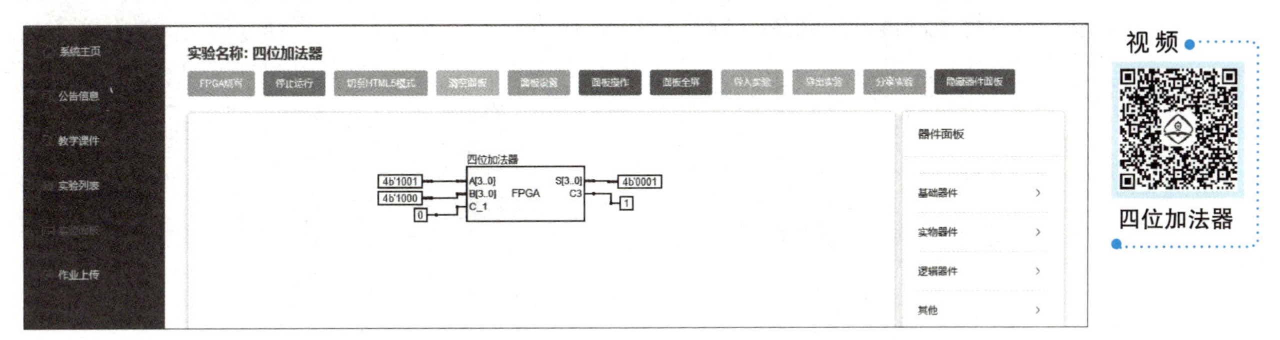

图 3.17　四位加法器实验

表 3.1　四位加法器管脚说明

实验信号名称	FPGA I/O 名称	程序信号名称	功能说明
A[0]	Pin_A12	a[0]	四位被加数
A[1]	Pin_N8	a[1]	
A[2]	Pin_P11	a[2]	
A[3]	Pin_T11	a[3]	
B[0]	Pin_B13	b[0]	四位加数
B[1]	Pin_N11	b[1]	
B[2]	Pin_B4	b[2]	
B[3]	Pin_A4	b[3]	
C_1	Pin_B10	c_1	低位进位
S[0]	Pin_C6	s[0]	数据和
S[1]	Pin_B6	s[1]	
S[2]	Pin_B5	s[2]	
S[3]	Pin_A5	s[3]	
C3	Pin_A6	c3	进位信号

通过例 3.6-3 和例 3.6-4 分别介绍了对四位全加器的不同描述方式，结构描述方式电路结构清楚、层次分明，方便多人协作分层设计实现数字系统设计，但必须清楚各层次接口问题。行为描述简单，大多数工作交给了 EDA 软件去综合实际电路。

3.7 算术逻辑单元

算术逻辑单元是能实现多组算术运算和逻辑运算的组合逻辑电路，简称 ALU。大部分 ALU 都可以完成以下运算：

① 整数算术运算（加、减，有时还包括乘和除，不过成本较高）；

② 位逻辑运算（与、或、非、异或等）；

③ 移位运算，移位可被认为是乘以 2 或除以 2。

下面设计一个简单的算术逻辑单元电路。

【例 3.7-1】 算术逻辑单元电路的 Verilog HDL 描述。

```
module alu(
    input [3:0] a,                                //操作数a
    input [3:0] b,                                //操作数b
    input [2:0] sel,                              //功能选择sel
    output reg[4:0] out);                         //输出结果out
    always@(a or b or sel)   begin
        case(sel)
            3'b000 : out = a;                     //输出a
            3'b001 : out = a + b;                 //输出a，b相加
            3'b010 : out = a - b;                 //输出a，b相减
            3'b011 : out = a / b;                 //输出a，b相除
            3'b100 : out = a % b;                 //输出a，b求余
            3'b101 : out = a * b;                 //输出a，b相乘
            3'b110 : out = a << b;                //左移
            3'b111 : out = a >> b;                //右移
            default: out = 5' bx;
        endcase
    end
endmodule
```

【例 3.7-2】 算术逻辑单元的 Testbench 仿真测试。

```
'timescale 1ns/1ps
module alu_tb( );
    reg[3:0] a,b;
    reg[2:0] sel;
    wire[4:0] out;
    alu ALU( .a(a),.b(b),
             .sel(sel),
             .out(out));
    initial begin
        a=4'b0000;
        b=4'b0000;
        sel=3' b0000;
    end
    always
        fork
            #10 sel = 3'b000;
            #20 sel = 3'b001;
            #30 sel = 3'b010;
            #40 sel = 3'b011;
            #50 sel = 3'b100;
            #60 sel = 3'b101;
            #70 sel = 3'b110;
            #80 sel = 3'b111;
            #10 a = 4'b0110;
```

```
            #20 a = 4'b0100;
            #15 b = 4'b0001;
            #30 b = 4'b0010;
            #100 $stop;
        join
endmodule
```

ALU 仿真波形如图 3.18 所示，仿真情况如下：

```
0 ~ 10ns   : sel=0  : out=a=0;
10 ~ 20ns  : sel=0  : out=a=6;
20 ~ 30ns  : sel=1  : out=a+b=5;
30 ~ 40ns  : sel=2  : out=a-b=2;
40 ~ 50ns  : sel=3  : out=a/b=2;
50 ~ 60ns  : sel=4  : out=a%b=0;
60 ~ 70ns  : sel=5  : out=a*b=8;
70 ~ 80ns  : sel=6  : out=a<<b=16;
80 ~ 100ns: sel=7  : out=a>>b=1;
```

通过图 3.18 所示的仿真波形验证了例 3.7-1 算术逻辑单元设计的正确性。

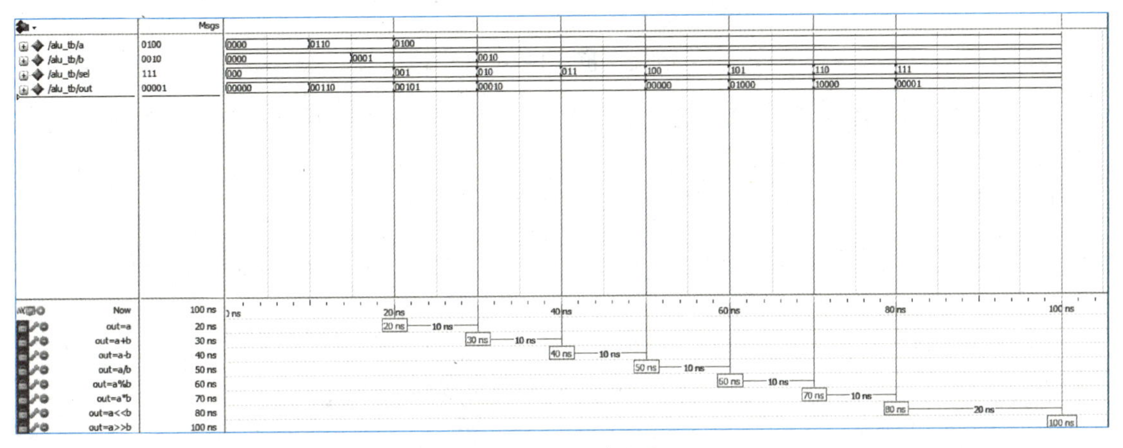

图 3.18　ALU 仿真波形

小结

本章重点介绍了常用组合逻辑电路的 Verilog HDL 设计以及对所设计电路的仿真测试，包括以下几方面内容：

（1）编码器设计，包括二进制普通编码器和优先编码器，掌握 CASE 和 IF 语句的区别；

（2）译码器设计，包括二进制译码器和显示译码器；

（3）数据选择器设计，掌握对选择器设计的不同描述方式；

（4）数据分配器设计；

（5）数值比较器设计；

（6）加法器设计，包括半加器和全加器，掌握元件例化及结构化设计方法；

（7）算术逻辑单元设计。

习题

3-1 使用 assign 连续赋值语句，写出下列逻辑函数定义的逻辑电路的 Verilog HDL 描述。

（1）$L_1=(B+C)(\overline{A}+D)\overline{B}$

（2）$L_2=(\overline{B}C+ABC+B\overline{C})(A+\overline{D})$

（3）$L_3=C(AD+B)+\overline{A}B$

3-2 如图 3.19 是一个将四位格雷码转换为自然二进制码的代码转换电路，试用 Verilog HDL 数据流方式描述该电路，然后用 Quartus II 软件进行逻辑功能仿真，并给出仿真波形。

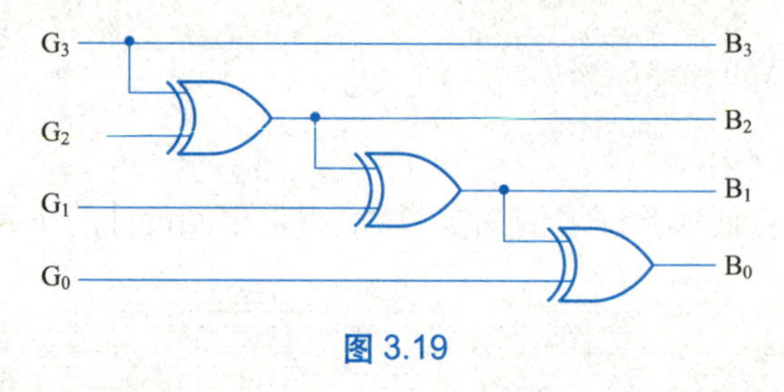

图 3.19

3-3 试用 Verilog HDL 行为级描述方式，写出 4 线 -2 线优先编码器，然后用 Quartus II 软件进行逻辑功能仿真，并给出仿真波形。

3-4 说明下列 Verilog HDL 程序所描述电路的功能，并画出逻辑图。

```
module Circuit_a(
    input [1:0] a, b,
    input s, e,
    output [1:0] y
);
    assign y = e ? ( s ? a : b) : 'bz;
endmodule
```

3-5 使用分模块、分层次设计方法，对两位数值比较器的行为进行描述，具体要求如下：

（1）首先采用 Verilog HDL 行为描述，设计一位数值比较器，并用 Quartus II 软件进行逻辑功能仿真，并给出仿真波形。

（2）调用设计好的一位数值比较器模块和基本门级元件，完成两位数值比较器的建模。

（3）最后用 Quartus II 软件对整个电路进行逻辑功能仿真，并给出仿真波形。

3-6 使用分模块、分层次设计方法，对 16 线 -4 线优先编码器的行为进行描述。要求：

（1）写出 8 线 -3 线优先编码器行为级描述，并用 Quartus II 软件对该模块进行逻辑功能仿真，并给出仿真波形。

（2）调用设计好的 8 线 -3 线编码器子模块和基本门级元件，完成 16 线 -4 线优先编码器的建模。

（3）最后用 Quartus II 软件对整个电路进行逻辑功能仿真，并给出仿真波形。

第4章 时序逻辑电路设计

本章重点介绍以下时序逻辑电路的设计：锁存器、触发器、寄存器、计数器和分频器等电路；同时进行相应的仿真测试。

本章的学习目标主要有五个：①进一步掌握 Quartus II 工程软件的使用方法；②进一步掌握 Verilog HDL 语言结构；③掌握时序逻辑电路的设计方法；④掌握对时序逻辑电路的仿真测试方法；⑤掌握远程云端实验对时序逻辑电路的测试。

4.1 时序逻辑电路建模基础

时序逻辑电路的工作特点是：任意时刻的输出状态不仅与当时的输入信号有关，而且与此前电路的状态有关。时序逻辑电路中除具有逻辑运算功能的组合电路外，还必须有能够记忆电路状态的存储单元或延迟单元（锁存器和触发器）。锁存器和触发器是构成时序逻辑电路的基本逻辑单元。

时序逻辑电路根据是否具有统一的时钟分为同步时序逻辑电路和异步时序逻辑电路。同步时序逻辑电路里所有触发器有一个统一的时钟源，它们的状态在同一时刻更新；而异步时序逻辑电路没有统一的时钟脉冲，电路的状态信号更新不是同时发生的，异步时序逻辑电路的建模通常采用模块调用,依次连接各模块形成。另外,时序逻辑电路还有与时钟同步或异步的清零或置位信号，建模时要特别注意不同点。

根据时序逻辑电路的输出是否与输入信号有关，分为米利型电路和穆尔型电路。米利型电路的输出是输入变量和触发器状态变量的函数，而穆尔型电路的输出仅取决于各触发器的状态，不受电路输入信号影响。关于这两种电路的不同点将在第 5 章详细讲解。

4.2 锁存器和触发器建模

锁存器和触发器的共同点是具有“0”和“1”两个稳定状态,一旦状态被确定,就能自行保持。一个锁存器或触发器能存储一位二进制码。

锁存器和触发器的不同点在于，锁存器是对脉冲电平敏感的存储电路，在特定输入脉冲电平作用下改变状态；而触发器是对脉冲边沿敏感的存储电路，在时钟脉冲的上升沿或下降沿的变化瞬间改变状态。

4.2.1 D 锁存器

【例 4.2-1】 八位 D 锁存器的 Verilog HDL 描述。

```
module d_latch
    #(parameter N = 8)(          //参数化，默认位宽八位
    output reg [N-1:0] q,        //状态信号q
    input [N-1:0] d,             //激励信号d
    input e );                   //使能信号，高电平有效
    always @ ( e, d)
        if (e) q <= d;           //当e=1时d被锁存入d
endmodule
```

下面介绍一下存储单元锁存器的工作情况：

（1）使能信号 e 由 0 变为高电平 1 时，过程语句被启动，于是顺序执行 if 语句，而此时恰好满足 if 语句的条件，即 e = 1 时，执行语句 q <= d，将 d 的数据赋值给 q，更新 q 的值，并结束 if 语句。

（2）当使能信号 e 发生了电压变化，但是从 1 变到 0。此时无论 d 是否变化，都将启动过程语句去执行 if 语句，但此时 e=0，if 语句的条件不满足，就无法执行赋值语句，导致 q 只能保持原值，也就意味着需要在设计模块中引入存储元件。

（3）当使能信号 e 没有发生任何变化，且一直为 1，而敏感信号 d 发生改变，这时也启动过程语句去执行 if 语句，恰好满足 if 语句的条件，执行语句 q <= d，将 d 的数据赋值给 q，更新 q 的值，并结束 if 语句。

（4）当使能信号 e 没有发生任何变化，且一直为 0，而敏感信号 d 发生改变，此时也启动过程语句去执行 if 语句，但由于 e = 0，不满足 if 语句的条件，就无法执行赋值语句，导致 q 只能保持原值，也就意味着需要在设计模块中引入存储元件。

锁存器的描述过程中，在条件语句中有意不把所有可能的条件对应的操作表达出来，而只列出满足条件下的操作，从而使综合器解释为不满足条件时应该不进行赋值，而保持原来的数据，实现了时序逻辑电路。但在 FPGA 中综合器引入的锁存器不属于现成的基本时序模块，需要用含有反馈的组合电路构建，所以比直接调用 D 触发器需要额外耗费组合逻辑资源。

【例 4.2-2】 八位 D 锁存器的 Testbench 仿真测试。

```
'timescale 1ns/1ps
module d_latch_tb ( );
    wire [7:0] q;
```

```
    reg [7:0] d;
    reg e;
    d_latch test(.q(q),
                 .e(e),
                 .d(d) );    //实例化待测试设计
    initial begin
        e = 0;
        d = 0;
        #10 e = 1;
        forever #10 d = d + 1;
    end
    initial begin
        #100 e = 0;
        #50  e = 1;
        #50  $stop;
    end
endmodule
```

仿真波形如图 4.1 所示，在前 10ns 时间段，使能信号 e 为无效低电平，状态信号 q 为未知值 X；10 ~ 100 ns 之间后使能信号 e 高电平有效后，状态信号 q 等于激励信号 d；在 100 ~ 150 ns 之间时，使能信号 e 无效，状态 q 始终保持 100 ns 时 d 的二进制值 00001000；在 150 ns 时，使能信号 e 又有效，状态信号 q 等于激励信号 d 的二进制值 00001110。

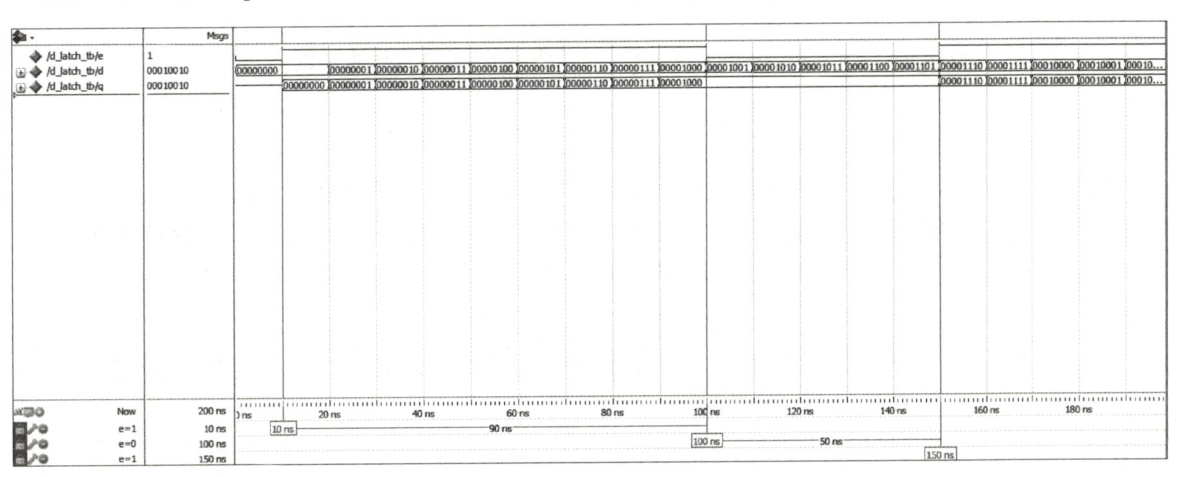

图 4.1　八位 D 锁存器仿真波形

4.2.2　D 触发器

【例 4.2-3】　八位 D 触发器的 Verilog HDL 描述。

```
module d_ff( q, d, clk);
    parameter N = 8;                    //参数化，位宽 8
    output reg [N-1:0] q;               //状态信号
    input [N-1:0] d;                    //激励信号
    input clk;                          //时钟信号
    always @ ( posedge clk)
          q <= d;
endmodule
```

在过程语句的敏感信号列表中使用 posedge clk 表示对时钟信号 clk 的上升沿敏感。当时钟信号 clk 出现一个上升沿时，敏感信号将启动过程语句，执行赋值操作；否则不执行赋值操作，则 q 就保持原来的数据，实现了时序模块的描述。采用 posedge clk 这种敏感信号描述起着告诉综合器构建边沿触发型时序元件的标志作用，而不用此敏感信号描述产生的时序电路就如同例 4.2-1 产生的时序电路为电平敏感性时序电路。

与 posedge clk 描述对应的还有 negedge clk，negedge clk 作为下降沿敏感的描述。

【例 4.2-4】 八位 D 触发器的 Testbench 仿真测试。

```
'timescale 1ns/1ps
module d_ff_tb( );
    wire [7:0] q;
    reg  [7:0] d;
    reg clk;
    d_ff test(.q(q),
              .clk(clk),
              .d(d) );                    // 实例化待测设计
    initial begin
        clk = 0;                          // 初始 clk
        d = 0;                            // 初始 d 信息
        forever #10 d = d + 1;            // 改变激励信号 d
    end
    initial begin
        forever #6 clk = clk + 1;         // 周期 12ns 的时钟激励信号
        #150  $stop;
    end
endmodule
```

仿真波形如图 4.2 所示，在前 6 ns 时间段，时钟信号 clk 没有上升沿触发，状态信号 q 为未知 X；在 6 ns 时，时钟信号 clk 上升沿触发 D 触发器，将 d 信号赋给状态信号 d，并一直保持到下一个上升沿 18 ns 时刻才更新，时钟 clk 一个周期内其余时刻 q 的状态保持不变。

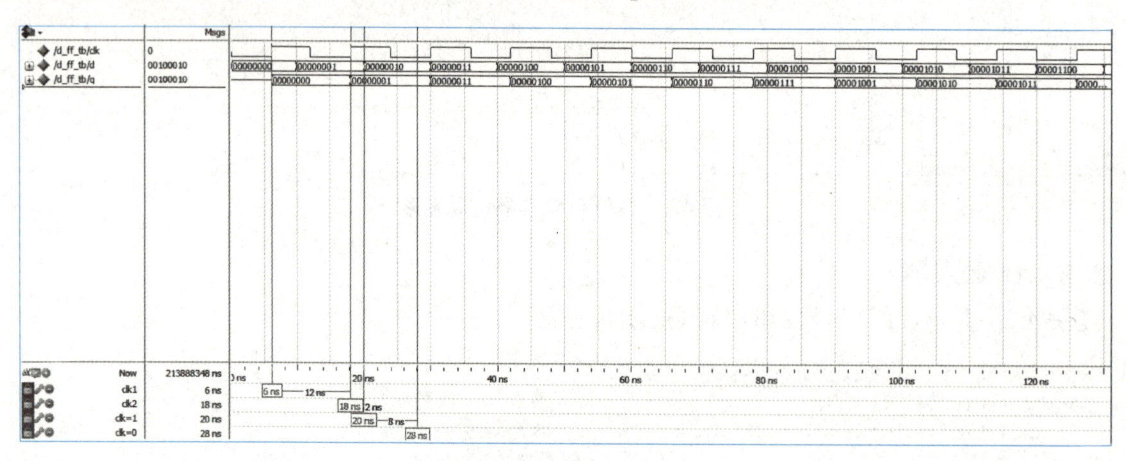

图 4.2　八位 D 触发器仿真波形

4.2.3　异步置位和复位 D 触发器

【例 4.2-5】具有异步置位和异步复位 D 触发器的 Verilog HDL 描述。

```
module dff_b( q, qn, d, clk, sd, rd);
    output reg q, qn;
    input d;
    input clk, sd, rd;                                    //时钟信号，置位信号，复位信号
    always @ (posedge clk, negedge sd, negedge rd) begin//时钟、置位、复位敏感
        if (!sd) begin q <= 1'b1; qn <= 1'b0; end//异步低电平置位，优先级最高
        else if (!rd) begin q <= 1' b0; qn <= 1'b1; end //异步低电平复位
        else begin q <= d; qn <= ~d; end                    //触发
    end
endmodule
```

程序的执行过程是这样的：无论时钟信号 clk 或复位信号 rd 是否有跳变，只要 sd 置位信号有一个下降沿跳变，即刻启动过程执行 if 语句，对 q 置位 1，然后跳出 if 语句。此后如果置位信号 sd 一直保持为低电平，则无论时钟信号 clk 或复位信号 rd 是否有跳变，状态 q 恒输出 1，这就是异步置位，并且具有最高优先级。如果复位信号 rd 有下降沿跳变，且异步置位信号 sd 没有下降沿跳变，无论时钟信号 clk 是否有跳变，else if 分支语句被执行，对状态 q 进行复位操作，q 为 0，然后跳出语句，所以异步复位信号 rd 的优先级没有异步置位信号 sd 优先级高。只有异步置位信号 sd 和异步复位信号 sd 均不是低电平，此时时钟信号 clk 有上升沿跳变时，执行 else 分支，执行赋值操作 q <= d，从而更新状态 q 值，否则将保持 q 值不变。

根据上面的实例介绍，Verilog 的敏感信号分为两个类型，即边沿敏感信号和电平敏感信号。使用关键词 posedge 或 negedge 的属于边沿敏感信号，且每个过程语句中只能放置一种类型的敏感信号，不能混放。如写成以下形式将是错误的：

```
always @ ( posedge clk, sd, rd)
always @ ( posedge clk, negedge sd, rd)
always @ ( posedge clk, sd, negedge rd)
```

如果希望使置位信号 sd 为高电平异步置位，以下形式也是不正确的，因为高电平置位信号 sd 需要和 posedge 匹配。

```
always @ ( posedge clk, negedge sd, negedge rd) begin
    if (sd) …
```

例如，需要设计异步置位信号 sd 为低电平置位，异步复位信号 rd 为高电平复位时，则需要写成如下形式：

```
always @ ( posedge clk, negedge sd, posedge rd) begin
    if (!sd) …
    else if (rd) …
```

【例 4.2-6】 具有异步置位和异步复位 D 触发器的 Testbench 仿真测试。

```
'timescale 1ns/1ps
module dff_b_tb( );
    wire q, qn;
    reg d, sd, rd;
    reg clk;
    dff_b TEST(
            .q(q),
            .qn(qn),
            .clk(clk),
```

```
          .d(d),
          .rd(rd),
          .sd(sd) );                          // 实例化待测设计
    initial fork
        clk = 0;
        d = 0;
        sd = 0;
        rd = 0;
        forever #10 d = d + 1;                // 改变 D 信号
        forever #100 rd = rd + 1;             // 改变复位信号
        forever #200 sd = sd + 1;             // 改变置位信号
        #1000 $stop;
    join
    always #7 clk = ~clk;                     // 产生时钟激励
endmodule
```

仿真波形如图 4.3 所示，只要置位信号 sd 有效，低电平时，无论复位信号取何值，状态 q 被置 1，说明置位信号 sd 的优先级高于复位信号 rd，如在 200 ns 之前；只有当置位信号 sd 无效，复位信号 rd 有效时（低电平），状态 q 复位为 0，如在 200 ~ 300 ns 之间；置位信号 sd 和复位信号 rd 都不需要时钟信号 clk 配合，所以是异步置位和复位，或者称为直接置位和复位。当置位和复位信号均无效时，时钟信号 clk 的上升沿触发时，使触发器次态信号等于激励信号 d，如 315 ns 和 329 ns 时，时钟信号 clk 上升沿后，状态信号 q 的值分别为上升沿前 d 的值 1 和 0；在没有时钟信号 clk 上升沿的其他时刻，状态 q 保持不变。

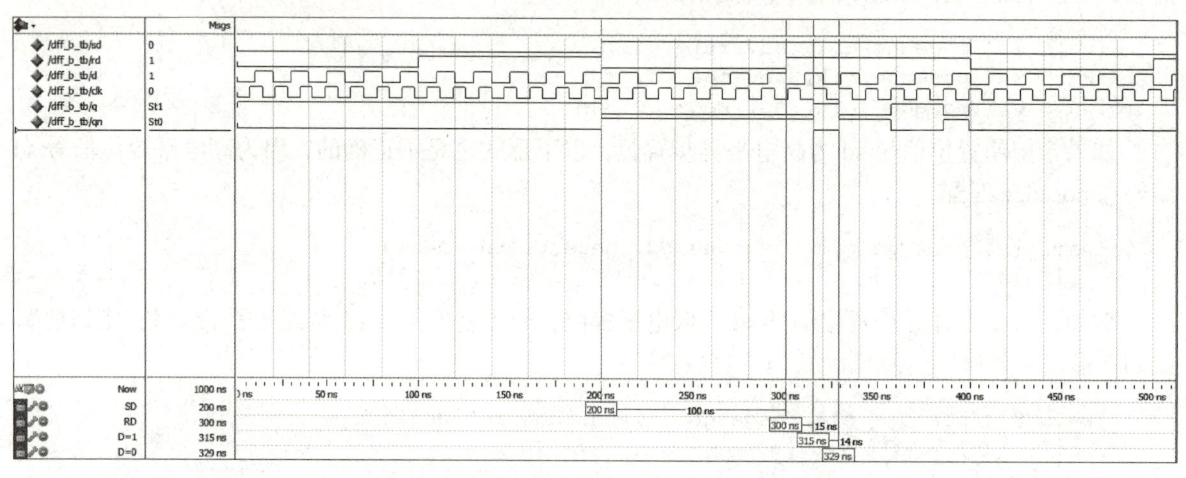

图 4.3　异步置位和复位 D 触发器仿真波形

4.2.4　同步置位和复位 D 触发器

【例 4.2-7】 具有同步置位和同步复位 D 触发器的 Verilog HDL 描述。

```
module dff_c( q,qn,d,clk,sd,rd);
    output reg q, qn;
    input d;
    input clk, sd, rd;                        // 时钟信号，置位信号，复位信号
    always @ ( posedge clk) begin             // 只对 clk 敏感
        if (!sd) begin q <= 1'b1; qn<= 1'b0; end // 同步置位低电平有效，优先级最高
```

```
        else if (!rd) begin q <= 1'b0; qn<= 1'b1; end      //同步复位低电平有效
        else begin q <= d; qn<= ~d; end                     //触发
    end
endmodule
```

程序的执行过程是这样的，只有时钟信号 clk 有上升沿跳变时，才会进入过程语句，执行 if 语句；接下来判断 if 语句的条件是否满足。如果置位信号 sd 为低电平，q 输出 1，这就是同步置位；如果置位信号 sd 为高电平同时复位信号 rd 是低电平，则 else if 分支语句被执行，对状态 q 进行复位操作，q 为 0，此时为同步复位，所以同步置位信号 sd 的优先级比同步复位信号 rd 的优先级高；如果同步置位信号 sd 和同步复位信号 rd 均不是低电平，此时在时钟信号 clk 上升沿跳变时，执行 else 分支，执行赋值操作 q <= d，从而更新状态 q 值，否则将保持 q 值不变；当时钟信号 clk 没有上升沿跳变时，不会执行 if 语句，同步置位信号 sd 和同步复位信号 rd 均不会起作用，状态 q 值保持不变。

【例 4.2-8】 具有同步置位和同步复位 D 触发器的 Testbench 仿真测试。

```
'timescale 1ns/1ps
module dff_c_tb( );
    wire q, qn;
    reg d, sd, rd;
    reg clk;
    dff_c TEST(
        .q(q),
        .qn(qn),
        .clk(clk),
        .d(d),
        .rd(rd),
        .sd(sd));                             //实例化待测设计
    initial fork
        clk = 0;
        d = 0;
        sd = 0;
        rd = 0;
        forever #10 d = d + 1;                //改变 D 信号
        forever #100 rd = rd + 1;             //改变复位信号
        forever #200 sd = sd + 1;             //改变置位信号
        #1000 $stop;
    join
    always #7 clk = ~clk;                     //产生时钟激励
endmodule
```

仿真波形如图 4.4 所示，由于 always 结构块设计只对时钟信号 clk 上升沿敏感，只有 clk 出现上升沿，才检测置位信号 sd 和复位信号 rd，所以是和时钟 clk 同步的置位和复位。从仿真图可以看出，在 7 ns 时，时钟上升沿，同时置位信号有效（低电平），所以此时才置位触发器的状态 q 为 1；同样，在 203 ns 时，时钟信号 clk 上升沿到来，同步置位信号无效（高电平），同步复位信号有效（低电平），此时触发器状态 q 被复位为 0。当置位和复位信号均无效时，时钟信号 clk 的上升沿触发时，使触发器次态信号等于激励信号 d，如 315 ns 和 329 ns 时，时钟信号 clk 上升沿后，状态信号 q 的值分别为上升沿前 d 的值 1 和 0；在没有时钟信号 clk 上升沿的其他时刻，状态 q 保持不变。

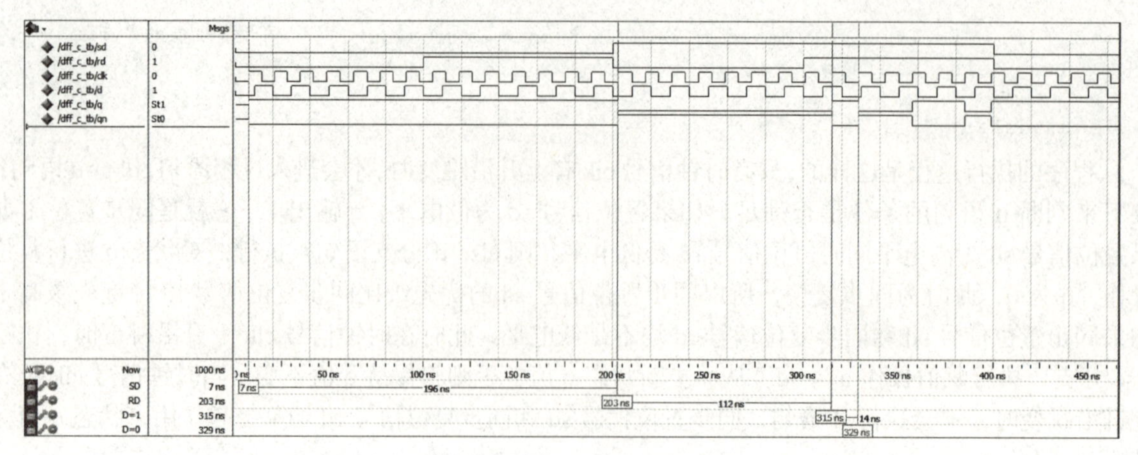

图 4.4　同步置位和复位的 D 触发器仿真波形

4.2.5　异步复位和同步置位 JK 触发器

【例 4.2-9】 具有异步复位和同步置位 JK 触发器的 Verilog HDL 描述。

```
module jk_ff( q, qn, j, k, sd, rd, clk);
    output reg q;                           //状态
    output qn;
    input j, k;                             //j，k信号
    input clk, sd, rd;                      //时钟，置位，复位
    assign qn = ~q;

    always @ ( posedge clk or posedge rd )  //主要敏感信号
        if (rd) q <= 1'b0;                  //异步复位，高电平有效，优先级最高
        else if (sd) q <= 1' b1;            //同步置位，高电平有效
        else                                //jk触发
            case ({j, k})
            2'b00: q <= q;                  //保持
            2'b01: q <= 1'b0;               //置0
            2'b10: q <= 1'b1;               //置1
            2'b11: q <= ~q;                 //翻转
            endcase
endmodule
```

异步复位信号 rd 为高电平有效，优先级最高，同时需要和敏感信号列表中的 posedge rd 表述相匹配；同步置位信号 sd 为高电平有效；JK 触发器功能描述使用了 case 语句，相当于描述了 JK 触发器的功能表。

【例 4.2-10】 具有异步复位和同步置位 JK 触发器的 Testbench 仿真测试。

```
'timescale 1ns/1ps
module jk_ff_tb( );
    wire q, qn;
    reg j, k, sd, rd;
    reg clk;
    jk_ff TEST(
        .q(q),
        .qn(qn),
        .clk(clk),
```

```
        .j(j),
        .k(k),
        .rd(rd),
        .sd(sd) );                  //实例化待测设计
    initial fork                    //并行语句，初始化
        clk = 0;
        j = 0;
        k = 0;
        sd = 1;
        rd = 1;
        repeat (50) #20 j = ~j;
        repeat (40) #30 k = ~k;
        forever #200 rd = rd + 1;
        forever #400 sd = sd + 1;
        #1000 $stop;
    join
    always #7 clk = ~clk;
endmodule
```

仿真波形如图 4.5 所示，在 400 ns 时刻，当异步复位信号 rd 为 1 时，状态 q 为 0，与 clk 无关；当异步复位信号 rd 为 0，同步置位信号 sd 为 1 时，在 203 ns 时，clk 上升沿到来时状态 q 置 1，体现了同步置位；当异步复位信号 rd 和同步置位信号 sd 均为无效低电平时，在时钟信号 clk 上升沿时触发，JK 触发器的状态转换准确，如在 609 ns、623 ns、637 ns 和 651 ns 时刻。

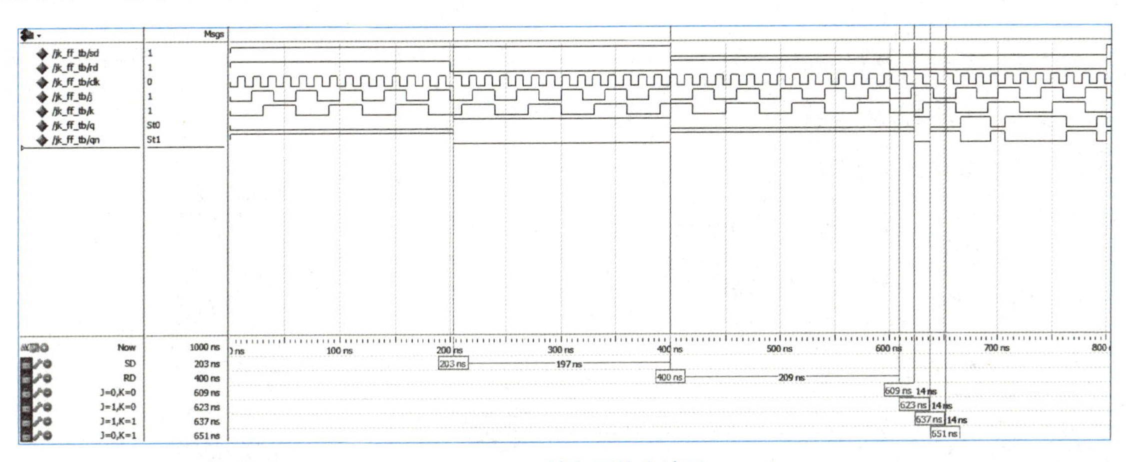

图 4.5　JK 触发器仿真波形

4.2.6　阻塞赋值和非阻塞赋值

阻塞赋值操作符使用“=”表示。“阻塞”是指在过程块结构（initial 和 always）中，对于 begin...end 顺序块，当前的赋值语句阻断了其后的语句，也就是说后面的语句必须等到当前的赋值语句执行完毕才能执行。而且阻塞赋值可以看成是一步完成的，即计算等号右边的值并同时赋给左边变量。对于 fork...join 并行块，阻塞赋值也不会阻断其后的赋值操作。

非阻塞赋值操作符使用“<=”表示。“非阻塞”是指在过程块结构中，当前的赋值语句不会阻断其后的语句，非阻塞语句可以认为是并发执行的。非阻塞语句可以认为是赋值计算和赋值执行两个步骤进行的：

① 在进入过程块结构后，先计算所有非阻塞赋值语句右端表达式的值；

② 赋值执行动作是在过程块结构最后时刻，用所有赋值计算的结果同时去改变赋值号左边的值，因此非阻塞赋值中值的改变是同时进行的，与赋值计算时语句的先后顺序没有关系。

【例 4.2-11】 阻塞赋值的 Verilog HDL 描述实例 1。

```
module circuit_a(
    input a,
    input b,
    input c,
    input clk,
    output reg f,
    output reg g );

    always @ ( posedge clk )
    begin
        f = a & b;
        g = f | c;
    end
endmodule
```

通过 Quartus II 软件进行 RTL 分析，选择 Tools → Netlist Views → RTL View 菜单命令，得到如图 4.6 所示的 RTL 级原理图。对输出 f 和 g 进行阻塞赋值，赋值过程一个步骤就完成。在时钟信号 clk 上升沿时，进入过程块结构内部，阻塞赋值首先改变了 f 的值，然后用改变后的 f 值和 c 进行或运算，改变 g 的值。

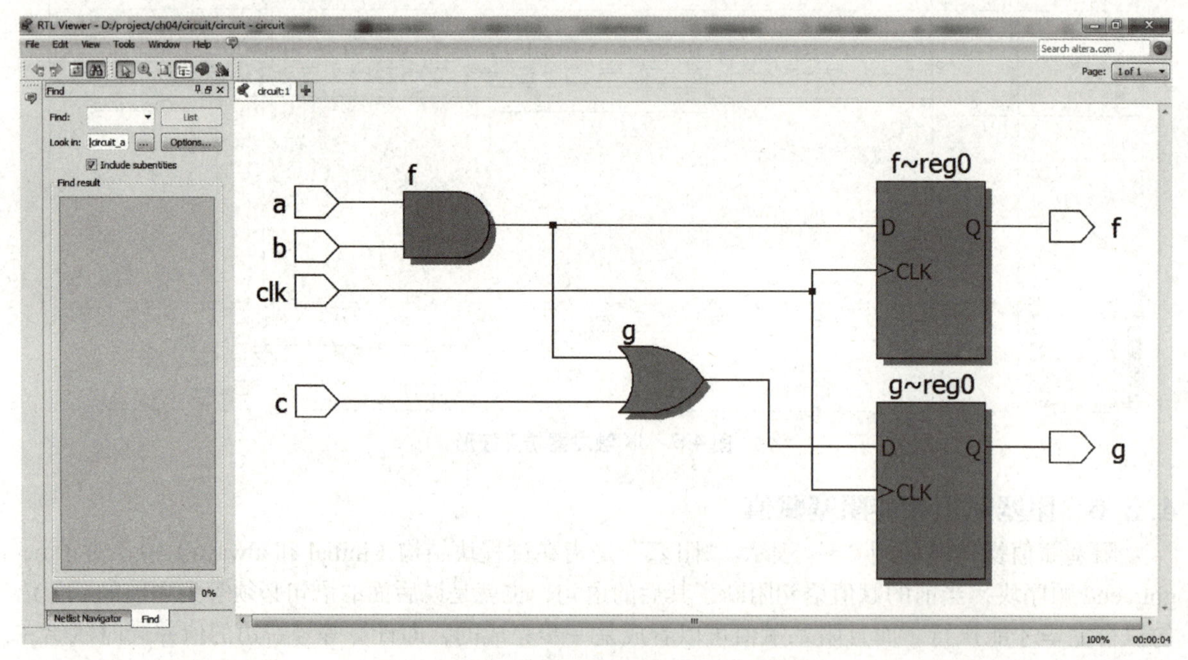

图 4.6 阻塞赋值 RTL 原理图

【例 4.2-12】 非阻塞赋值的 Verilog HDL 描述实例 1。

```
module circuit_b(
    input a,
    input b,
```

```
    input c,
    input clk,
    output reg f,
    output reg g );

    always @ ( posedge clk )
    begin
        f <= a & b;
        g <= f | c;
    end
endmodule
```

通过 Quartus II 软件进行 RTL 分析，得到如图 4.7 所示的 RTL 级原理图。对输出 f 和 g 进行非阻塞赋值，非阻塞赋值分两个步骤进行。在时钟信号 clk 上升沿时，进入过程块结构内部，非阻塞赋值同时计算 f 和 g 的值，但 f 和 g 的值并没有执行赋值更改操作，此时 g <= f | c 语句中的 f 是没有更改的 f 值，所以需要首先存储 f 的值，然后用存储的 f 值和 c 进行或运算，在过程块结构退出时，同时执行对 f 和 g 的赋值执行，可以看出非阻塞赋值分为赋值计算和赋值执行两个过程。

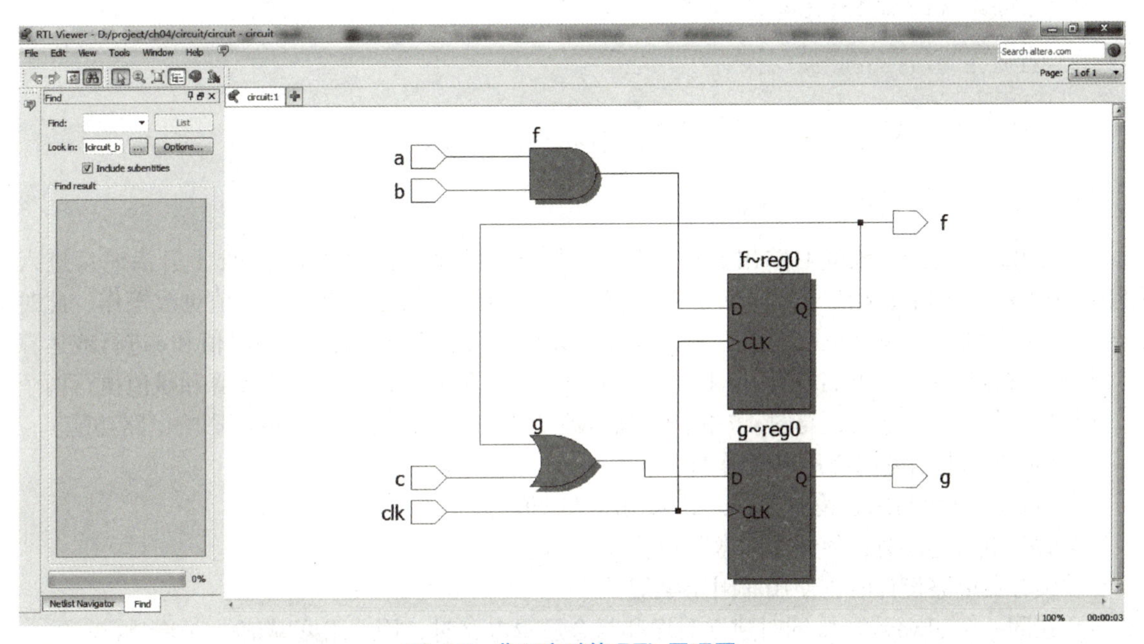

图 4.7　非阻塞赋值 RTL 原理图

【例 4.2-13】 阻塞赋值的 Verilog HDL 描述实例 2。

```
module circuit_c(
    input a,
    input b,
    input c,
    input clk,
    output reg f,
    output reg g );

    always @ ( posedge clk )
    begin
```

```
        g = f | c;
        f = a & b;
    end
endmodule
```

与例 4.2-11 比较，改变对输出 f 和 g 阻塞赋值的顺序，由于在 begin...end 顺序块中顺序执行，执行第一条阻塞赋值语句需要知道 f 的值，所以需要使用寄存器先存储 f 的值，将保存的上一次 f 值与 c 运算后阻塞赋值给 g，然后执行第二次阻塞赋值语句得到 g 的值，功能与例 4.2-12 非阻塞描述相同，RTL 电路图如 4.7 所示。

【例 4.2-14】 非阻塞赋值的 Verilog HDL 描述实例 2。

```
module circuit_d(
    input a,
    input b,
    input c,
    input clk,
    output reg f,
    output reg g );

    always @ ( posedge clk )
    begin
        g <= f | c;
        f <= a & b;
    end
endmodule
```

与例 4.2-12 比较，改变对输出 f 和 g 非阻塞赋值的顺序，在时钟信号 clk 上升沿时，进入过程块结构内部，非阻塞赋值同时计算 g 和 f 的值，但 g 和 f 的值并没有执行赋值更改操作，此时的 g <= f | c 语句中的 f 是没有更改的 f 值，所以需要首先存储 f 的值，然后用存储的 f 值和 c 进行或运算，在过程块结构退出时，同时执行对 g 和 f 的赋值执行，非阻塞赋值分为赋值计算和赋值执行两个过程。通过查看 RTL 原理图，与图 4.7 相同，所以改变非阻塞赋值的顺序，并不影响电路功能。

关于阻塞和非阻塞的应用一般遵循以下原则：

① 用 always 块写组合逻辑电路时，采用阻塞赋值。

② 时序电路建模时，使用非阻塞赋值。

③ 锁存器电路设计时，使用非阻塞赋值。

④ 在同一个 always 块中同时建立时序和组合逻辑电路时，用非阻塞赋值。

⑤ 在同一个 always 块中不要同时使用阻塞和非阻塞赋值。

⑥ 不要在多个 always 块中为同一个变量赋值。

4.3 寄存器建模

4.3.1 普通寄存器

下面介绍寄存器的设计方法，寄存器原理如图 4.8 所示。信号 OE 端控制三态输出，当 OE 为高电平时，输出高阻状态，否则在时钟信号 CP 的上升沿存储 D 的数据并输出。

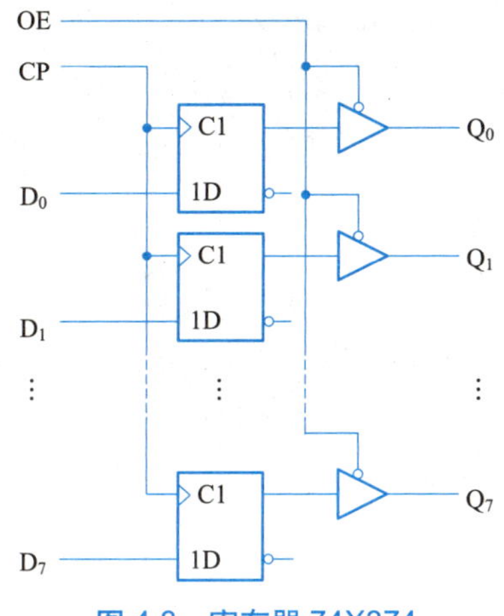

图 4.8　寄存器 74X374

【例 4.3-1】 寄存器 74X374 的 Verilog HDL 描述。

```
module register74X374 (
    input oe, cp,
    input [7:0] d,
    output reg [7:0] q
    );

    always @ ( posedge cp or posedge oe )
        if (oe) q<= 8'bz;        // 使能无效，输出高阻态
        else q <= d;             // 存入和读出数据
endmodule
```

在设计中，如果需要引入三态门，则在控制信号作用下，可使输出呈高阻态，用高阻态数据 Z 或 z（不区分大小写）对变量赋值，这里的 z 表示八个逻辑位。但需要注意，Z 或 z 与普通数值不同，它只能对端口变量赋值，不能在电路模块中被信号所传递。

4.3.2　移位寄存器

用行为级描述 always 描述一个四位双向移位寄存器，具有异步清零、同步置数、左移、右移和保持等功能。下面设计四位双向移位寄存器 74HC194，其原理图如图 4.9 所示，该移位寄存器具有低电平异步清零端 CR，模式控制端 S_1 和 S_0，串行右移输入端 D_{SR}，串行左移输入端 D_{SL}，四位并行输入端 D，四位输出端 Q。

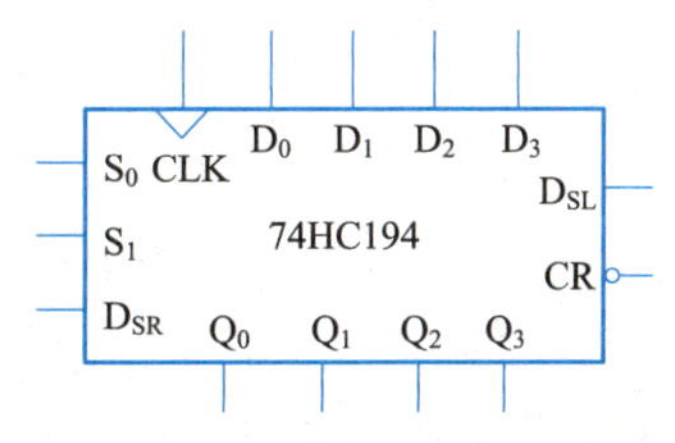

图 4.9　移位寄存器 74HC194

【例 4.3-2】 移位寄存器 74HC194 的 Verilog HDL 描述。

```
module shift74HC194 (s1,s0,dsl,dsr,d,clk,rst_n,q);
```

```
        input s1,s0;                   // 控制输入
        input dsl, dsr;                // 串行输入端
        input clk, rst_n;              // 时钟及异步清零
        input [3:0] d;                 // 并行置入端
        output [3:0] q;                // 寄存器输出
        reg [3:0] q;

        always @ (posedge clk or negedge rst_n)
            if ( !rst_n ) q <= 4' b0000;                  // 异步清零，低电平有效
            else
                case ({s1, s0})
                2'b00: q <= q;                            // 保持
                2'b01: q <= {q[2:0], dsr};                // 右移
                2'b10: q <= {dsl, q[3:1]};                // 左移
                2'b11: q <= d;                            // 并行输入
                default: ;
                endcase
endmodule
```

本例移位寄存器的工作方式是：当异步清零信号 rst_n 有效时，寄存器输出清零。当清零信号 rst_n 为无效高电平时，时钟信号 clk 出现上升沿时，移位寄存器的功能由控制端 S_1 和 S_0 决定。q <= {q[2:0], dsr} 语句使用非阻塞赋值，将上一时钟周期寄存器中低三位和串行右移输入信号 dsr 同时赋值给下一时钟周期的寄存器，利用非阻塞赋值的“并行”特性实现移位寄存器的右移位。同理，q <= {dsl, q[3:1]} 语句实现了移位寄存器的左移位；q <= q 语句实现了移位寄存器的并行预置数功能。

【例 4.3-3】 移位寄存器 74HC194 的 Testbench 仿真测试。

```
'timescale 1ns/1ps
module shift74HC194_tb( );
    wire [3:0] q;
    reg [3:0] d;
    reg  dsl,dsr;
    reg clk, rst_n, s1,s0;

    shift74HC194 TEST(
            .q(q),
            .d(d),
            .clk(clk),
            .dsl(dsl),
            .dsr(dsr),
            .rst_n(rst_n),
            .s1(s1),
            .s0(s0)
    );

    initial fork
        clk = 0;
        d = 4'b0101;
        dsl = 0;  dsr = 1;
        rst_n = 0;
        s1 = 1; s0 = 1;
        #10 rst_n = 1;
```

```
    join

    initial fork
        forever #60 s0 = s0 + 1;
        forever #120 s1 = s1 + 1;
        #2000 $stop;
    join

    always #7 clk = ~clk;

endmodule
```

仿真波形如图 4.10 所示，通过仿真波形可以看出，通过 rst_n 信号可以实现异步清零；当控制信号 s1s0 为二进制数 11 时，时钟信号 clk 上升沿将 d 并行置入寄存器，如在 21 ns 时刻；当控制信号 s1s0 为二进制数 01 时，如在 133 ns 时刻，时钟信号 clk 上升沿时将 dsr 输入端数据右移进入移位寄存器最低位，原来的低三位向高三位移动；当控制信号 s1s0 为二进制数 10 时，如在 63 ns 时刻，时钟信号 clk 上升沿时将 dsl 输入端数据左移进入移位寄存器的最高位，原来的高三位向低三位移动；当控制信号 s1s0 为二进制数 00 时，移位寄存器实现保持功能，如在 189 ns 时刻。

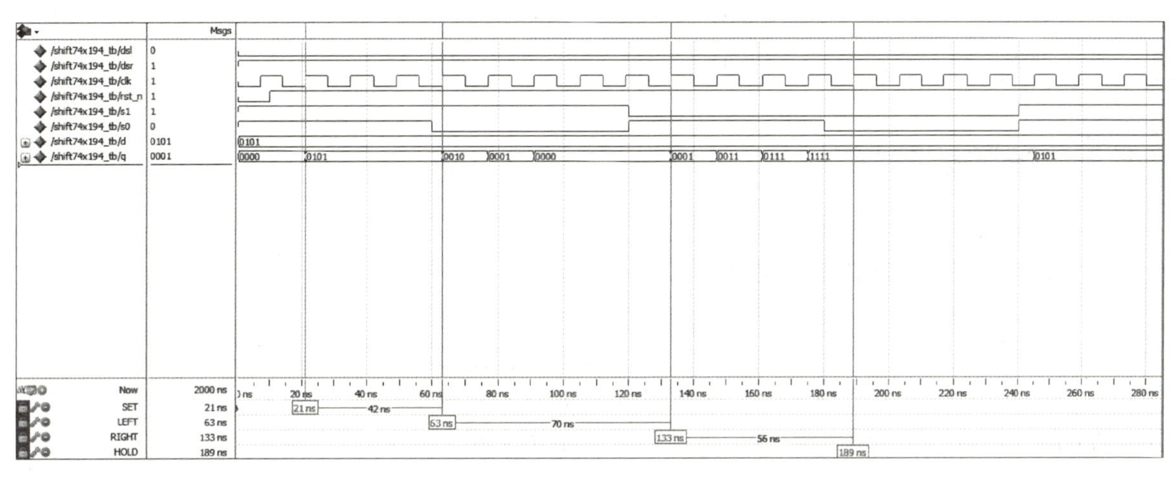

图 4.10　移位寄存器仿真波形

接下来新建 Quartus II 工程，通过例 4.3-2 产生 .rbf 文件，通过如图 4.11 所示移位寄存器实验进行验证，显示设计的正确性，关于实验中的管脚说明见表 4.1。

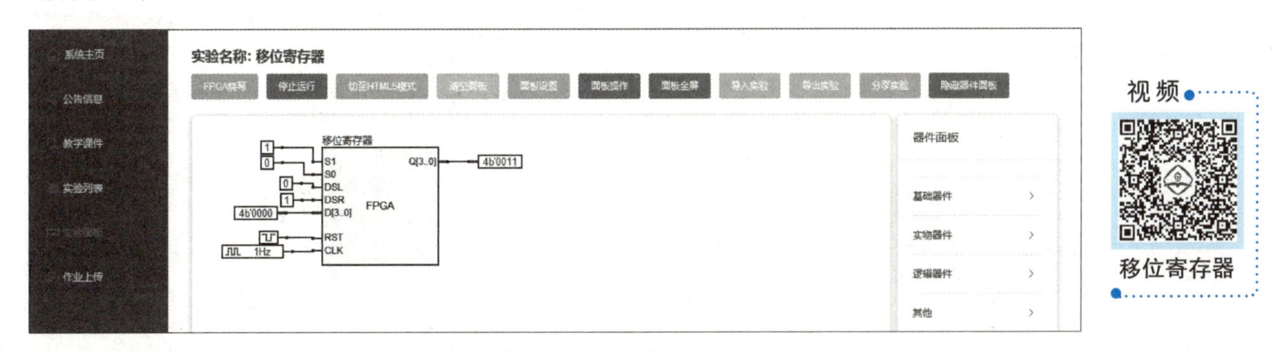

图 4.11　移位寄存器实验

视频
移位寄存器

表 4.1　移位寄存器管脚说明

实验信号名称	FPGA I/O 名称	程序信号名称	功能说明
CLK	Pin_E1	clk	时钟信号
RST	Pin_A14	rst_n	低电平复位
S1	Pin_A12	s1	功能控制
S0	Pin_N8	S0	
DSL	Pin_P11	dsl	串行左移置位
DSR	Pin_T11	dsr	串行右移置位
D[0]	Pin_B13	d[0]	置位数据
D[1]	Pin_N11	d[1]	
D[2]	Pin_B4	d[2]	
D[3]	Pin_A4	d[3]	
Q[0]	Pin_C6	q[0]	数据输出
Q[1]	Pin_B6	q[1]	
Q[2]	Pin_B5	q[2]	
Q[3]	Pin_A5	q[3]	

4.4 计数器建模

4.4.1 同步四位二进制加计数器

用 Verilog 描述具有使能端、异步清零、同步置数、计数、保持功能的同步四位二进制加计数器。下面设计四位同步二进制加计数器 74HC161，原理图如图 4.12 所示，该计数器具有两个高电平使能端 CET 和 CEP，低电平异步清零端 CR，低电平同步置位端 PE，四位并行置数端 D，四位数据输出端 Q 和一位进位信号 TC。

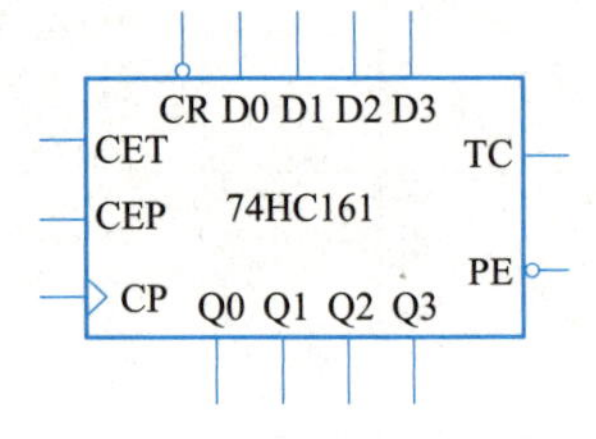

图 4.12　74HC161 计数器

【例 4.4-1】 四位二进制加计数器 74HC161 的 Verilog HDL 描述。

```
module counter74HC161 (
    input cep, cet, pe_n, cp, cr_n,          //输入端口声明
    input [3:0] d,                           //并行数据输入
    output tc,                               //进位输出
    output reg [3:0] q                       //数据输出端口及变量的数据类型声明
);
    wire ce;                                 //中间变量声明
    assign ce= cep & cet;                    //ce=1 时，计数器计数
    assign tc = cet & q[3] & q[2] & q[1] & q[0];// 产生进位输出信号
    always @(posedge cp, negedge cr_n)
        if ( !cr_n ) q<= 4'b0000;            //实现异步清零功能
        else if ( !pe_n ) q <= d;            //pe_n=0，同步装入输入数据
        else if ( ce ) q <= q+1'b1;          //加 1 计数
        else q <= q;                         //输出保持不变
endmodule
```

此计数器的功能为：

① 当 cr_n = 0 时，计数器异步清零；

② 当 cr_n = 1，pe_n = 0 时，随着时钟信号 cp 上升沿，计数器进行同步置数；

③ 当 cr_n = 1，pe_n = 1 时，使能信号 cep = cet = 1，随着时钟信号 cp 的上升沿，计数器能正常加 1 计数，tc 表示计数器的进位信号。

【例 4.4-2】 四位二进制加计数器 74HC161 的 Testbench 仿真测试。

```
'timescale 1ns/1ps
module counter74HC161_tb();
    reg cep, cet, pe_n, cp, cr_n;                   // 输入端口声明
    reg [3:0] d;                                    // 并行数据输入
    wire tc;                                        // 进位输出
    wire [3:0] q;                                   // 数据输出端口及变量的数据类型声明
counter74HC161 TEST (  .cep(cep),
                       .cet(cet),
                       .pe_n(pe_n),
                       .cp(cp),
                       .cr_n(cr_n),                 // 输入端口声明
                       .d(d),                       // 并行数据输入
                       .tc(tc),                     // 进位输出
                       .q(q)      );                // 数据输出端口及变量的数据类型声明
    initial fork
        cp = 0;
        cr_n = 1; #15 cr_n = 0; #25 cr_n = 1;
        pe_n = 1; #25 pe_n = 0; #35 pe_n =1;
        d = 4'b1100;
        cep = 0; # 28 cep = 1; # 250 cep = 0;
        cet = 0; # 30 cet = 1; # 235 cet = 0;
#1000 $stop;
    join
    always #10 cp = ~cp;
endmodule
```

仿真波形如图 4.13 所示。从仿真波形可以看出，如在 15 ns 时刻，电路具有异步清零信号 cr_n（低电平有效），优先级最高；如在 30 ns 时刻，当清零信号无效时，同步置位信号 pe_n（低电平有效），在时钟信号 cp 上升沿时将外部 d 的信号赋值给计数器状态信号 q；如在 30 ~ 90 ns 之间，在清零和置位信号均无效时，使能信号 cep 和 cet 高电平有效，时钟信号 cp 上升沿，计数器加 1 计数；如在 90 ns 时刻，tc 为四位二进制计数器进位信号，当 cet、q3、q2、q1 和 q0 均为高电平时，进位信号 tc 为 1；如在 250 ns 时刻，当 cep 或 cet 信号有一个为无效信号，计数器保持。

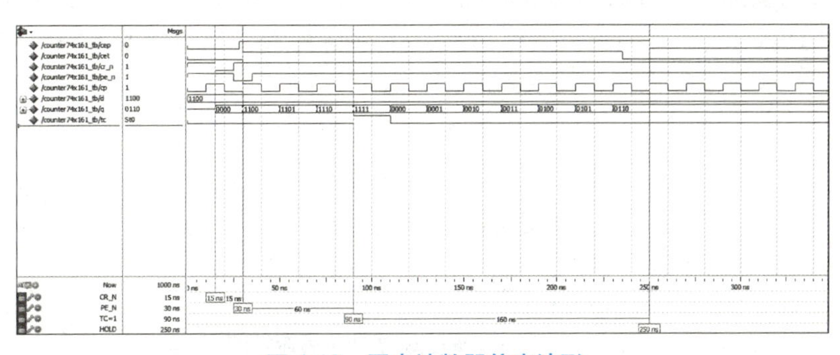

图 4.13　同步计数器仿真波形

接下来新建 Quartus II 工程，通过例 4.4-1 产生 .rbf 文件，通过如图 4.14 所示四位二进制加计数器实验进行验证，显示设计的正确性，关于实验中的管脚说明见表 4.2。

视频

四位二进制加计数器

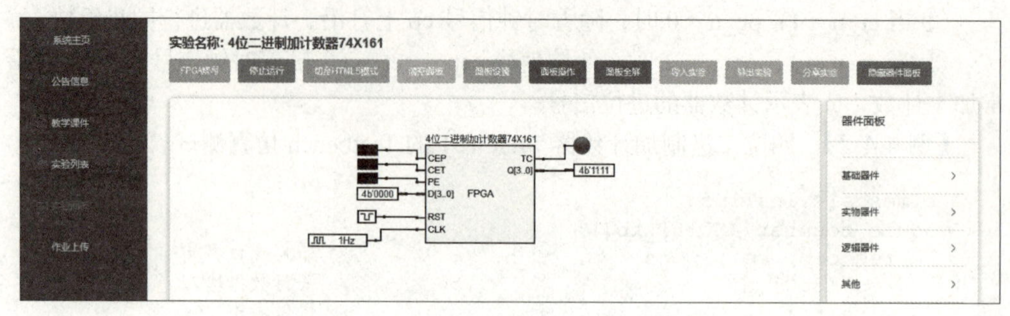

图 4.14　四位二进制加计数器实验

表 4.2　四位二进制加计数器管脚说明

实验信号名称	FPGA I/O 名称	程序信号名称	功能说明
CLK	Pin_E1	cp	时钟信号
RST	Pin_A14	rst_n	低电平复位
CEP	Pin_A12	cep	使能信号
CET	Pin_N8	cet	
PE	Pin_P11	pe_n	低电平置位
D[0]	Pin_T11	d[0]	置位数据
D[1]	Pin_B13	d[1]	
D[2]	Pin_N11	d[2]	
D[3]	Pin_B4	d[3]	
TC	Pin_C6	tc	进位信号
Q[0]	Pin_B6	q[0]	数据输出
Q[1]	Pin_B5	q[1]	
Q[2]	Pin_A5	q[2]	
Q[3]	Pin_A6	q[3]	

4.4.2　异步四位二进制加计数器

如图 4.15 所示是一个四位异步二进制计数器的逻辑图，它由四个下降沿触发的 D 触发器组成。每个 D 触发器的 Q 非端接到 D 端，实现翻转的功能。计数脉冲 CP 加至触发器 FF_0 的时钟脉冲输入端，每输入一个计数脉冲，FF_0 翻转一次。FF_1、FF_2 和 FF_3 都以前级触发器的 Q 端输出作为触发信号，当 Q_0 由 1 变 0 时，FF_1 翻转，其余类推。

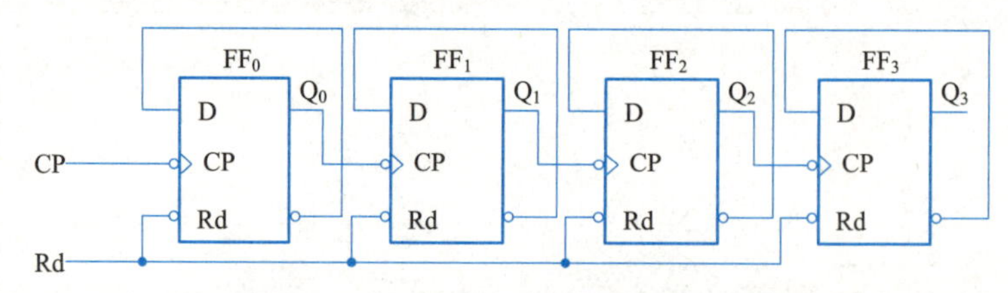

图 4.15　四位异步二进制计数器逻辑图

【例 4.4-3】 异步四位二进制加计数器的 Verilog HDL 描述，调用四个 D 触发器，实现异步时序电路。

```
//D 触发器模块描述
module d_ffs(
      output reg q,
      input d, cp, rd );
      always @ (negedge cp, negedge rd)
         if( !rd ) q <= 1' b0;          //异步清零
         else q <= d;
endmodule

// 调用 D 触发器模块，实现异步四位二进制加计数器
module asyn_counter(
      output q0, q1, q2, q3,
      input cp, rd);
      d_ffs FF0(q0, ~q0, cp, rd);     //实例化调用 D 触发器
      d_ffs FF1(q1, ~q1, q0, rd);
      d_ffs FF2(q2, ~q2, q1, rd);
      d_ffs FF3(q3, ~q3, q2, rd);
endmodule
```

对上述代码进行 RTL 分析，得到异步四位二进制加计数器的 RTL 原理图，如图 4.16 所示。该异步电路没有统一的主控时钟，FF_0 触发器的时钟信号是外部时钟信号 cp，FF_1 触发器的时钟信号是 q0，FF_2 触发器的时钟信号是 q1，FF_3 触发器的时钟信号是 q2。

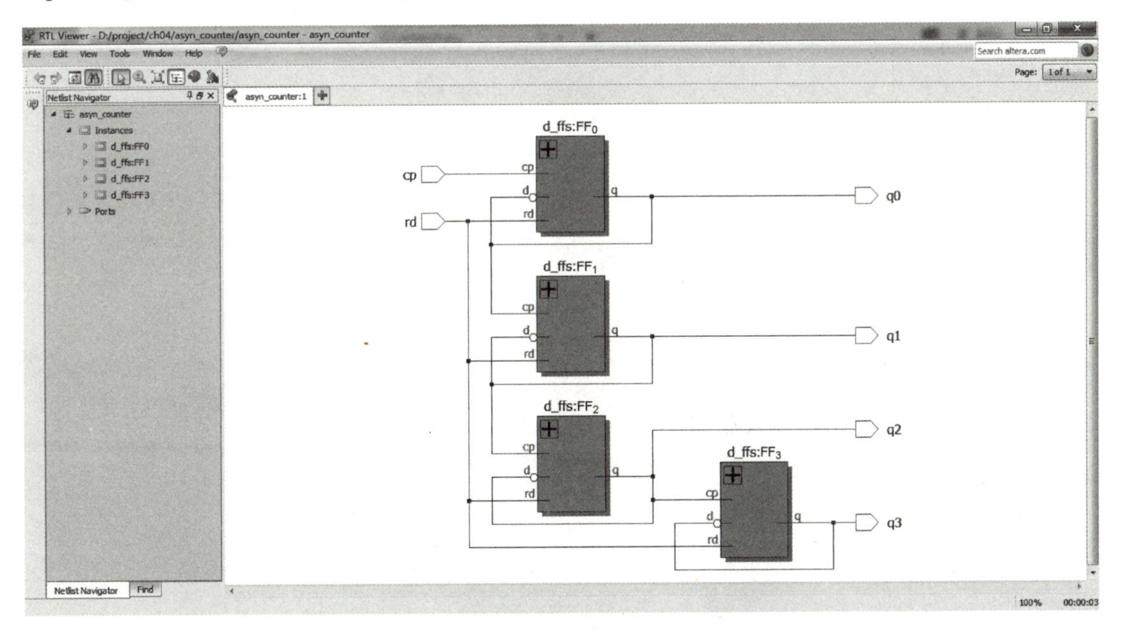

图 4.16　异步四位二进制计数器 RTL 原理图

【例 4.4-4】 异步四位二进制加计数器的 Testbench 仿真测试。

```
'timescale 1ns/1ps
module asyn_counter_tb();
    wire q0, q1, q2, q3;
```

```
    reg cp, rd;
    asyn_counter test(
        .q0(q0),
        .q1(q1),
        .q2(q2),
        .q3(q3),
        .cp(cp),
        .rd(rd));
    initial begin
        rd = 0;
        cp = 0;
        #20 rd = 1;
        #400 $stop;
      end
    always #8 cp = ~ cp;
endmodule
```

仿真波形如图 4.17 所示，首先使异步清零信号 rd 为有效电平，先对计数器清零；在 20 ns 时刻使 rd = 1，清零信号无效，在时钟信号 cp 的下降沿时刻，计数器自动加 1。在 272 ns 时刻，四位二进制计数器计满，重新回到二进制 0000 状态。

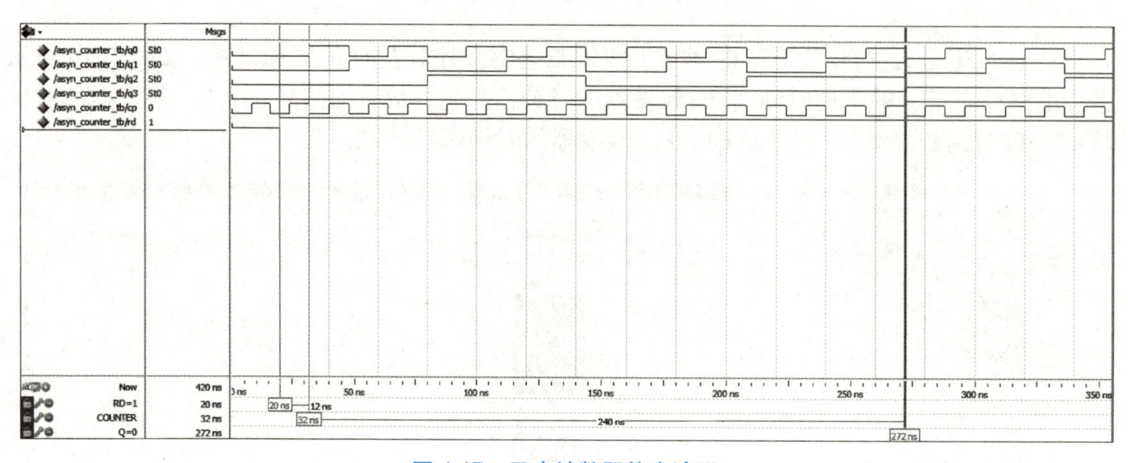

图 4.17　异步计数器仿真波形

4.4.3　非二进制加计数器

【例 4.4-5】 非二进制加计数器的 Verilog HDL 描述。

```
module m10_counter(
    input en, clk, rst_n,                    //输入端口声明
    output reg cout,                         //进位信号
    output reg [3:0] q                       //数据输出端口及变量的数据类型声明
    );
    always @ (posedge clk, negedge rst_n)
        if( !rst_n ) q<=4'b0000;             //异步清零，低电平有效
        else if ( en ) begin                 //同步使能，高电平有效
            if ( q<4'b1001)  q<=q+1'b1;      //当 q 小于 9 时，允许累加
            else q<=4'b0000;                 //否则下一个时钟后清 0 返回初值
        end
    always @ (q)
```

```
        if (q == 4'b1001) cout = 1;          // 当 q = 9 时，输出进位标志 cout 为 1
        else cout = 0;                       // 否则，输出进位标志为 0
endmodule
```

此计数器是十进制加计数器，并具有异步清零信号 rst_n，低电平有效，cout 为计数器进位标志位。

程序中使用了不等式操作符号，对于不等式操作符号，当两个表达式或两个数据进行比较操作时，如果比较结果为真，则输出 1，否则输出为 0。

【例 4.4-6】 非二进制加计数器的 Testbench 仿真测试。

```
'timescale 1ns/1ps
module m10_counter_tb();
    reg en, clk, rst_n;
    wire cout;
    wire [3:0] q;
    m10_counter TEST( .en(en),
                     .clk(clk),
                     .rst_n(rst_n),
                     .cout(cout),
                     .q(q) );          // 例化待测计数器
    initial fork
        clk = 0;
        en = 1; #20 en = 0 ;#50 en = 1;
        rst_n = 0; #30 rst_n = 1;
        #1000 $stop;
    join
    always # 8 clk = ~clk;
endmodule
```

仿真波形如图 4.18 所示，它清晰展示了该计数器的工作性能。从波形可以看出，计数器是异步清零，优先级最高；使能信号需要与时钟信号 cp 同步，如在 56 ns 时刻，才可以使计数器加 1，进位信号为 cout，在 184 ns 时刻输出为 1，由于设计中进位信号采用 always @ (q) 过程产生组合电路，故在计数值为 9 时，cout = 1，相当于下降沿代表进位。

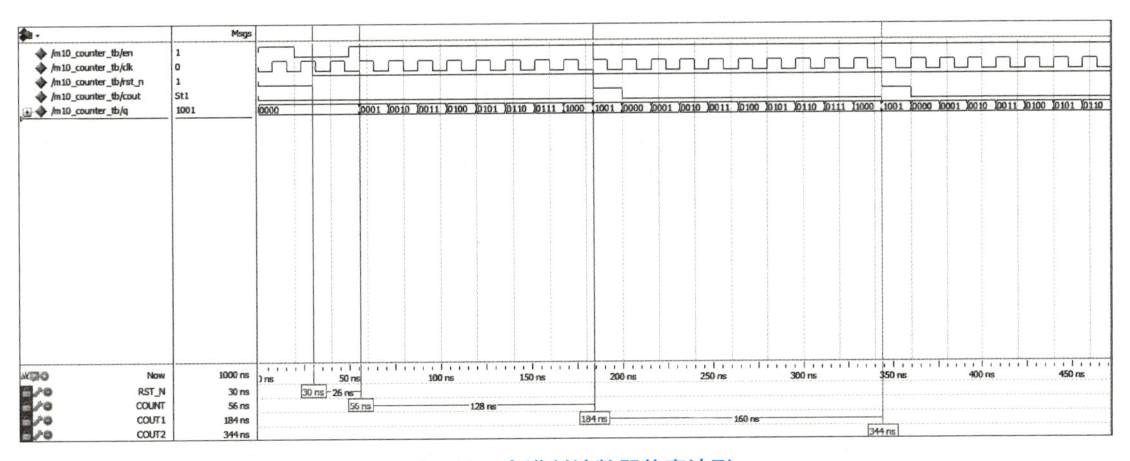

图 4.18　十进制计数器仿真波形

接下来新建 Quartus II 工程，通过例 4.4-5 产生 .rbf 文件，通过如图 4.19 所示十进制加计数器实验进行验证，使能有效，复位无效，按键每按一次，计数器加 1，当计数到二进制数 1001 时，进位标志信号输出 1，验证了设计的正确性，关于实验中的管脚说明见表 4.3。

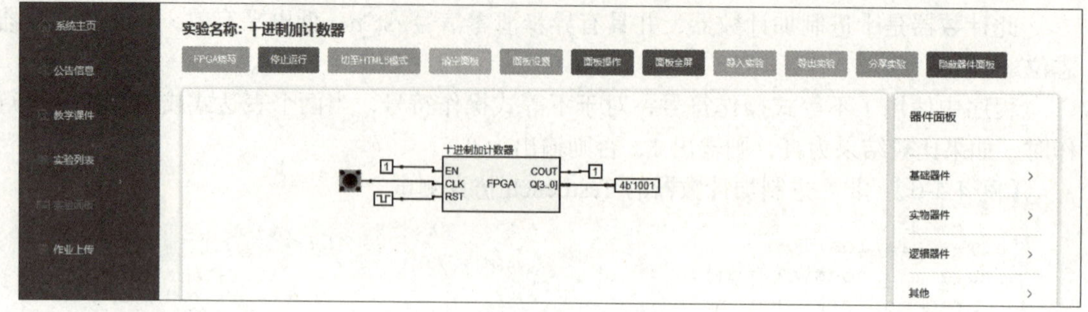

图 4.19　十进制加计数器实验

表 4.3　十进制加计数器管脚说明

实验信号名称	FPGA I/O 名称	程序信号名称	功能说明
CLK	Pin_N8	clk	时钟信号
RST	Pin_P11	rst_n	低电平复位
EN	Pin_A12	en	高电平使能
Q[0]	Pin_B6	q[0]	数据输出
Q[1]	Pin_B5	q[1]	
Q[2]	Pin_A5	q[2]	
Q[3]	Pin_A6	q[3]	
COUT	Pin_C6	cout	进位信号

4.4.4　参数化任意进制加计数器

【例 4.4-7】 参数化任意进制加计数器的 Verilog HDL 描述。

```
module counter #(parameter COUNT_MAX = 60, parameter N = 6 )(
    input clk, rst_n,
    input cin,
    output reg [N-1:0] count,
    output reg cout
    );
    always@(posedge clk, negedge rst_n)
        if( !rst_n )
            count <= 0;
        else begin
            cout <= 0;
            if(cin)begin
                if(count < (COUNT_MAX - 1) )
                    count <= count + 1;
                else begin
                    count <= 0;
                    cout <= 1;
                end
```

```
        end
    end
endmodule
```

【例 4.4-8】 参数化任意进制加计数器的 Testbench 仿真测试。

```
'timescale 1ns/1ps
module counter_tb #(parameter COUNT_MAX = 60, parameter N = 6 ) ;
     reg clk, rst_n;
     reg cin;
     wire [N-1:0] count;
     wire cout;
     counter #(.COUNT_MAX(COUNT_MAX),.N(N)) COUNTER
               (
               .clk(clk),
               .rst_n(rst_n),
               .cin(cin),
               .count(count),
               .cout(cout) );
        initial begin
           clk = 0;
           rst_n = 0;
           cin = 0;
           #25 rst_n = 1;
           #30 cin = 1;
           #2000 $stop;
     end
     always #10 clk = ~clk;
endmodule
```

仿真波形如图 4.20 所示，它清晰展示了该计数器的工作性能。从波形可以看出，计数器是异步清零，优先级最高；使能信号需要与时钟信号 clk 同步，如在 70 ns 时刻，才可以使计数器加 1。进位信号为 cout，在 1 250 ns 时刻输出为 1，本设计中由于锁存器的引入 cout 会多打一拍，计数器计满后回到 0 时，cout = 1，相当于上升降沿代表进位。

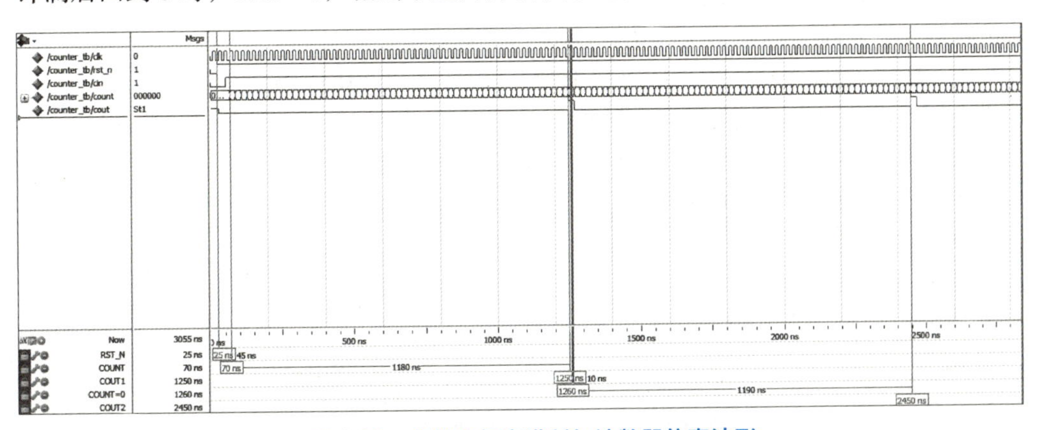

图 4.20　参数化任意进制加计数器仿真波形

视频

六十进制计数器

接下来新建 Quartus II 工程，通过例 4.4-7 产生 .rbf 文件，通过如图 4.21 所示自然二进制码六十进制加计数器实验进行验证，显示设计的正确性，关于实验中的管脚说明见表 4.4。

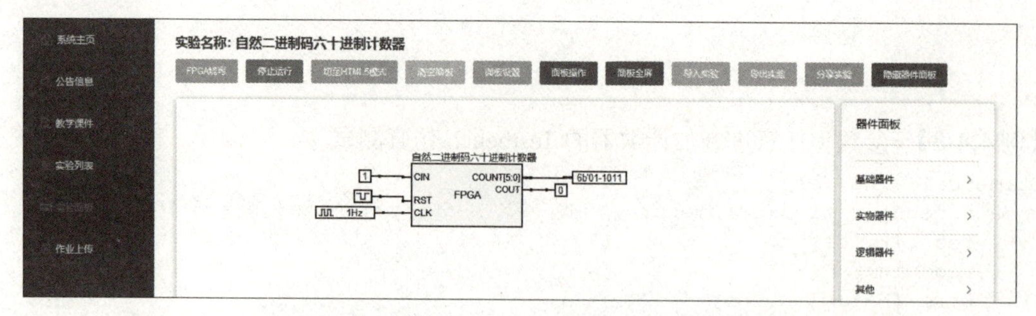

图 4.21　自然二进制码六十进制计数器实验

表 4.4　自然二进制码六十进制计数器管脚说明

实验信号名称	FPGA I/O 名称	程序信号名称	功能说明
CLK	Pin_E1	clk	时钟信号
RST	Pin_A14	rst_n	低电平复位
CIN	Pin_A12	cin	高电平使能
COUNT[0]	Pin_C6	count[0]	数据输出
COUNT[1]	Pin_B6	count[1]	
COUNT[2]	Pin_B5	count[2]	
COUNT[3]	Pin_A5	count[3]	
COUNT[4]	Pin_A6	count[4]	
COUNT[5]	Pin_B7	count[5]	
COUT	Pin_A7	cout	进位信号

例 4.4-7 实现了自然二进制码计数器，项目中常常需要通过数码管显示，但数码管显示自然二进制码不够直观，就需要转换为 BCD 码。下面介绍移位加 3 算法的八位二进制 -BCD 码转换。

移位加 3 算法主要包括以下四个步骤：

① 八位二进制数左移 1 位，移入 10 位 BCD 数据；

② 共移动八位，BCD 数据 4 位一组形成百、十和个位，转换为 BCD 码；

③ 如果十或个位表示的二进制数大于 4，则加 3；

④ 返回步骤①。

【例 4.4-9】 八位二进制转换为 BCD 码。

```
module bin2bcd(
    input [7:0] bin,
    output reg [9:0] bcd
    );
    reg [17:0] z;
    always@(*)begin
        z = 18'b0;                          //左移 3 位
        z[10:3] = bin;
        repeat(5)begin                      //重复 5 次
            if(z[11:8]>4)
                z[11:8] = z[11:8] + 3;      //BCD 数据个位大于 4 则加 3
            if(z[15:12]>4)
```

```
                z[15:12] = z[15:12] + 3;    //BCD 数据十位大于 4 则加 3
            z[17:1] = z[16:0];              // 左移 1 位
        end
        bcd = z[17:8];                      //BCD 码
    end
endmodule
```

接下来新建 Quartus II 工程，通过例 4.4-9 产生 .rbf 文件，通过如图 4.22 所示自然二进制码转 BCD 码实验进行验证，将十进制数 197 对应的二进制码 1100_0101 转换为 10 位 BCD 码 01_1001_0111，实验显示证明了设计的正确性，关于实验中的管脚说明见表 4.5。

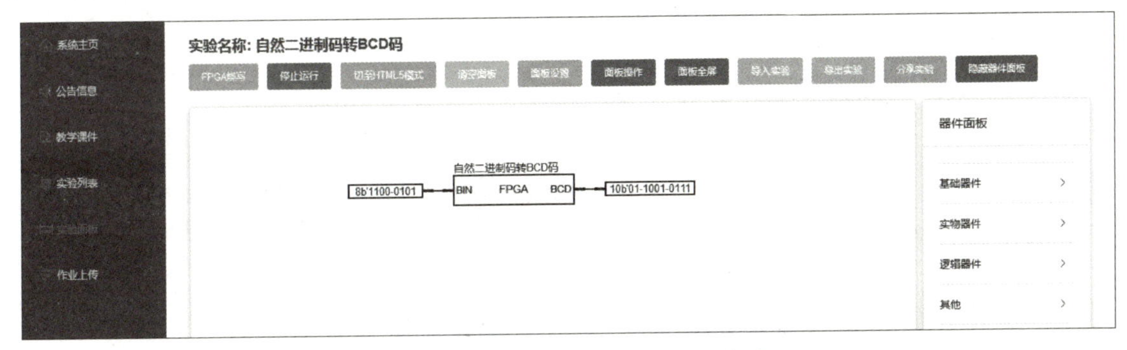

图 4.22　自然二进制码转 BCD 码实验

表 4.5　自然二进制码转 BCD 码管脚说明

实验信号名称	FPGA I/O 名称	程序信号名称	功能说明
BIN[0]	Pin_A12	bin[0]	输入自然二进制码
BIN[1]	Pin_N8	bin[1]	
BIN[2]	Pin_P11	bin[2]	
BIN[3]	Pin_T11	bin[3]	
BIN[4]	Pin_B13	bin[4]	
BIN[5]	Pin_N11	bin[5]	
BIN[6]	Pin_B4	bin[6]	
BIN[7]	Pin_A4	bin[7]	
BCD[0]	Pin_C6	bcd[0]	输出 BCD 码
BCD[1]	Pin_B6	bcd[1]	
BCD[2]	Pin_B5	bcd[2]	
BCD[3]	Pin_A5	bcd[3]	
BCD[4]	Pin_A6	bcd[4]	
BCD[5]	Pin_B7	bcd[5]	
BCD[6]	Pin_A7	bcd[6]	
BCD[7]	Pin_C8	bcd[7]	
BCD[8]	Pin_N5	bcd[8]	
BCD[9]	Pin_R5	bcd[9]	

下面通过调用例 4.4-7 和例 4.4-9 可以实现任意进制 BCD 码计数器，参见例 4.4-10，任意进制 BCD 码计数器 RTL 原理图如图 4.23 所示。

【例 4.4-10】 参数化任意进制 BCD 码计数器。

```
module bcd_counter #(parameter M=60,parameter N = 6)(
    input clk, rst_n,
    input cin,
    output [9:0] bcd,
    output cout
    );
    wire [N-1:0] count;
    counter #(.COUNT_MAX(M),.N(N))
        U1(.clk(clk),
            .rst_n(rst_n),
            .cin(cin),
            .count(count),
            .cout(cout));                    //调用自然二进制码的六十进制计数器
    bin2bcd U2(.bin(count),.bcd(bcd));        //调用代码转换模块，转换为 BCD 码
endmodule
```

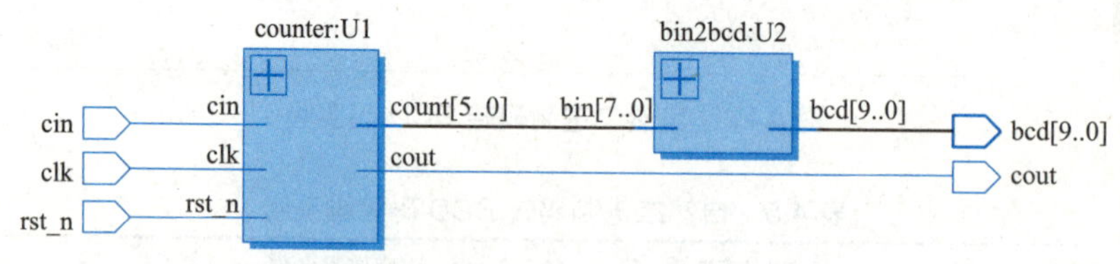

图 4.23 任意进制 BCD 码计数器 RTL 图

接着对例 4.4-10 进行 RTL 仿真。下面通过波形文件进行仿真，具体步骤如下：

① 在 Quartus II 工程下，单击 File→New 命令，弹出 New 对话框，如图 4.24 所示，选择新建 University Program VWF 文件，会出现如图 4.25 所示界面，并选择 Edit→Insert→Insert Node or Bus... 命令。

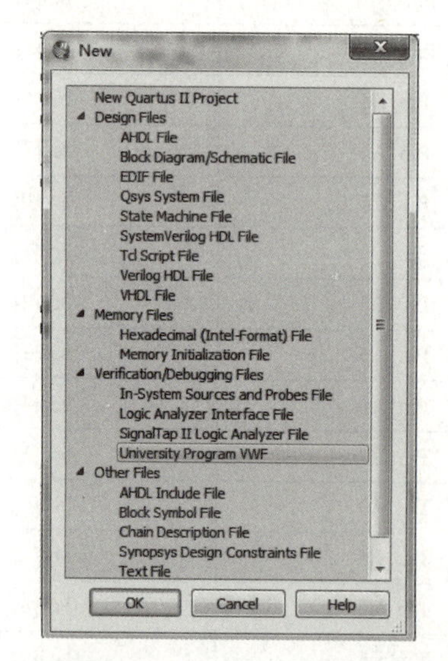

图 4.24 新建 VWF 文件

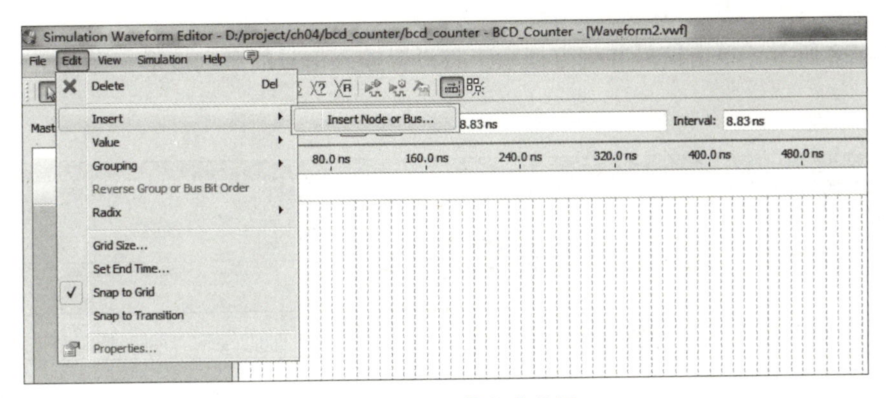

图 4.25 插入节点或总线

② 如图 4.26 所示，选择 Pins:all 选项并单击 List 按钮，查找所有节点，并选择需要的节点。

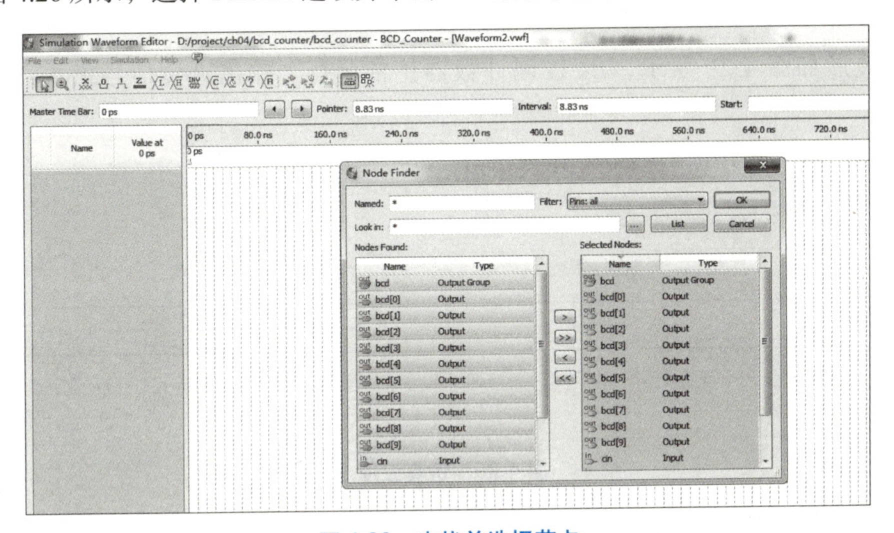

图 4.26 查找并选择节点

③ 单击 OK 按钮，出现如图 4.27 所示界面，并单击 OK 按钮。

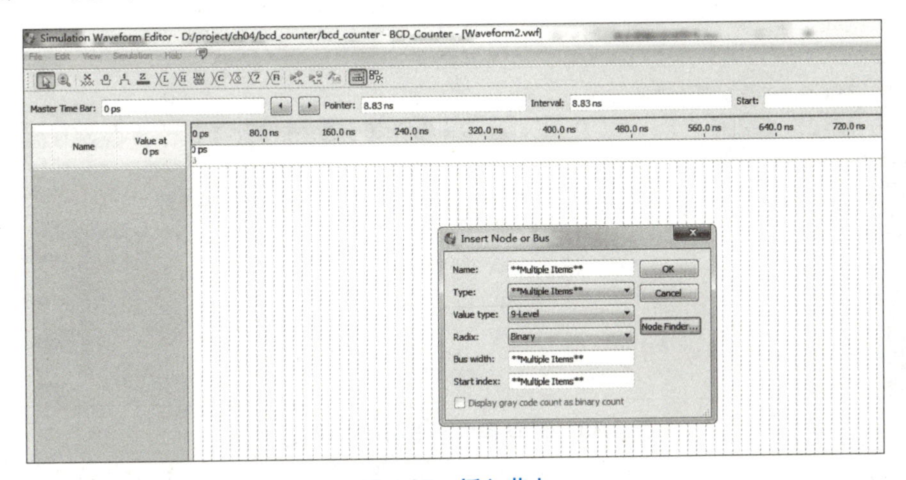

图 4.27 插入节点

④ 如图 4.28 所示，单击信号并用方框中工具设置输入信号的激励波形，保存文件，单击 RTL 仿真。

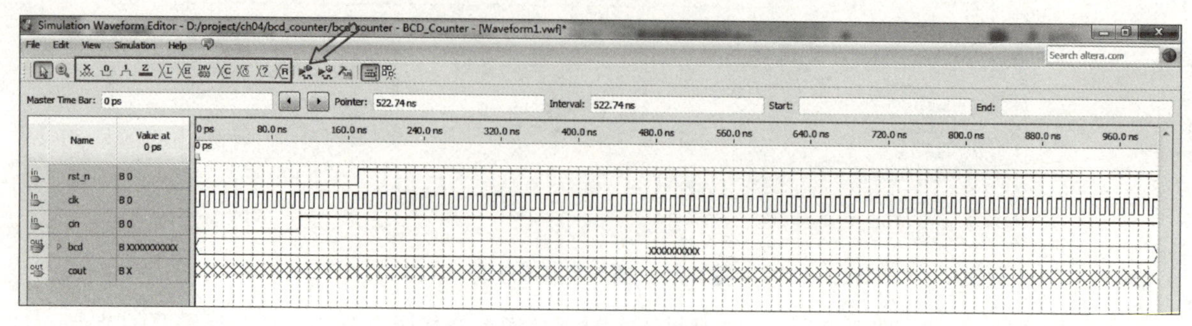

图 4.28　设置输入波形

⑤ 仿真波形如图 4.29 所示，BCD 码计数器正常运行，输出进位信号正常，上升沿代表进位。

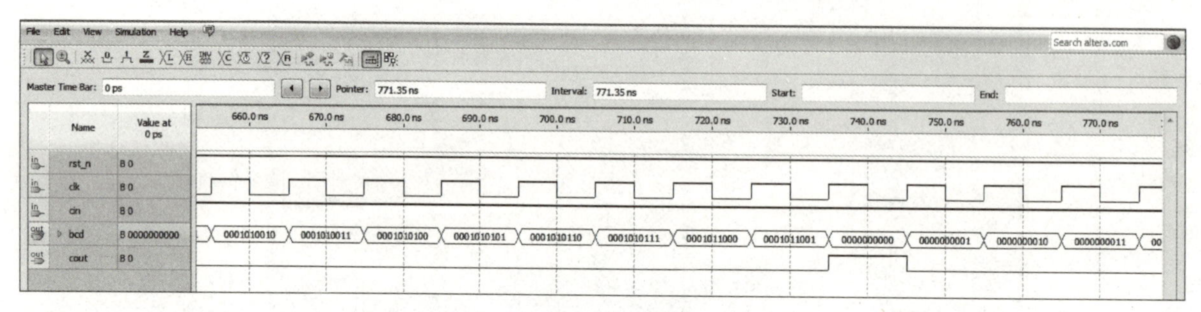

图 4.29　仿真波形

接下来新建 Quartus II 工程，通过例 4.4-10 产生 .rbf 文件，通过如图 4.30 所示 BCD 码六十进制计数器实验进行验证，实验显示证明了设计的正确性，关于实验中的管脚说明见表 4.6。

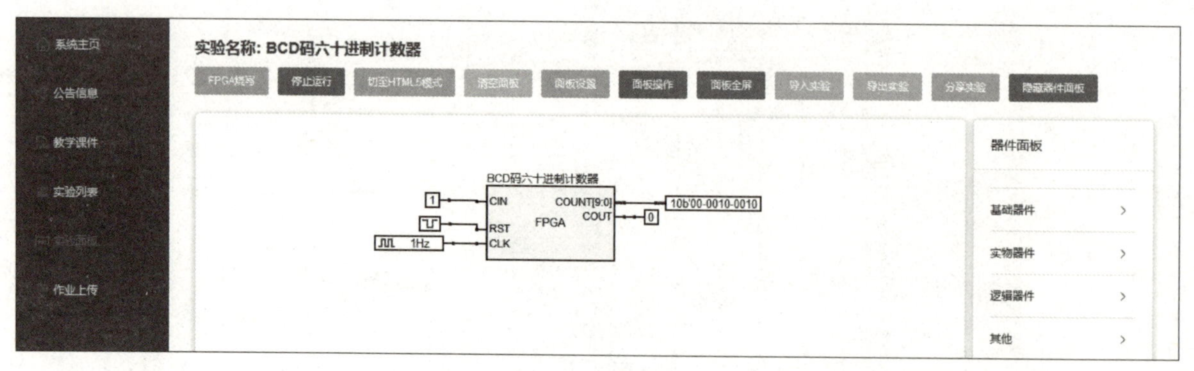

图 4.30　BCD 码六十进制计数器实验

表 4.6　BCD 码六十进制计数器管脚说明

实验信号名称	FPGA I/O 名称	程序信号名称	功能说明
CLK	Pin_E1	clk	时钟信号
RST	Pin_A14	rst_n	低电平复位
CIN	Pin_A12	cin	高电平使能
COUNT[0]	Pin_C6	bcd[0]	输出 BCD 码
COUNT[1]	Pin_B6	bcd[1]	
COUNT[2]	Pin_B5	bcd[2]	
COUNT[3]	Pin_A5	bcd[3]	
COUNT[4]	Pin_A6	bcd[4]	
COUNT[5]	Pin_B7	bcd[5]	
COUNT[6]	Pin_A7	bcd[6]	
COUNT[7]	Pin_C8	bcd[7]	
COUNT[8]	Pin_N5	bcd[8]	
COUNT[9]	Pin_R5	bcd[9]	
COUT	Pin_T5	cout	进位信号

4.4.5　分频器

在数字逻辑电路设计中，分频器是一种基本电路，通常用来对某个给定频率进行分频，以得到所需的频率。在实际电路设计中，可能需要多种频率值，用本节介绍的方法基本可以解决问题。

假设有一个 25 MHz 的时钟信号，现在用 Verilog HDL 设计一个分频电路，产生占空比为 50%，频率为 1 Hz 的秒脉冲输出。

【例 4.4-11】 分频器的 Verilog HDL 描述。

```
module divider #( parameter  CLK_FREQ = 25000000, // 系统时钟输入频率: 25 MHz
                  parameter  CLK_OUT_FREQ = 1 )   // 分频器输出时钟频率: 1 Hz
               ( input clk, rst_n,
               output reg clk_out  );
    parameter integer N = CLK_FREQ/(2 * CLK_OUT_FREQ) - 1;
    // log2 constant function
    function integer log2(input integer x);
        integer i;
        begin
            i = 1;
            while (2**i < x)
            begin
                i = i + 1;
            end
            log2 = i;
        end
    endfunction
    parameter M = log2( N ) - 1;
    reg [M:0] counter;                         // 内部结点
```

```
      always @ (posedge clk or negedge rst_n)
           begin
           if( !rst_n ) begin                     //异步清零
               clk_out <= 0;
               counter <= 0;
           end
           else  begin
               if ( counter < N )
                    counter <= counter + 1'b1;      //分频计数器加 1 计数
               else begin
                    counter <= 0;
                    clk_out <= ~ clk_out;
               end
          end
      end
endmodule
```

为了验证设计的正确性，新建 Quartus II 工程，通过例 4.4-11 产生 .rbf 文件，通过如图 4.31 所示分频器实验进行测试，实验显示证明了设计的正确性，关于实验中的管脚说明见表 4.7，其中特别注意输出需要用 12 管脚 T2。

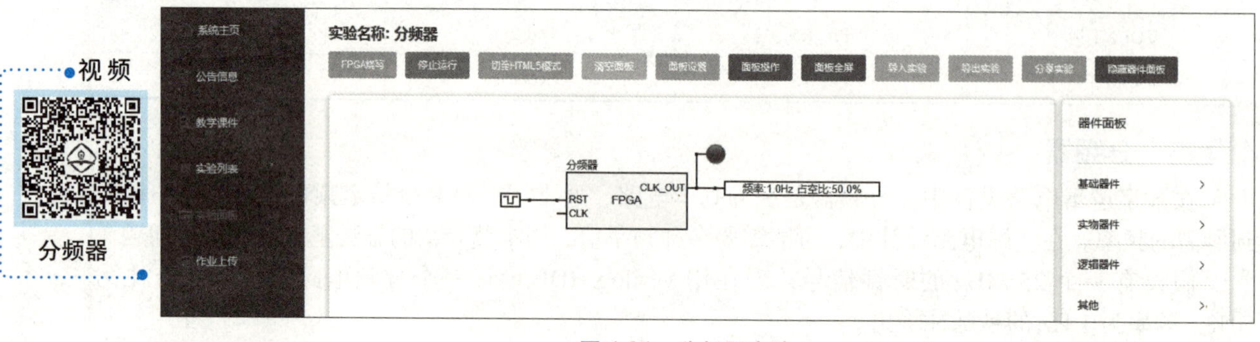

图 4.31　分频器实验

表 4.7　分频器管脚说明

实验信号名称	FPGA I/O 名称	程序信号名称	功能说明
CLK	Pin_M2	clk	25 MHz 时钟信号
RST	Pin_A14	rst_n	低电平复位
CLK_OUT	Pin_T2	clk_out	分频信号

小结

本章重点介绍了用 Verilog HDL 描述锁存器、触发器、寄存器和计算器的建模方法，并对所描述电路进行仿真测试，包括以下几方面内容：

（1）锁存器和触发器建模，掌握同步 / 异步的复位 / 置位信号的描述，掌握阻塞与非阻塞赋值的区别，对组合逻辑电路建模时，建议使用阻塞赋值，对时序电路建模时，建议使用非阻塞赋值；

（2）寄存器建模，包括普通寄存器和移位寄存器；

（3）计数器建模，包括同步 / 异步二进制计数器，任意进制计数器，分频器，掌握参数化设计方法。

习题

4-1　试用行为建模方式描述一个下降沿触发的 T 触发器，要求具有异步置零功能。

4-2　试说明下列程序所完成的逻辑功能，并画出它的逻辑图。

```
module d_latch_rst(
    input  rd, control, d,
    output reg q
);
    always @ ( rd or control or d )
        if ( ~rd ) q <= 1'b0;
        else if  ( control )
            q <= d;
endmodule
```

4-3　阅读下列程序，说明它所完成的功能。

```
module shiftn( q, pdata, serialdata, load, cp );
    input  serialdata, cp, load;
    ipnut [ n-1 :0 ] pdata;
    output reg reg  [ n- 1:0 ] q;
    parameter n = 8;
    integer k;
    always @  ( posedge cp )
        if ( load ) q <= pdata;
        else
            begin
                for ( k=0; k<n-1; k=k+1 )
                q[k] <= q[k+1];
                q[n-1] <= serialdata;
            end
endmodule
```

4-4　试用 Verilog HDL 语言描述一个四位二进制可逆计数器。要求如下：

（1）电路具有五种功能：异步清零、同步置数、递增计数、递减计数和保持原来状态不变。且当计数器递增计数到最大时，产出一个高电平有效的进位信号 C_0，当计数器递减计数到最小值 0 时，产生一个高电平有效的借位信号 B_0。

（2）用 Quartus II 软件进行逻辑功能仿真，并给出仿真波形。

4-5　试用 Verilog HDL 语言描述一个带有使能端和异步清零端的同步模 10 计数器。

4-6　假设有一个 50 MHz 的时钟信号源，试用 Verilog HDL 设计一个分频电路，以产生 1 Hz 的秒脉冲输出，要求输出信号的占空比为 50%。

4-7　试用 Verilog HDL 语言描述一个变模计数器，在控制信号 S 和 T 的组合分别为 00、01、10、11 的控制下，实现同步模 5、模 8、模 10 和模 12 计数，并要求具有异步清零和暂停计数的功能。最后采用 Quartus II 软件进行逻辑功能仿真，并给出仿真波形。

第5章

时序状态机设计

本章重点介绍用 Verilog HDL 设计不同类型有限状态机的方法。从状态机信号输出方式上分，状态机有穆尔型和米利型两种；从状态的描述结果上分，状态机可分为单过程和多过程。

本章的学习目标主要有四个：①掌握穆尔型状态机设计方法；②掌握米利型状态机设计方法；③进一步掌握 Quartus II 工程软件的使用方法；④掌握对状态机的仿真测试。

5.1 有限状态机

有限状态机及其设计技术是实用数字系统设计中的重要组成部分，也是实现高效率、高可靠和高速控制逻辑系统的重要途径。

有限状态机，也称为 FSM（Finite State Machine），其在任意时刻都处于有限状态集合中的某一种状态。有限状态机是指输出取决于过去输出部分和当前输入部分的时序逻辑电路。有限状态机又可以认为是组合逻辑和寄存器逻辑的一种组合。状态机特别适用于描述那些发生有先后顺序或者有逻辑规律的事件（其实这就是状态机的本质）。换言之，状态机就是对具有逻辑顺序或时序规律的事件进行描述的一种方法。

在实际应用中，根据状态机的输出是否与输入条件相关，可将状态机分为两大类，即穆尔（Moore）型状态机和米利（Mealy）型状态机，如图 5.1 和图 5.2 所示。如果输出是当前状态和输入信号的函数，就称为米利型状态机；如果输出仅是当前状态的函数，就称为穆尔型状态机。在现代高速时序电路设计中，一般尽量采用穆尔型状态机，以利于后续高速电路的同步。在米利型的输出端增加一级储存电路，构成“流水线输出”形式，是将其转化为穆尔型的最简单方法，流水线存储电路将把输出信号延迟一个时钟周期。

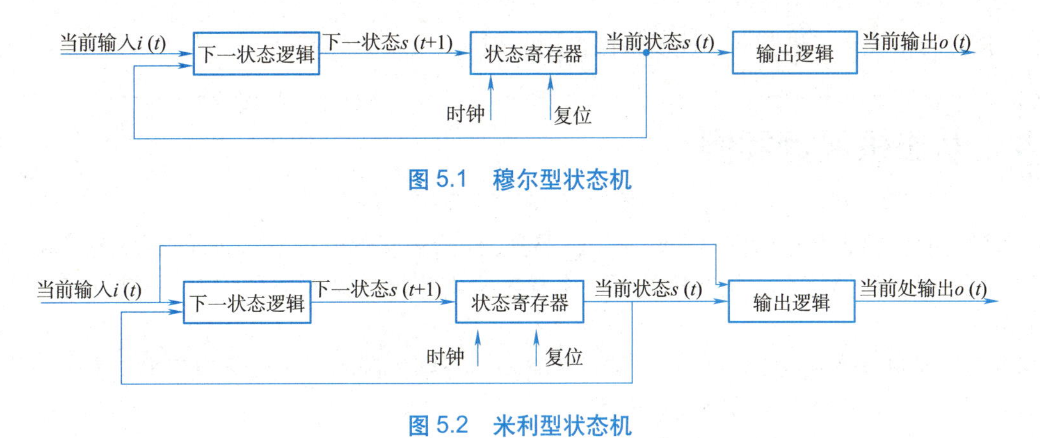

图 5.1　穆尔型状态机

图 5.2　米利型状态机

状态机的描述方法多种多样，通常有单 always 块、双 always 块和三 always 块三种描述方式。

将整个状态机写到 1 个 always 模块里，在该模块中既描述状态转移，又描述状态的输入和输出，这种写法一般称为一段式 FSM 描述方法。但单 always 块把组合逻辑和时序逻辑部分用同一个时序 always 块描述，其输出是寄存器输出，无毛刺。但这种描述方式会产生多余的触发器，代码难以修改和调试，应该尽量避免使用。

另一种写法是使用两个 always 模块，其中一个 always 模块采用同步时序的方式描述状态转移，而另一个 always 模块采用组合逻辑的方式判断状态转移条件，描述状态转移规律，这种写法称为两段式 FSM 描述方法。双 always 块大多用于描述米利型状态机或组合输出的穆尔型状态机，时序 always 块描述当前状态逻辑，组合 always 块描述次态逻辑并给输出赋值。这种方式结构清晰，综合后的面积和时间性能好。但组合逻辑输出部分往往会有毛刺，当输出向量作为时钟信号时，这些毛刺会对电路产生较大的影响。

还有一种写法是在两段式描述方法的基础上发展而来的，这种写法使用 3 个 always 模块，第一个 always 模块采用同步时序的方式描述状态转移；第二个 always 模块采用组合逻辑的方式判断状态转移条件，描述状态转移规律；第三个 always 模块描述每个状态对应的输出，这种写法称为三段式 FSM 描述方法。三个 always 块大多用于同步米利型状态机，两个时序 always 块分别用来描述当前状态逻辑和输出赋值，组合 always 块描述次态逻辑。这种方式描述的状态机也是寄存器输出，没有毛刺，并且代码比单 always 块描述清楚易读，但是综合面积要大于双 always 块。随着芯片资源和速度的提高，这种描述方式也得到了广泛应用。

有限状态机的状态编码有二进制码（Binary）、格雷码（Gray）和独热码（One-hot）等。二进制码和格雷码属于压缩状态编码，这种编码的优点是使用的状态向量最少，但是需要较多的逻辑资源用来状态译码。二进制码从一个状态转换到相邻状态时，可能有多个比特位发生变化，易产生中间状态转移问题，状态机的速度也要比采用其他编码方式慢。格雷码具有相邻码值之间仅有一位电平翻转的特点，这将会减少电路中相邻物理信号线同时变化的情况，因而可以减少电路中的电噪声。独热码是指对任意给定的状态，状态寄存器中仅有一位为 1，其余位都为 0。n 个状态的有限状态机需要 n 个触发器，但这种有限状态机只需对寄存器中的一位进行译码，简化了译码逻辑电路，额外触发器占用的面积可用译码电路省下来的面积抵消。当设计中加入更多的状态时，译码逻辑没有变得更加复杂，有限状态机的速度仅取决于到某特定状态的转移数量，而其他类型有限状态机在状态增加时速度会明显下降。独热码还具有设计简单、修改灵活、易于综合和调试等优点。独热码相较于二进制码，速度快但占用面积大。

5.2 状态机设计实例

状态机一般包括组合逻辑部分和时序逻辑部分，组合逻辑部分用于状态译码和产生输出信号，时序逻辑部分用于存储状态。状态机的下一个状态输出不仅与输入信号有关，还与状态机当前的状态有关。

下面介绍通过状态机设计“1101”序列检测器，分别采用穆尔型和米利型状态机，比较两种状态机的不同之处，并给出了多种描述方式。

1. 穆尔型状态机设计实例

“1101”序列检测器的穆尔型状态转换图如图 5.3 所示。该状态机运行说明：

① 初始状态为 S0，如果输入为 1，则状态转移到 S1（接收到“1”），否则保持 S0；

② 在状态 S1，如果输入为 1，则状态转移到 S2（接收到“11”），否则返回到 S0；

③ 在状态 S2，如果输入为 0，则状态转移到 S3（接收到“110”），否则保持 S2；

④ 在状态 S3，如果输入为 1，则状态转移到 S4（接收到“1101”），否则返回到 S0；

⑤ 在状态 S4，状态机输出 1。如果输入为 1，则状态转移到 S2（接收到“11”），否则返回到 S0。

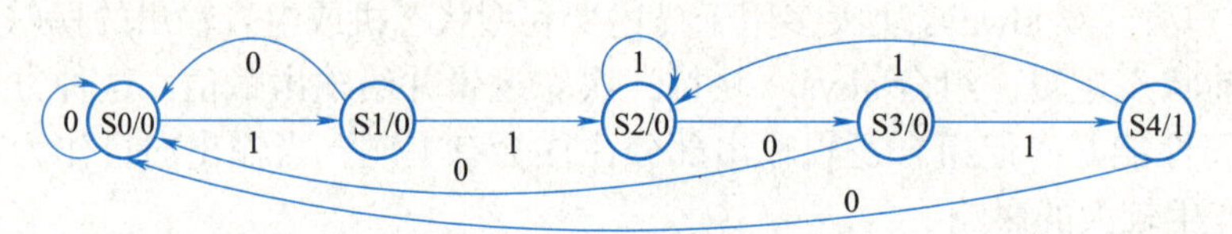

图 5.3　穆尔型状态转换图

【例 5.2-1】 穆尔型状态机的 Verilog HDL 三 always 块描述实例。

```
module moore(
    input clk,
    input rst,
    input din,
    output reg dout
);
parameter s0 = 3'b000, s1=3'b001, s2=3'b010, s3=3'b011, s4=3'b100;// 状态说明
    reg [2:0] present_state, next_state;   // 现态、次态

    // 状态模块
    always @ (posedge clk or posedge rst) begin
        if(rst) present_state = s0;
        else present_state = next_state;
    end

    // 次态
    always @ (*) begin
        case (present_state)
            s0: if(din==1) next_state<= s1;
```

```
              else next_state <=s0;
          s1: if(din==1) next_state<= s2;
                else next_state <=s0;
          s2: if(din==0) next_state<= s3;
                else next_state <=s2;
          s3: if(din==1) next_state<= s4;
                else next_state <=s0;
          s4: if(din==0) next_state<= s0;
                 else next_state <=s2;
          default: next_state<= s0;
      endcase
   end
   always @ (*) begin
      if(present_state == s4) dout <= 1;
      else dout <= 0;
   end
endmodule
```

在例 5.2-1 中，程序首先用 parameter 语句定义了 5 个状态，s0(000)、s1(001)、s2(010)、s3(011)、s4(100)，这 5 个状态将作为状态寄存器的输出。第三个 always 块也可以使用语句 assign dout = (present_state == s4)?1:0 代替，这时就变成了两 always 块描述方式。注意此时的 dout 端口的声明应该是 output wire dout。

根据例 5.2-1 新建 Quartus II 工程，RTL 分析和综合后，查看 RTL 视图如图 5.4 所示，din 为输入信号，dout 为输出信号，其仅由状态 s4 决定而与输入 din 无关，所以是穆尔型状态机。选择菜单命令 Tools → Netlist Viewers → State Machine Viewer，查看状态机视图如图 5.5 所示，与图 5.3 状态转换图相符。

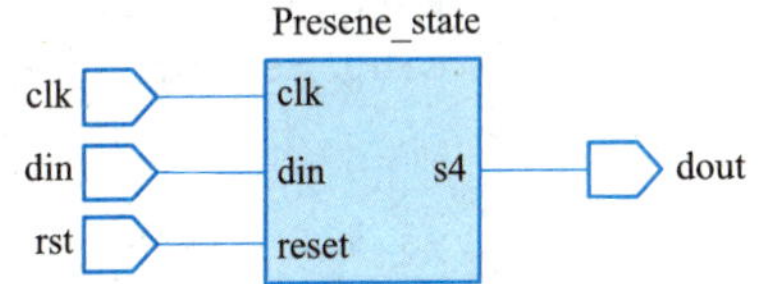

图 5.4　穆尔型 RTL 视图

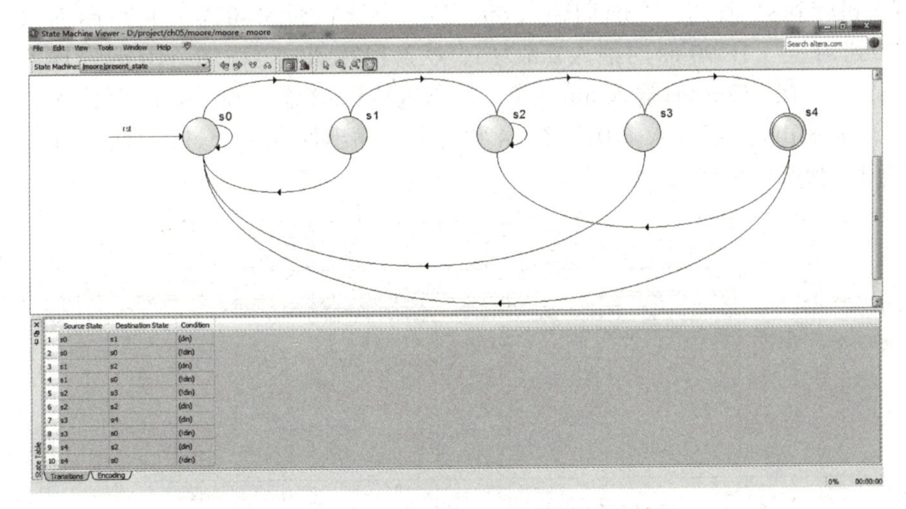

图 5.5　穆尔型状态机视图

【例 5.2-2】 穆尔型状态机的 Testbench 仿真测试。

```
'timescale 1ns/1ps
module moore_tb();
    reg clk;
```

```
    reg rst;
    reg din;
    wire dout;

    moore TEST(
        .clk(clk),
        .rst(rst),
        .din(din),
        .dout(dout));

    initial begin
        clk = 0;
        rst = 1;
        #15 rst = 0;
    end

    initial fork
        din = 0;
        #5  din = 1;
        #40 din = 0 ;
        #55 din = 1 ;
        #118 din = 0 ;
        #146 din = 1 ;
        #300 $stop;
    join

    always #10 clk = ~clk;
endmodule
```

仿真结果如图 5.6 所示，从图可见，在 15 ns 前 rst=1，状态机复位为初态 s0；在 30 ns 时输入 din 为 1，状态机转到 s1 态；在 50 ns 时输入 din 为 0，状态机回到 s0 态；在 70 ns 时输入 din 为 1，状态机重新转到 s1 态；在 90 ns 时输入 din 为 1，状态机转到 s2 态；在 110 ns 时输入 din 为 1，状态机继续在 s2 态；在 130 ns 时输入 din 为 0，状态机转到 s3 态；在 150 ns 时输入 din 为 1，状态机转到 s4 态，输入 din 连续输入 1101，在 s4 状态下，输出保存 1 个 clk 周期的输出 1；在 170 ns 时输入 din 为 1，状态机转到 s2 态。

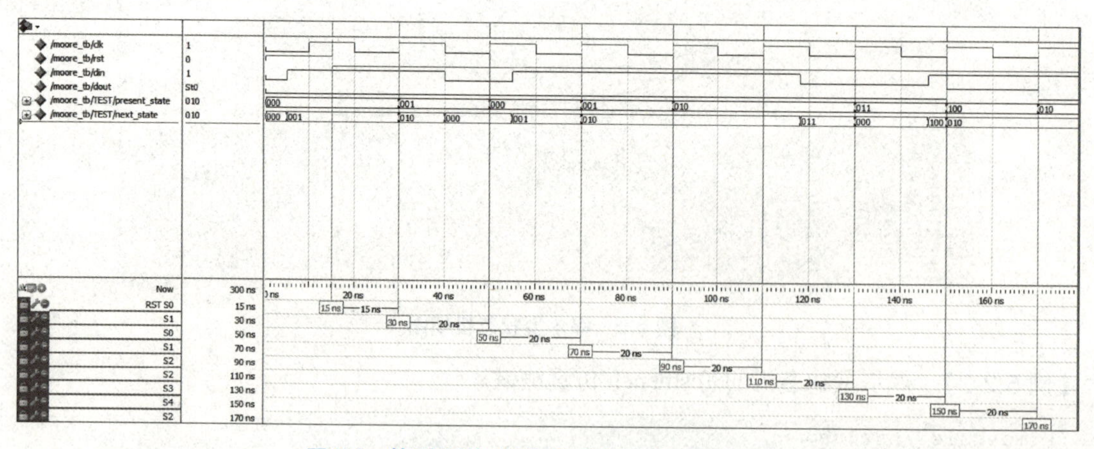

图 5.6　检测序列“1101”穆尔型状态机仿真图

2. 米利型状态机设计实例

采用米利型状态机设计“1101”序列检测器的状态转换图如图 5.7 所示。与图 5.3 所示的穆尔型状态转换图不同，米利型状态机只有 4 个状态。

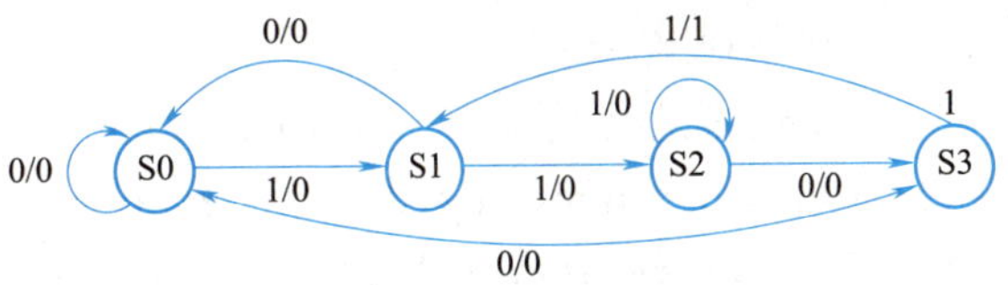

该状态机运行说明：

① 初始状态为 S0，如果输入为 1（接收到“1”），则状态转移到 S1，否则保持 S0；

② 在状态 S1，如果输入为 1（接收到“11”），则状态转移到 S2，否则返回到 S0；

③ 在状态 S2，如果输入为 0（接收到“110”），则状态转移到 S3，否则保持 S2；

④ 在状态 S3，如果输入为 1（接收到“1101”），输出为 1，则状态转移到 S1，否则返回到 S0。

图 5.7　米利型状态转换图

通过比较，通常情况下，穆尔型状态机输出比米利型状态机输出延迟一个时钟周期，但前者能在一个时钟周期内稳定输出，而后者可能出现窄脉宽。通过适当处理，也能克服米利型状态机的窄脉宽现象，但会使输出延迟。

【例 5.2-3】 米利型状态机的 Verilog HDL 三 always 块描述实例。

```
module mealy_a(
    input clk,
       input rst,
    input din,
    output reg dout
    );
    parameter s0 = 2'b00,s1=2'b01,s2=2'b10,s3=2'b11;
       reg [1:0] present_state,next_state;

//状态模块
       always @( posedge clk or posedge rst) begin
            if(rst) present_state = s0;
            else present_state = next_state;
    end

//次态模块
    always @ (*) begin
        case (present_state)
                s0:if(din==1) next_state<= s1;
                  else  next_state <=s0;
              s1:if(din==1) next_state<= s2;
                  else  next_state <=s0;
              s2:if(din==0) next_state<= s3;
                  else  next_state <=s2;
              s3:if(din==1) next_state<= s1;
                  else  next_state <=s0;
              default: next_state<= s0;
             endcase
    end

//输出模块
    always @ (*) begin
```

```
            if((present_state == s3)&&(din==1)) dout <= 1;
            else dout <= 0;
      end
endmodule
```

在例 5.2-3 程序代码中，首先用 parameter 语句定义了 4 个状态，第三个 always 块也可以使用语句 assign dout =((present_state == s3)&&(din==1))?1:0 代替，这时就变成了两 always 块描述方式。注意此时的 dout 端口的声明应该是 output wire dout。

根据例 5.2-3 新建 Quartus II 工程，RTL 分析和综合后，查看 RTL 视图如图 5.8 所示，与图 5.4 穆尔型 RTL 视图对比，din 为输入信号，dout 为输出信号，其输出 dout 由状态 s3 和输入 din 共同决定，所以是米利型状态机。选择菜单命令 Tool → Netlist Viewers → State Machine Viewer，查看状态机视图如图 5.9 所示，与图 5.7 状态转换图相符。

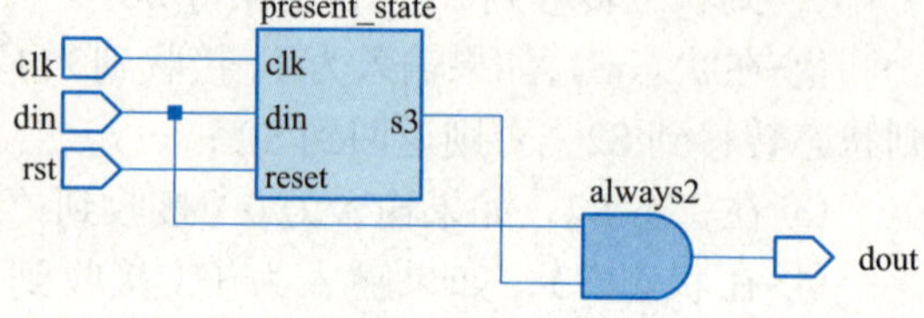

图 5.8 三 always 块米利型 RTL 视图

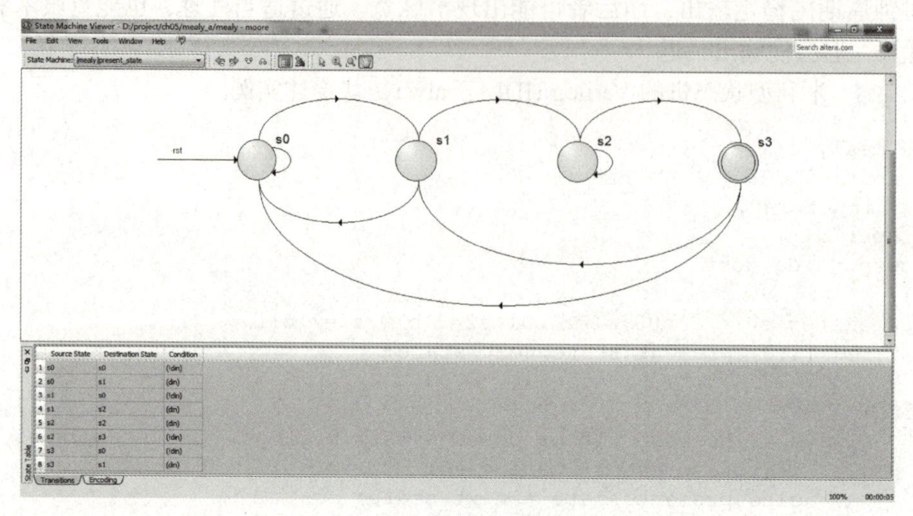

图 5.9 米利型状态机视图

参照例 5.2-2 仿真测试代码，对米利型状态机进行仿真测试，仿真图如图 5.10 所示，从图可见，在 146 ~ 150 ns 之间，当前状态是 s3 态且输入 din = 1 时，输出 dout 为一个窄脉宽，次态将在下一个时钟上升沿（150 ns 时刻）变为 s1 态。

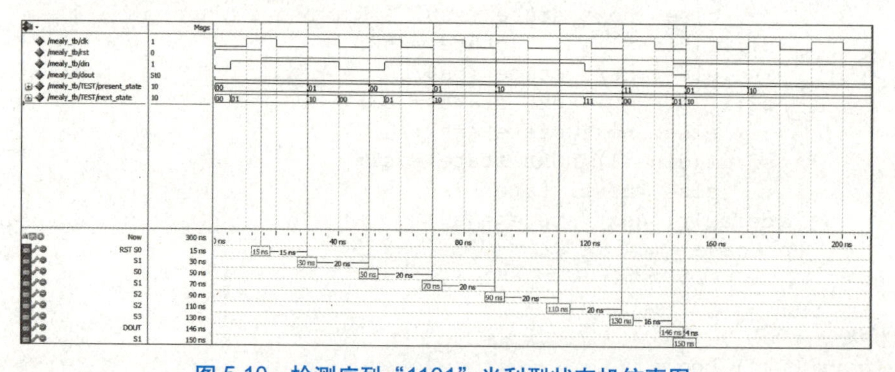

图 5.10 检测序列“1101”米利型状态机仿真图

【例 5.2-4】 米利型状态机的 Verilog HDL 双 always 块描述实例。

```
module mealy_b(
      input clk,
      input rst,
      input din,
      output reg dout
      );
      parameter s0 = 2'b00,s1=2'b01,s2=2'b10,s3=2'b11;
      reg [1:0] present_state,next_state;
//状态模块
    always @( posedge clk or posedge rst) begin
        if(rst) present_state = s0;
        else present_state = next_state;
    end

//次态和输出模块
    always @ (*) begin
        dout <= 0;
        case (present_state)
            s0:if(din==1) next_state<= s1;
               else  next_state <=s0;
            s1:if(din==1) next_state<= s2;
                  else  next_state <=s0;
            s2:if(din==0) next_state<= s3;
                     else  next_state <=s2;
            s3:if(din==1) begin next_state<= s1; dout <= 1;end
                        else  next_state <=s0;
            default: next_state<= s0;
        endcase
    end
endmodule
```

根据例 5.2-4 新建 Quartus II 工程，RTL 分析和综合后，查看 RTL 视图如图 5.11 所示，与图 5.4 穆尔型 RTL 视图对比，din 为输入信号，dout 为输出信号，其输出 dout 由状态 s3 和输入 din 共同决定，所以是米利型状态机。选择菜单命令 Tools → Netlist Viewers → State Machine Viewer，查看状态机视图与图 5.9 相同，与图 5.7 状态转换图相符，仿真波形与图 5.10 相同。

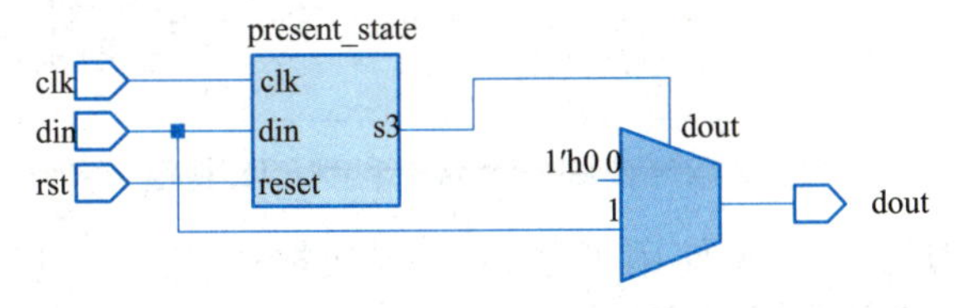

图 5.11　双 always 块米利型 RTL 视图

【例 5.2-5】 米利型状态机的 Verilog HDL 单 always 块描述实例。

```
module mealy_c(
      input clk,
      input rst,
      input din,
      output reg dout
```

```
        );
        parameter s0 = 2'b00,s1=2'b01,s2=2'b10,s3=2'b11;
        reg [1:0] state;
        //状态模块
        always @( posedge clk or posedge rst) begin
            if(rst) begin
                state = s0;
                dout <= 0;
            end
            else begin
                dout <= 0;
                case (state)
                    s0: if(din == 1) state <= s1;
                        else         state <= s0;
                    s1: if(din == 1) state <= s2;
                        else         state <= s0;
                    s2: if(din == 0) state <= s3;
                        else         state <= s2;
                    s3: if(din == 1) begin state <= s1;dout <= 1;end
                        else         state <= s0;
                    default:state <= s0;
                endcase
           end
        end
    endmodule
```

根据例 5.2-5 新建 Quartus II 工程，RTL 分析和综合后，查看 RTL 视图如图 5.12 所示，与图 5.4 穆尔型 RTL 视图对比，din 为输入信号，dout 为输出信号，其输出 dout 由状态 s3 和输入 din 共同决定，所以是米利型状态机，但与图 5.8 和图 5.11 米利型 RTL 视图对比，输出 dout 插入了寄存器，在下一个时钟上升沿时，状态从 s3 变化到 s1，但输出被锁存为 1。选择菜单命令 Tools → Netlist Viewers → State Machine Viewer，查看状态机视图与图 5.9 相同，与图 5.7 状态转换图相符。

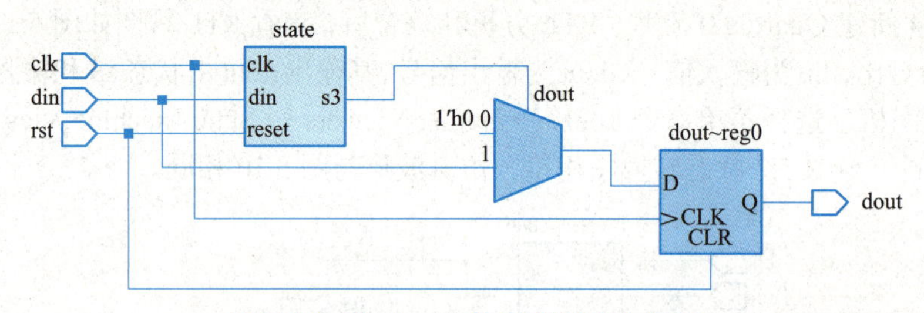

图 5.12　单 always 块米利型 RTL 视图

仿真波形如图 5.13 所示，由于使用了单 always 块描述方式，输出引入了寄存器，使输出 dout=1 会保持一个时钟周期脉宽。与图 5.10 所示的仿真图对比，输出不再出现窄脉宽（146 ~ 150 ns），在下一次上升沿到来前（150 ns），状态机当前处于状态 S3 且输入 din 为 1，上升沿到达后，状态机输出 dout 为 1，且维持一个时钟周期，状态转移到 S1。

3. 米利型状态机与穆尔型状态机的区别

下面通过例 5.2-6 使用状态机描述图 5.14 所示状态转换图，再一次更好地理解米利型和穆尔型状态机的区别。

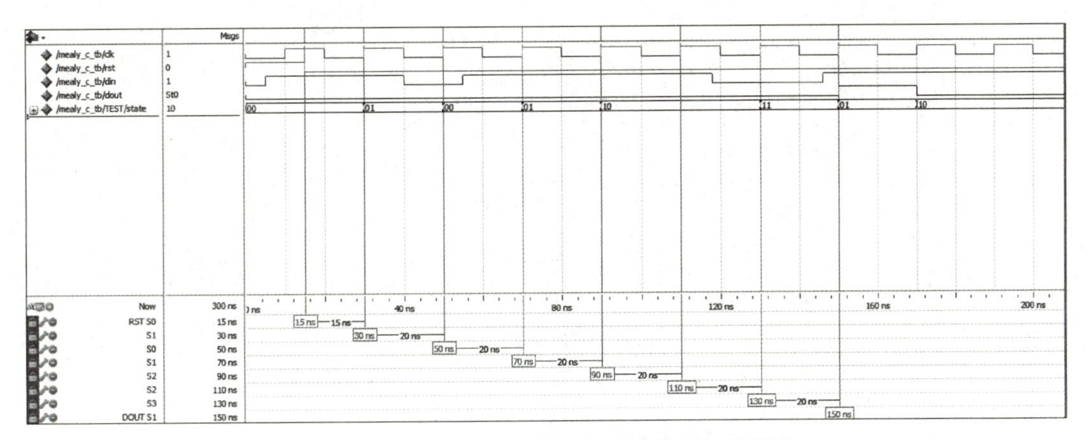

图 5.13　单 always 块描述米利型状态机仿真图

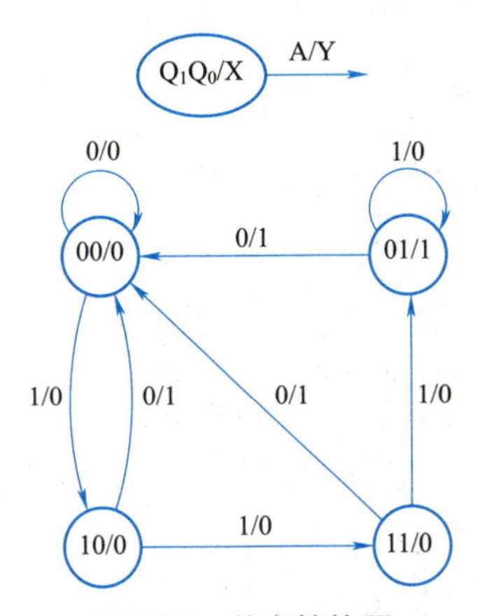

图 5.14　状态转换图

【例 5.2-6】　图 5.14 的状态机描述实例，a 是输入，x 是穆尔型输出，y 是米利型输出。

```
module mealy_moore(
    input clk,
    input rst_n,
    input a,
    output reg x,y
    );
    parameter s0 = 2'b00,s1=2'b01,s2=2'b10,s3=2'b11;
    reg [1:0] present_state,next_state;

// 状态模块
    always @( posedge clk or negedge rst_n) begin
        if (!rst_n)  present_state <=s0;  // 在 rst_n 下降沿设 s0 为初态
        else         present_state <= next_state;
    end

// 第二个 always 是将 present_state 和输入 a 作为敏感变量
    always @(present_state or a) begin
        case(present_state)
            s0: begin
                x <= 0;y <= 0;
```

```
                next_state<= (a==1)? s2:s0;
            end
            s1: begin
                x <= 1;
                if (a==0) begin
                    y <= 1; next_state <= s0;
                end
                else begin
                    y <= 0;
                    next_state <= s1;
                end
            end
            s2: begin
                x <= 0;
                if (a==0) begin
                    y <= 1;
                    next_state <= s0;
                end
                else begin
                    y <= 0;
                    next_state <= s3;
                end
            end
            s3: begin
                x <= 0;
                if (a==0) begin
                    y <= 1;
                    next_state <= s0;
                end
                else begin
                    y <= 0;
                    next_state <= s1;
                end
            end
            default:  begin
                x<=0 ;y<=0;
                next_state <= s0;
            end
        endcase
    end
endmodule
```

【例 5.2-7】 状态机的 Testbench 仿真测试，x 是穆尔型输出，y 是米利型输出。

```
'timescale 1ns/1ps
module mealy_moore_tb();
    reg clk;
    reg rst_n;
    reg din;
    wire x, y;
    mealy_moore TEST(.clk(clk),
                     .rst_n(rst_n),
                     .a(din),
                     .x(x),
                     .y(y));
```

```
    initial begin
        clk = 0;
        rst_n = 0;
        #15 rst_n = 1;
    end
    initial fork
        din = 0;
        #5   din = 1;
        #25  din = 0;
        #32  din = 1;
        #55  din = 0;
        #72  din = 1;
        #115 din = 0;
        #125 din = 1;
        #158 din = 0;
        #200 $stop;
    join
    always #10 clk = ~clk;
endmodule
```

根据例 5.2-6 新建 Quartus II 工程，RTL 分析和综合后，查看 RTL 视图如图 5.15 所示，输出 x 仅与状态有关，是穆尔型输出；输出 y 由状态和输入 a 共同决定，是米利型输出。

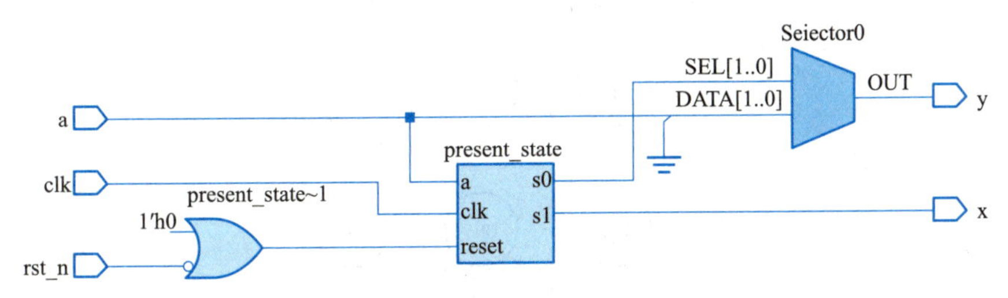

图 5.15　RTL 视图

对例 5.2-6 进行仿真测试，仿真波形如图 5.16 所示。在 55 ns 时刻，状态为 10 态且输入 din=0，米利型输出 y 为 1；在 115 ns 时刻，状态为 11 态且输入 din=0，米利型输出 y 为 1；在 158 ns 时刻，状态为 01 态且输入 din=0，米利型输出 y 为 1，三次输出均为窄脉宽。在 130 ~ 170 ns 之间，状态为 01 态，穆尔型输出 x 一直为 1，与输入无关，直到状态发生改变，输出 x 才改变。通过本例仿真波形，进一步加深理解穆尔型输出和米利型输出的区别。

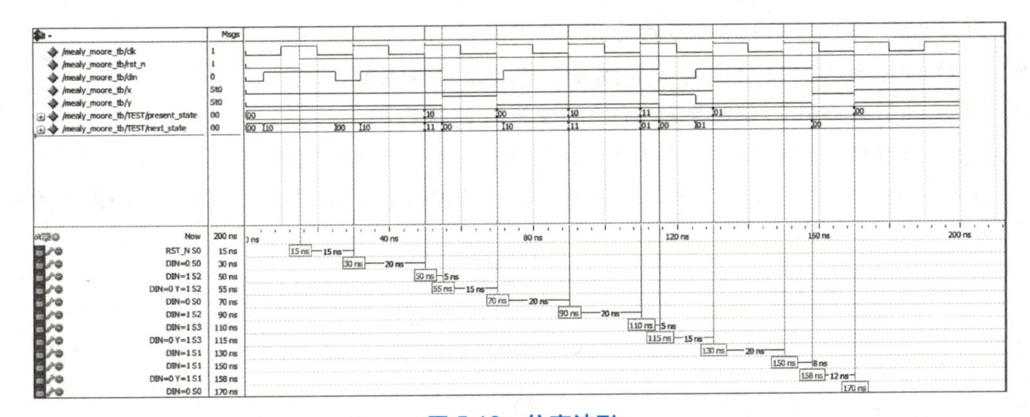

图 5.16　仿真波形

小结

本章重点介绍有限状态机的设计方法，通常有单 always 块、双 always 块和三 always 块三种描述方式。

有限状态机分为穆尔型和米利型两种，通过实例体会两种类型设计的区别及注意事项。

习题

5-1　某电路的状态图如图 5.17 所示，图中 M 为控制变量，当 M=0 时，电路按顺时针方向所指的状态进行转换；当 M=1 时，则按逆时针方向进行状态转换。试用 Verilog HDL 描述该电路的功能，并用 Quartus II 软件进行逻辑功能仿真，并给出仿真波形。

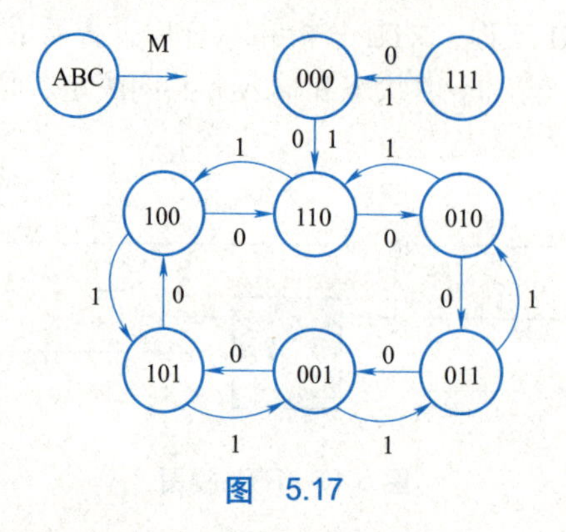

图　5.17

5-2　设计一个序列检测器电路。功能是检测出串行输入数据 Data 中的 4 位二进制序列 0101(自左到右输入)，当检测到该序列时，输出 1，否则输出 0。要求：

（1）给出电路的状态编码，画出状态图（注意考虑序列重叠的可能性，如 010101，相当于出现两个 0101 序列）。

（2）用 JK 触发器和门电路设计此电路。

（3）用行为描述方式描述该电路的功能。

（4）用 Quartus II 软件进行逻辑功能仿真，并给出仿真波形。

5-3　用米利型状态机，写出控制 ADC0809 采样的状态机。

5-4　采用状态机描述一个对 8 位序列数“11010011”进行检测的电路。当有一串序列数高位在前（左移）串行进入检测器后，若此数与预置的“11010011”相同，则输出 1，否则输出 0。

第 6 章

存储器设计

本章讲解存储器设计，包括只读存储器（ROM）、随机存储器（RAM）、先进先出队列 FIFO 和栈（STACK）。首先理解各种存储器的工作原理，然后调用 IP 核实现 ROM、RAM 和 FIFO 功能，最后通过 Verilog HDL 分别实现四类存储器。

本章的学习目标主要有三个：①理解存储器工作原理；②调用 IP 核完成逻辑电路设计；③ Verilog 程序设计实现存储电路并验证正确性。

6.1 ROM 设计

ROM 是只读存储器（Read-Only Memory）的简称，是一种只能读出事先所存数据的固态半导体存储器。其特性是一旦存储资料就无法再将之改变或删除。通常用在不需经常变更资料的电子或计算机系统中，并且资料不会因为电源关闭而消失。

由于 ROM 的只读特性，故其使用时仅有读使能、读地址和读数据 3 条信号线，即当读使能有效时，ROM 根据读地址将对应的数据通过数据总线输出。

本节将通过两种方法实现一个宽 8 位深 32 的 ROM，并通过数据文件对 ROM 进行初始化，然后按照地址读出相应的数据。

6.1.1 调用 ROM IP 核实现

视频

IP核调用

参照附录 A.5 节步骤⑧～⑯，新建 Quartus II 工程，接下来调用 ROM IP 核，方法如下：

① 在 Quartus Ⅱ 主界面下选择 Tools → MegaWizard Plug-In Manager 命令，弹出如图 6.1 所示界面，选择 Creat a new custom megafunction variation 单选按钮。

② 单击 Next 按钮进入 IP 核调用主界面，如图 6.2 所示，在搜索栏输入 rom，选择“ROM：1-PORT”选项，然后在右侧输入例化的名称和位置。

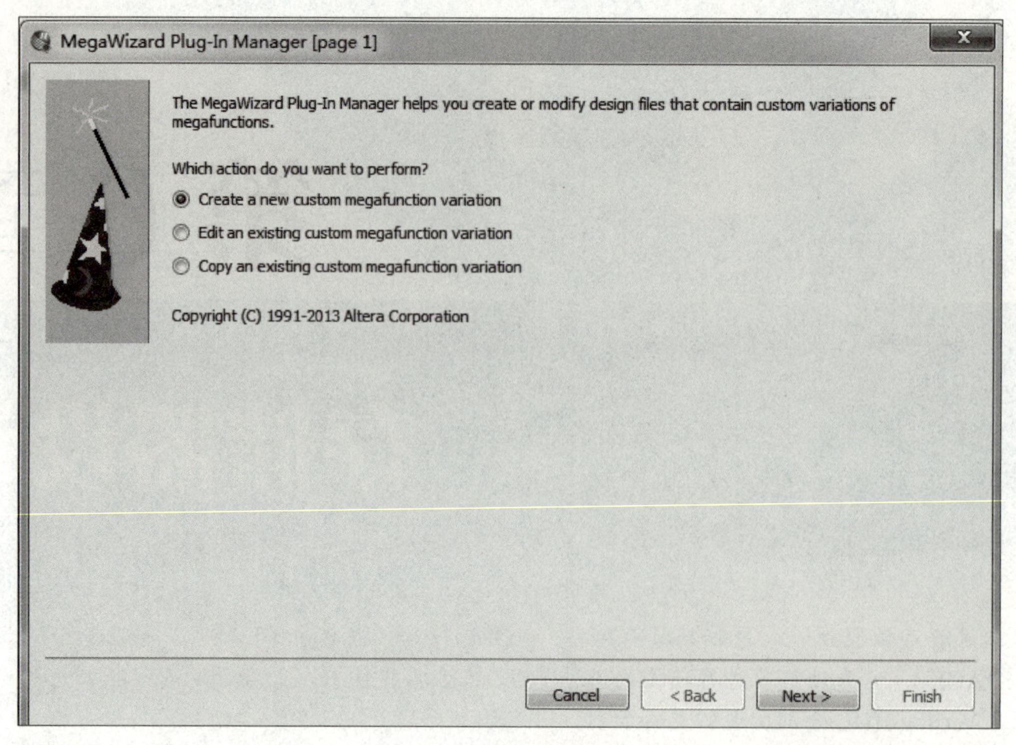

图 6.1　创建 megafunction

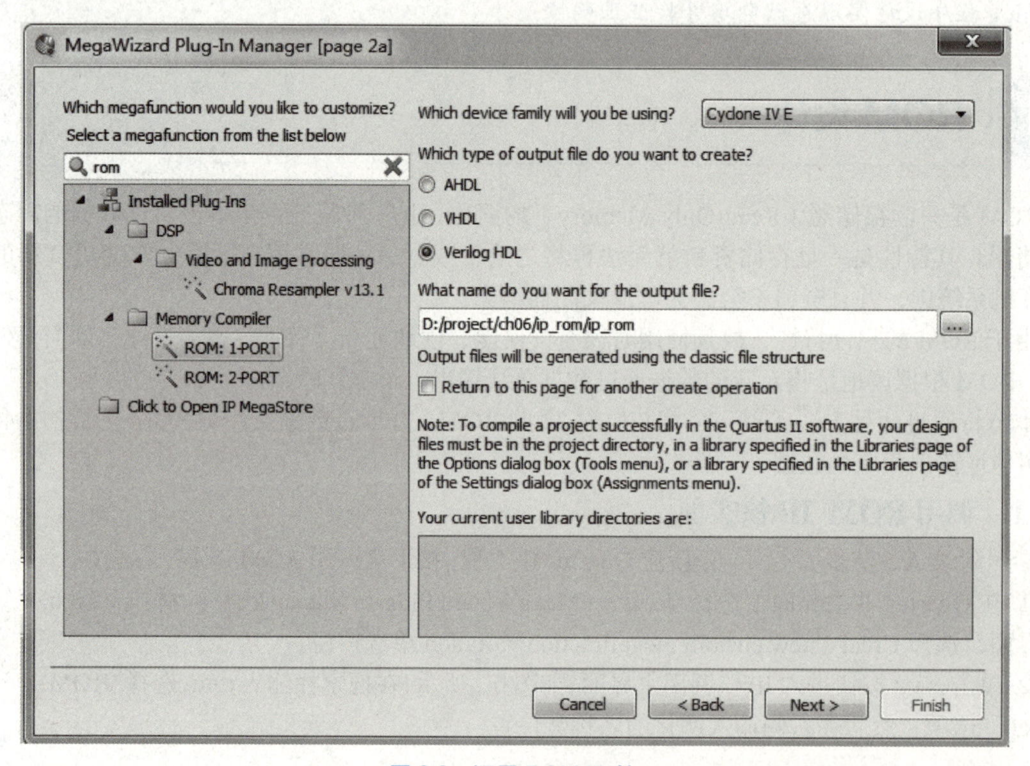

图 6.2　调用 ROM IP 核

③ 单击 Next 按钮进入 IP 核例化界面，如图 6.3 所示，在界面中设置数据宽度 8 位和 ROM 深度 32 字以及 ROM 实现的类型。

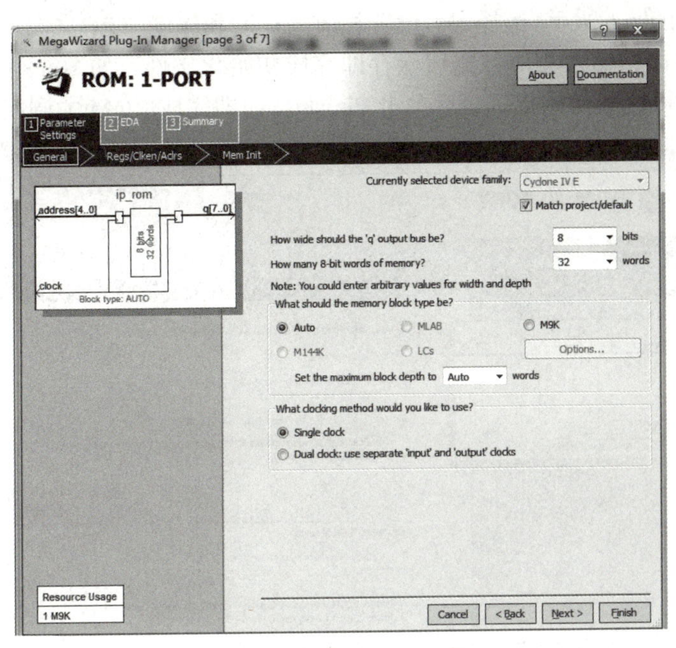

图 6.3　例化 ROM IP 核

④ 单击 Next 按钮进入下一级界面，如图 6.4 所示。在该界面中设置数据输出的读使能信号和数据延时（latency），即从读使能和地址有效时刻到相应数据输出之间的时钟周期。

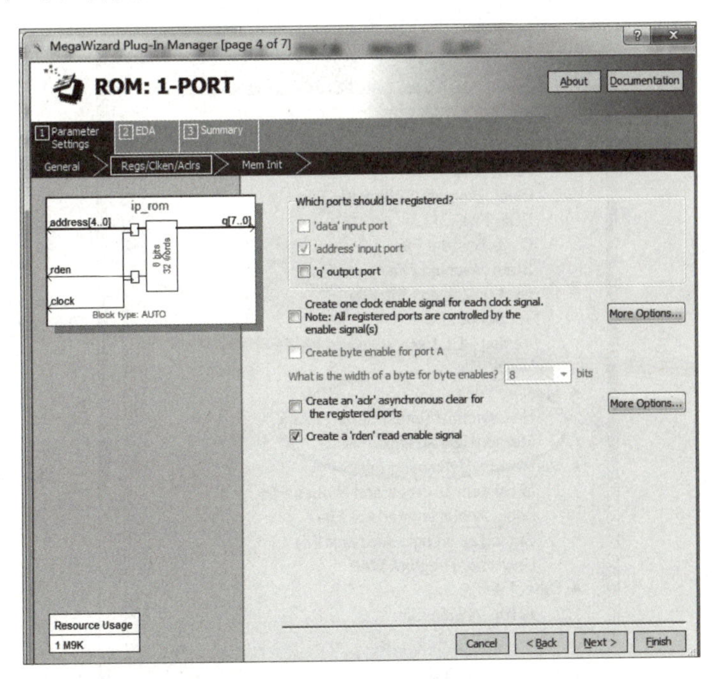

图 6.4　例化 ROM IP 核

⑤ 单击 Next 按钮进入下一级界面，如图 6.5 所示，进入 ROM 初始化界面。在初始化时首先需要使用到初始化文件，即 .hex 或 .mif 文件。在 Quartus Ⅱ 主界面中单击 new 按钮，然后选择 Memory Files 选项，如图 6.6 所示。选择之后设置相应的宽度和深度与 ROM 大小配套，如图 6.7 所示。然后进入数据设置界面，输入相应数据后保存即完成初始化文件，如图 6.8 所示。然后回到 ROM 设置中选择该文件即可完成初始化，最后单击 Finish 按钮即完成 ROM 的调用。

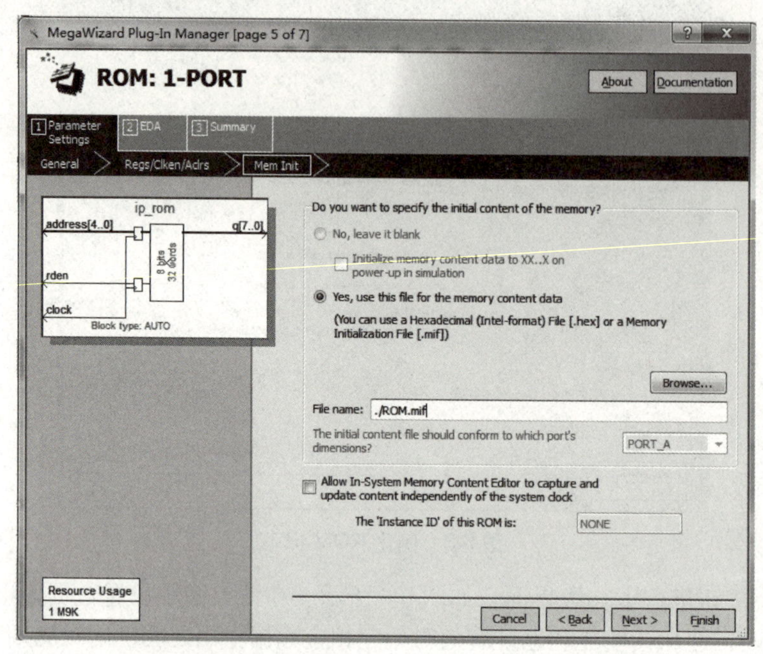

图 6.5　初始化 ROM 设置

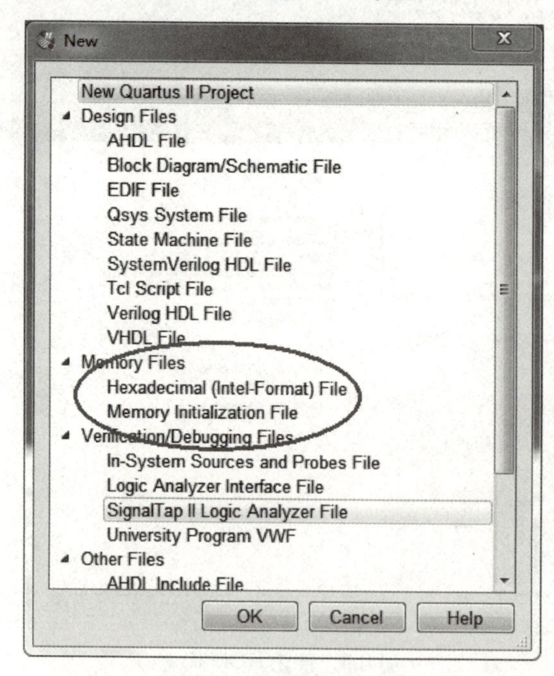

图 6.6　新建初始化文件

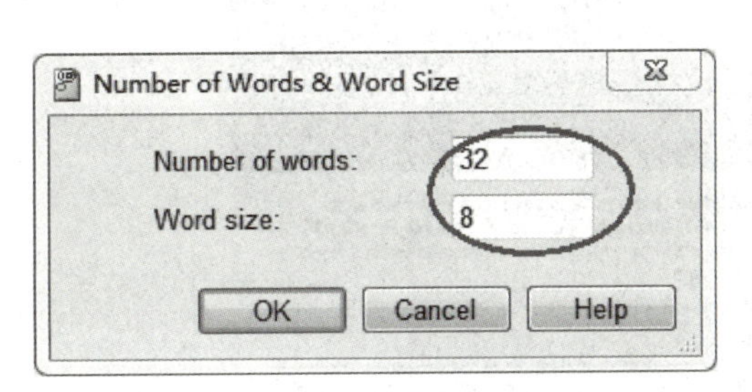

图 6.7　初始化文件数据设置

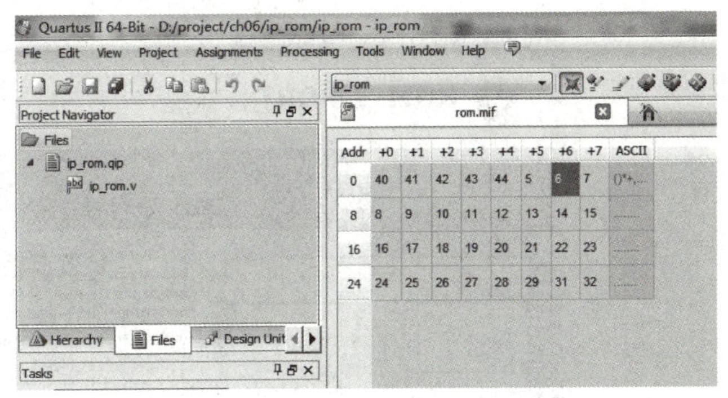

图 6.8　初始化 ROM 数据

⑥ 回到 ROM 设置中，单击 Next 按钮进入下一级界面，如图 6.9 所示。

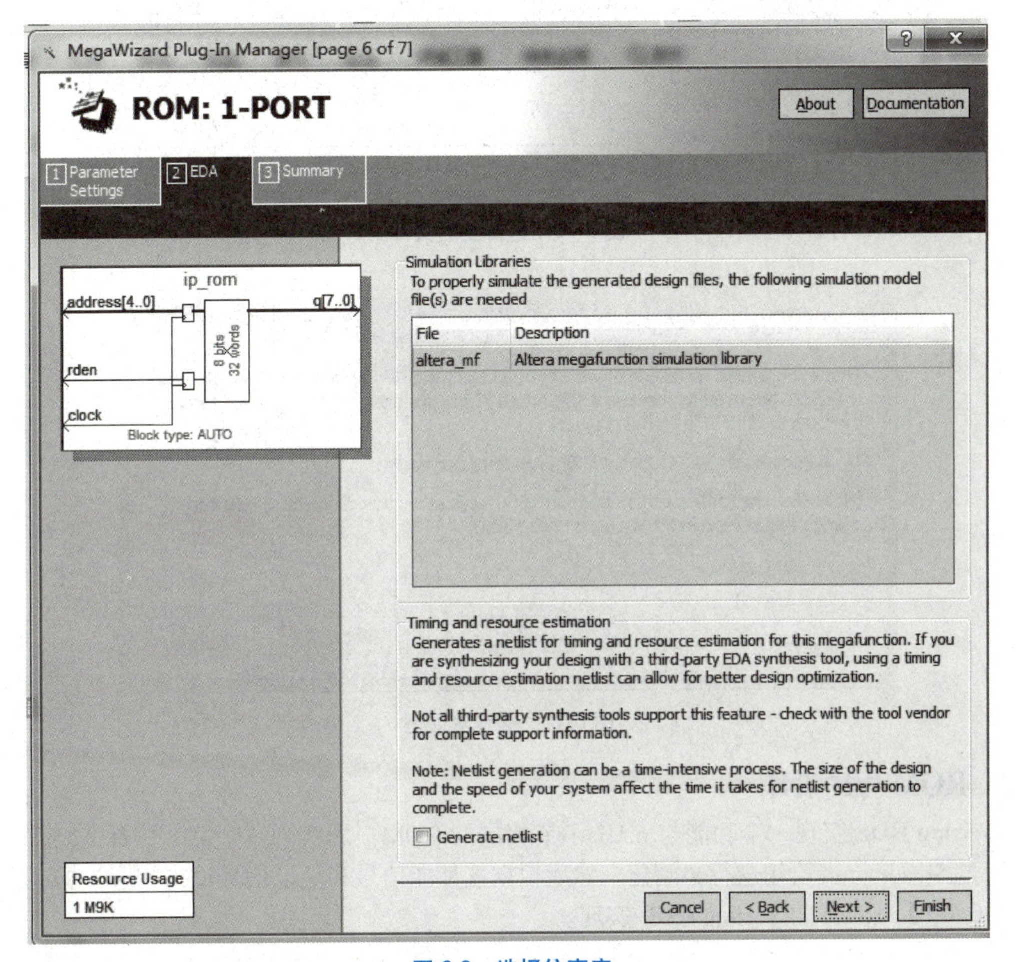

图 6.9　选择仿真库

⑦ 单击 Next 按钮进入下一级界面，如图 6.10 所示，选择需要生成的文件。

⑧ 单击 Finish 按钮完成 ROM 的调用。出现如图 6.11 所示对话框，选择 Yes 按钮，返回到 Quartus II 工程主界面。

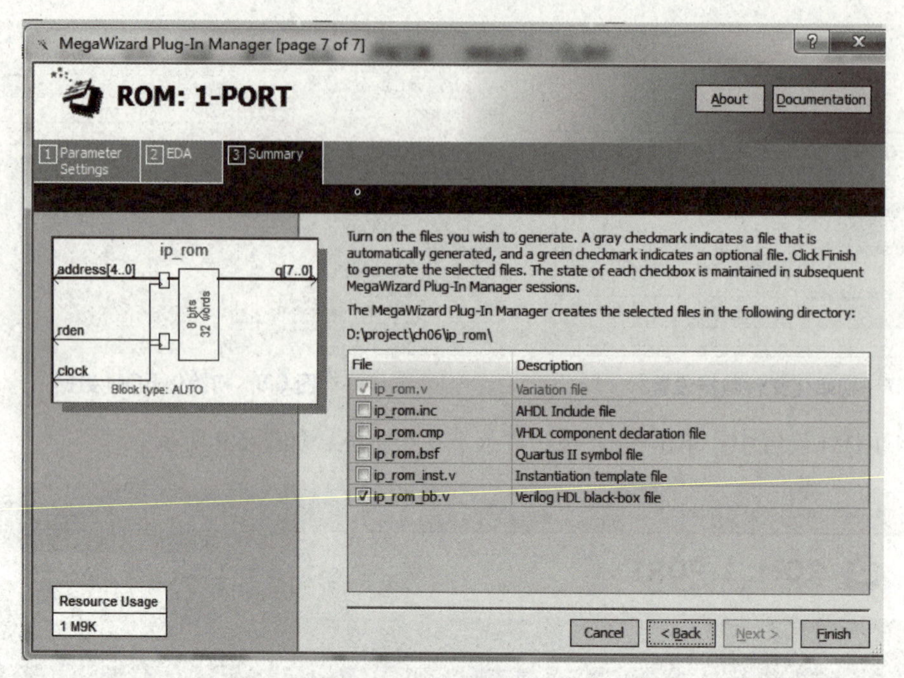

图 6.10　选择生成文件

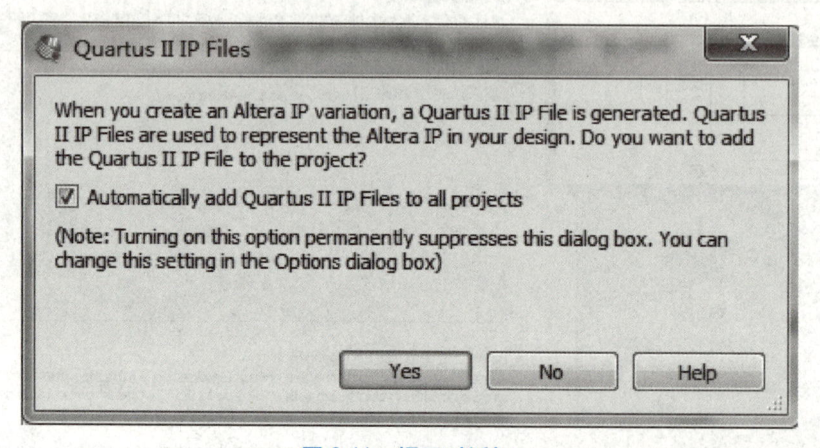

图 6.11　提示对话框

6.1.2　ROM 程序设计

用 Verilog HDL 实现一个功能与 6.1.1 小节相同的 ROM，即实现一个宽 8 位深 32 字的只读存储器，通过 $readmemh 语句进行初始化，然后根据读使能信号和地址信号输出相应数据。

【例 6.1-1】 ROM 的 Verilog HDL 实现。

```
module my_rom(clock, rden, address, q);
    input     clock;                       //系统时钟
    input rden;                            //读使能信号，高有效
    input [4:0] address;                   //地址信号
    output reg [7:0] q=8'h00;              //数据信号
    reg[7:0] rom[0:31];                    //rom 存储器
```

```
    initial begin
        $readmemh("my_rom.txt",rom);
    end      //用 my_rom.txt 文件对 rom 初始化
    always @ (posedge clock)
    begin
        if(rden)     q<=rom[address];
        else     q<=q;
    end
endmodule
```

接下来新建 Quartus II 工程，通过例 6.1-1 产生 .rbf 文件，通过如图 6.12 所示 ROM 实验进行验证，读取 ROM 的 00101 地址数据，读出数据为 0000_0101，对比“my_rom.txt”文件中的数据，显示设计的正确性。关于实验中的引脚说明见表 6.1。

视 频

ROM编程

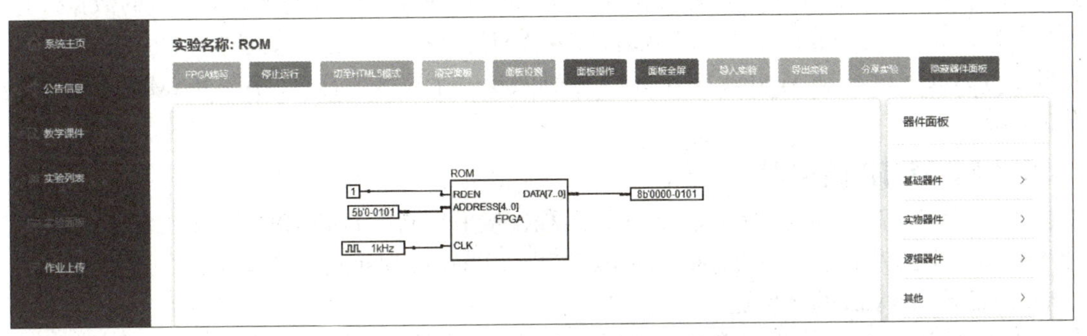

图 6.12　ROM 实验

表 6.1　ROM 实验引脚说明

实验信号名称	FPGA I/O 名称	程序信号名称	功能说明
CLK	Pin_E1	clock	时钟信号
RDEN	Pin_A12	rden	读使能
ADDRESS[0]	Pin_N8	address[0]	数据地址
ADDRESS[1]	Pin_P11	address[1]	
ADDRESS[2]	Pin_T11	address[2]	
ADDRESS[3]	Pin_B13	address[3]	
ADDRESS[4]	Pin_N11	address[4]	
DATA[0]	Pin_C6	q[0]	读出数据
DATA[1]	Pin_B6	q[1]	
DATA[2]	Pin_B5	q[2]	
DATA[3]	Pin_A5	q[3]	
DATA[4]	Pin_A6	q[4]	
DATA[5]	Pin_B7	q[5]	
DATA[6]	Pin_A7	q[6]	
DATA[7]	Pin_C8	q[7]	

6.2 RAM 设计

RAM 是随机 [存取] 存储器（Random Access Memory）的简称，它可以随时读 / 写，而且速度很快，通常作为操作系统或其他正在运行中的程序的临时数据存储媒介。存储单元的内容可按需随意取出或存入，且存取的速度与存储单元的位置无关。这种存储器在断电时将丢失其存储内容，故主要用于存储短时间使用的程序。按照存储单元的工作原理，RAM 又分为静态随机存储器（Static RAM，SRAM）和动态随机存储器（Dynamic RAM，DRAM）。

由于 RAM 既可读又可写的特点，故一般而言有如下几条信号线：读 / 写使能信号、地址总线、写数据总线和读数据总线。即当读 / 写使能信号为读有效时，RAM 根据读地址将对应的数据通过读数据总线输出；当读 / 写使能信号为写有效时，RAM 将写数据总线上的数据写入对应的地址。

本节将通过 Altera IP 核和 Verilog HDL 语言分别实现一个宽 8 位深 32 字的 RAM，并通过远程实验平台验证。

6.2.1 调用 RAM IP 核实现

参照附录 A.5 节步骤⑧ ~ ⑯，新建 Quartus II 工程，接下来调用 RAM IP 核，方法如下：

① 在 Quartus Ⅱ 主界面下选择 Tools → MegaWizard Plug-In Manager 菜单命令，选择 Creat a new custom megafunction variation 单选按钮。

② 单击 Next 按钮进入 IP 核调用主界面，如图 6.13 所示，在搜索栏输入 ram，选择 RAM：1-PORT 选项，然后在右侧输入例化的名称和位置。

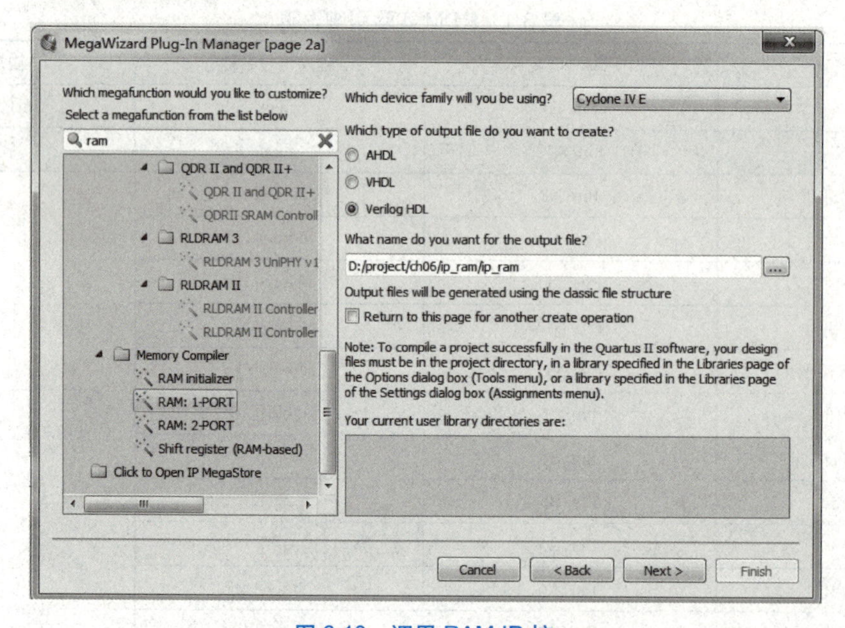

图 6.13 调用 RAM IP 核

③ 单击 Next 按钮进入 IP 核例化界面，如图 6.14 所示，在界面中设置数据宽度 8 位和 RAM 深度 32 字以及 RAM 实现的类型。

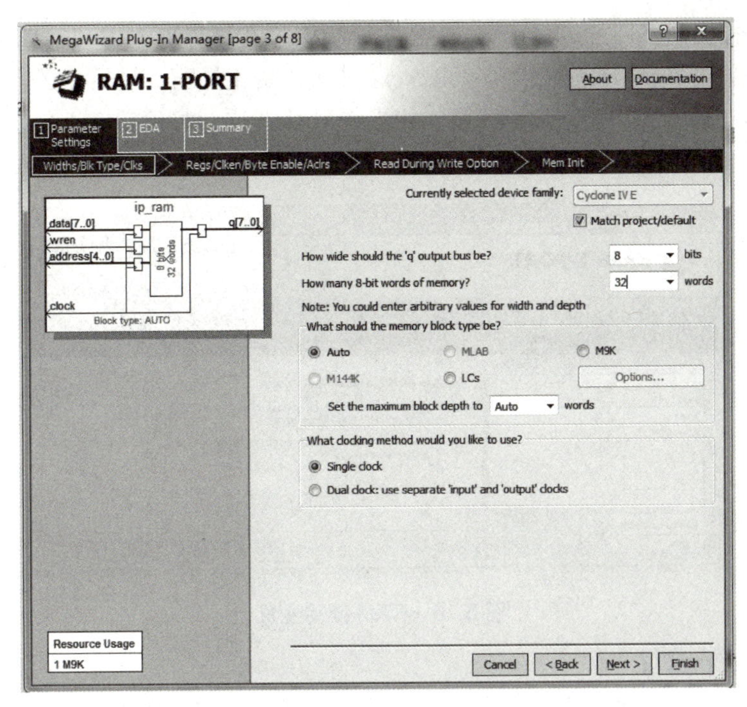

图 6.14　例化 RAM IP 核

④ 单击 Next 按钮进入下一级界面，如图 6.15 所示。在该界面中设置数据输出的读使能信号和数据延时（latency），即从地址和使能信号有效时刻到相应数据输出之间的时钟周期。

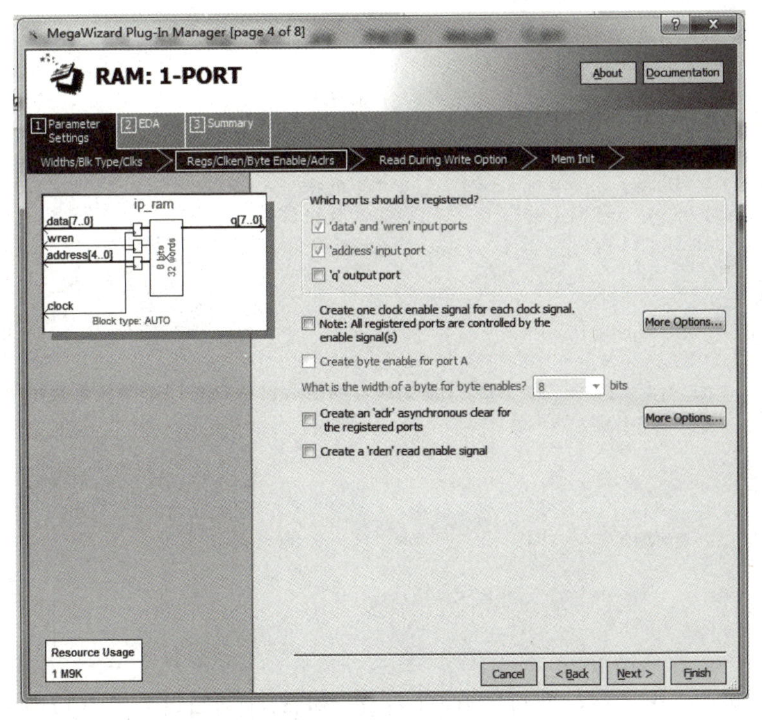

图 6.15　ROM 参数设置

⑤ 单击 Next 按钮进入下一级界面，如图 6.16 所示。在该界面设置“写期间读”时，数据输出的类型，这里设置为 New Data。然后单击 Next 进入初始化界面，初始化的方法和 ROM 相同，这里不再赘述。接下来依次单击 Next 按钮，均选择默认选项，最后单击 Finish 按钮即完成 RAM 的调用。

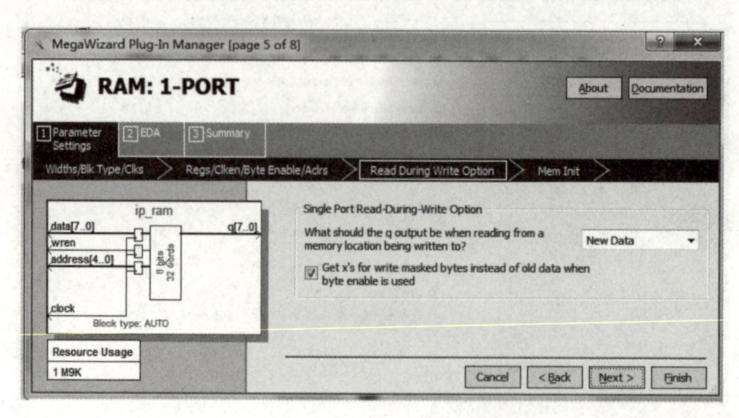

图 6.16　RAM 读写设置

6.2.2　RAM 程序设计

下面用 Verilog HDL 实现一个功能与 6.2.1 小节相同的 RAM，即实现一个宽 8 位深 32 字的随机存储器。当写使能信号和地址信号有效时存入数据到相应位置；当写使能信号无效时，将指定位置的数据输出到读数据总线。

【例 6.2-1】 RAM 的 Verilog HDL 实现。

```
module my_ram (clock, wren, address, data, q );

    input clock;                        //系统时钟
    input wren;                         //写使能信号，高有效
    input [4:0] address;                //地址信号
    input [7:0] data;                   //写数据
    output reg[7:0] q=8'h00;            //读数据信号
    reg[7:0] ram[0:31];                 //ram 存储器

    //读操作
    always @ (posedge clock)
    begin
        if(wren) q<=data; //注意因为要在写期间读出新数据，必须将新数据 data 提前送出
        else  q<=ram[address];
    end

    //写操作
    always @ (posedge clock)
    begin
        if(wren)    ram[address]<=data;
    end
endmodule
```

接下来新建 Quartus II 工程，通过例 6.2-1 产生 .rbf 文件，通过如图 6.17 所示 RAM 实验进行验证，首先通过写命令，向 01010 地址写入数据 0001_1110；然后读取 RAM 的 01010 地址数据，

读出数据为 0001_1110，显示设计的正确性。关于实验中的引脚说明见表 6.2。

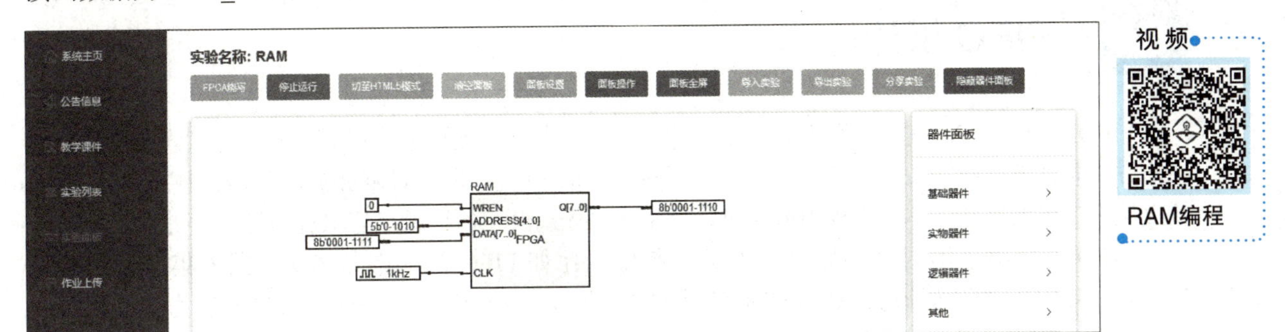

图 6.17　RAM 实验

表 6.2　RAM 实验引脚说明

实验信号名称	FPGA I/O 名称	程序信号名称	功能说明
CLK	Pin_E1	clock	时钟信号
WREN	Pin_A12	wren	写使能
ADDRESS[0]	Pin_N8	address[0]	数据地址
ADDRESS[1]	Pin_P11	address[1]	
ADDRESS[2]	Pin_T11	address[2]	
ADDRESS[3]	Pin_B13	address[3]	
ADDRESS[4]	Pin_N11	address[4]	
DATA[0]	Pin_B4	data[0]	写入数据
DATA[1]	Pin_A4	data[1]	
DATA[2]	Pin_B10	data[2]	
DATA[3]	Pin_A10	data[3]	
DATA[4]	Pin_C11	data[4]	
DATA[5]	Pin_C14	data[5]	
DATA[6]	Pin_D14	data[6]	
DATA[7]	Pin_D11	data[7]	
Q[0]	Pin_C6	q[0]	读出数据
Q[1]	Pin_B6	q[1]	
Q[2]	Pin_B5	q[2]	
Q[3]	Pin_A5	q[3]	
Q[4]	Pin_A6	q[4]	
Q[5]	Pin_B7	q[5]	
Q[6]	Pin_A7	q[6]	
Q[7]	Pin_C8	q[7]	

6.3 FIFO 设计

FIFO（First In First Out）即先进先出存储器，其特点是最先写进的数据最先从出口读出，其基本工作方式非常类似地铁入口的排队栅栏，需要检票的乘客顺次通过入口的隔离门进入栅栏排队，然后依次从出口检票离开，整个过程中最先进入的乘客最先离开，所以顾名思义先进先出存储器。

FIFO 一般用于不同时钟域之间的数据传输，比如 FIFO 的一端是 AD 数据采集，另一端是计算机的 PCI 总线，假设其 AD 采集的速率为 16 位 100 KSPS，那么每秒的数据量为 100 Ksps × 16 bit=1.6 Mbit/s，而 PCI 总线的速度为 33 MHz，总线宽度 32 bit，其最大传输速率为 1056 Mbit/s，在两个不同的时钟域间就可以采用 FIFO 来作为数据缓冲。

本节将通过 Altera IP 核和 Verilog HDL 语言分别实现一个宽 8 位深 32 字的同步 FIFO，并通过远程实验平台验证。

6.3.1 调用 FIFO IP 核实现

参照附录 A.5 节步骤⑧～⑯，新建 Quartus II 工程，接下来调用 FIFO IP 核，方法如下：

① 在 Quartus Ⅱ主界面下选择 Tools → MegaWizard Plug-In Manager 菜单命令，选择 Creat a new custom megafunction variation 单选按钮。

② 单击 Next 按钮进入 IP 核调用主界面，如图 6.18 所示，在搜索栏输入 fifo，选择 FIFO 选项，然后在右侧输入例化的名称和位置。

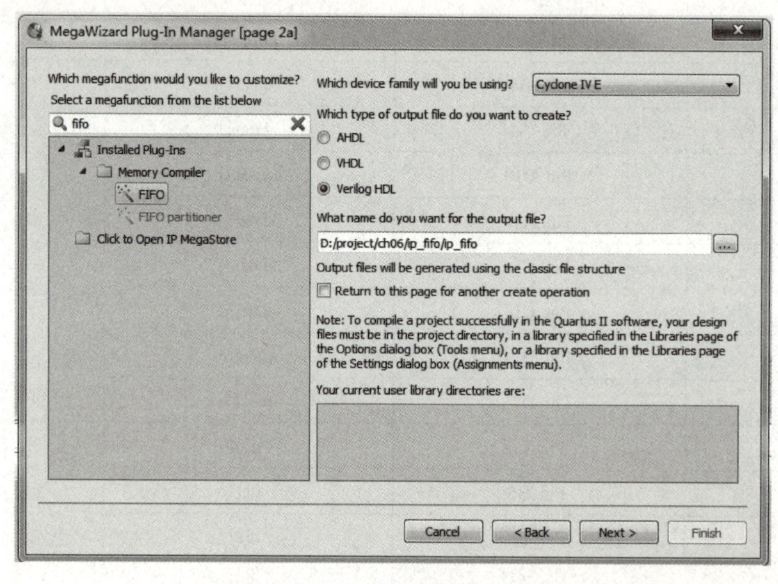

图 6.18　调用 FIFO IP 核

③ 单击 Next 按钮进入 IP 核例化界面，如图 6.19 所示，在界面中设置数据宽度 8 位和深度 32 字以及是同步 FIFO 还是异步 FIFO（同步 FIFO 的输入和输出为相同的时钟；异步 FIFO 的输入和输出为不同的时钟）。

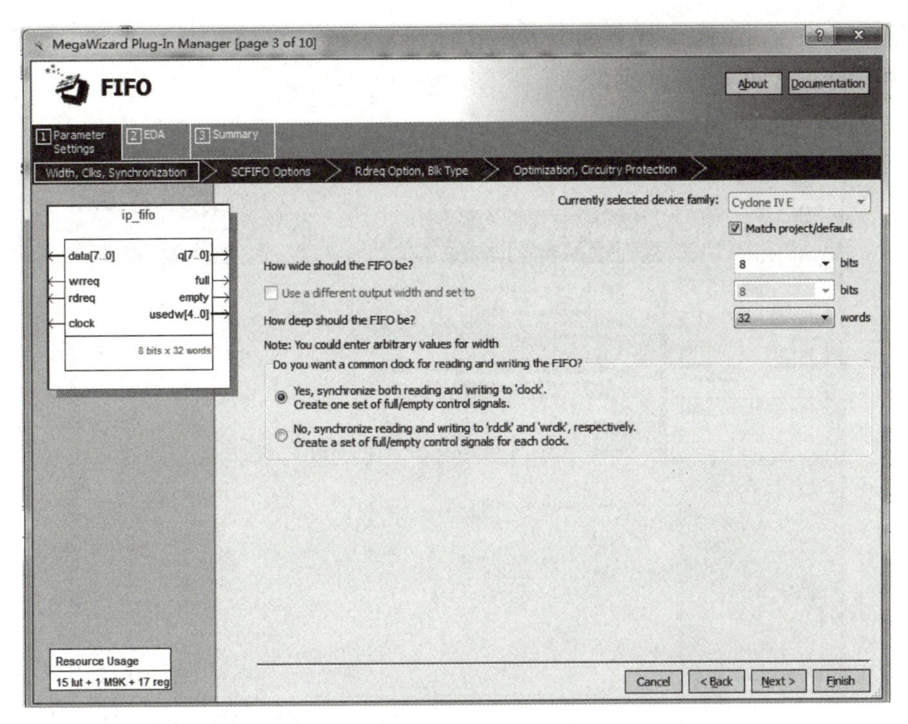

图 6.19　例化 FIFO IP 核

④ 单击 Next 按钮进入下一级界面，如图 6.20 所示。在该界面中设置 FIFO 的输出信号，包括满信号（full）、空信号（empty）以及 FIFO 已使用容量（usedw）等内容，并添加一个异步复位端。

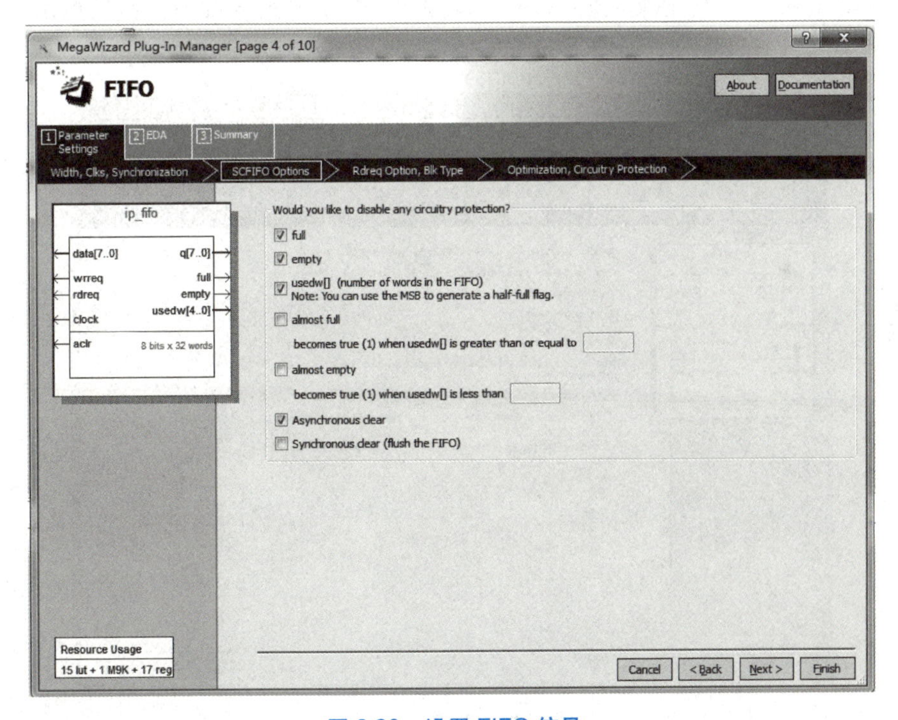

图 6.20　设置 FIFO 信号

⑤ 单击 Next 按钮进入下一级界面，如图 6.21 所示。在该界面下设置读端口类型和存储器实现方式，这里选择正常同步 FIFO 模式。

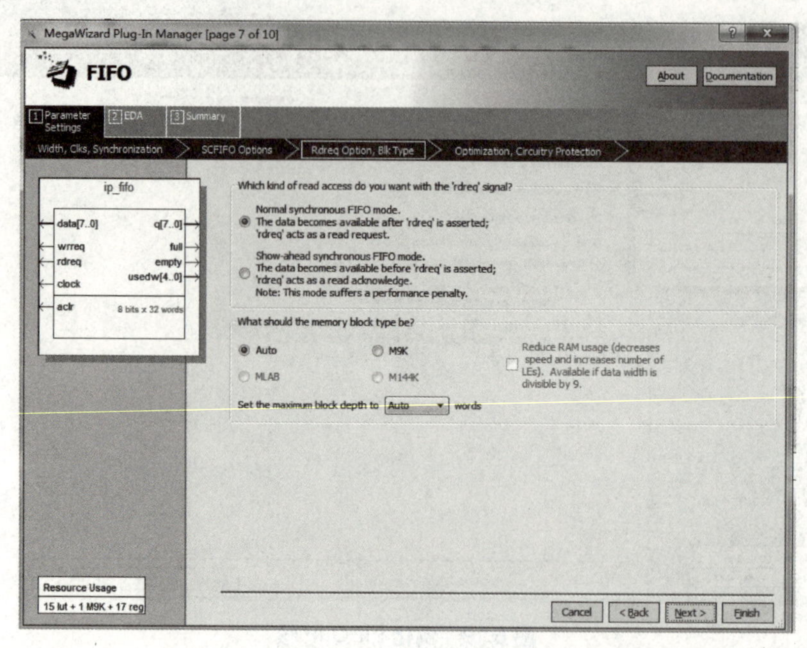

图 6.21 FIFO 模式设置

⑥ 单击 Next 按钮进入下一级界面，如图 6.22 所示。在该界面下设置 FIFO 的实现类型，选择面积最优（smallest area）。接下来依次单击 Next 按钮，均选择默认选项，最后单击 Finish 按钮即完成 FIFO 的调用。

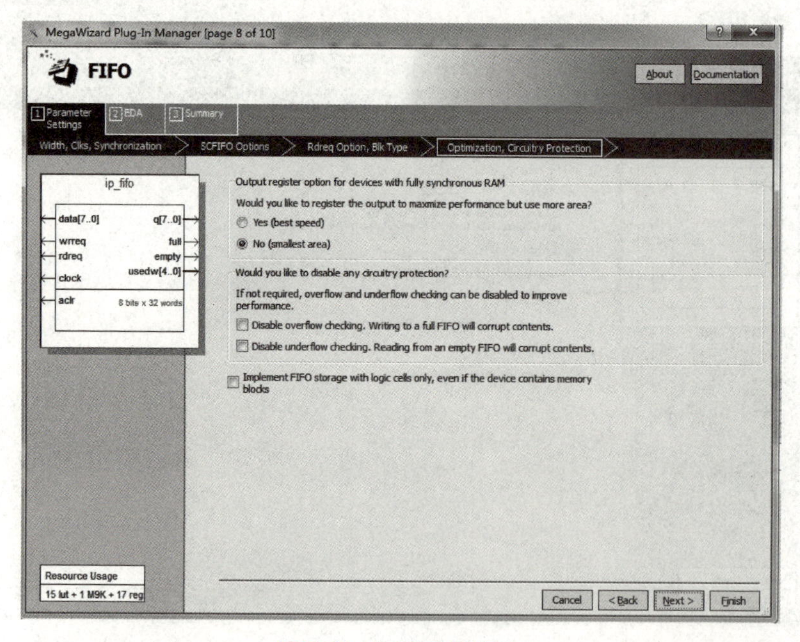

图 6.22 面积最优设置

6.3.2 FIFO 程序设计

下面用 Verilog HDL 实现一个功能与 6.3.1 小节相同的 FIFO，在 FIFO 内部有两个地址指针寄存器，分别存储读地址和写地址，当读 / 写后其值分别自增 1，并可以判断 FIFO 已存储多少数据以及是否读空或写满。当写使能信号和地址信号有效时存入数据到相应位置；当读使能信号有效时，将指定位置的数据输出到读数据总线。

【例 6.3-1】 FIFO 的 Verilog HDL 实现。

```
module my_fifo ( clock, aclr, data, rdreq, wrreq,
                           q, empty, full, usedw
                     );
    input    clock;                     //系统时钟
    input    aclr;                      //系统复位，异步高有效
    input    [7:0]  data;               //写数据
    input    rdreq;                     //读请求
    input    wrreq;                     //写请求

    output empty;                       //空标志信号
    output full;                        //满标志信号
    output reg[7:0] q;                  //读出数据
    output reg[4:0] usedw;              //可用资源量
    reg[7:0] fifo_ram[0:31];            //存储器矩阵
    reg [4:0] rdaddr;                   //读地址指针
    reg [4:0] wraddr;                   //写地址指针

    //FIFO 读操作
    always @ (posedge clock,  posedge aclr) begin
        if(aclr)  begin
            q <= 8'h00;
        end
        else if( rdreq == 1'b1 && empty == 1'b0 ) begin
            q <= fifo_ram[rdaddr];     //读出对应地址数据
        end
        else if ( rdreq && wrreq ) begin
            q <= fifo_ram[rdaddr];     //读出对应地址数据
        end
    end

    //FIFO 写操作
    always @ (posedge clock, posedge aclr) begin
        if(aclr) begin
            ;
        end
        else if( wrreq == 1'b1 && full == 1'b0) begin
            fifo_ram[wraddr] <= data;    //将数据写入相应地址
        end
        else if ( rdreq && wrreq ) begin
            fifo_ram[wraddr] <= data;    //将数据写入相应地址
        end
```

```
        end
        // 指针操作
        always @ (posedge clock, posedge aclr) begin
            if(aclr) begin
                rdaddr <= 4'd0;
                wraddr <= 4'd0;
            end
            else begin
            wraddr <= ((wrreq && !full)||(wrreq && rdreq)) ? wraddr + 1 : wraddr;
            rdaddr <= ((rdreq && !empty)||(wrreq && rdreq)) ? rdaddr + 1 : rdaddr;
            end
        end
        // 计算存储器资源
        always @ (posedge clock, posedge aclr) begin
            if(aclr) begin
                usedw <= 5'd0;
            end
            else begin
                case ( {wrreq,rdreq} )
                    2'b00: usedw <= usedw;
                    2'b01: usedw <= (usedw == 5'd0) ? 5'b00000 : usedw - 1;
                    2'b10: usedw <= (usedw == 5'd31) ? 5'b11111 : usedw + 1;
                    2'b11: usedw <= usedw;
                    default:usedw <= usedw;
                endcase
            end
        end
        // 空标志
        assign empty = ( usedw == 5'd0 )? 1'b1: 1'b0;
        // 满标志
        assign full = ( usedw == 5'd31 )?  1'b1: 1'b0;
    endmodule
```

接下来新建Quartus II工程，通过例6.3-1产生.rbf文件，通过如图6.23所示FIFO实验进行验证，首先通过写命令，依次向各地址写入数据，观察FULL和USEDDW信号变化；再通过读命令，依次读出数据，验证先进先出，同时观察EMPTY和USEDW信号的变化。实验结果验证了设计的正确性。关于实验中的引脚说明见表6.3。

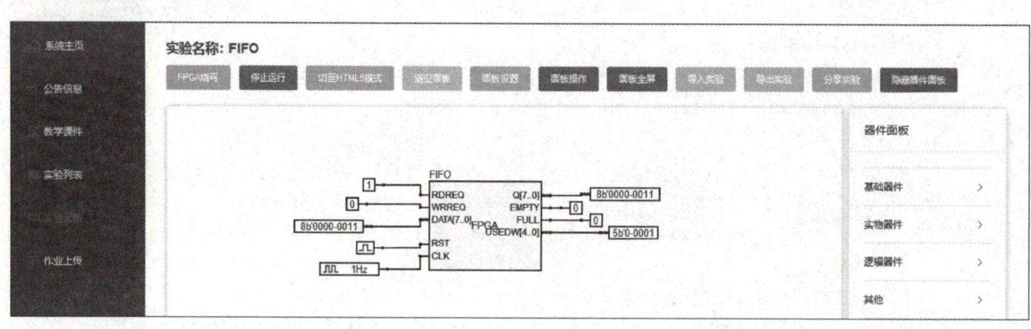

图 6.23　FIFO 实验

表 6.3 FIFO 实验引脚说明

实验信号名称	FPGA I/O 名称	程序信号名称	功能说明
CLK	Pin_E1	clock	时钟信号
RST	Pin_A14	aclr	低电平复位
RDREQ	Pin_A12	rdreq	读命令
WRREQ	Pin_N8	wrreq	写命令
DATA[0]	Pin_P11	data[0]	写入数据
DATA[1]	Pin_T11	data[1]	
DATA[2]	Pin_B13	data[2]	
DATA[3]	Pin_N11	data[3]	
DATA[4]	Pin_B4	data[4]	
DATA[5]	Pin_A4	data[5]	
DATA[6]	Pin_B10	data[6]	
DATA[7]	Pin_A10	data[7]	
Q[0]	Pin_C6	q[0]	读出数据
Q[1]	Pin_B6	q[1]	
Q[2]	Pin_B5	q[2]	
Q[3]	Pin_A5	q[3]	
Q[4]	Pin_A6	q[4]	
Q[5]	Pin_B7	q[5]	
Q[6]	Pin_A7	q[6]	
Q[7]	Pin_C8	q[7]	
EMPTY	Pin_N5	empty	空标志
FULL	Pin_R5	full	满标志
USEDW[0]	Pin_T5	usedw[0]	可用资源
USEDW[1]	Pin_P3	usedw[1]	
USEDW[2]	Pin_T2	usedw[2]	
USEDW[3]	Pin_R1	usedw[3]	
USEDW[4]	Pin_N6	usedw[4]	

6.4 STACK 程序设计

STACK——栈，是一种数据结构，它按照后进先出的原则存储数据，先进入的数据被压入栈底，最后的数据在栈顶，需要读数据的时候从栈顶开始弹出数据。栈的结构类似桶堆积物品，先堆进来的压在底下，随后一件一件往上堆。取走时，只能从上面一件一件取。

栈的本质是一种具有固定存储结构的存储器，存储器中有一个指向栈顶的存储地址指针，当向存储器中存入一个数据时，指针自动加 1，当从存储器中取出一个数据时，指针则自动减 1。如果存储器完全读空时，会输出一个空信号，反之当存储器完全写满时，则会输出一个满信号。当在全空状态继续读出数据或者在全满状态继续写入数据时，系统则会产生一个错误告警信号。这里要注意的是，当栈中只有最后一个数据时，如果此时读出，那么地址指针则不再减 1，仅是让当前存储器数据信号为空；同样当栈在完全读空状态时，如果此时写入，那么地址指针也不再加 1，仅是让当前存储器数据信号不再为空。

【例 6.4-1】 STACK 的 Verilog HDL 实现。

```
module stack(clk, rst_n, rden, wren, wr_data,
                rd_data, empty, full, error
                );
    input clk;                          //系统时钟
    input rst_n;                        //系统复位信号
    input rden;                         //读使能信号
    input wren;                         //写使能信号
    input [7:0] wr_data;                //写数据

    output reg [7:0] rd_data;           //读数据
    output empty;                       //栈空信号
    output full;                        //栈满信号
    output reg  error;                  //错误告警
    reg[7:0] regs[0:31];                //宽 8 深 32 存储器
    reg[4:0] addr;                      //栈地址指针寄存器
    reg filled;                 //当前地址指针指向存储器是否填满,1 表示有数据,0 表示无数据

    assign  empty = (addr==5'd0 && filled==1'b0)?  1'b1: 1'b0;
    assign  full = (addr==5'd31 && filled==1'b1)?  1'b1: 1'b0;

    always @ (posedge clk,  negedge rst_n)
    begin
        if(!rst_n)  begin
            addr <= 5'd0;
            filled <= 1'b0;
            rd_data <= 8'h00;
            error <= 1'b0;
        end
        else begin
            case({wren,rden})
                2'b00:      ;
                2'b01:  begin
                    if(empty)    error <= 1'b1;        //全空读告警
                    else
                        if(addr==5'd0 && filled==1'b1)
                            begin
                            rd_data <= regs[addr];   //最后一个数据读出地址不减 1
                            addr <= addr;
                            filled <= 1'b0;
```

```
                        error <= 1'b0;
                        end
                    else    begin
                        rd_data <= regs[addr];
                        addr <= addr - 1'b1;
                        filled <= 1'b1;
                        error <= 1'b0;
                    end
                end
            2'b10:  begin
                if(full)    error <= 1'b1;               // 全满写告警
                else
                    if(empty) begin
                        regs[addr] <= wr_data;            // 栈空时写入地址不加 1
                        rd_data <= wr_data;
                        addr <= addr;
                        filled <= 1'b1;
                        error <= 1'b0;
                    end
                    else begin
                        regs[addr+1] <= wr_data;
                        rd_data <= wr_data;
                        addr <= addr + 1'b1;
                        filled <= 1'b1;
                        error <= 1'b0;
                    end
                end
            2'b11:      ;          // 同时读写，此种数据操作无效，stack 不响应
            endcase
        end
    end
endmodule
```

接下来新建 Quartus II 工程，通过例 6.4-1 产生 .rbf 文件，通过如图 6.24 所示 STACK 实验进行验证，当数据全部读出就会显示 EMPTY = 1，如果继续读取，就会显示 ERROR = 1。同样当数据全部写满就会显示 FULL = 1，如果继续写入，就会显示 ERROR = 1。通过多次读写操作，验证设计的正确性。关于实验中的引脚说明见表 6.4。

视频
STACK编程

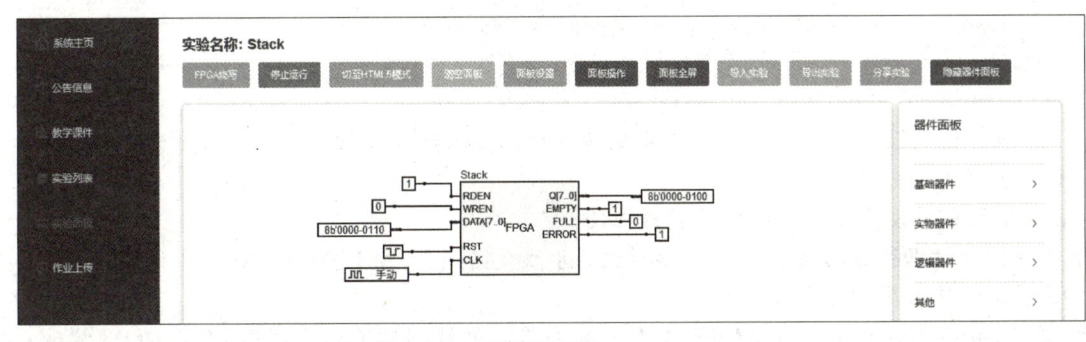

图 6.24 STACK 实验

表 6.4　STACK 实验引脚说明

实验信号名称	FPGA I/O 名称	程序信号名称	功能说明
CLK	Pin_E1	clk	时钟信号
RST	Pin_A14	rst_n	低电平复位
RDEN	Pin_A12	rden	出栈
WREN	Pin_N8	wren	入栈
DATA[0]	Pin_P11	wr_data[0]	写入数据
DATA[1]	Pin_T11	wr_data[1]	
DATA[2]	Pin_B13	wr_data[2]	
DATA[3]	Pin_N11	wr_data[3]	
DATA[4]	Pin_B4	wr_data[4]	
DATA[5]	Pin_A4	wr_data[5]	
DATA[6]	Pin_B10	wr_data[6]	
DATA[7]	Pin_A10	wr_data[7]	
Q[0]	Pin_C6	rd_data[0]	读出数据
Q[1]	Pin_B6	rd_data[1]	
Q[2]	Pin_B5	rd_data[2]	
Q[3]	Pin_A5	rd_data[3]	
Q[4]	Pin_A6	rd_data[4]	
Q[5]	Pin_B7	rd_data[5]	
Q[6]	Pin_A7	rd_data[6]	
Q[7]	Pin_C8	rd_data[7]	
EMPTY	Pin_N5	empty	空标志位
FULL	Pin_R5	full	满标志位
ERROR	Pin_T5	error	错误标志

小结

本章重点介绍存储器设计，包括 ROM、RAM、FIFO 和 STACK 设计，通过 Verilog HDL 行为描述和软件工程向导调用 IP 核来实现，并进行仿真调试，验证了设计的正确性。

习题

6-1　在 Quartus II 上完成简易正弦信号发生器设计。要求建立工程，生成正弦信号波形数据、仿真等。设计包括三部分：

（1）7 位地址信号发生器，由 7 位计数器担任。

（2）正弦信号数据存储器 ROM（7 位地址线，8 位数据线），由 LPM_ROM 模块构成。

（3）顶层工程使用原理图设计。

6-2　在 Quartus II 上设计一个 4*4bit 查表式乘法器，包括创建工程、调用 LPM_ROM 模块、在原理图编辑窗口中绘制电路图，全程编译，对设计进行功能仿真。

第7章 常用接口电路设计

本章重点介绍一些常用接口电路的设计，通过常用接口电路的学习，为后续复杂项目设计打好基础，也可以将常用接口电路封装成自定义 IP，方便其他项目调用。

本章的学习目标有主要三个：①掌握常用接口电路设计方法；②掌握程序下载及硬件验证；③掌握远程云端实验调试。

7.1 LED 显示控制

LED 显示控制可以作为各种项目的最基本显示单元，实现项目输出信息的指示。下面设计 LED 流水灯，每 1 秒 LED 指示的数据循环移动一位，形成 LED 灯流水效果，程序设计参见例 7.1-1。

【例 7.1-1】 实现八位 LED 灯的流水设计的 Verilog HDL 描述。

视频

流水灯控制

```
//LED 控制运行方式 1
module led_run(
    input clk, rst_n,
    output reg [7:0] led
    );

    always @ (posedge clk or negedge rst_n)
        if ( !rst_n ) led <= 8'b00000001;          // 复位时 LED 灯熄灭
        else      led<={led[6:0],led[7]};          // 循环左移 1 位
endmodule
```

新建 Quartus II 工程，通过例 7.1-1 产生 .rbf 文件，通过如图 7.1 所示八位流水灯实验进行验证，可以观察到 LED 灯指示的亮灭信息每 1 秒进行一次循环移位，验证设计的正确性。关于实验中的引脚说明见表 7.1。

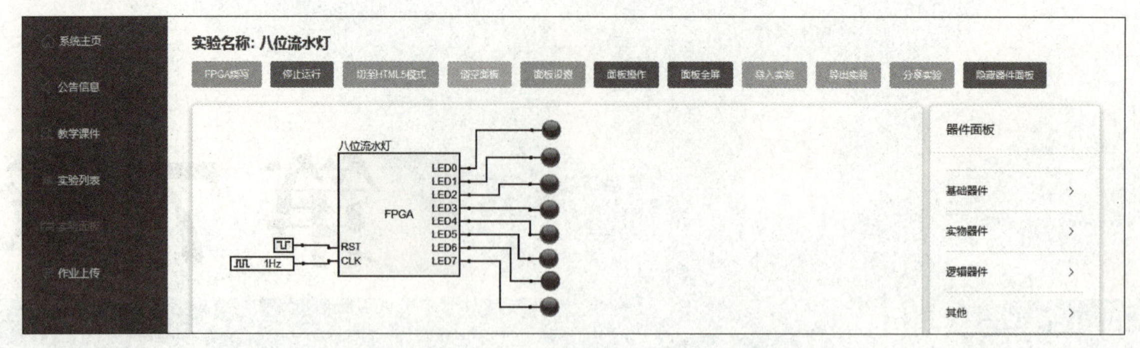

图 7.1　八位流水灯实验

表 7.1　八位流水灯实验引脚说明

实验信号名称	FPGA I/O 名称	程序信号名称	功能说明
CLK	Pin_E1	clk	时钟信号
RST	Pin_A14	rst_n	低电平复位
LED[0]	Pin_C6	led[0]	八位流水灯
LED[1]	Pin_B6	led[1]	
LED[2]	Pin_B5	led[2]	
LED[3]	Pin_A5	led[3]	
LED[4]	Pin_A6	led[4]	
LED[5]	Pin_B7	led[5]	
LED[6]	Pin_A7	led[6]	
LED[7]	Pin_C8	led[7]	

上述方法只能实现 LED 亮灭信息简单的循环移动，如果需要实现其他多种样式 LED 灯显示就不太方便。下面通过状态转换的方式，可以方便实现 LED 灯多种形式的显示。程序设计前只要能够确定 LED 显示的状态数量，并指定出各个状态对应的灯亮灭情况，就可以非常容易地实现多种 LED 的显示控制。下面的例 7.1-2 介绍八位流水灯的设计思路。

【例 7.1-2】 通过状态设计 LED 灯显示模式的 Verilog HDL 描述。

```
//LED 控制运行方式 2
module led_run_2(
    input clk, rst_n,
    output [7:0] led
    );
    parameter s0 = 8'b00000001,              // 状态分配，指定每种状态 LED 灯
              s1 = 8'b00000010,
              s2 = 8'b00000100,
              s3 = 8'b00001000,
              s4 = 8'b00010000,
              s5 = 8'b00100000,
              s6 = 8'b01000000,
```

```
            s7 = 8'b10000000;             // 可以修改各状态 LED 灯的情况
    reg [7:0] state;
    // 状态转换
    always @ (posedge clk or negedge rst_n)
      if ( !rst_n ) state <= s0;          // 初始复位
      else
          case(state)                     // 用来确定状态转换的顺序
              s0: state <= s1;
              s1: state <= s2;
              s2: state <= s3;
              s3: state <= s4;
              s4: state <= s5;
              s5: state <= s6;
              s6: state <= s7;
              s7: state <= s0;
              default: state <= s0;
          endcase
    assign led = state;                   //LED 输出显示
endmodule
```

由于八位流水灯，所以采用了八个状态 s0 ～ s7，每一状态都指定了八位 LED 灯对应的亮灭情况，通过状态转换就实现了 LED 灯的流水。

参照例 7.1-1，通过如图 7.1 远程实验验证，观察 LED0 ～ LED7 亮灭的循环过程。改变状态数量，并改变每种状态下 LED 灯的亮灭情况，可以方便地实现多种样式 LED 流水灯，验证了设计的正确性。

7.2 数码管显示控制

通过一位七段数码管显示拨码开关的值，拨码开关 SW[3:0] 输入 0 ~ F 中的任意一个值，通过数码管显示，程序参见例 7.2-1。

【例 7.2-1】 通过数码管显示拨码开关表示的二进制数值的 Verilog HDL 描述。

```
module seg7display_one(
    input sw3,sw2,sw1,sw0,
    output reg [7:0] seg             // 数码管小数点 dp, 数码管段码 g,f,e,d,c,b,a
    );
    always @ (sw3,sw2,sw1,sw0)
      case({sw3,sw2,sw1,sw0})                     // 数码管共阳显示
          4'b0000: seg = 8'b1_1000000;            // 段码 dp,g ~ a, 显示 0
          4'b0001: seg = 8'b1_1111001;            // 显示 1
          4'b0010: seg = 8'b1_0100100;            // 显示 2
          4'b0011: seg = 8'b1_0110000;            // 显示 3
          4'b0100: seg = 8'b1_0011001;            // 显示 4
          4'b0101: seg = 8'b1_0010010;            // 显示 5
          4'b0110: seg = 8'b1_0000010;            // 显示 6
          4'b0111: seg = 8'b1_1111000;            // 显示 7
          4'b1000: seg = 8'b1_0000000;            // 显示 8
          4'b1001: seg = 8'b1_0010000;            // 显示 9
          4'b1010: seg = 8'b1_0001000;            // 显示 A
```

```
            4'b1011: seg = 8'b1_0000011;             //显示B
            4'b1100: seg = 8'b1_1000110;             //显示C
            4'b1101: seg = 8'b1_0100001;             //显示D
            4'b1110: seg = 8'b1_0000110;             //显示E
            4'b1111: seg = 8'b1_0001110;             //显示F
            default: seg = 8'b0_1111111;             //默认数码管熄灭，点亮dp
        endcase
endmodule
```

新建 Quartus II 工程，通过例 7.2-1 产生 .rbf 文件，通过如图 7.2 所示共阳数码管显示实验进行验证，可以观察到数码管显示值与拨码开关表示的值一致，验证设计的正确性。关于实验中的引脚说明见表 7.2。

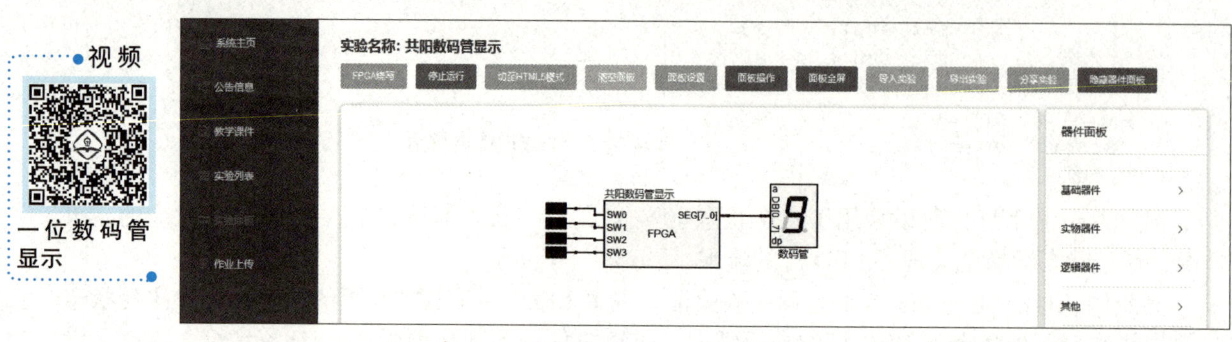

图 7.2　共阳数码管显示实验

表 7.2　共阳数码管实验引脚说明

实验信号名称	FPGA I/O 名称	程序信号名称	功能说明
SW0	Pin_A12	data[0]	四个拨码开关输入
SW1	Pin_N8	data[1]	
SW2	Pin_P11	data[2]	
SW3	Pin_T11	data[3]	
SEG[0]	Pin_C6	seg[0]	数码管段码，依次 a,b,c,d,e,f,g,dp
SEG[1]	Pin_B6	seg[1]	
SEG[2]	Pin_B5	seg[2]	
SEG[3]	Pin_A5	seg[3]	
SEG[4]	Pin_A6	seg[4]	
SEG[5]	Pin_B7	seg[5]	
SEG[6]	Pin_A7	seg[6]	
SEG[7]	Pin_C8	seg[7]	

接下来设计数码管动态显示，通过四位数码管显示四位十六进制数。由于硬件电路上所有数码管的段码 CA、CB、CC、CD、CE、CF、CG、DP 都连接在一起，想要每位数码管能分别显示

不同的数据，需要分时轮流控制每位数码管的位码 AN。通过一定频率的扫描信号控制位码，每次选通一位数码管，数码管显示的数据由加在段码上的数据决定，由于人眼的视觉暂留现象，看到的将是四位数码管同时稳定的显示，这种方式称为数码管的动态扫描显示。程序参见例 7.2-2。

【例 7.2-2】 四位数码管动态扫描显示的 Verilog HDL 描述。

```
module seg7display(
    input clk, rst_n,
    input [15:0] data,                     //待显示的 4 位十六进制数
    output reg [7:0] seg,                  //数码管 dp,g~a
    output reg [3:0] an                    //位码控制信号
    );
    reg [1:0] sel;
    reg [3:0] disp;
    always @ (posedge clk or negedge rst_n) begin
        if( !rst_n ) begin
            an = 4'b0000;                  //复位时数码管全部熄灭
            sel = 0;
        end
        else begin
            sel = sel + 1;                 //位码控制信号依次选通不同位数码管
            case (sel)
            2'b00: begin disp = data[3:0];  an = 4'b0001;end //最右侧数码管显示
            2'b01: begin disp = data[7:4];  an = 4'b0010;end
            2'b10: begin disp = data[11:8]; an = 4'b0100;end
            2'b11: begin disp = data[15:12];an = 4'b1000;end //最左侧数码管显示
            default: ;    //默认不做任何操作
            endcase
        end
    end
    always @ (disp)  begin
        case(disp)                         //数据显示共阳译码
        4'b0000: seg = 8'b1_1000000;       //段码 dp,g ~ a，显示 0
        4'b0001: seg = 8'b1_1111001;       //显示 1
        4'b0010: seg = 8'b1_0100100;       //显示 2
        4'b0011: seg = 8'b1_0110000;       //显示 3
        4'b0100: seg = 8'b1_0011001;       //显示 4
        4'b0101: seg = 8'b1_0010010;       //显示 5
        4'b0110: seg = 8'b1_0000010;       //显示 6
        4'b0111: seg = 8'b1_1111000;       //显示 7
        4'b1000: seg = 8'b1_0000000;       //显示 8
        4'b1001: seg = 8'b1_0010000;       //显示 9
        4'b1010: seg = 8'b1_0001000;       //显示 A
        4'b1011: seg = 8'b1_0000011;       //显示 B
        4'b1100: seg = 8'b1_1000110;       //显示 C
        4'b1101: seg = 8'b1_0100001;       //显示 D
        4'b1110: seg = 8'b1_0000110;       //显示 E
        4'b1111: seg = 8'b1_0001110;       //显示 F
        default: seg = 8'b0_1111111;       //默认数码管熄灭，点亮 dp
        endcase
    end
endmodule
```

新建 Quartus II 工程，通过例 7.2-2 产生 .rbf 文件，通过如图 7.3 所示四位共阳数码管动态显

视频
四位数码管动态显示

示实验进行验证，可以观察到 4 个数码管可以稳定地显示对应的 4 位十六进制数，验证了设计的正确性。关于实验中的引脚说明见表 7.3。

表 7.3 四位数码管动态显示实验引脚说明

实验信号名称	FPGA I/O 名称	程序信号名称	功能说明
CLK	Pin_E1	clk	时钟信号
RST	Pin_A14	rst_n	低电平复位
DATA[0]	Pin_A12	data[0]	输入十六位数据
DATA[1]	Pin_N8	data[1]	
DATA[2]	Pin_P11	data[2]	
DATA[3]	Pin_T11	data[3]	
DATA[4]	Pin_B13	data[4]	
DATA[5]	Pin_N11	data[5]	
DATA[6]	Pin_B4	data[6]	
DATA[7]	Pin_A4	data[7]	
DATA[8]	Pin_B10	data[8]	
DATA[9]	Pin_A10	data[9]	
DATA[10]	Pin_C11	data[10]	
DATA[11]	Pin_C14	data[11]	
DATA[12]	Pin_D14	data[12]	
DATA[13]	Pin_D11	data[13]	
DATA[14]	Pin_D12	data[14]	
DATA[15]	Pin_A13	data[15]	
SEG[0]	Pin_C6	seg[0]	数码管段码，依次a,b,c,d,e,f,g,dp
SEG[1]	Pin_B6	seg[1]	
SEG[2]	Pin_B5	seg[2]	
SEG[3]	Pin_A5	seg[3]	
SEG[4]	Pin_A6	seg[4]	
SEG[5]	Pin_B7	seg[5]	
SEG[6]	Pin_A7	seg[6]	
SEG[7]	Pin_C8	seg[7]	
C1	Pin_N5	an[3]	位码，依次从左至右
C2	Pin_R5	an[2]	
C3	Pin_T5	an[1]	
C4	Pin_P3	an[0]	

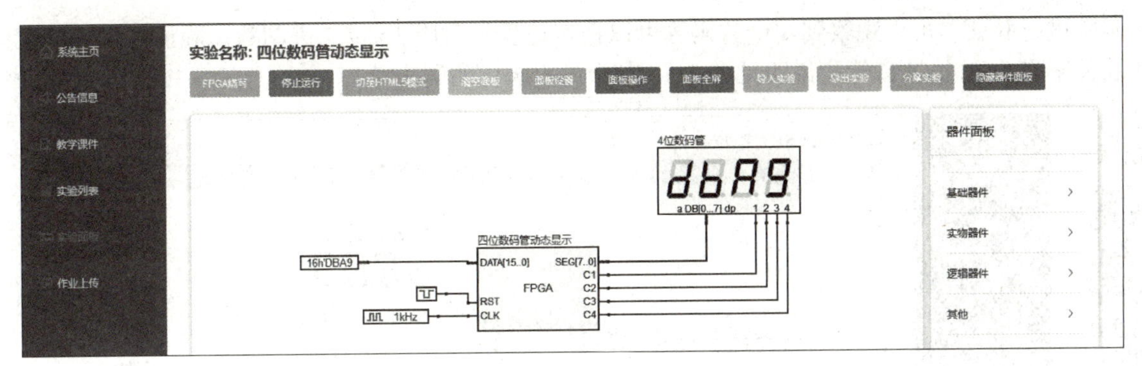

图 7.3　四位数码管动态显示实验

以上时钟信号采用的是处理器控制的时钟信号，如果使用硬件电路上的固定晶振作为数码管动态显示时钟信号，则需要对时钟信号进行分频。该分频信号作为动态显示的位码扫描信号，信号频率不能太低，否则不满足人眼视觉暂留效果，也不能太高使显示出现问题。设计思路为：首先调用例 4.4-11 参数化分频器，分频实现 1 kHz 的时钟信号，用于数码管位码的扫描控制信号；接着用 1 kHz 的信号作用于例 7.2-2 的四位数码管动态显示模块，每个周期使一位数码管显示段码对应的显示内容；最后顶层文件调用以上两模块，实现结构化设计，RTL 原理图如图 7.4 所示。将硬件电路上的固定 25 MHz 时钟作为 clk 信号，复位信号 rst_n 低电平有效。顶层文件参见例 7.2-3。

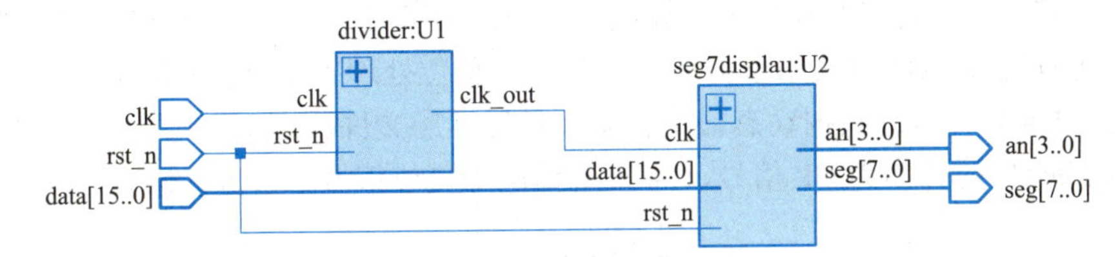

图 7.4　结构化设计数码管动态显示

【例 7.2-3】 结构化设计四位数码管动态扫描显示的 Verilog HDL 描述。

```
module seg7display_4(
    input clk,rst_n,
    input [15:0] data,                    //待显示的 4 位十六进制数
    output [7:0] seg,                     //数码管 7 位段码
    output [3:0] an                       //4 个数码管对应的位码
    );
    wire clk_1khz;
    divider #(.CLK_FREQ(25000000),.CLK_OUT_FREQ(1000))
                    U1(.clk(clk),         //调用 1kHz 分频电路，用于动态扫描
                       .rst_n(rst_n),
                       .clk_out(clk_1khz));
    seg7display U2(.clk(clk_1khz),        //调用动态显示
                   .rst_n(rst_n),
                   .data(data),
                   .seg(seg),
                   .an(an) );
endmodule
```

新建 Quartus II 工程，通过例 7.2-3 产生 .rbf 文件，通过如图 7.5 所示四位共阳数码管动态显

示实验进行验证，可以观察到 4 个数码管可以稳定地显示对应 16 位二进制数，验证了设计的正确性。关于实验中的 CLK 管脚说明见表 7.4，其余的引脚说明同表 7.3。

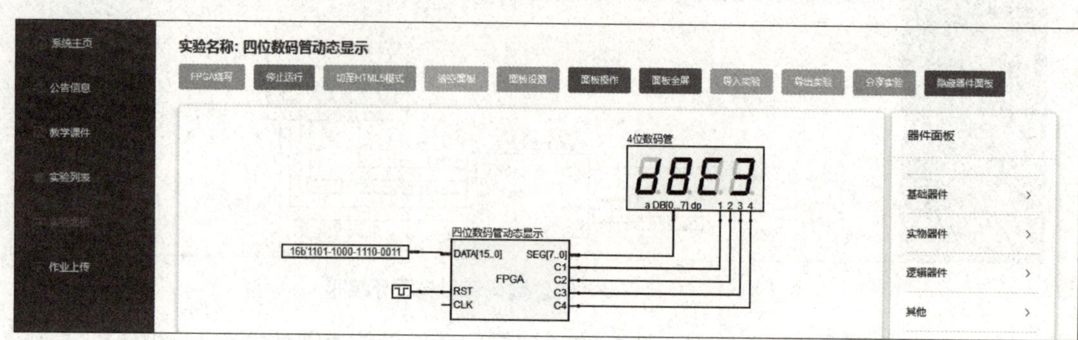

图 7.5 结构化四位数码管动态显示实验

表 7.4 时钟信号引脚说明

实验信号名称	FPGA I/O 名称	程序信号名称	功能说明
CLK	Pin_M2	clk	25 MHz 时钟信号

最后再介绍关于四位数码管的滚动显示设计，设计原理如图 7.6 所示。数码管滚动显示设计思路为：U1 和 U3 模块分别调用例 4.4-11 参数化分频器，用于产生 1kHz 动态扫描用的频率信号和显示数据需要滚动的频率；U4 模块用于对待显示数据的移位处理；U2 模块调用例 7.2-2 的四位数码管动态显示，对 U4 处理后的数据动态显示出来；最后顶层文件调用 U1、U2、U3 和 U4 模块，将硬件电路上的 25MHz 时钟作为 clk 信号，rst_n 为低电平复位信号。参考代码如例 7.2-4。

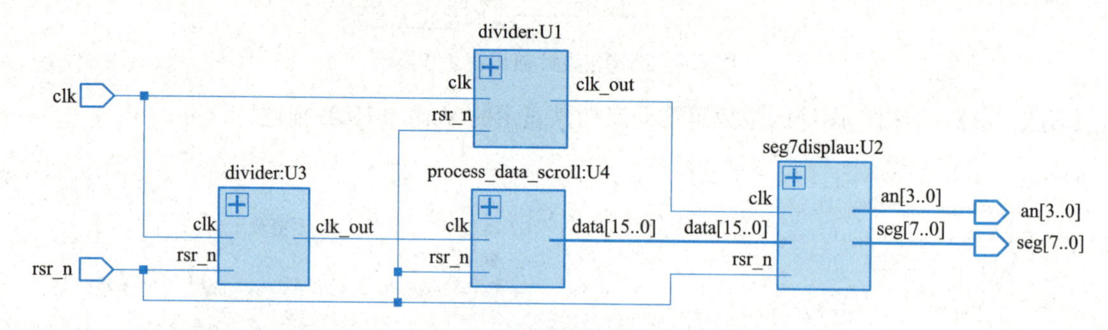

图 7.6 四位数码管滚动显示数据

【例 7.2-4】 四位数码管滚动显示数值的 Verilog HDL 描述。

```
module seg7display_scroll(
    input clk, rst_n,                          //时钟和复位信号
    output [7:0] seg,                          //段码
    output [3:0] an                            //位码
    );
    wire clk_1khz, clk_scroll;
    wire [15:0] data;
     divider #(.CLK_FREQ(25000000),.CLK_OUT_FREQ(1000)) //分频器输出时钟频率: 1KHz
              U1(.clk(clk),
```

```
                   .rst_n(rst_n),
                   .clk_out(clk_1khz));                    // 调用 1kHz 分频模块
  seg7display U2(.clk(clk_1khz),
                   .rst_n(rst_n),
                      .data(data),
                      .seg(seg),
                      .an(an));                                  // 调用 8 位动态显示模块
      divider #(.CLK_FREQ(25000000),.CLK_OUT_FREQ(0.5)) // 分频器输出时钟频率: 0.5Hz
                   U3(.clk(clk),
                   .rst_n(rst_n),
                   .clk_out(clk_scroll));                  // 调用 1kHz 分频模块
  process_data_scroll #(.info(64'hABCDEF9876543210))
                   U4(.clk(clk_scroll),
                      .rst_n(rst_n),
                      .data(data));                         // 调用数据处理模块
endmodule

// 处理待显示数据模块
module process_data_scroll #(
     parameter info = 64'hF9E8D7C6B5A43210 )(       // 滚动显示信息

     input clk, rst_n,
     output [15:0] data
     );

     reg [63:0] message;

     assign data = message [63:48];

     always @ (posedge clk or negedge rst_n)
         if( !rst_n)
              message <= info;                                   // 初始显示值
          else
              message <= {message[59:0],message[63:60]};         // 移位操作
endmodule
```

新建 Quartus II 工程，通过例 7.2-4 产生 .rbf 文件，通过如图 7.7 所示四位数码管滚动显示实验进行验证，可以观察到设定的信息“F9E8D7C6B5A43210”在四位数码管中滚动显示，验证设计了的正确性。关于实验中的引脚说明见表 7.5。

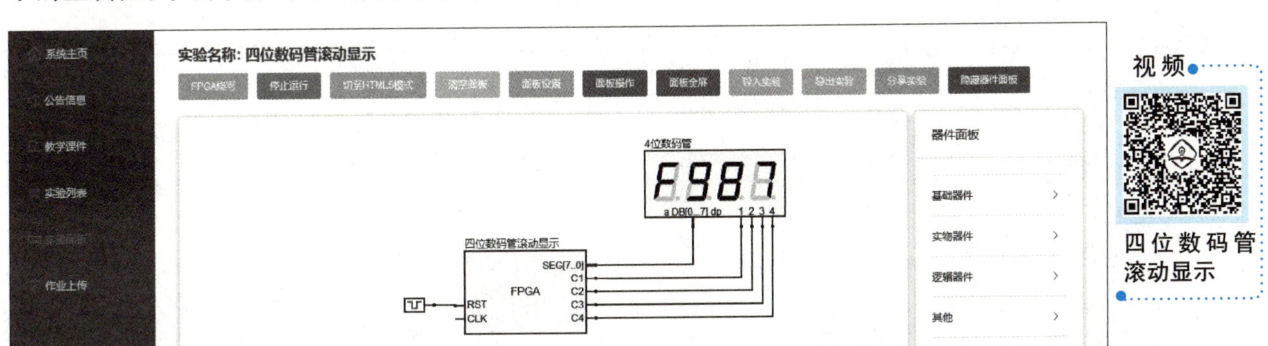

图 7.7　四位数码管滚动显示实验

表 7.5　四位数码管滚动显示使用引脚说明

实验信号名称	FPGA I/O 名称	程序信号名称	功能说明
CLK	Pin_M2	clk	25 MHz 时钟信号
RST	Pin_A14	rst_n	低电平复位
SEG[0]	Pin_C6	seg[0]	数码管段码，依次 a,b,c,d,e,f,g,dp
SEG[1]	Pin_B6	seg[1]	
SEG[2]	Pin_B5	seg[2]	
SEG[3]	Pin_A5	seg[3]	
SEG[4]	Pin_A6	seg[4]	
SEG[5]	Pin_B7	seg[5]	
SEG[6]	Pin_A7	seg[6]	
SEG[7]	Pin_C8	seg[7]	
C1	Pin_N5	an[3]	位码，依次从左至右
C2	Pin_R5	an[2]	
C3	Pin_T5	an[1]	
C4	Pin_P3	an[0]	

7.3 蜂鸣器播放音乐

乐曲能持续演奏所需的两个基本数据是每个音符的频率值（音调）及其持续的时间（音长），因此只要控制输出到无源蜂鸣器的激励信号的频率高低和持续时间，就可以使蜂鸣器发出连续的乐曲声。音调的高低由频率决定，简谱中的音名与频率的对应关系见表 7.6。

所有不同频率的信号都是从同一个基准频率分频得到。由于音阶频率多为非整数，而分频系数又不能太小。基准频率也不能太大或太小，实际的设计中通常采用 6 MHz 的基准频率。在进入蜂鸣器前有一个二分频电路，减少输出的偶次谐波分量，因此实际是通过 3 MHz 进行分频。可以分别求出各音阶分频比，通过采用 14 位二进制计数器分频就能满足要求。每个音阶对应一个预置数，通过采用加载不同预置数，计数器实现分频。

表 7.6　音名与频率的关系

音名	频率 /Hz	音名	频率 /Hz	音名	频率 /Hz
低音 1	261.6	中音 1	523.3	高音 1	1046.5
低音 2	293.7	中音 2	587.3	高音 2	1174.7
低音 3	329.6	中音 3	659.3	高音 3	1318.5
低音 4	349.2	中音 4	698.5	高音 4	1396.9
低音 5	392	中音 5	784	高音 5	1568
低音 6	440	中音 6	880	高音 6	1760
低音 7	493.9	中音 7	987.8	高音 7	1975.5

所有不同频率的信号都是从同一个基准频率分频得到。由于音阶频率多为非整数，而分频系数又不能太小。基准频率也不能太大或太小，实际的设计中通常采用 6 MHz 的基准频率。在进入蜂鸣器前有一个二分频电路，减少输出的偶次谐波分量，因此实际是通过 3 MHz 进行分频。可以分别求出各音阶分频比，通过采用 14 位二进制计数器分频就能满足要求。每个音阶对应一个预置数，通过采用加载不同预置数，计数器实现分频。

音符的持续时间根据乐曲的速度及每个音符的拍数确定，设计中演奏片段的最短音符为四分音符，设计中需要 4Hz 的时钟频率产生四分音符的时长。

音乐播放结构如图 7.8 所示：首先调用例 4.4-11 参数化分频器，分频实现 1kHz 的时钟信号，用于数码管位码的扫描控制信号；接着用 1 kHz 的信号作用于例 7.2-2 的四位数码管动态显示模块，数码管分别显示高音、中音和低音音符；BUZZER 模块实现音符，节拍及乐曲的输入。蜂鸣器播放音乐程序参见例 7.3-1。

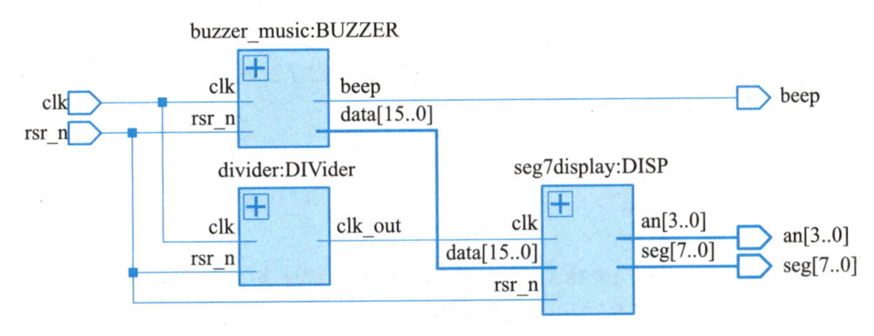

图 7.8　音乐播放 RTL 图

【例 7.3-1】　通过蜂鸣器演奏音乐《梁祝》的 Verilog HDL 描述。

```
module buzzer (clk, rst_n, beep, seg, an);
    input    clk;
    input    rst_n;
    output   beep;
    output [7:0] seg;
    output [3:0] an;
    wire [15:0] data;
    wire clk_1khz;
    divider #( .CLK_FREQ (24000000),.CLK_OUT_FREQ(1000)) // 分频器输出频率: 1 kHz
        DIVider(.clk(clk),
                .rst_n(rst_n),
                .clk_out(clk_1khz));
    buzzer_music BUZZER (
                .clk(clk),
                .rst_n(rst_n),
                .beep(beep),
                .data(data)     );
    seg7display DISP(
                .clk(clk_1khz),
                .rst_n(rst_n),
                .data(data),
                .seg(seg),
                .an(an));
```

```
endmodule

//演奏音乐《梁祝》
module buzzer_music (clk, rst_n, beep, data);
    input    clk;
    input    rst_n;
    output    beep;
    vreg        beep;
    output reg [15:0] data;

//---------时钟分频计数器值---------------------------------------
    parameter CLK_BASE = 24_000_000;                          //输入时钟频率
    parameter CLK_REF =  6_000_000;                           //基准频率

    parameter COUNTER_REF = CLK_BASE/CLK_REF/2 - 1;           //基准频率分频计数器值
    parameter SPEED    = 4;                                   //控制演奏节拍，频率就 4Hz
    parameter COUNTER_SPEED    = CLK_BASE/SPEED/2 - 1;        //演奏节拍分频计数器值
    parameter SONG_LENGTH = 63;

//------------音阶分频预置数----------------------------------
//分频比 = CLK_REF / 音阶频率    / 2 - 1
//预置数 = 16383 -    分频比
    parameter REST       = 16383;    //休止符不发出声 2^14 - 1 = 16383
    parameter C_LOW   = 16383 - (CLK_REF/2 / 262);     //低音 1
    parameter D_LOW   = 16383 - (CLK_REF/2 / 294);
    parameter E_LOW   = 16383 - (CLK_REF/2 / 330);
    parameter F_LOW   = 16383 - (CLK_REF/2 / 349);
    parameter G_LOW   = 16383 - (CLK_REF/2 / 392);
    parameter A_LOW   = 16383 - (CLK_REF/2 / 440);
    parameter B_LOW   = 16383 - (CLK_REF/2 / 494);
    parameter C_MID   = 16383 - (CLK_REF/2 / 523);     //中音 1
    parameter D_MID   = 16383 - (CLK_REF/2 / 587);
    parameter E_MID   = 16383 - (CLK_REF/2 / 659);
    parameter F_MID   = 16383 - (CLK_REF/2 / 699);
    parameter G_MID   = 16383 - (CLK_REF/2 / 784);
    parameter A_MID   = 16383 - (CLK_REF/2 / 880);
    parameter B_MID   = 16383 - (CLK_REF/2 / 988);
    parameter C_HIGH = 16383 - (CLK_REF/2 / 1047);     //高音 1
    parameter D_HIGH = 16383 - (CLK_REF/2 / 1175);
    parameter E_HIGH = 16383 - (CLK_REF/2 / 1319);
    parameter F_HIGH = 16383 - (CLK_REF/2 / 1397);
    parameter G_HIGH = 16383 - (CLK_REF/2 / 1568);
    parameter A_HIGH = 16383 - (CLK_REF/2 / 1760);
    parameter B_HIGH = 16383 - (CLK_REF/2 / 1976);

//---------------基准时钟分频 6MHz----------------------------------
    reg [22:0] cnt1;
    reg clk_6mhz;
    always @(posedge clk or negedge rst_n)    begin
        if (!rst_n)    begin
```

```
            cnt1 <= 0;
            clk_6mhz <= 0;
        end
        else if ( cnt1 == COUNTER_REF )    begin
            cnt1 <= 0;
            clk_6mhz <= ~ clk_6mhz;
        end
        else
            cnt1 <= cnt1 + 1'b1;
        end

//------------------演奏节拍分频 4Hz---------------------------------------
    reg [21:0] cnt2;
    reg clk_4hz;
    always @(posedge clk or negedge rst_n) begin
    if (!rst_n)    begin
            cnt2 <= 0;
            clk_4hz <= 0;
        end
        else if (cnt2 == COUNTER_SPEED)    begin
            cnt2 <= 0;
            clk_4hz <= ~ clk_4hz;
        end
        else
            cnt2 <= cnt2 + 1'b1;
    end

//------------------------------------------------------------------------
    reg [13:0] cnt3;
    always @(posedge clk_6mhz or negedge rst_n) begin
        if (!rst_n)
            cnt3 <= 0;
        else if (cnt3 == REST) begin
            cnt3 <= cnt_hz;
            beep <= ~ beep;    //产生方波驱动无源蜂鸣器
        end
        else
            cnt3 <= cnt3 + 1'b1;
        end

//------------------------------------------------------------------------
    reg [13:0] cnt_hz;
    always @(posedge clk_4hz or negedge rst_n)    //根据不同的音阶选择不同的预置数
        begin
        if (!rst_n)
            cnt_hz <= REST;
        else
            case (music_scale)
            0 : begin cnt_hz <= C_LOW;   data <= 16'b0000_0000_0000_0000;end
            1 : begin cnt_hz <= C_LOW;   data <= 16'b0000_0000_0000_0001;end
```

```
          2 : begin cnt_hz <= D_LOW;   data <= 16'b0000_0000_0000_0010;end
          3 : begin cnt_hz <= E_LOW;   data <= 16'b0000_0000_0000_0011;end
          4 : begin cnt_hz <= F_LOW;   data <= 16'b0000_0000_0000_0100;end
          5 : begin cnt_hz <= G_LOW;   data <= 16'b0000_0000_0000_0101;end
          6 : begin cnt_hz <= A_LOW;   data <= 16'b0000_0000_0000_0110;end
          7 : begin cnt_hz <= B_LOW;   data <= 16'b0000_0000_0000_0111;end
          8 : begin cnt_hz <= C_MID;   data <= 16'b0000_0000_0001_0000;end
          9 : begin cnt_hz <= D_MID;   data <= 16'b0000_0000_0010_0000;end
          10 :begin  cnt_hz <= E_MID;  data <= 16'b0000_0000_0011_0000;end
          11 :begin cnt_hz <= F_MID;   data <= 16'b0000_0000_0100_0000;end
          12 :begin  cnt_hz <= G_MID;  data <= 16'b0000_0000_0101_0000;end
          13 :begin  cnt_hz <= A_MID;  data <= 16'b0000_0000_0110_0000;end
          14 :begin  cnt_hz <= B_MID;  data <= 16'b0000_0000_0111_0000;end
          15 :begin  cnt_hz <= C_HIGH; data <= 16'b0000_0001_0000_0000;end
          16 :begin  cnt_hz <= D_HIGH; data <= 16'b0000_0010_0000_0000;end
          17 :begin  cnt_hz <= E_HIGH; data <= 16'b0000_0011_0000_0000;end
          18 :begin  cnt_hz <= F_HIGH; data <= 16'b0000_0100_0000_0000;end
          19 :begin  cnt_hz <= G_HIGH; data <= 16'b0000_0101_0000_0000;end
          20 :begin  cnt_hz <= A_HIGH; data <= 16'b0000_0110_0000_0000;end
          21 :begin  cnt_hz <= B_HIGH; data <= 16'b0000_0111_0000_0000;end
      default:begin cnt_hz <= B_HIGH;  data <= 16'b0000_0000_0000_0000;end
          endcase
      end

//----------------------------------------------------------------------------
    reg     [5:0]     cnt4;           //演奏计数器
    reg     [5:0]     music_scale; //音阶: 0休止符、1-7低音、 8-14中音、15-21高音
    always @ (posedge clk_4hz or negedge rst_n)   begin     if (!rst_n)    begin
          cnt4 <= 0;
          music_scale <= 0;
      end
      else if (cnt4 == SONG_LENGTH)//每计数到 LENGTH 循环一次
          cnt4 <= 0;
      else
          cnt4 <= cnt4 + 1'b1;
          case (cnt4)
      //《梁祝》
          0: music_scale <= 3;
          1: music_scale <= 3;
          2: music_scale <= 3;
          3: music_scale <= 3;
          4: music_scale <= 5;
          5: music_scale <= 5;
          6: music_scale <= 5;
          7: music_scale <= 6;
          8: music_scale <= 8;
          9: music_scale <= 8;
          10: music_scale <= 8;
          11: music_scale <= 9;
          12: music_scale <= 6;
```

```
13: music_scale <= 8;
14: music_scale <= 5;
15: music_scale <= 5;
16: music_scale <= 12;
17: music_scale <= 12;
18: music_scale <= 12;
19: music_scale <= 15;
20: music_scale <= 13;
21: music_scale <= 12;
22: music_scale <= 10;
23: music_scale <= 12;
24: music_scale <= 9;
25: music_scale <= 9;
26: music_scale <= 9;
27: music_scale <= 9;
28: music_scale <= 9;
29: music_scale <= 9;
30: music_scale <= 9;
31: music_scale <= 9;
32: music_scale <= 9;
33: music_scale <= 9;
34: music_scale <= 9;
35: music_scale <= 10;
36: music_scale <= 7;
37: music_scale <= 7;
38: music_scale <= 6;
39: music_scale <= 6;
40: music_scale <= 5;
41: music_scale <= 5;
42: music_scale <= 5;
43: music_scale <= 6;
44: music_scale <= 8;
45: music_scale <= 8;
46: music_scale <= 9;
47: music_scale <= 9;
48: music_scale <= 3;
49: music_scale <= 3;
50: music_scale <= 8;
51: music_scale <= 8;
52: music_scale <= 6;
53: music_scale <= 5;
54: music_scale <= 6;
55: music_scale <= 8;
56: music_scale <= 5;
57: music_scale <= 5;
58: music_scale <= 5;
59: music_scale <= 5;
60: music_scale <= 5;
61: music_scale <= 5;
```

```
                    62: music_scale <= 5;
                    63: music_scale <= 5;
                    default: music_scale <= 0;
                    endcase
                end
endmodule
```

新建 Quartus II 工程，通过例 7.3-1 产生 .rbf 文件，通过如图 7.9 所示音乐播放实验进行验证，可以听到乐曲，并通过数码管显示高音、中音和低音音符，验证设计的正确性。关于实验中的引脚说明见表 7.7。

视频

音乐播放

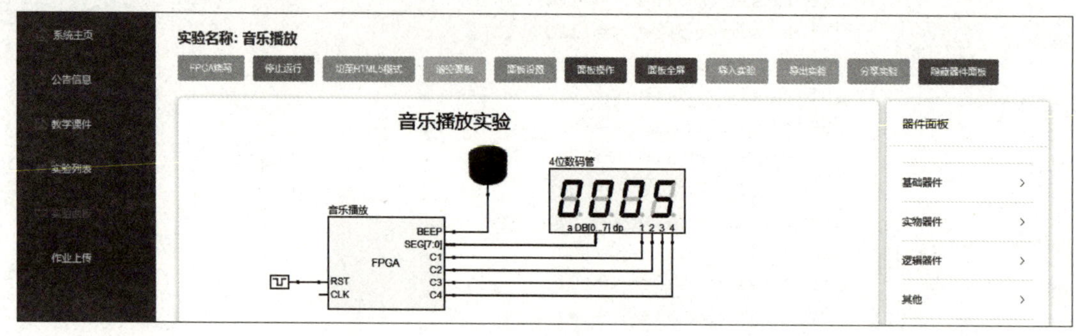

图 7.9　音乐播放实验

表 7.7　音乐播放实验引脚说明

实验信号名称	FPGA I/O 名称	程序信号名称	功能说明
CLK	Pin_E15	clk	24 MHz 时钟信号
RST	Pin_A14	rst_n	低电平复位
SEG[0]	Pin_C6	seg[0]	数码管段码，依次 a,b,c,d,e,f,g,dp
SEG[1]	Pin_B6	seg[1]	
SEG[2]	Pin_B5	seg[2]	
SEG[3]	Pin_A5	seg[3]	
SEG[4]	Pin_A6	seg[4]	
SEG[5]	Pin_B7	seg[5]	
SEG[6]	Pin_A7	seg[6]	
SEG[7]	Pin_C8	seg[7]	
C1	Pin_N5	an[3]	位码，依次从左至右
C2	Pin_R5	an[2]	
C3	Pin_T5	an[1]	
C4	Pin_P3	an[0]	
BEEP	Pin_T2	beep	蜂鸣器

7.4 阵列键盘控制

4×4 阵列键盘十分常用，其电路如图 7.10 所示。假设两个 4 位口 R[3:0] 和 C[3:0] 都有下拉电阻。在应用中，当按下某按键后，为了识别和读取键信息，比较常用的方法是 FPGA 向 C 口扫描输出一组分别仅有一位为 1 的 4 位数据，如 0001、0010、0100 和 1000。若有键按下，则 R 口一定会向 FPGA 输入对应的数据，这时就可以结合 R 和 C 口的数据判断出按键的位置。若当 S1 按下时，FPGA 输出 C=0001，FPGA 输入 R=0001。

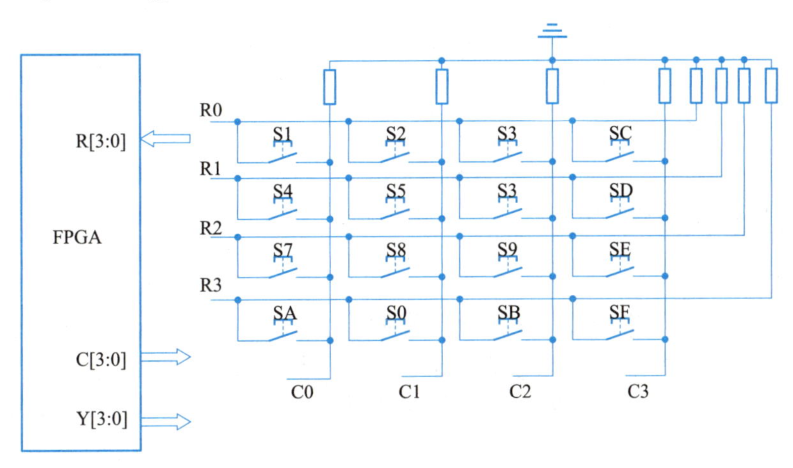

图 7.10　阵列键盘控制

【例 7.4-1】 4×4 阵列键盘控制的 Verilog HDL 描述实例。

```
module key4x4 (clk, row, column, y);
    input clk;
    input [3:0] row;
    output reg [3:0] column;
    output reg [3:0] y;
    reg [1:0] cnt;

    always @ (posedge clk) begin
        cnt <= cnt + 1;
        case (cnt)
        2'b00: column = 4'b0001;
        2'b01: column = 4'b0010;
        2'b10: column = 4'b0100;
        2'b11: column = 4'b1000;
        endcase
        case ({column,row})
        8'b0001_0001: y <= 4'b0001;   //显示 1,c4,c3,d2,c1,r4,r3,r2,r1
        8'b0010_0001: y <= 4'b0010;   //显示 2
        8'b0100_0001: y <= 4'b0011;   //显示 3
        8'b1000_0001: y <= 4'b1100;   //显示 C
```

```
            8'b0001_0010: y <= 4'b0100;  //显示4
            8'b0010_0010: y <= 4'b0101;  //显示5
            8'b0100_0010: y <= 4'b0110;  //显示6
            8'b1000_0010: y <= 4'b1101;  //显示D

            8'b0001_0100: y <= 4'b0111;  //显示7
            8'b0010_0100: y <= 4'b1000;  //显示8
            8'b0100_0100: y <= 4'b1001;  //显示9
            8'b1000_0100: y <= 4'b1110;  //显示E
            8'b0001_1000: y <= 4'b1010;  //显示A
            8'b0010_1000: y <= 4'b0000;  //显示0
            8'b0100_1000: y <= 4'b1011;  //显示B
            8'b1000_1000: y <= 4'b1111;  //显示F
            endcase
        end
    endmodule
```

7.5 按键脉冲信号产生

脉冲信号可以作为对电路开关作用的控制脉冲，也可以作为统率全局的时钟脉冲，还可以作为时序电路的触发脉冲，等等，由此可见，脉冲信号有着非常广泛的用途。本节介绍如何在按键按下时，经过 FPGA 后产生一个脉冲信号。脉冲信号产生电路的设计思路为采用寄存器延迟，参考例 7.5-1。

【例 7.5-1】 使用按键产生脉冲信号的 Verilog HDL 描述实例。

```
//按键产生脉冲模块
module key_pulse(
    input clk,                                        //时钟信号
    input key,                                        //按键输入
    output pulse                                      //脉冲输出
    );
    reg key_r, key_rr;
    always @ (posedge clk) begin
        key_r <= key;
        key_rr <= key_r;
    end
    assign pulse = key & key_r & ~key_rr;             //脉冲产生
endmodule
```

【例 7.5-2】 使用按键产生脉冲信号的 Testbench 仿真测试实例。

```
'timescale 1ns/1ps
module key_pulse_tb();
    reg clk, key;
    wire pulse;
    key_pulse test(.clk(clk),
                   .key(key),
                   .pulse(pulse));
```

```
    initial begin
        clk = 0;
        key = 0;
        #105 key = 0;
        #50 key = 1;
        #200 key = 0;
        #100 key = 1;
            #2000 $stop;
    end
    always #10 clk = ~clk;
endmodule
```

仿真波形如图 7.11 所示，在 170 ns 时钟信号 clk 的上升沿时刻，key_r 锁存了 key 的高电平，而 key_rr 锁存的是 clk 上升沿来前未改变的 key_r 的低电平，通过 key & key_r & ~ key_rr 运算，clk 上升沿后，pulse 输出高电平，并保持一个时钟周期，从而产生了按键脉冲信号。

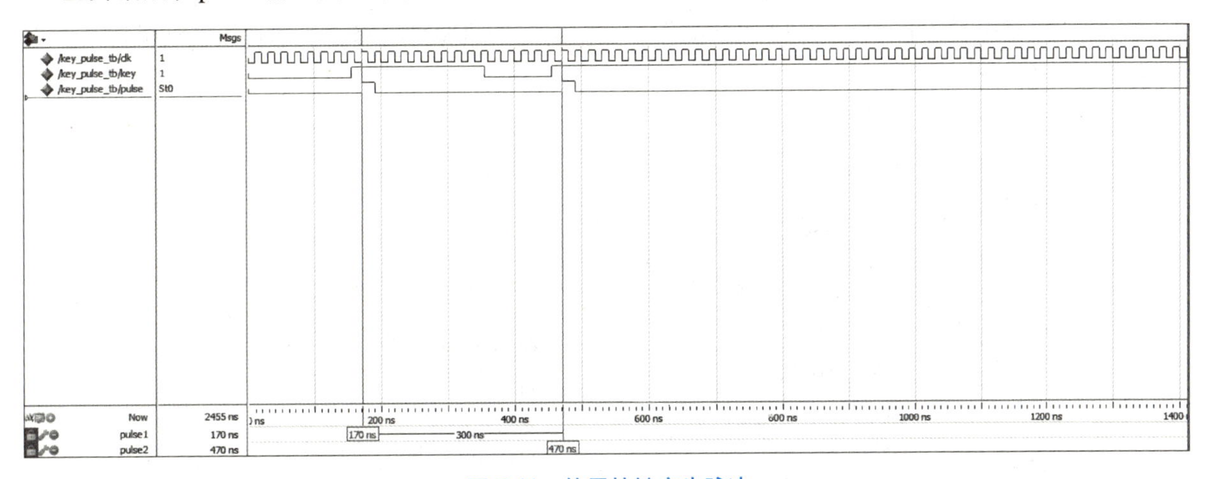

图 7.11 使用按键产生脉冲

新建 Quartus II 工程，通过例 7.5-1 产生 .rbf 文件，通过如图 7.12 所示按键产生脉冲实验进行验证，通过输出端连接 LED 灯测试，当按键 KEY 被按下，LED 灯会点亮一个时钟周期然后熄灭，验证了设计的正确性。关于实验中的引脚说明见表 7.8。

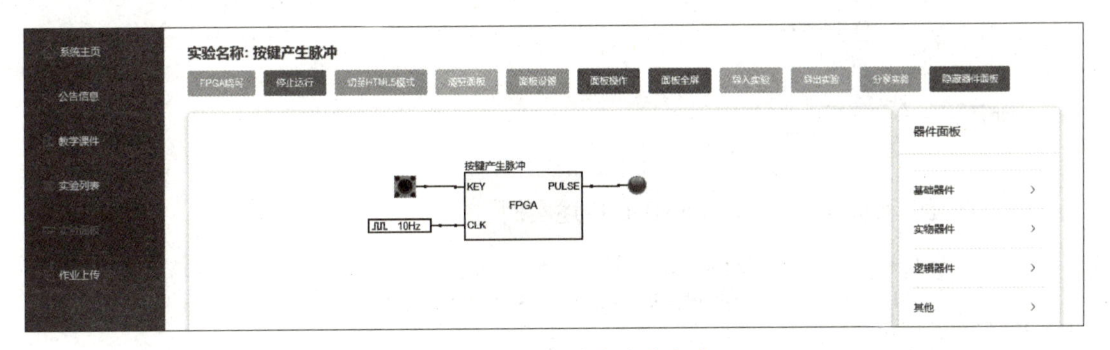

图 7.12 按键产生脉冲实验

视频

按键脉冲电路

表 7.8　按键产生脉冲实验引脚说明

实验信号名称	FPGA I/O 名称	程序信号名称	功能说明
CLK	Pin_E1	clk	时钟信号
KEY	Pin_A12	key	按键输入
PULSE	Pin_C6	pulse	产生脉冲

7.6 直流电动机控制

直流电动机控制 RTL 图如图 7.13 所示，首先调用例 7.5-1 的按键脉冲电路，每次按下按键都会对应产生脉冲信号，按键分为正转、反转、停止，加速和减速。然后通过步进电动机模块，产生所需要的控制电动机转动方向和 PWM 波形，输出给电动机驱动电路，实现直流电动机控制。程序设计参考例 7.6-1。

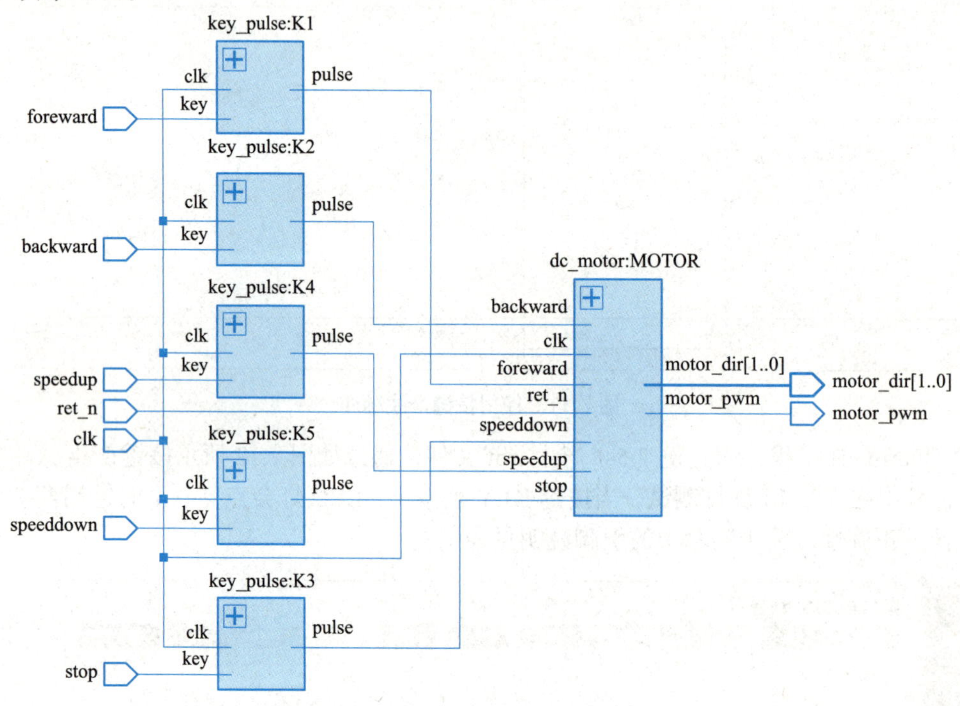

图 7.13　直流电动机控制 RTL 图

【例 7.6-1】 直流电动机控制的 Verilog HDL 描述实例。

```
module motor_dc(rst_n,clk,foreward,backward,stop,
                speedup,speeddown,motor_dir,motor_pwm);
    input rst_n,clk;
    input foreward,backward,stop,speedup,speeddown;

    output [1:0] motor_dir;
    output motor_pwm;
```

```
    wire foreward_pulse,backward_pulse,stop_pulse,
         speedup_pulse,speeddown_pulse;

    key_pulse K1(.clk(clk),.key(foreward),.pulse(foreward_pulse));
    key_pulse K2(.clk(clk),.key(backward),.pulse(backward_pulse));
    key_pulse K3(.clk(clk),.key(stop),.pulse(stop_pulse));
    key_pulse K4(.clk(clk),.key(speedup),.pulse(speedup_pulse));
    key_pulse K5(.clk(clk),.key(speeddown),.pulse(speeddown_pulse));

    dc_motor MOTOR(
        .rst_n(rst_n),
        .clk(clk),
        .foreward(foreward_pulse),
        .backward(backward_pulse),
        .stop(stop_pulse),
        .speedup(speedup_pulse),
        .speeddown(speeddown_pulse),
        .motor_dir(motor_dir),
        .motor_pwm(motor_pwm)
        );
endmodule

//直流电动机模型
module dc_motor(rst_n, clk, foreward, backward, stop, speedup,speeddown,
            motor_dir, motor_pwm);
    input rst_n, clk;
    input foreward, backward, stop, speedup, speeddown;

    output reg [1:0] motor_dir;
    output reg  motor_pwm;
    reg [9:0] count = 10'd0;
    reg [9:0] pulse = 10'd500;
    always @(posedge clk or negedge rst_n)
    begin
        if(!rst_n)
        begin
            pulse = 10'd500;
        end
        else if(speedup)
        begin
            if(pulse <= 10'd1000)
            begin
                pulse <= pulse + 4'd10;
            end
        end
        else if(speeddown)
        begin
            if(pulse > 10'd10)
            begin
```

```
                pulse <= pulse - 4'd10;
            end
        end
    end

    always @(negedge rst_n or posedge clk)
    begin
        if(!rst_n)
        begin
            motor_dir <= 2'b00;
        end
        else if(foreward)
        begin
            motor_dir <= 2'b10;
        end
        else if(backward)
        begin
            motor_dir <= 2'b01;
        end
        else if(stop)
        begin
            motor_dir <= 2'b00;
        end
    end

    always @(negedge rst_n or posedge clk)
    begin
        if(!rst_n)
        begin
            count = 10'd0;
            motor_pwm <= 1'b1;
        end
        else if(count >= 1000)
        begin
            count <= 10'd0;
            motor_pwm <= 1'b1;
        end
        else
        begin
            count <= count + 10'd1;
            if(count >= pulse)
            begin
                motor_pwm <= 1'b0;
            end
        end
    end

endmodule
```

新建 Quartus II 工程，通过例 7.6-1 产生 .rbf 文件，通过如图 7.14 所示直流电动机实验验证，通过操作按键可以控制直流电动机的转动方向和速度等，验证了设计的正确性。关于实验中的引脚说明见表 7.9。

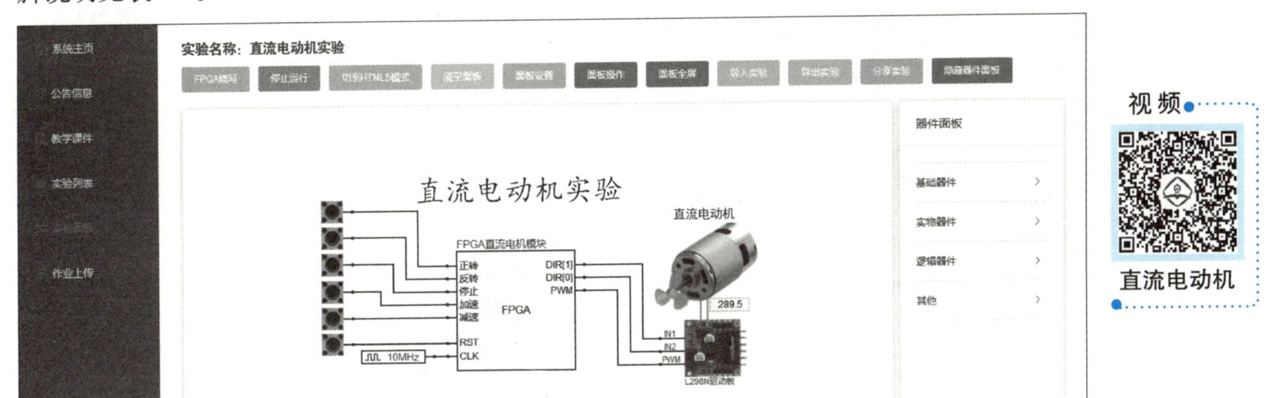

图 7.14　直流电动机实验

视 频

直流电动机

表 7.9　直流电动机实验引脚说明

实验信号名称	FPGA I/O 名称	程序信号名称	功能说明
CLK	Pin_E1	clk	时钟信号
RST	Pin_A14	rst_n	低电平复位
正转	Pin_A12	foreward	方向控制
反转	Pin_N8	backward	
停止	Pin_P11	stop	停止
加速	Pin_T11	speedup	速度控制
减速	Pin_B13	speeddown	
DIR[1]	Pin_C6	motor_dir[1]	方向编码输出
DIR[0]	Pin_B6	motor_dir[0]	
PWM	Pin_T2	motor_pwm	PWM 输出

7.7　步进电动机控制

步进电动机是将电脉冲信号转变为角位移或线位移的开环控制元件。在非超载的情况下，电动机的转速、停止的位置只取决于控制脉冲信号的频率和脉冲数。脉冲数越多，电动机转动的角度越大。脉冲的频率越高，电动机转速越快，但不能超过最高频率，否则电动机的力矩迅速减小，电动机不转。

步进电动机控制如图 7.15 所示，首先调用例 7.5-1 的按键脉冲电路，每次按下按键都会对应产生脉冲信号，然后输入给步进电动机模块，产生所需要的控制波形，按一定的顺序给步进电动机的各相轮流通电，这样步进电动机就能转动起来。程序设计参考例 7.7-1。

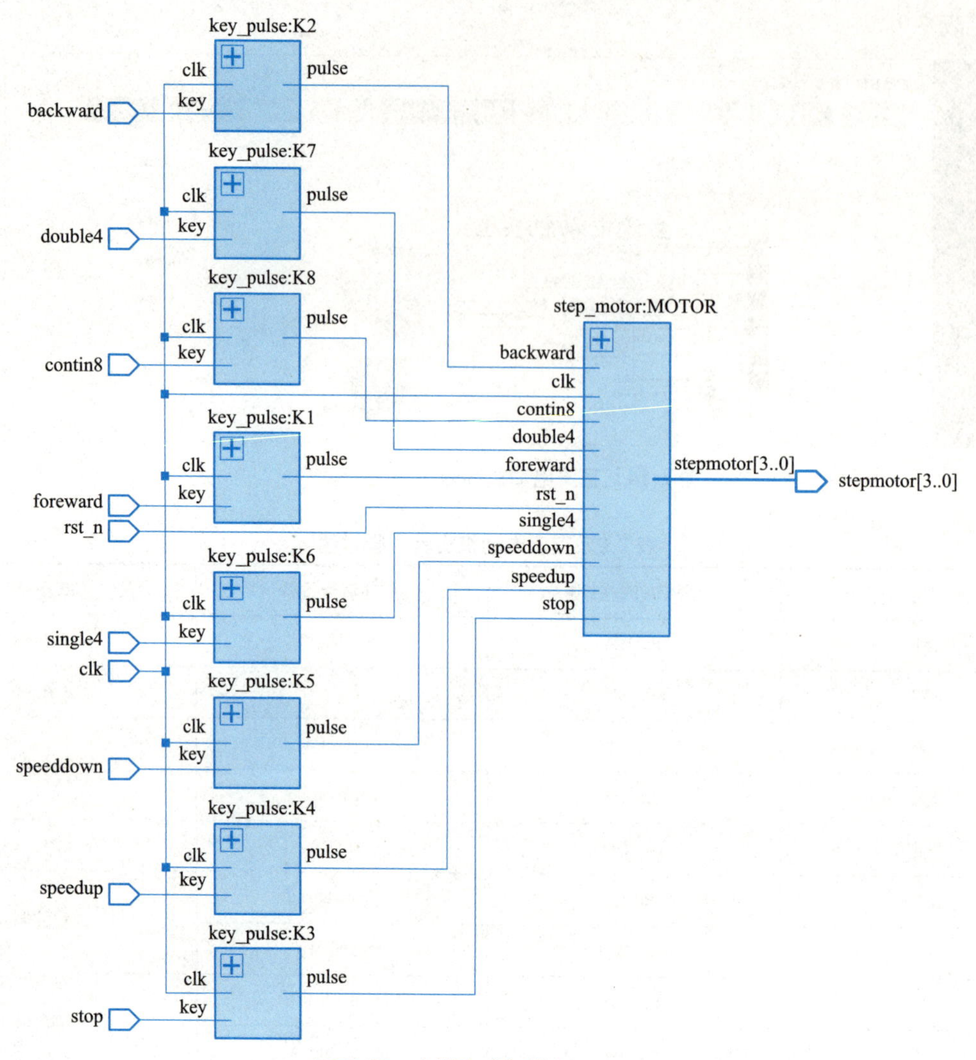

图 7.15　步进电动机控制 RTL 图

【例 7.7-1】 步进电动机控制的 Verilog HDL 描述实例。

```
module motor_step(
    input rst_n, clk,
    input foreward, backward, stop, speedup, speeddown,
    output single4, double4, contin8,
    output [3:0] stepmotor);

    wire key[8:1];
    key_pulse K1(.clk(clk),.key(foreward),.pulse(key[1]));
    key_pulse K2(.clk(clk),.key(backward),.pulse(key[2]));
    key_pulse K3(.clk(clk),.key(stop),.pulse(key[3]));
    key_pulse K4(.clk(clk),.key(speedup),.pulse(key[4]));
    key_pulse K5(.clk(clk),.key(speeddown),.pulse(key[5]));
```

```
    key_pulse K6(.clk(clk),.key(single4),.pulse(key[6]));
    key_pulse K7(.clk(clk),.key(double4),.pulse(key[7]));
    key_pulse K8(.clk(clk),.key(contin8),.pulse(key[8]));
    step_motor MOTOR(
        .rst_n(rst_n),
        .clk(clk),
        .foreward(key[1]),
        .backward(key[2]),
        .stop(key[3]),
        .speedup(key[4]),
        .speeddown(key[5]),
        .single4(key[6]),
        .double4(key[7]),
        .contin8(key[8]),
        .stepmotor(stepmotor));
endmodule

//步进电动机模型
module step_motor(rst_n, clk, foreward, backward, stop,
        speedup, speeddown, single4, double4, contin8, stepmotor);

    input rst_n, clk;
    input foreward, backward, stop;
    input speedup, speeddown;
    input single4, double4, contin8;
    output reg [3:0] stepmotor;

    reg [1:0] state = 2'b0; // 1:foreward 2:backward 0:stop
    reg [1:0] mtype = 2'b0; // 0:single4 1:double4 2:contin8
    reg [2:0] step = 3'b0;
    reg [12:0] count = 13'd0;
    reg [12:0] div = 13'd2000;
    reg speedclk = 1'b0;

    always @(negedge rst_n or posedge clk)
    begin
        if(!rst_n)
        begin
            div <= 13'd2000;
        end
        else if(speedup)
        begin
            if(div > 13'd260)
            begin
                div <= div - 4'b1111;
            end
        end
        else if(speeddown)
        begin
            if(div < 13'd8160)
            begin
```

```
                div <= div + 4'b1111;
            end
        end
    end

    always @(negedge rst_n or posedge clk)
    begin
        if(~rst_n) begin
            state <= 2'b00;
        end
        else if(foreward)
        begin
            state <= 2'b01;
        end
        else if(backward)
        begin
            state <= 2'b10;
        end
        else if(stop)
        begin
            state <= 2'b00;
        end
    end

    always @(negedge rst_n or posedge clk)
    begin
        if(!rst_n)
        begin
            mtype <= 2'b00;
        end
        else if(single4)
        begin
            mtype <= 2'b00;
        end
        else if(double4)
        begin
            mtype <= 2'b01;
        end
        else if(contin8)
        begin
            mtype <= 2'b10;
        end
    end

    always @(negedge rst_n or posedge clk)
    begin
        if(!rst_n)
        begin
            count <= 13'd0;
        end
```

```
        else if(count >= div)
        begin
            count <= 13'd0;
            speedclk <= ~speedclk;
        end
        else
        begin
            count <= count+13'd1;
        end
    end

    always @(negedge rst_n or posedge speedclk) begin
        if(!rst_n) begin
            step <= 3'b0;
        end
        else begin
            if(state==2'b01)
            begin
                step <= step + 3'b1;
            end
            else if(state==2'b10)
            begin
                step <= step - 3'b1;
            end
        end
    end

    always @(negedge rst_n or posedge speedclk)
    begin
        if(!rst_n)
        begin
            stepmotor <= 4'b0;
        end
        else
        begin
            if(state==2'b0)
            begin
                stepmotor <= 4'b0;
            end
            else
            begin
                case(step)
                    3'b000:
                        if(mtype==2'b00)
                        begin
                            stepmotor <= 4'b0001;
                        end
                        else if(mtype==2'b01)
                        begin
                            stepmotor <= 4'b0011;
```

```
                end
                else if(mtype==2'b10)
                begin
                    stepmotor <= 4'b0001;
                end
            3'b001:
                if(mtype==2'b00)
                begin
                    stepmotor <= 4'b0001;
                end
                else if(mtype==2'b01)
                begin
                    stepmotor <= 4'b0011;
                end
                else if(mtype==2'b10)
                begin
                    stepmotor <= 4'b0011;
                end
            3'b010:
                if(mtype==2'b00)
                begin
                    stepmotor <= 4'b0010;
                end
                else if(mtype==2'b01)
                begin
                    stepmotor <= 4'b0110;
                end
                else if(mtype==2'b10)
                begin
                    stepmotor <= 4'b0010;
                end
            3'b011:
                if(mtype==2'b00)
                begin
                    stepmotor <= 4'b0010;
                end
                else if(mtype==2'b01)
                begin
                    stepmotor <= 4'b0110;
                end
                else if(mtype==2'b10)
                begin
                    stepmotor <= 4'b0110;
                end
            3'b100:
                if(mtype==2'b00)
                begin
                    stepmotor <= 4'b0100;
                end
                else if(mtype==2'b01)
```

```
                begin
                    stepmotor <= 4'b1100;
                end
                else if(mtype==2'b10)
                begin
                    stepmotor <= 4'b0100;
                end
            3'b101:
                if(mtype==2'b00)
                begin
                    stepmotor <= 4'b0100;
                end
                else if(mtype==2'b01)
                begin
                    stepmotor <= 4'b1100;
                end
                else if(mtype==2'b10)
                begin
                    stepmotor <= 4'b1100;
                end
            3'b110:
                if(mtype==2'b00)
                begin
                    stepmotor <= 4'b1000;
                end
                else if(mtype==2'b01)
                begin
                    stepmotor <= 4'b1001;
                end
                else if(mtype==2'b10)
                begin
                    stepmotor <= 4'b1000;
                end
            3'b111:
                if(mtype==2'b00)
                begin
                    stepmotor <= 4'b1000;
                end
                else if(mtype==2'b01)
                begin
                    stepmotor <= 4'b1001;
                end
                else if(mtype==2'b10)
                begin
                    stepmotor <= 4'b1001;
                end
            default:;
        endcase
    end
end
```

```
        end

    endmodule
```

新建 Quartus II 工程，通过例 7.7-1 产生 .rbf 文件，通过如图 7.16 所示步进电动机实验验证，通过操作按键可以控制步进电动机的转动方向和速度等，并可以通过逻辑分析仪观察输出波形，如图 7.17~ 图 7.20 所示，验证了设计的正确性。关于实验中的引脚说明见表 7.10。

视频

步进电动机

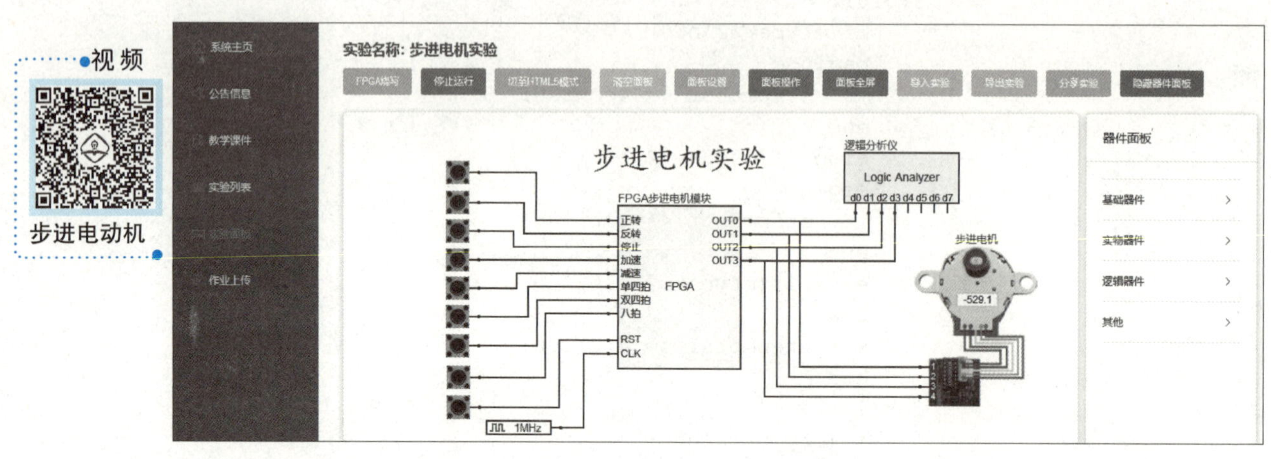

图 7.16　步进电动机实验

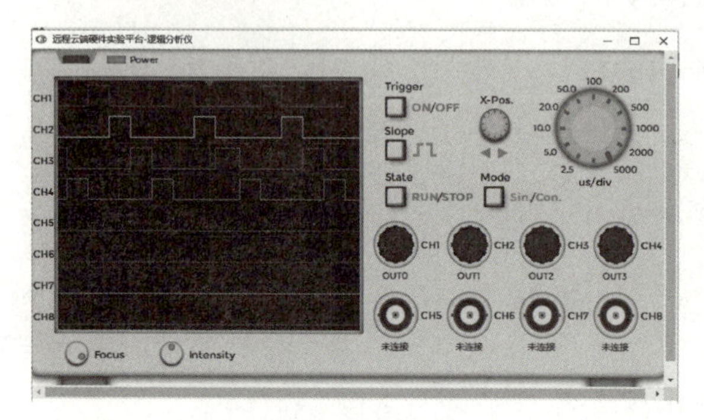

图 7.17　正转单四拍

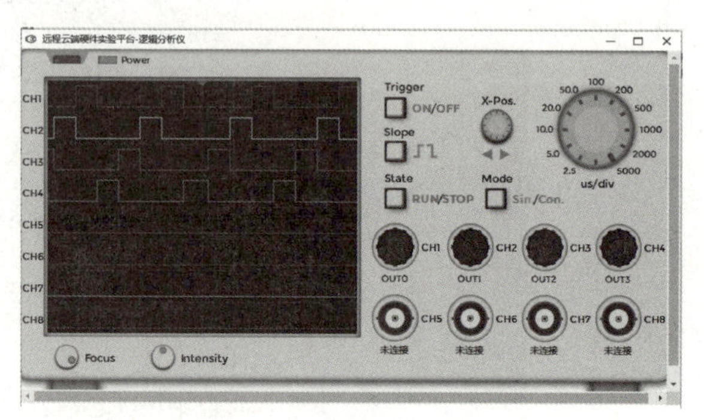

图 7.18　反转单四拍

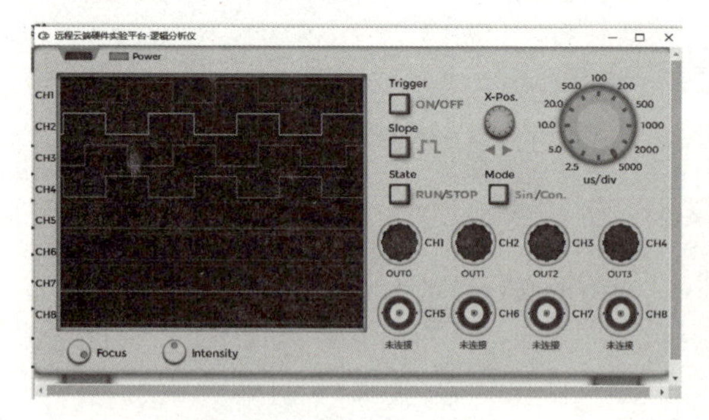

图 7.19　正转双四拍

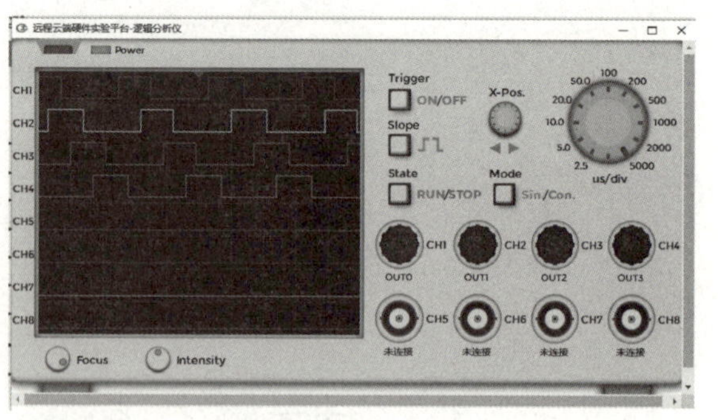

图 7.20　正转八拍

表 7.10 步进电动机实验引脚说明

实验信号名称	FPGA I/O 名称	程序信号名称	功能说明
CLK	Pin_E1	clk	时钟信号
RST	Pin_A14	rst_n	低电平复位
正转	Pin_A12	foreward	方向控制
反转	Pin_N8	backward	
停止	Pin_P11	stop	停止
加速	Pin_T11	speedup	速度控制
减速	Pin_B13	speeddown	
单四拍	Pin_N11	single4	节拍控制
双四拍	Pin_B4	double4	
八拍	Pin_A4	contin8	
OUT0	Pin_C6	stepmotor[0]	输出
OUT1	Pin_B6	stepmotor[1]	
OUT2	Pin_B5	stepmotor[2]	
OUT3	Pin_A5	stepmotor[3]	

7.8 序列检测器

本设计是用来检测输入序列是否包含“110”序列。按键 key[1:0] 分别代表输入数值 1 和 0，当连续输入“110”序列时，就使输出端 led 灯点亮。采用穆尔状态机编程，原理图如图 7.21 所示。序列检测器设计使用了 2 个模块实现：模块 U1 调用了例 7.5-1 程序产生脉冲信号，每当有按键按下就会产生一个脉冲；模块 U1 产生的脉冲作为比较模块 U2 的时钟信号，通过状态机，比较输入序列是否是“110”序列。程序设计参见例 7.8-1。

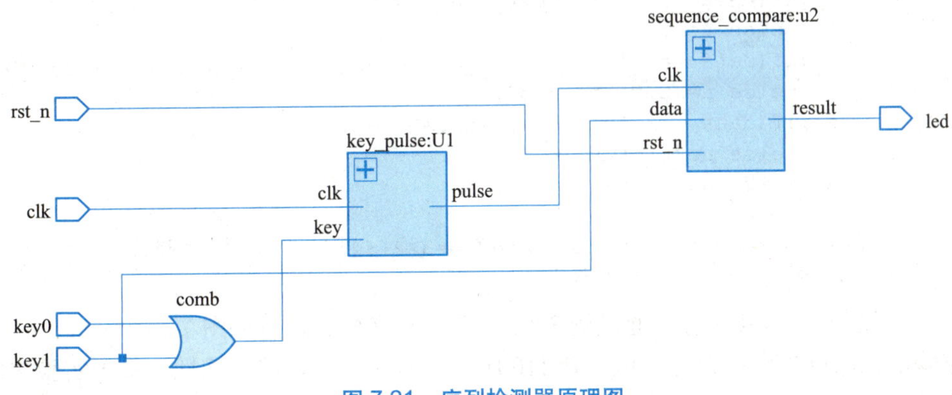

图 7.21 序列检测器原理图

【例 7.8-1】 序列检测电路的 Verilog HDL 描述实例。

```
//序列检测电路顶层文件
module sequence_detect(
    input clk, rst_n,                               //时钟和复位信号
    input  key0, key1,                              //定义按键 1 和 0
    output led                                      //输出指示
    );
    wire pulse;
    key_pulse U1  (
        .clk(clk),
        .key( key0|key1 ),
        .pulse(pulse));                             //调用脉冲产生电路
    sequence_compare u2  (
        .clk(pulse),
        .rst_n(rst_n),
        .data(key1),
        .result(led));                              //调用序列比较电路
endmodule

//序列比较模块 u2
module sequence_compare(
    input clk, rst_n,
    input data,
    output result
    );
    parameter s0=2'b00,                             //s0 状态表示没有出现 1
            s1=2'b01,                               //s1 状态表示出现第一个 1
            s2=2'b10,                               //s2 状态表示出现连续两个 1
            s3=2'b11;                               //s3 状态表示出现序列 110
    reg [1:0] next_state;
    always @ (posedge clk or negedge rst_n)
        if ( !rst_n ) next_state = s0;              //异步复位，初始状态 s0
        else
        case (next_state)
            s0:if(data == 1'b1) next_state = s1;
                else next_state = s0;
            s1:if(data == 1'b1) next_state = s2;
                else next_state = s0;
            s2:if(data == 1'b1) next_state = s2;
                else next_state = s3;
            s3:if(data == 1'b1) next_state = s1;
                else next_state = s0;
            default: next_state = s0;
              endcase
      assign result = (next_state ==s3)?1:0;      //穆尔型输出
  endmodule
```

视频

序列检测

新建 Quartus II 工程，通过例 7.8-1 产生 .rbf 文件，通过如图 7.22 所示 110 序列检测电路验证，通过操作按键可以检查到 110 序列，验证了设计的正确性。关于实验中的引脚说明见表 7.11。

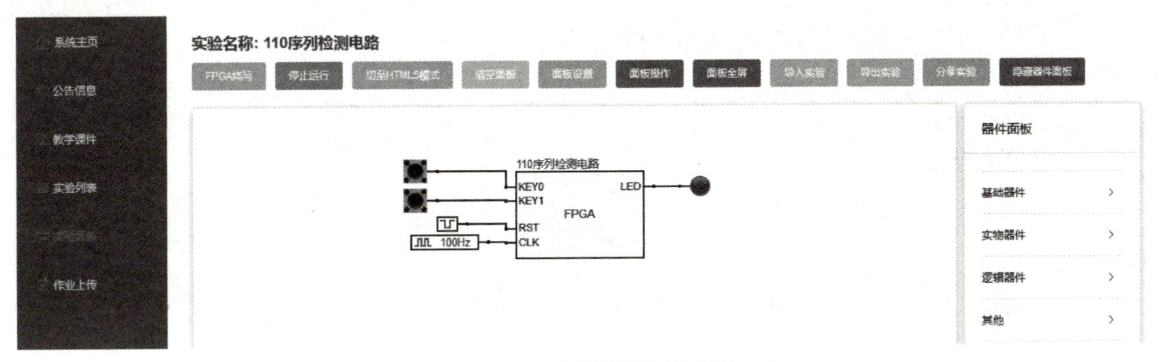

图 7.22　序列检测电路实验

表 7.11　序列检测电路实验引脚说明

实验信号名称	FPGA I/O 名称	程序信号名称	功能说明
CLK	Pin_E1	clk	时钟信号
RST	Pin_A14	rst_n	低电平复位
KEY0	Pin_A12	key0	按键输入
KEY1	Pin_N8	key1	按键输入
LED	Pin_C6	led	结果显示

7.9 LCD1602 显示控制

本设计是用来驱动 LCD1602 显示器。根据显示器手册，设计状态机实现读写时序，使 LCD1602 显示动态数据。原理图如图 7.23 所示。LCD1602 显示控制使用了 3 个模块实现：模块 U0 调用了例 4.4-11 参数化分频器，对系统 25 MHz 信号分频用作 U2 显示模块的时钟。显示模块 U2，通过状态机，实现 LCD1602 读写时序。U1 模块为测试模块，用来产生显示器需要显示的数据，最后一位数据 0~9 每秒变化一次。程序设计参见例 7.9-1。

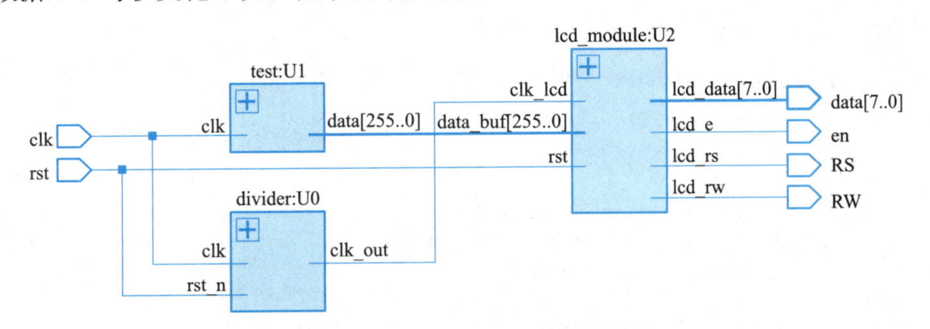

图 7.23　LCD1602 显示控制原理图

【例 7.9-1】 LCD1602 显示控制的 Verilog HDL 描述实例。

```
//LCD1602 显示控制电路顶层文件
module test_top(clk,rst_n,rw,en,rs,data);
    input clk;
    input rst_n;
    output en;
    output rw;
    output rs;
    output [7:0]data;

    wire clk_20khz;
    divider #(.CLK_FREQ (25000000),.CLK_OUT_FREQ(20000) )
                U0(.clk(clk),
                   .rst_n(rst_n),
                   .clk_out(clk_20khz)   );

    wire [255:0]data1;
    test U1
            (.clk(clk),
            .data(data1));

    lcd_module U2
            (.clk_lcd(clk_20khz),
            .rst_n(rst_n),
            .data_buf(data1),
            .lcd_e(en),
            .lcd_rw(rw),
            .lcd_rs(rs),
            .lcd_data(data));

endmodule

//测试模块
module test(clk,data);
    input clk;
    output [255:0]data;
    //动态测试
    reg [255:0]disp;
    integer i;
    always @(posedge clk)
    begin
        i <= i + 1'b1;
        if(i==25'd12499999)
        begin
            i <= 1'b0;
            disp[7:0] <= disp[7:0] + 1;
            if(disp[7:0]==4'd9)
                disp[7:0] <= 1'b0;
        end
    end

    assign data[255:8] = "##BJJC-LCD1602##0123456789:;<=>";
```

```
    assign data[7:0]=disp[7:0] + 8'd48;// 最后一位循环显示0-9

endmodule

//LCD1602 显示控制
module lcd_module(
    input                  clk_lcd,
    input                  rst_n,
    input          [255:0]    data_buf,      // 待显示数据接口
    output                 lcd_e,
    output                 lcd_rw,
    output    reg             lcd_rs,
    output    reg     [7:0]     lcd_data);

  reg     [2:0]func;              // 状态机func
  reg     [3:0]com_cnt;           //com_buf_bit 的计数模块
  reg     [5:0]data_cnt;          //data_buf_bit 计数模块
  reg     [31:0]com_buf_bit;      //4条lcd屏幕指令 每条8bit, 4条就需要 4×8=32bit
  reg     [255:0]data_buf_bit;
  //lcd 每行16个字符, 一共两行, 总共32个字符, 一个字符需要8bit显示, 所以32×8=256bit 参
考LCD1602液晶显示控制部分
   parameter set0=4'd1,set1=4'd2,dat1=4'd3,set2=4'd4,dat2=4'd5,done=4'd6;

  //LCD1602 指令, 对屏幕初始化命令
  parameter com_buf={8'h38,    // 设置显示模式: 8位2行5x7点阵
                   8'h01,    // 清屏并光标复位
                   8'h06,    // 文字不动, 光标自动右移
                   8'h0C};   // 显示功能开无光标无闪烁
  //---------------------------------------------------------------------
  reg     [255:0]data;         // 后面做对比用, 如果data值变化, 显示内容也就变化

  always @(posedge clk_lcd or negedge rst_n)
  begin
     if(!rst_n)
          com_buf_bit <= 8'h01;   // 清屏指令
      else
      begin
          case(func)
           // 液晶屏初始化
           set0: begin  //0001
              com_buf_bit <= com_buf;
              data_buf_bit <= data_buf;
              data <= data_buf;       //data_buf 存到寄存器data里面
              com_cnt <= 1'b0;
              data_cnt <= 1'b0;
              func <= set1;           //1拍
         end
  //---------------------------------------------------------------------
           set1: begin             //0010
              lcd_rs <= 0;          // 写指令
              lcd_data <= com_buf_bit[31:24];
```

```
                com_buf_bit <= (com_buf_bit<<8);
                if(com_cnt <= 3)begin   //共4次，4条lcd指令
                     func <= set1;      //4拍
                 com_cnt <= com_cnt + 1'b1;
                end
                else
                begin
                     func <= dat1;    //1拍
                     com_cnt <= 1'b0;
                 lcd_data <= 8'h80;  //表示第一行第一位
                end
           end
//------------------------------------------------------------------
             dat1: begin                //0011
                lcd_rs <= 1;            //写数据
                lcd_data <= data_buf_bit[255:248];
                data_buf_bit <= (data_buf_bit<<8);
                data_cnt <= data_cnt + 1'b1;
                if(data_cnt < 15)       //共16次 液晶屏第一行显示的内容
                     func <= dat1;      //15拍
                else
                     func <= set2;      //1拍
           end
//------------------------------------------------------------------
             set2: begin                //0100
                lcd_rs <= 0;            //写指令
                lcd_data <= 8'hC0;      //表示第二行第一位
                func <= dat2;           //1拍
           end
//------------------------------------------------------------------
             dat2: begin                //0101
                lcd_rs <= 1;            //写数据
                lcd_data <= data_buf_bit[255:248];
                data_buf_bit <= (data_buf_bit<<8);
                data_cnt <= data_cnt + 1'b1;
                if(data_cnt < 31)       //共32次 把第二行的内容显示在屏幕上
                     func <= dat2;      //不能把第一行字符显示出来，采用分两次写数据,15拍
                else
                begin
                     func <= done;      //1拍
                     data_cnt <= 1'b0;
                end
           end
//------------------------------------------------------------------
             done: begin
                if(data_buf!==data )   //判断有没有新送进来的数据，对比法
                    func <= set0;      //有就回液晶屏初始化
                else
                begin
                     func <= done;     //没有就结束
                 lcd_data <= 8'hXX;
```

```
                    lcd_rs <= 0;
                  end
        end
        default:func <= set0;        //1 拍
      endcase
  end
  end
//-----------------------------------------------------------------
  assign lcd_e = clk_lcd;
  assign lcd_rw = 0;

endmodule
```

新建 Quartus II 工程，通过例 7.9-1 产生 .rbf 文件，通过如图 7.24 所示 LCD1602 动态显示正确，验证了设计的正确性。关于实验中的引脚说明见表 7.12。

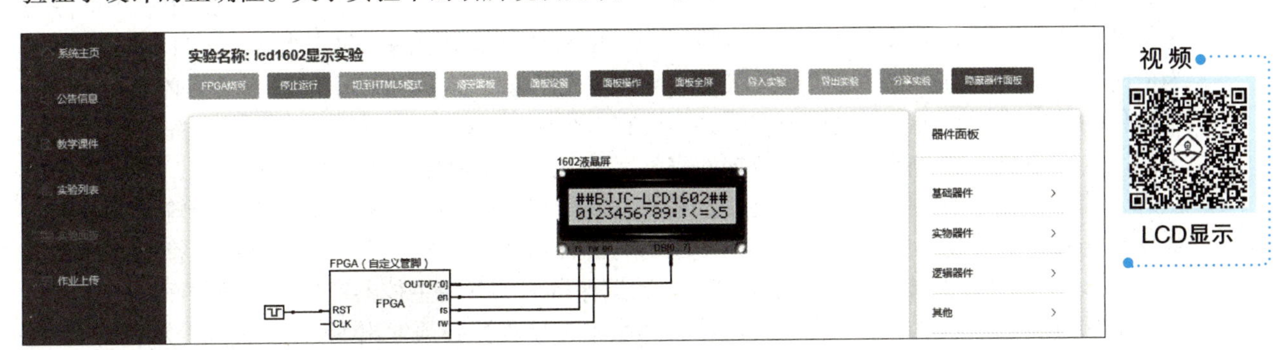

图 7.24　LCD1602 显示实验

表 7.12　LCD1602 显示实验引脚说明

实验信号名称	FPGA I/O 名称	程序信号名称	功能说明
CLK	Pin_M2	clk	25 MHz 时钟信号
RST	Pin_A14	rst_n	低电平复位
en	Pin_P3	en	使能
rs	Pin_N5	rs	命令 / 数据
rw	Pin_R5	rw	读 / 写
OUT[0]	Pin_C6	data[0]	LCD 数据
OUT[1]	Pin_B6	data[1]	
OUT[2]	Pin_B5	data[2]	
OUT[3]	Pin_A5	data[3]	
OUT[4]	Pin_A6	data[4]	
OUT[5]	Pin_B7	data[5]	
OUT[6]	Pin_A7	data[6]	
OUT[7]	Pin_C8	data[7]	

7.10 IIC 总线存储器控制

本节用 Verilog HDL 实现 IIC 总线控制，用于控制 IIC 总线设备。

集成电路总线（Inter-Integrated Circuit，IIC），IIC 串行总线一般有两根信号线，一根是双向的数据线 SDA，另一根是时钟线 SCL。总线的运行（数据传输）由主机控制。所谓主机是指启动数据的传送（发出启动信号）、发出时钟信号以及传送结束时发出停止信号的设备。被主机寻访的设备称为从机。为了进行通信，每个接到 IIC 总线的设备都有一个唯一的地址，以便于主机寻访。主机和从机的数据传送，可以由主机发送数据到从机，也可以由从机发到主机。在 IIC 总线传输过程中，将两种特定的情况定义为开始和停止条件：当 SCL 保持“高”时，SDA 由“高”变为“低”为开始条件；当 SCL 保持“高”且 SDA 由“低”变为“高”时为停止条件。开始和停止条件均由主控制器产生。SDA 线上的数据在时钟“高”期间必须是稳定的，只有当 SCL 线上的时钟信号为低时，数据线上的“高”或“低”状态才可以改变。输出到 SDA 线上的每个字节必须是 8 位，每次传输的字节不受限制，但每个字节必须要有一个应答 ACK。如果一接收器件在完成其他功能（如一内部中断）前不能接收另一数据的完整字节时，它可以保持时钟线 SCL 为低，以促使发送器进入等待状态；当接收器准备好接收数据的其他字节并释放时钟 SCL 后，数据传输继续进行。数据传送具有应答是必须的。与应答对应的时钟脉冲由主控制器产生，发送器在应答期间必须下拉 SDA 线。当寻址的被控器件不能应答时，数据保持为高并使主控器产生停止条件而终止传输。在传输的过程中，如果用到了主控接收器，那么主控接收器必须发出一数据结束信号给被控发送器，从而使被控发送器释放数据线，以允许主控器产生停止条件。

【例 7.10-1】 IIC 总线控制器读写控制的 Verilog HDL 描述实例。

```
module iic_wr(
                clk_sys, //系统时钟
                rst_n,   //系统复位
                scl,     //串行时钟信号
                sda,     //串行数据信号
                wr_n,    //外部写请求信号
                rd_n,    //外部读请求信号
                data_in, //存储数据
                result,  //数据采集结果寄存器
                led_wr,  //写指示灯
                led_rd   //读指示灯
                );

    input clk_sys;
    input rst_n;
    input wr_n;
    input rd_n;
    input [7:0] data_in;

    output reg scl;
    inout sda;
```

```
    output reg led_wr, led_rd;
    reg clk;
    reg [7:0] cnt;          // 分频计数器
    reg [3:0] counter; // 数据移位计数器
    reg link_sda;           // 总线开关
    reg wr;                  // 写标志寄存器
    reg rd;                  // 读标志寄存器
    reg sda_buf;            // 总线数据缓存器
    output reg [7:0] result;
    reg [7:0] data;         // 待发送控制字、地址、数据寄存器
    reg [2:0] select;
    reg [3:0] state;        // 状态寄存器
    parameter   idle    = 4'b0000,
                start   = 4'b0001,
                ack    = 4'b0011,
                no_ack = 4'b0111,
                stop_wr   = 4'b1111,
                control_wr = 4'b1110,
                control_rd = 4'b1100,
                address_high = 4'b1000,
                address_low  = 4'b1001,
                data_byte_wr = 4'b1011,
                ready_rd =4'b1010,
                data_byte_rd = 4'b0010,
                stop_rd = 4'b0110;

    assign sda = (link_sda) ? sda_buf : 1'hz;

//-----------------system clk---------------
// 系统时钟分频
    always @(posedge clk_sys or negedge rst_n)    begin
        if(!rst_n)    begin
            clk <= 0;
            cnt <= 0;
        end
        else    begin
            if(cnt < 250)
                cnt <= cnt + 1'b1;
            else    begin
                clk <= ~clk;
                cnt <= 0;
            end
        end
        end

//-----------------scl----------------------
// 产生 scl 信号
    always @(negedge clk or negedge rst_n)    begin
        if(!rst_n)    begin
```

```
            scl <= 0;
        end
        else
            scl <= ~scl;
        end

//-----------------   iic control-----------
    always @(posedge clk or negedge rst_n) begin
        if(!rst_n) begin    //所有寄存器复位
            state <= idle;
            link_sda <= 0;
            sda_buf <= 0;
            counter <= 0;
            wr <= 0;
            led_wr <= 0;
            led_rd <= 0;
            rd <= 0;
            result <= 0;
            data <= 0;
            select <= 0;
        end
        else begin
            case(state)

//--------------send start singial-------------
                idle: begin
                    select <= 3'b000;
                    if(!wr_n) //检测外部写请求信号
                        wr <= 1;
                    if(!rd_n) //检测外部读请求信号
                        rd <= 1;
                    if(((rd == 1)||(wr == 1))&&(!scl)) begin
                        link_sda <= 1;
                        sda_buf <= 1;
                        state <= start;
                    end
                end
                start:begin
                    if(scl)  begin//高电平期间，使sda由高变低，启动串行传输
                        sda_buf <= 0;
                        state <= control_wr;
                        data <= 8'b10100000;//写控制字准备
                    end
                end

//--------------send control word--------------
                control_wr:begin
                    if((counter < 8)&&(!scl))begin
//在scl低电平期间，完成并串转换，发出写控制字
```

```
                counter <= counter + 1'b1;
                data <= {data[6:0],data[7]};
                sda_buf <= data[7];
            end
            else if((counter == 8)&&(!scl))begin
                counter <= 0;
                state <= ack;
                link_sda <= 0;                          //FPGA释放总线控制权
            end
        end

//--------------receive ack singial--------------
        ack:begin
            if(scl)begin
            //在scl高电平期间，检测是否有应答信号
                if(!sda)begin
                    case(select)
                        3'b000:begin
                            state <= address_high;
                            //有应答则状态继续跳转
                            data <= 8'b00000000;    //高字节地址准备
                            select <= 3'b001;
                        end
                        3'b001:begin
                            state <= address_low;   //有应答则状态继续跳转
                            data <= 8'b00000011;    //低字节地址准备
                            select <= 3'b010;
                        end
                        3'b010:begin
                            if(wr == 1)begin
                            //如果是写的话，跳到状态，遵循随机写时序
                                state <= data_byte_wr;
                                data <= data_in;//8'b00001010;
                                //准备想要写入的数据
                                select <= 3'b011;
                            end
                            if(rd == 1)begin
                            //如果是读的话，跳到状态，遵循随机读时序
                                state <= ready_rd;
                                select <= 3'b100;
                                sda_buf <= 1;      //准备再次发启动信号
                            end
                        end
                        3'b011:begin
                            state <= stop_wr;      //有应答则状态继续跳转
                        end
                        3'b100:begin
                            state <= data_byte_rd;
                            //有应答则状态继续跳转
```

```
                    end
                    default:select <= 3'b000;
                endcase
            end
        end
    end

//--------------send high Byte address--------------
    address_high:begin
        link_sda <= 1;              //FPGA 控制总线
        if((counter < 8)&&(!scl))begin
        // 在 scl 低电平期间，完成并串转换，发出高字节地址
            counter <= counter + 1'b1;
            data <= {data[6:0],data[7]};
            sda_buf <= data[7];
        end
        else if((counter == 8)&&(!scl))begin
            counter <= 0;
            state <= ack;
            link_sda <= 0;          //FPGA 释放总线控制权
        end
    end

//--------------send low Byte address--------------
    address_low:begin
        link_sda <= 1;              //FPGA 控制总线
        if((counter < 8)&&(!scl))begin
        // 在 scl 低电平期间，完成并串转换，发出低字节地址
            counter <= counter + 1'b1;
            data <= {data[6:0],data[7]};
            sda_buf <= data[7];
        end
        else if((counter == 8)&&(!scl))begin
            counter <= 0;
            state <= ack;
            sda_buf <= 1;
            link_sda <= 0;          //FPGA 释放总线控制权
        end
    end

//--------------send active data-------------
    data_byte_wr:begin
        link_sda <= 1;              //FPGA 控制总线
        if((counter < 8)&&(!scl))begin
        // 在 scl 低电平期间，完成并串转换，发出有效数据
            counter <= counter + 1'b1;
            data <= {data[6:0],data[7]};
            sda_buf <= data[7];
        end
```

```
            else if((counter == 8)&&(!scl))begin
                counter <= 0;
                state <= ack;
                link_sda <= 0;      //FPGA 释放总线控制权
            end
        end

//--------------send stop_wr singial-------------
        stop_wr:begin
            link_sda <= 1;          //FPGA 控制总线
            sda_buf <= 0;           // 拉低 sda，准备发出停止信号
            if(scl)begin            // 在 scl 高电平期间，拉高 sda，终止串行传输
                led_wr <= 1;        // 点亮 led，说明写操作完毕
                sda_buf <= 1;
                if(wr_n && rd_n)begin
                // 在请求结束后转回空闲状态，避免不断循环写入
                    state <= idle; // 状态跳回
                end
                wr <= 0;// 清除写控制标志
            end
        end

//------------send ready_rd  singial-----------
        ready_rd:begin
            link_sda <= 1;          //FPGA 控制总线
            if(scl)begin            //scl 高电平期间拉低 sda，发送启动信号
                sda_buf <= 0;
                state <= control_rd;
                data<=8'b10100001; // 读控制字准备
            end
        end

//------------send countral word------------
        control_rd:begin
            if((counter < 8)&&(!scl))begin
            // 在 scl 低电平期间，完成并串转换，发出读控制字
                counter <= counter + 1'b1;
                data <= {data[6:0],data[7]};
                sda_buf <= data[7];
            end
            else if((counter == 8)&&(!scl))begin
                counter <= 0;
                state <= ack;
                link_sda <= 0;      //FPGA 释放总线控制权
            end
        end

//--------------receive input active data--------------
        data_byte_rd:begin
```

```
                    if((counter < 8)&&(scl))begin
                    //在 scl 低电平期间，完成串并转换，存储接收数据
                        counter <= counter + 1'b1;
                        result[7-counter] <= sda;
                    end
                    else if(counter == 8)     begin
                        counter <= 0;
                        state <= no_ack;
                        sda_buf <= 1;
                        link_sda <= 1;//接收完毕以后 FPGA 继续控制总线
                    end
                end

//----------------send NO ACK singial--------------
                no_ack:begin
                    if(scl)begin//在 scl 高电平期间，将 sda 总线拉高，发出非应答信号
                        sda_buf <= 1;
                        state <= stop_rd;
                    end
                end
//----------------send stop_rd singial-------------
                stop_rd:begin
                    if(!scl)begin
                    //在 scl 低电平期间，将 sda 总线拉低，准备发送停止信号
                        sda_buf <= 0;
                        led_rd <= 1;//点亮 led，说明写操作完毕
                    end
                    if(scl)begin//在 scl 高电平期间，将 sda 总线拉高，发出停止信号
                        sda_buf <= 1;//拉高 sda
                        state <= idle;//状态回转
                        rd <= 0;//清除读标志信号
                    end
                end
                default:state <= idle;
            endcase
        end
    end
endmodule
```

7.11 SPI 总线存储器控制

本节用 Verilog HDL 实现 SPI 总线控制，例 7.11-1 对 93C46 存储器进行读写。

SPI 是串行外设接口（Serial Peripheral Interface）的缩写，是一种高速的、全双工、同步的通信总线，并且在芯片的引脚上只占用四根线，节约了芯片的引脚，同时在 PCB 的布局上节省空间，提供方便，正是由于这种简单易用的特性，越来越多的芯片集成了这种通信协议。

SPI 的通信原理很简单，它以主从方式工作，这种模式通常有一个主设备和一个或多个从设备，

需要 4 根线，分别是 MISO（主设备数据输入）、MOSI（主设备数据输出）、SCLK（时钟）、CS（片选）。

① MISO（Master Input Slave Output），主设备数据输入，从设备数据输出；

② MOSI（Master Output Slave Input），主设备数据输出，从设备数据输入；

③ SCLK（Serial Clock），时钟信号，由主设备产生；

④ CS（Chip Select），从设备使能信号，由主设备控制。

SPI 接口与 IIC 总线不同，没有应答机制确认是否接收到数据。关于 SPI 设备的详细时序请查阅相关器件数据手册，EWEN、WRITE 和 READ 时序如图 7.25、图 7.26 和 7.27 所示。

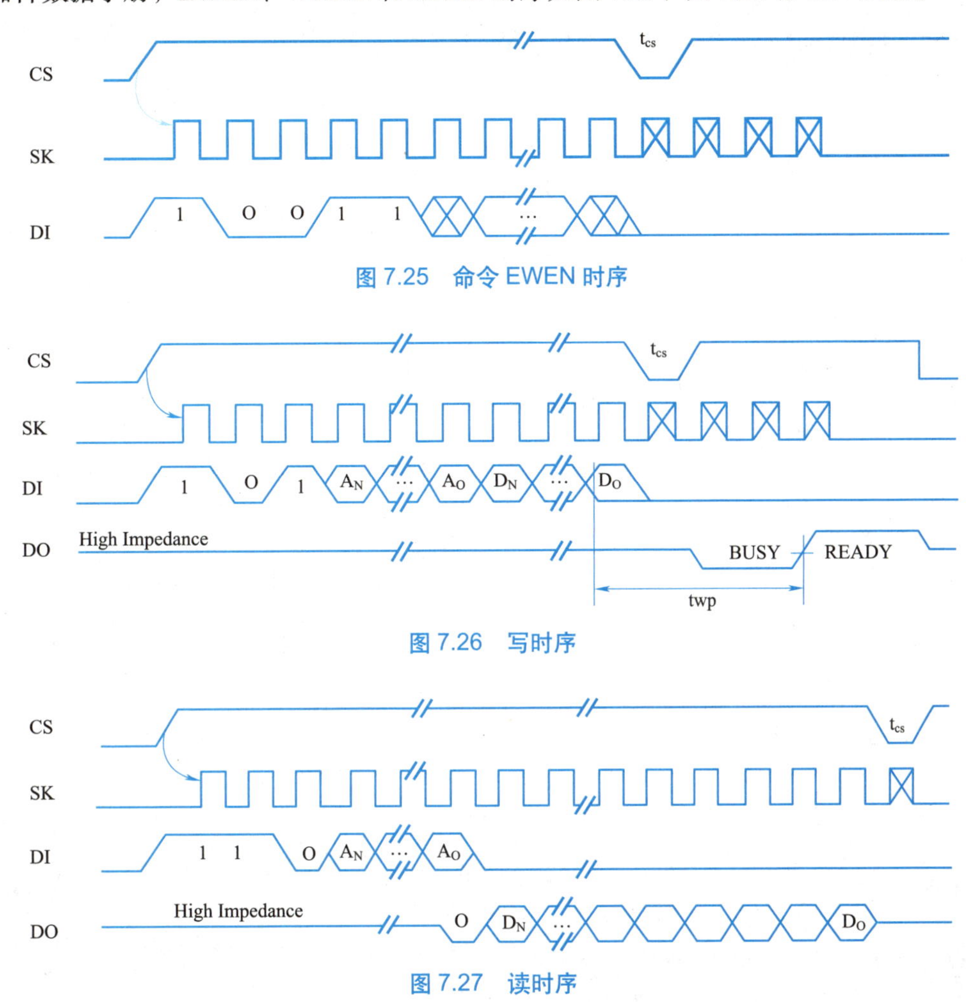

图 7.25　命令 EWEN 时序

图 7.26　写时序

图 7.27　读时序

【例 7.11-1】 SPI 总线 93C46 存储器读写控制的 Verilog HDL 描述实例。

```
module spi93c46(clk_sys, rst_n, sck, cs, miso, mosi,
                wr_n, rd_n, addr, data_in, result, led_wr, led_rd);

    input clk_sys; //系统时钟
    input rst_n;   //系统复位
    input wr_n;    //写请求
    input rd_n;    //读请求
```

```
    input [6:0] addr;          //访问地址
    input [7:0] data_in;       //待存储数据
    input miso;                //主入从出

    output reg cs;        //片选
    output reg sck;       //时钟信号
    output reg mosi;      //主出从入
    output reg [7:0] result;       //存储输出数据
    output reg led_wr, led_rd;   //读写指示

    reg [7:0] cnt;           //分频计算器
    reg clk;

//------------------system clk----------------
//分频
    always @(posedge clk_sys or negedge rst_n)     begin
        if(!rst_n)     begin
            clk <= 0;
            cnt <= 0;
        end
        else    begin
            if(cnt < 240)
                cnt <= cnt + 1'b1;
            else    begin
                clk <= ~clk;
                cnt <= 0;
            end
        end
    end

//------------------sck----------------------
//产生SPI时钟信号sck
    always @(negedge clk or negedge rst_n)    begin
        if(!rst_n)    begin
            sck <= 0;
        end
        else
            sck <= ~sck;
    end

//状态定义
    parameter      idle   = 4'd0,
                   ewen   = 4'd1,
                 write_ready = 4'd2,
                  write = 4'd3,
                   read   = 4'd4,
                 eral   = 4'd5,
                 wral   = 4'd6,
                 ewds   = 4'd7,
                 erase = 4'd8;
    reg [3:0] state;
    reg [4:0] counter;
```

```
    reg wr, rd;
    reg [9:0] data;        //写操作是，操作命令
    reg [17:0] info;       //读操作时，操作命令+数据

//-----------------spi----------------------
    always @(posedge clk or negedge rst_n) begin
        if(!rst_n) begin
            state <= idle;
            counter <= 0;
            wr <= 0;
            rd <= 0;
            led_wr <= 0;
            led_rd <= 0;
            result <= 0;
            data <= 0;
            cs <= 0;
        end
        else begin
            case(state)
                idle: begin
                    if(!wr_n)
                        wr <= 1;
                    if(!rd_n)
                        rd <= 1;
                    if((wr == 1)&&(!sck)) begin
                        data <= 10'b1001100000;
                        state <= ewen;
                    end
                    if((rd == 1)&&(!sck)) begin
                        data <= {3'b110,addr};
                        state <= read;
                    end
                end
                ewen:begin
                    if((counter < 10)&&(!sck))begin
                        cs <= 1;
                        counter <= counter + 1'b1;
                        data <= {data[8:0],1'b0};
                        mosi <= data[9];
                    end
                    else if((counter == 10)&&(!sck))begin
                        counter <= 0;
                        cs <= 0;
                        state <= write_ready;
                    end
                end
                write_ready:
                    if(!sck) begin
                        info <= {3'b101,addr,data_in};
                        state <= write;
                    end
```

```
                    write:begin
                    cs <= 1;
                    if((counter < 18)&&(!sck))begin
                            counter <= counter + 1'b1;
                            info <= {info[16:0],1'b0};
                            mosi <= info[17];
                        end
                        else if((counter == 18)&&(!sck))begin
                            counter <= 0;
                            cs <= 0;
                            state <= idle;
                            led_wr = 1'b1;
                            wr <= 0;
                        end
                    end

                    read:begin
                        cs <= 1;
                        if((counter < 19)&&(!sck))begin
                            counter <= counter + 1'b1;
                            data <= {data[8:0],1'b0};
                            mosi <= data[9];
                            result <= {result[6:0],miso};   //读数据
                        end
                        else if((counter == 19)&&(!sck))begin
                            counter <= 0;
                            cs <= 0;
                            state <= idle;
                            led_rd = 1'b1;
                            rd <= 0;
                        end
                    end
                    default: state <= idle;
                    endcase
            end
        end
endmodule
```

本例可以通过设置按键作为读、写请求信号，使用拨码开关改变存储器地址及需要存储的数据，通过 LED 指示读、写操作结束，使用数码管显示读出的数据值，从而验证设计的正确性。本例只是实现了简单的读、写和写使能操作，关于 93C46 其他操作命令读者可以进一步完善。通过学习对 93C46 存储器的操作，可以掌握对其他 SPI 设备控制。

7.12 串行 ADC 控制

本节用 Verilog HDL 实现对八位串行 ADC 芯片 TLC549 控制，例 7.12-1 控制串行 ADC 采样外部 0~3.3V 电压，并通过四位数码管显示采集的模拟值。

TLC549 带有片内系统时钟，该时钟与外部 I/O CLOCK 时钟是独立工作的，无需特殊的速度

或相位匹配。当 CS 为高时，数据输出 DATA OUT 端处于高阻状态，此时 I/O CLOCK 不起作用。这种 CS 控制作用允许在同时使用多片 TLC549 时，共用 I/O CLOCK，以减少多片 A/D 使用时的 I/O 控制端口。TLC549 通常的控制时序操作如下：

① 将 CS 置低，内部电路在测得 CS 下降沿后，在等待两个内部时钟上升沿和一个下降沿后，再确认这一变化，最后自动将前一次转换结果的最高位（D7）位输出到 DATAOUT 端；

② 在前四个 I/O CLOCK 周期的下降沿依次移出第 2、3、4 和第 5 个位（D6，D5，D4，D3），片上采样保持电路在第 4 个 I/O CLOCK 下降沿开始采样模拟输入信号；

③ 接下来的 3 个 I/O CLOCK 周期的下降沿可移出第 6、7、8（D2，D1，D0）各转换位；

④ 最后，片上采样保持电路在第 8 个 I/O CLOCK 周期的下降沿将移出第 6、7、8（D2，D1，DO）各转换位。然后使保持功能持续 4 个内部时钟周期，接着开始进行 32 个内部时钟周期的 A/D 转换。在第 8 个 I/O CLOCK 后，CS 必须为高或 I/O CLOCK 保持低电平，这种状态需要维持 36 个内部系统时钟周期以等待保持和转换工作的完成。

如果 CS 为低时，I/O CLOCK 上出现一个有效干扰脉冲，则微处理器、控制器将与器件的 I/O 时序失去同步；而在 CS 为高时若出现一次有效低电平，则将使引脚重新初始化，从而脱离原转换过程。在 36 个内部系统时钟周期结束之前，实施步骤①～④，可重新启动一次新的 A/D 转换，与此同时，正在进行的转换将终止。但应注意，此时的输出是前一次的转换结果而不是正在进行的转换结果。

若要在特定的时刻采样模拟信号，则应使第 8 个 I/O CLOCK 时钟的下降沿与该时刻对应。因为芯片虽在第4个I/O CLOCK时钟的下降沿开始采样,却在第8个I/O CLOCK的下降沿才开始保存。

【例 7.12-1】 串行 ADC 芯片 TLC549 控制的 Verilog HDL 描述实例。

```
module TLC549(
                clk,            //系统输入时钟
                ioclk,          //AD驱动时钟
                data,           //串行数据总线
                cs,             //AD片选信号
                rst_n,          //系统复位
                segdata,        //数码管段选
                segcs           //数码管位选
             );
    input clk;
    input data;
    input rst_n;

    output reg cs;
    output reg ioclk;
    output reg [7:0]segdata;
    output reg [3:0]segcs;

    reg[31:0] count;
    reg[24:0] count_disp;
    reg[3:0] cnt;
    reg[2:0] number;
    reg[1:0] state;
    reg[7:0] dataout;
    reg[15:0] value;
```

```
    reg clk_dispaly;
    reg dp;
    reg [3:0] disp;

    parameter sample=2'b00, display=2'b01;
    //------------数据采集时钟-----------
    always@(posedge clk) begin
        if(count < 16'd1000)
                count <= count + 1'b1;
        else begin
                count <= 0;
                ioclk <= ~ioclk;
        end
     end

    //------------数码管驱动时钟-----------
    always@(posedge clk) begin
        if(count_disp > 25'd1000_0) begin
            clk_dispaly <= ~clk_dispaly;
                count_disp <= 0;
        end
        else
                count_disp <= count_disp + 1;
    end

    //------------AD 数据采集-----------
    always@(negedge ioclk) begin
        case(state)
            sample:    begin
                cs <= 0;
                dataout[7:0] <= {dataout[6:0],data};
                if(cnt > 4'd7) begin
                    cnt <= 0;
                    state <= display;
                end
                else begin
                    cnt <= cnt + 1;
                    state <= sample;
                end
            end
            display:begin
                cs <= 1;
                value <= (dataout * 1000 * 33 )/256;
                state <= sample;
            end
              default: state <= display;
        endcase
    end

    //-----------数码管扫描-----------
    always@(posedge clk_dispaly) begin
        if(number == 4) begin
            number <= 0;
            dp <= 1;
```

```
        end
        else begin
            number <= number+1;
            case(number)
                4'd0:begin
                    disp <= (value/10)%10;// 个位
                    segcs <= 4'b0111;
                end
                4'd1:begin
                    disp <= (value/100)%10;// 十位
                    segcs <= 4'b1011;
                end
                4'd2:begin
                    disp <= (value/1000)%10; // 百位
                    segcs <= 4'b1101;
                end
                4'd3:begin
                    disp <= value/10000;     // 千位
                    segcs <= 4'b1110;
                    dp <= 0;                     // 点亮小数点
                end
                default: dp <= 1;
            endcase
        end
    end

    //------------数码管译码-----------
    always @ (*) begin
        case(disp)
        4'd0: segdata = {dp,7'b1000000};//0
        4'd1: segdata = {dp,7'b1111001};//1
        4'd2: segdata = {dp,7'b0100100};//2
        4'd3: segdata = {dp,7'b0110000};//3
        4'd4: segdata = {dp,7'b0011001};//4
        4'd5: segdata = {dp,7'b0010010};//5
        4'd6: segdata = {dp,7'b0000010};//6
        4'd7: segdata = {dp,7'b1111000};//7
        4'd8: segdata = {dp,7'b0000000};//8
        4'd9: segdata = {dp,7'b0010000};//9
        default: ;
        endcase
    end
endmodule
```

7.13 串行 DAC 控制

本节用 Verilog HDL 实现对 12 位串行 DAC 芯片 DAC7512 控制，例 7.13-1 程序将 12 位数据转化为模拟信号。

DAC7512 采用三线制（SYNC、SCLK 和 Din）串行接口。写操作开始前，SYNC 要置低，

Din 数据在串行时钟 SCLK 下降沿依次移入 16 位寄存器。在串行时钟第 16 个下降沿到来时，将最后一位移入寄存器，可实现对工作模式设置及 DAC 内容刷新，从而完成一个写周期操作。在下一个写周期开始前，SYNC 必须转为高电平并至少保持 33 ns，以便 SYNS 有时间产生下降沿来启动下一个写周转。若 SYNC 在一个写周期内转为高电平，则本次写操作失败，寄存器强行复位。写操作时序图如图 7.28 所示。DAC7512 片内移位寄存器宽度为 16 位，其中 DB15 和 DB14 是空闲位，DB13 和 DB12 是工作模式选择位，DB11~DB0 是数据位。器件内部带有上电复位电路。上电后，寄存器置 0，所以 DAC7512 处于正常工作模式下，模拟输出电压为 0V。

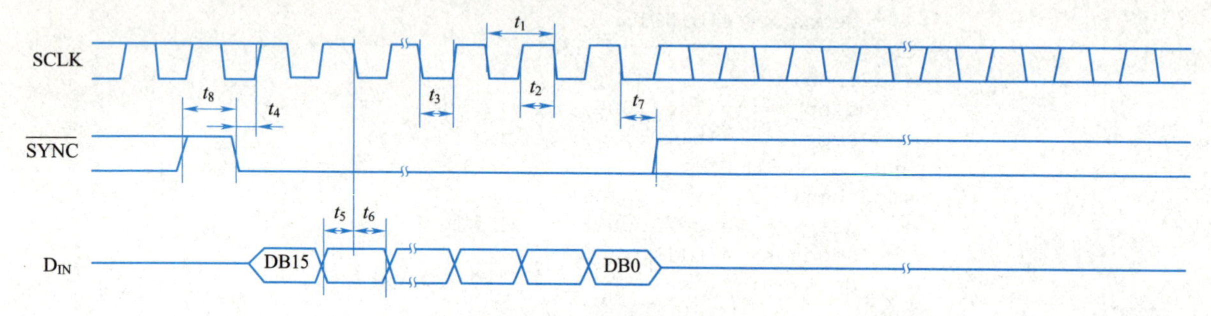

图 7.28　串行写操作时序

【例 7.13-1】 串行 DAC 芯片 DAC7512 控制的 Verilog HDL 描述实例。

```
module DAC7512(clk_sys, rst_n, sclk, data, din, sync);
    input clk_sys;          // 系统时钟
    input rst_n;            // 系统复位
    input [11:0] data;  // 待转换数据

    output sclk;            //DAC 时钟
    output reg sync;      //DAC 控制信号
    output reg din;       //DAC 串行输入

    reg clk;
    reg [1:0] cnt_div;        // 分频计数器
    reg [15:0] data_buf;    // 数据缓存
    reg [4:0] cnt;
    assign sclk = clk;
    parameter POWER_DOWN_MODES = 2'b00;
    parameter idle = 1'b0, dac = 1'b1;
    reg state;

//-----------------system clk----------------
    always @(posedge clk_sys or negedge rst_n)    begin
        if(!rst_n)    begin
            clk <= 0;
            cnt_div <= 0;
        end
        else    begin
            if(cnt_div < 2)
                cnt_div <= cnt_div + 1'b1;
            else    begin
```

```
                clk <= ~clk;
                cnt_div <= 0;
            end
        end
    end

    always @( posedge clk ) begin
        if (!rst_n) begin
            data_buf <= {2'b00,POWER_DOWN_MODES,data};
            sync <= 1;
            cnt <= 0;
            state <= idle;
        end
        else begin
            case(state)
                idle:begin
                    data_buf <= {2'b00,POWER_DOWN_MODES,data};
                    sync <= 1;
                    state <= dac;
                end
                dac:begin
                    sync <= 0;
                    if( cnt < 16 ) begin
                        cnt <= cnt + 1;
                        din <= data_buf[15];
                        data_buf <= data_buf << 1;
                        state <= dac;
                    end
                    else if (cnt == 16) begin
                        sync <= 1;
                        cnt <= 0;
                        state <= idle;
                    end
                end
            endcase
        end
    end
endmodule
```

7.14 点阵显示

LED 点阵显示屏是一种简单的汉字显示器，具有价廉、易于控制、使用寿命长等特点，可广泛应用于各种公共场合，如车站、码头、银行、学校、火车、公共汽车显示等。驱动通常分为动态扫描型及静态锁存型驱动两大类。本小节采用动态扫描驱动显示的设计方法。动态扫描每次使能一行发光二极管，由列数据控制该行点亮的 LED，来使每行 LED 的点亮时间占总时间的 1/8。只要每行的刷新速率大于 50 Hz，利用人眼的视觉暂留效应，人们就可以看到一幅完整的文字或画面。

视频

点阵显示

【例 7.14-1】 实现 8×8 点阵显示汉字的 Verilog HDL 描述。

```
//显示汉字“上”
module led_88(clk, rst_n, row, col);
    input clk, rst_n;
    output reg [7:0] row,col;

    reg [2:0] cnt;

    always @(posedge clk or negedge rst_n)
    begin
        if(!rst_n)
            cnt <= 3'b000;
        else
            cnt <= cnt + 1'b1;
    end

    always @(cnt)
    begin
        case(cnt)
            3'b000:begin row = 8'b00000001;col = 8'b11111111;end
            3'b001:begin row = 8'b00000010;col = 8'b11101111;end
            3'b010:begin row = 8'b00000100;col = 8'b11101111;end
            3'b011:begin row = 8'b00001000;col = 8'b11100011;end
            3'b100:begin row = 8'b00010000;col = 8'b11101111;end
            3'b101:begin row = 8'b00100000;col = 8'b11101111;end
            3'b110:begin row = 8'b01000000;col = 8'b10000001;end
            3'b111:begin row = 8'b10000000;col = 8'b11111111;end
            default:;
        endcase
    end
endmodule
```

新建 Quartus II 工程，通过例 7.14-1 产生 .rbf 文件，通过如图 7.29 所示 8×8 点阵实验进行验证，可以观察到点阵显示汉字“上”，验证了设计的正确性。关于实验中的引脚说明见表 7.13。

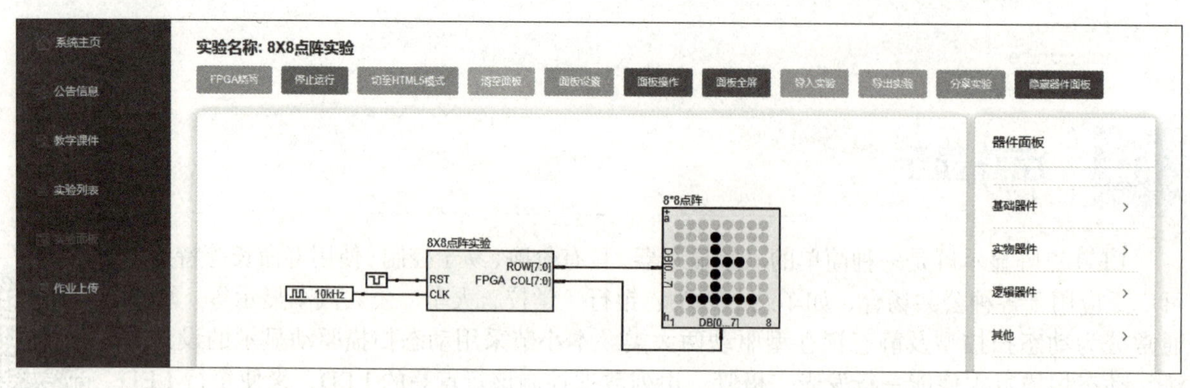

图 7.29　点阵 8×8 显示实验

表 7.13　点阵 8×8 显示实验引脚说明

实验信号名称	FPGA I/O 名称	程序信号名称	功能说明
CLK	Pin_E1	clk	时钟信号
RST	Pin_A14	rst_n	系统复位
ROW[0]	Pin_C6	row[0]	行数据
ROW[1]	Pin_B6	row[1]	
ROW[2]	Pin_B5	row[2]	
ROW[3]	Pin_A5	row[3]	
ROW[4]	Pin_A6	row[4]	
ROW[5]	Pin_B7	row[5]	
ROW[6]	Pin_A7	row[6]	
ROW[7]	Pin_C8	row[7]	
COL[0]	Pin_N5	col[7]	列数据
COL[1]	Pin_R5	col[6]	
COL[2]	Pin_T5	col[5]	
COL[3]	Pin_P3	col[4]	
COL[4]	Pin_T2	col[3]	
COL[5]	Pin_R1	col[2]	
COL[6]	Pin_N6	col[1]	
COL[7]	Pin_T6	col[0]	

下面例 7.14-2 控制 8×8 点阵以卷帘形式向上滚动显示汉字。

【例 7.14-2】 实现 8×8 点阵滚动显示汉字的 Verilog HDL 描述。

```
//汉字滚动“七上八下”
module led_88(clk, rst_n, col, row );
    input clk,rst_n;
    output reg [7:0] col,row;

    reg [2:0] cnt;
    reg [7:0] data[31:0];
    reg [15:0] delay;
    reg [4:0] cnt_0,cnt_1,cnt_2,cnt_3,cnt_4,cnt_5,cnt_6,cnt_7;
```

```
always @(posedge clk or negedge rst_n)     begin
    if(!rst_n)     begin
        data[0]  = 8'b11111111;
        data[1]  = 8'b11101111;
        data[2]  = 8'b11101111;
        data[3]  = 8'b10000011;
        data[4]  = 8'b11101111;
        data[5]  = 8'b11101101;
        data[6]  = 8'b11100001;
        data[7]  = 8'b11111111;

        data[8]   = 8'b11111111;
        data[9]   = 8'b11101111;
        data[10]  = 8'b11101111;
        data[11]  = 8'b11100011;
        data[12]  = 8'b11101111;
        data[13]  = 8'b11101111;
        data[14]  = 8'b10000001;
        data[15]  = 8'b11111111;

        data[16]  = 8'b11111111;
        data[17]  = 8'b11010111;
        data[18]  = 8'b11010111;
        data[19]  = 8'b10111011;
        data[20]  = 8'b10111011;
        data[21]  = 8'b10111011;
        data[22]  = 8'b01111101;
        data[23]  = 8'b11111111;

        data[24]  = 8'b11111111;
        data[25]  = 8'b10000001;
        data[26]  = 8'b11101111;
        data[27]  = 8'b11100111;
        data[28]  = 8'b11101011;
        data[29]  = 8'b11101111;
        data[30]  = 8'b11101111;
        data[31]  = 8'b11111111;
        cnt  <= 3'b000;
        cnt_0  <= 4'h0;
        cnt_1  <= 4'h1;
        cnt_2  <= 4'h2;
        cnt_3  <= 4'h3;
        cnt_4  <= 4'h4;
        cnt_5  <= 4'h5;
        cnt_6  <= 4'h6;
        cnt_7  <= 4'h7;
        delay <= 16' h0000;
```

```
        end
        else    begin
            cnt <= cnt + 1'b1;
            case(cnt)
                3'b000:begin row <= 8'b00000001;col <= data[cnt_0];end
                3'b001:begin row <= 8'b00000010;col <= data[cnt_1];end
                3'b010:begin row <= 8'b00000100;col <= data[cnt_2];end
                3'b011:begin row <= 8'b00001000;col <= data[cnt_3];end
                3'b100:begin row <= 8'b00010000;col <= data[cnt_4];end
                3'b101:begin row <= 8'b00100000;col <= data[cnt_5];end
                3'b110:begin row <= 8'b01000000;col <= data[cnt_6];end
                3'b111:begin
                        row <= 8'b10000000;
                        col <= data[cnt_7];
                        delay <= delay + 1'b1;
                        end
                default:;
            endcase
            if(delay == 16'h0200)
//切换到下一个显示状态，修改该值可改变滚动速度，值越大，速度越慢，反之亦然
                begin
                    cnt_0 <= cnt_0 + 1'b1;
                    cnt_1 <= cnt_1 + 1'b1;
                    cnt_2 <= cnt_2 + 1'b1;
                    cnt_3 <= cnt_3 + 1'b1;
                    cnt_4 <= cnt_4 + 1'b1;
                    cnt_5 <= cnt_5 + 1'b1;
                    cnt_6 <= cnt_6 + 1'b1;
                    cnt_7 <= cnt_7 + 1'b1;
                    delay <= 16'h0000;
                end
        end
    end
    endmodule
```

新建 Quartus II 工程，通过例 7.14-2 产生 .rbf 文件，通过对如图 7.29 所示点阵实验烧写 FPGA,可以看到汉字“七上八下”滚动显示,验证设计的正确性。关于实验中的引脚说明见表 7.13。

小结

本章重点介绍数字系统常用接口电路设计，包括输出接口控制，如 LED 显示控制、数码管显示控制、蜂鸣器控制、LCD1602 显示控制和点阵显示控制等；输入接口控制，如阵列键盘控制、按键脉冲产生控制；电动机控制，如直流电动机控制和步进电动机控制等；总线操作控制，如 IIC 总线控制、SPI 总线控制、串行 ADC 和 DAC 控制等。通过 Verilog HDL 进行硬件描述和 Quartus II 搭建工程，进行仿真调试，验证了设计的正确性。

习题

7-1 使用状态机的编码方式,实现 8 个 LED 灯循环点亮,从右到左,一次只点亮一个 LED 灯,延时 1 秒。

7-2 在 4 个数码管上循环滚动显示一串数码“F-01234567890-FF”,其中 F 在数码管上要求不显示出来,显示到最后一个数码后,从头开始循环滚动显示;有复位功能,每次复位后,都从信息起始处滚动显示。

7-3 通过 4 个数码管显示对应四个按键按下次数,每按下一按键后,该按键次数加 1,对应数码管以十进制的形式显示出来,数码管计数最大为 9,超出后要求对应的数码管不显示。

7-4 设计键控八位流水灯电路。有 3 种流水灯效果,可通过按键选择其中任何一种运行。要求每按一次按键,按键次数加 1。按键次数在 0、1、2 这三个数循环,每按键一次对应一种流水方式。方式 0:先奇数灯依次点亮(1、3、5、7),后偶数灯依次点亮(2、4、6、8),间隔 0.5 秒。方式 1:按照每两个灯依次点亮(1/2、3/4、5/6、7/8),间隔 0.5 秒,然后按同样顺序依次熄灭两个灯,间隔 0.5 秒。方式 2:八个灯同时点亮,然后同时熄灭,间隔 0.5 秒。

7-5 使用按键产生脉冲信号,该信号用作十六进制计数器的时钟信号。当按下按键时,计数器实现加 1 计数,计数结果显示在数码管上。

7-6 使用穆尔型状态机实现“110”序列检测器。要求首先绘制状态图,然后使用 Verilog HDL 代码实现,最后用 Quartus II 软件进行逻辑功能仿真,并给出仿真波形。

第8章

复杂数字电路系统设计

本章重点介绍复杂数字系统的设计与实现，介绍远程云端实验平台的验证及ModelSim仿真等内容。

本章的学习目标主要有两个：①掌握FPGA的应用开发技术；②进一步加深对数字电路与系统设计的理解，掌握较复杂数字系统设计与实现的方法。

8.1 简易数字钟设计

1. 项目设计要求

本项目设计一个能进行秒、分、时计时的简易数字钟，并通过六位数码管显示，时钟采用24小时计时法，其系统框图如图8.1所示。

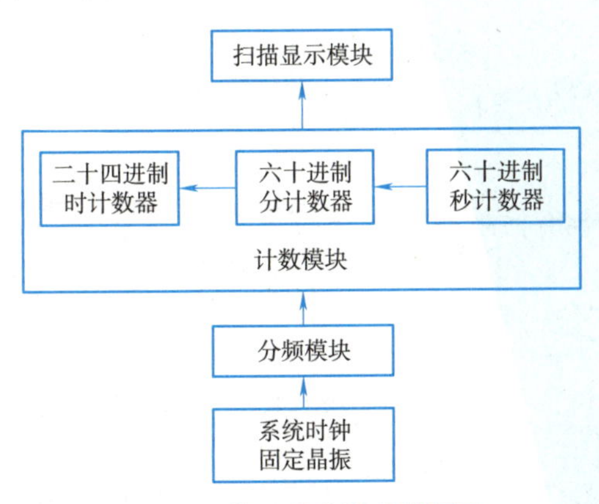

图8.1　简易数字钟系统框图

2. 项目设计思路

关于数字钟的实现方法非常多，难易程度各不相同。本项目只是想通过一些常用模块化设计，参数化设计，构建数字钟，方便日后其他程序设计的移植。

本项目的数字钟设计结构图如图 8.2 所示，顶层文件为 digital_clock。U1 模块产生 1 秒的时钟信号，作为秒计数模块的时钟信号，该模块由顶层调用例 4.4-7 参数化任意进制加计数器实现；U2_S、U2_M 和 U2_H 分别代表数字钟的秒计数、分钟计数和小时计数，这三个模块由顶层调用三次例 4.4-10 参数化任意进制 BCD 码计数器实现，秒和分钟计数默认参数是 60，时钟计数参数为 24；U3 模块是顶层调用例 4.4-11 参数化分频器实现，作为后续动态显示电路的位扫描信号；U3_H 和 U3_L 模块将秒、分和小时输出的 BCD 码动态扫描显示出来，由顶层调用两次例 7.2-2 数码管动态显示电路实现。程序设计参见例 8.1-1。

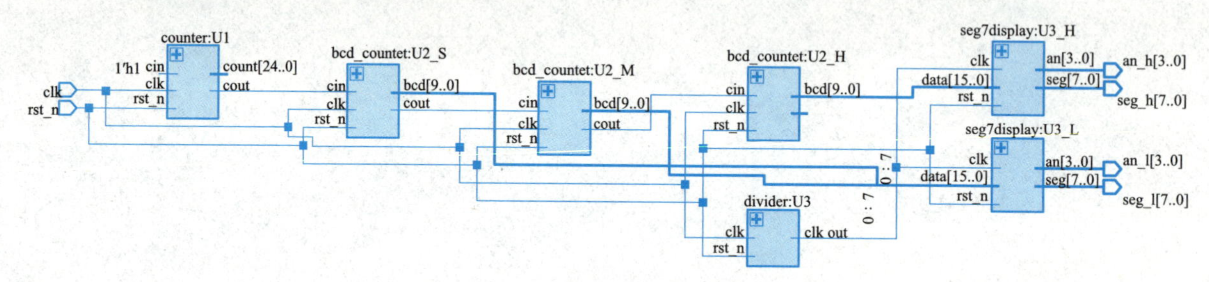

图 8.2　数字钟设计结构图

【例 8.1-1】 基于 Verilog HDL 的简易数字钟设计与实现。

```
//数字钟顶层文件
module digital_clock(
    input clk, rst_n,
    output [7:0] seg_h,seg_l,
    output [3:0] an_h,an_l
    );

    wire clk_1s;
    counter #(.COUNT_MAX(25000000),.N(25)) U1(
        .clk(clk),
        .rst_n(rst_n),
        .cin(1),
        .count(),
        .cout(clk_1s));        //产生 1 秒信号

    wire cout_s;
    wire [9:0] bcd_s;
    bcd_counter #(.M(60),.N(6)) U2_S(
        .clk(clk),
        .rst_n(rst_n),
        .cin(clk_1s),
        .bcd(bcd_s),
        .cout(cout_s));        //实现秒计数

    wire cout_m;
    wire [9:0] bcd_m;
    bcd_counter #(.M(60),.N(6)) U2_M(
        .clk(clk),
        .rst_n(rst_n),
```

```
    .cin(cout_s),
    .bcd(bcd_m),
    .cout(cout_m));           // 实现分计数

wire [9:0] bcd_h;
bcd_counter #(.M(24),.N(5))
    U2_H(.clk(clk),
        .rst_n(rst_n),
        .cin(cout_m),
        .bcd(bcd_h),
        .cout());             // 实现时计数

wire clk_1khz;
divider
    #(.CLK_FREQ (25000000),         // 系统时钟输入频率: 10 MHz
        .CLK_OUT_FREQ(1000) )       // 分频器输出时钟频率: 1000 Hz
        U3 ( .clk(clk),
        .rst_n(rst_n),
        .clk_out(clk_1khz)  );

seg7display U3_H(
    .clk(clk_1khz),
    .rst_n(rst_n),
    .data(bcd_h[7:0]),
    .seg(seg_h),
    .an(an_h) );

seg7display U3_L(
    .clk(clk_1khz),
    .rst_n(rst_n),
    .data({bcd_m[7:0],bcd_s[7:0]}),
    .seg(seg_l),
    .an(an_l) );
endmodule
```

3. 项目显示结果

新建 Quartus II 工程，通过例 8.1-1 产生 .rbf 文件，通过如图 8.3 所示数字钟实验验证，数字钟计时准确且显示正确，如 0 点 11 分 49 秒，验证了设计的正确性。数字钟端口说明见表 8.1。

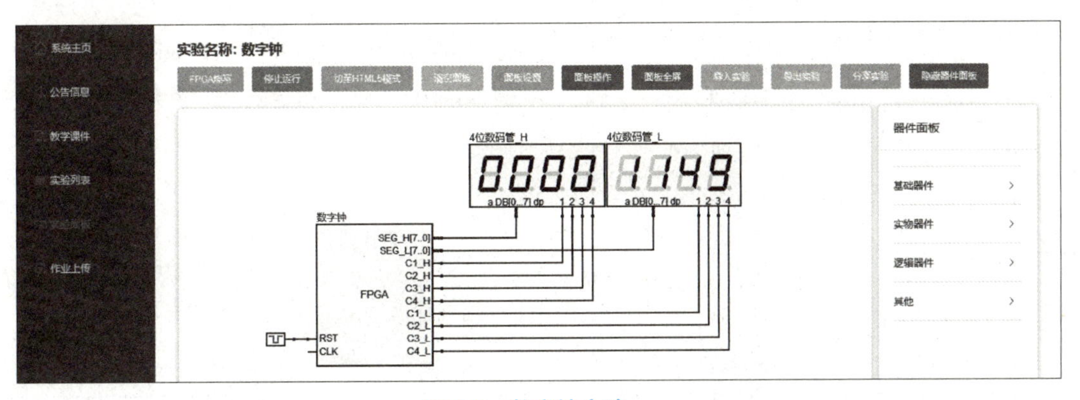

图 8.3　数字钟实验

扫一扫

数字钟系统

表 8.1　数字钟端口信号说明

实验信号名称	FPGA I/O 名称	程序信号名称	功能说明
CLK	Pin_M2	clk	25 MHz
RST	Pin_A14	rst_n	低电平复位
SEG_H[0]	Pin_C6	seg_h[0]	高位数码管段码信号：依次 a,b,c,d,e,f,g,dp
SEG_H[1]	Pin_B6	seg_h[1]	
SEG_H[2]	Pin_B5	seg_h[2]	
SEG_H[3]	Pin_A5	seg_h[3]	
SEG_H[4]	Pin_A6	seg_h[4]	
SEG_H[5]	Pin_B7	seg_h[5]	
SEG_H[6]	Pin_A7	seg_h[6]	
SEG_H[7]	Pin_C8	seg_h[7]	
SEG_L[0]	Pin_N5	seg_l[0]	低位数码管段码信号：依次 a,b,c,d,e,f,g,dp
SEG_L[1]	Pin_R5	seg_l[1]	
SEG_L[2]	Pin_T5	seg_l[2]	
SEG_L[3]	Pin_P3	seg_l[3]	
SEG_L[4]	Pin_T2	seg_l[4]	
SEG_L[5]	Pin_R1	seg_l[5]	
SEG_L[6]	Pin_N6	seg_l[6]	
SEG_L[7]	Pin_T6	seg_l[7]	
C1_H	Pin_T10	an_h[3]	高位数码管位码控制信号：从左至右
C2_H	Pin_R10	an_h[2]	
C3_H	Pin_N9	an_h[1]	
C4_H	Pin_P9	an_h[0]	
C1_L	Pin_R9	an_l[3]	低位数码管位码控制信号：从左至右
C2_L	Pin_T9	an_l[2]	
C3_L	Pin_B8	an_l[1]	
C4_L	Pin_A8	an_l[0]	

4. 项目扩展练习

以上只是实现了简单的数字钟计数及显示，可通过扩展模块使功能完善。

① 秒用 LED 灯闪烁表示，每秒闪烁一次。

② 通过添加按键，实现对数字钟秒、分和时校对，可以分别对个位和十位校准。

③ 添加蜂鸣器，实现时钟整点报时及闹钟功能。

④ 添加年、月和日计数模块，实现万年历，并能够使用数码管滚动显示。

⑤ 使用液晶 LCD1602 对万年历进行显示。

8.2 交通灯控制设计

1. 项目设计要求

本项目设计一个由一条主路和一条支路汇合成的十字路口交通灯控制器。具体要求如下：

① 主、支路各设三个 LED 灯，分别代表红灯、黄灯、绿灯。

② 主、支路各设两个显示数码管，倒计时显示。

③ 信号灯变换次序为：主路绿灯、支路红灯 30 秒；主路黄灯、支路红灯 5 秒；主路红灯、支路绿灯 20 秒；主路红灯、支路黄灯 5 秒。

其系统框图如图 8.4 所示。

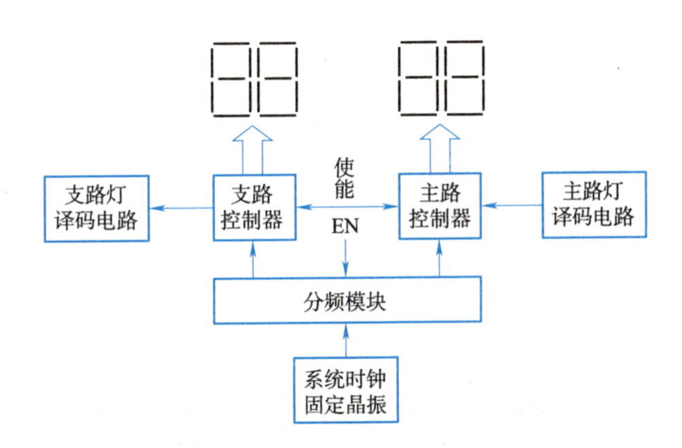

图 8.4　交通灯控制器系统框图

2. 项目设计思路

本项目的交通灯设计结构如图 8.5 所示，顶层文件为 traffic_led。U1 模块产生 1 秒的时钟信号，作为计数模块的时钟信号，该模块由顶层调用例 4.4-11 参数化分频器实现；U2 模块是顶层调用例 4.4-11 参数化分频器实现，作为后续动态显示电路的位扫描信号；U5_m 模块和 U5_s 模块用来将主路和支路通行 / 禁行时间显示出来，由顶层调用两次例 7.2-2 数码管动态显示电路实现；U4_m 模块和 U4_s 模块分别作为主路和支路的通行 / 禁行时间的减计数器，当计数到 0 时，根据交通灯不同状态设置初始值，并重新减计数，由顶层调用两次模块文件 timer 实现；U3 模块作为主控器状态转换模块，输出灯的状态，同时输出当前状态下减计数器的初始值，由顶层调用文件 traffic_control 实现。程序设计参见例 8.2-1。

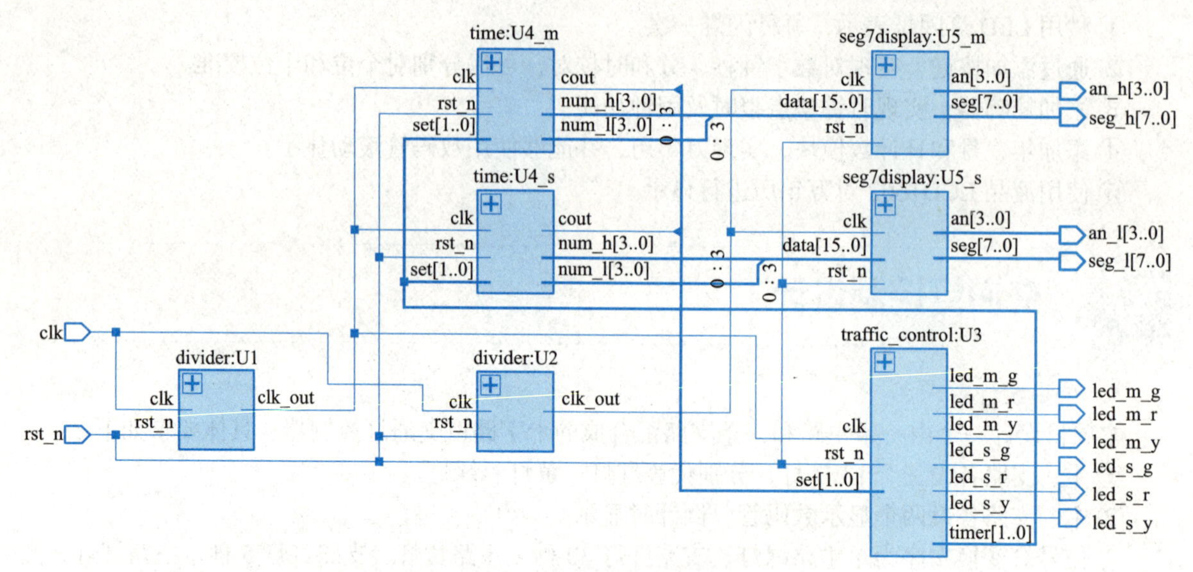

图 8.5　交通灯设计结构图

【例 8.2-1】 基于 Verilog HDL 的交通灯控制器设计与实现。

```
// 交通灯控制器顶层模块
module traffic_led(
    input clk,
    input rst_n,
    output led_m_r,led_m_y,led_m_g,
    output led_s_r,led_s_y,led_s_g,
    output [7:0] seg_h,seg_l,
    output [3:0] an_h,an_l
    );

    wire clk_1hz,clk_1khz;
    divider
        #( .CLK_FREQ (25000000),          // 系统时钟输入频率 25 MHz
           .CLK_OUT_FREQ ( 1 ))           // 分频器待输出时钟频率 1 Hz
        U1(  .rst_n(rst_n), .clk(clk),
           .clk_out(clk_1hz)  );

    divider
        #( .CLK_FREQ (25000000),          // 系统时钟输入频率 25 MHz
        .CLK_OUT_FREQ( 1000 ))          // 分频器待输出时钟频率 1000 Hz
         U2(  .rst_n(rst_n), .clk(clk),
           .clk_out(clk_1khz)  );

    wire cout_m,cout_s;
    wire [1:0] timer;
    traffic_control U3(
```

```
            .clk(clk_1hz),
            .rst_n(rst_n),
            .set({cout_m,cout_s}),
            .led_m_r(led_m_r),
            .led_m_y(led_m_y),
            .led_m_g(led_m_g),
            .led_s_r(led_s_r),
            .led_s_y(led_s_y),
            .led_s_g(led_s_g),
            .timer(timer) );

    wire [3:0] num_h_m,num_l_m;
    timer U4_m(
            .clk(clk_1hz),
            .rst_n(rst_n),
            .set(timer),
            .cout(cout_m),
            .num_h(num_h_m),
            .num_l(num_l_m));

    wire [3:0] num_h_s,num_l_s;

    timer #(.STATE1(8'b0011_0100),.STATE3(8'b0001_1001))
        U4_s(
            .clk(clk_1hz),
            .rst_n(rst_n),
            .set(timer),
            .cout(cout_s),
            .num_h(num_h_s),
            .num_l(num_l_s) );

    seg7display U5_m(
            .clk(clk_1khz),
            .rst_n(rst_n),
            .data({num_h_m,num_l_m}),
            .seg(seg_h),
            .an(an_h));

    seg7display U5_s(
            .clk(clk_1khz),
            .rst_n(rst_n),
            .data({num_h_s,num_l_s}),
            .seg(seg_l),
            .an(an_l));
endmodule

//交通灯主控制模块
module traffic_control(
    input clk,
```

```
input rst_n,
    input [1:0] set,
output reg led_m_r,led_m_y,led_m_g,
    output reg led_s_r,led_s_y,led_s_g,
    output reg [1:0] timer
);

parameter s0 = 2'b00, s1=2'b01, s2=2'b10, s3=2'b11;// 状态说明
reg [2:0] next_state = s0;  //现态、次态

//状态模块
always @ (posedge clk or negedge rst_n) begin
    if( !rst_n ) begin
            next_state = s0;
            timer = 2'b11;
            led_m_r = 0;led_m_y = 0;led_m_g = 0;
            led_s_r = 0;led_s_y = 0;led_s_g = 0;
        end
    else

//次态
        case (next_state)

        s0: begin   //主绿支红
                led_m_r = 0;led_m_y = 0;led_m_g = 1;
                led_s_r = 1;led_s_y = 0;led_s_g = 0;
                if(set[1] == 1 ) begin next_state<= s1;timer = 2'b01;end
                   else begin next_state <=s0;timer = 2'b11;end
            end

        s1: begin      //主黄支红
                led_m_r = 0;led_m_y = 1;led_m_g = 0;
                led_s_r = 1;led_s_y = 0;led_s_g = 0;
                if(set == 2'b11) begin next_state<= s2;timer = 2'b10;end
                  else begin next_state <=s1;timer = 2'b11;end
            end

        s2: begin      //主红支绿
                led_m_r = 1;led_m_y = 0;led_m_g = 0;
                led_s_r = 0;led_s_y = 0;led_s_g = 1;
                if(set[0] == 1) begin next_state<= s3;timer = 2'b01;end
                  else begin next_state <=s2;timer = 2'b11;end
            end

       s3: begin       //主红支黄
                led_m_r = 1;led_m_y = 0;led_m_g = 0;
                led_s_r = 0;led_s_y = 1;led_s_g = 0;
                if(set == 2'b11) begin next_state<= s0;timer = 2'b00;end
                  else begin next_state <=s3;timer = 2'b11;end
```

```
                end
    default: begin
                    next_state<= s0;timer = 2'b11;
                    led_m_r = 0;led_m_y = 0;led_m_g = 0;
                    led_s_r = 0;led_s_y = 0;led_s_g = 0;
                end
        endcase
    end
endmodule

//交通灯定时模块
module timer # (STATE1 = 8'b0010_1001,STATE2 = 8'b0000_0100,
                STATE3 = 8'b0010_0100)(
    input clk,
    input rst_n,
    input [1:0] set,
    output reg cout,
    output reg [3:0] num_h,num_l
    );

    always @ (posedge clk or negedge rst_n) begin
        if (!rst_n) begin
            {num_h,num_l} = STATE1;
            cout <= 0;
        end
        else begin
            case ( set )
                2'b00: begin {num_h,num_l} = STATE1;cout = 0;end
                2'b01: begin {num_h,num_l} = STATE2;;cout = 0;end
                2'b10: begin {num_h,num_l} = STATE3;;cout = 0;end
                default: begin
                    if ( {num_h,num_l} > 8'b0000_0000 )
                        if ( num_l == 0 ) begin
                            num_l <= 4'b1001;
                            num_h <= num_h-1;
                        end
                        else  num_l <= num_l-1;
                        if ( {num_h,num_l} == 8'b0000_0010 ) cout = 1;
                        else cout = 0;
                end
            endcase
        end
    end
endmodule
```

3. 项目显示结果

交通灯控制端口说明见表 8.2。

表 8.2　交通灯控制器端口信号说明

实验信号名称	FPGA I/O 名称	程序信号名称	功能说明
CLK	Pin_M2	clk	25 MHz
RST	Pin_A14	rst_n	低电平复位
SEG_H[0]	Pin_C6	seg_h[0]	高位数码管段码信号：依次 a,b,c,d,e,f,g,dp
SEG_H[1]	Pin_B6	seg_h[1]	
SEG_H[2]	Pin_B5	seg_h[2]	
SEG_H[3]	Pin_A5	seg_h[3]	
SEG_H[4]	Pin_A6	seg_h[4]	
SEG_H[5]	Pin_B7	seg_h[5]	
SEG_H[6]	Pin_A7	seg_h[6]	
SEG_H[7]	Pin_C8	seg_h[7]	
C1_H	Pin_N5	an_h[3]	高位数码管位码控制信号：从左至右
C2_H	Pin_R5	an_h[2]	
C3_H	Pin_T5	an_h[1]	
C4_H	Pin_P3	an_h[0]	
LED_MR	Pin_T2	led_m_r	主干路灯：红、黄、绿
LED_MY	Pin_R1	led_m_y	
LED_MG	Pin_N6	led_m_g	
SEG_L[0]	Pin_T6	seg_l[0]	低位数码管段码信号：依次 a,b,c,d,e,f,g,dp
SEG_L[1]	Pin_T10	seg_l[1]	
SEG_L[2]	Pin_R10	seg_l[2]	
SEG_L[3]	Pin_N9	seg_l[3]	
SEG_L[4]	Pin_P9	seg_l[4]	
SEG_L[5]	Pin_R9	seg_l[5]	
SEG_L[6]	Pin_T9	seg_l[6]	
SEG_L[7]	Pin_B8	seg_l[7]	
C1_L	Pin_A8	an_l[3]	低位数码管位码控制信号：从左至右
C2_L	Pin_C9	an_l[2]	
C3_L	Pin_B9	an_l[1]	
C4_L	Pin_A9	an_l[0]	
LED_SR	Pin_R8	led_s_r	支干路灯：红、黄、绿
LED_SY	Pin_T8	led_s_y	
LED_SG	Pin_R7	led_s_g	

新建 Quartus II 工程，通过例 8.2-1 产生 .rbf 文件，远程烧写 FPGA，如图 8.6~ 图 8.9 所示，显示了交通灯的运行过程。

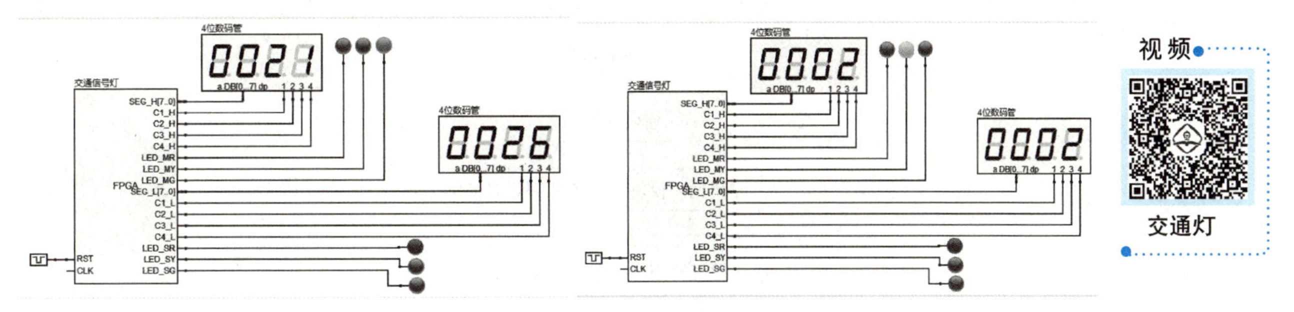

图 8.6　主路绿灯，支路红灯

图 8.7　主路黄灯，支路红灯

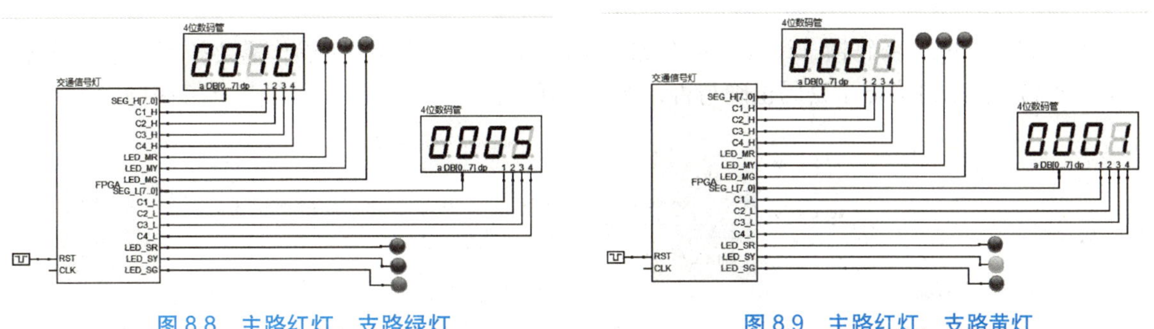

图 8.8　主路红灯，支路绿灯

图 8.9　主路红灯，支路黄灯

图 8.6 显示主路亮绿灯，支路亮红灯，主路还可以通行 21 秒，支路禁行还有 26 秒；图 8.7 显示主路亮黄灯，支路继续保持红灯，黄灯过渡还有 2 秒；图 8.8 显示主路亮红灯禁止通行还有 10 秒，支路绿灯点亮可以通行还有 5 秒；图 8.9 显示主路继续红灯，支路黄灯过渡还有 1 秒。

4. 项目扩展练习

以上只是实现了简单的交通灯控制电路，通过扩展模块使功能更加完善。

① 在黄灯亮起时，每秒闪烁一次。

② 红灯点亮时，添加蜂鸣器，提醒该路人行道可以使用。

③ 添加按键，实现对交通灯状态的人工切换。

④ 添加左转指示和计时，完善相应控制状态。

8.3 密码锁设计

1. 项目设计要求

本项目设计一个电子密码锁，其系统框图如图 8.10 所示。具体要求如下：

① 密码锁的初始密码为“9765”。

② 使用阵列键盘进行密码输入。

③ 采用四位数码管显示输入的密码。

④ 采用 LED 灯指示密码锁状态，闪烁代表密码错误，点亮代表密码锁打开。

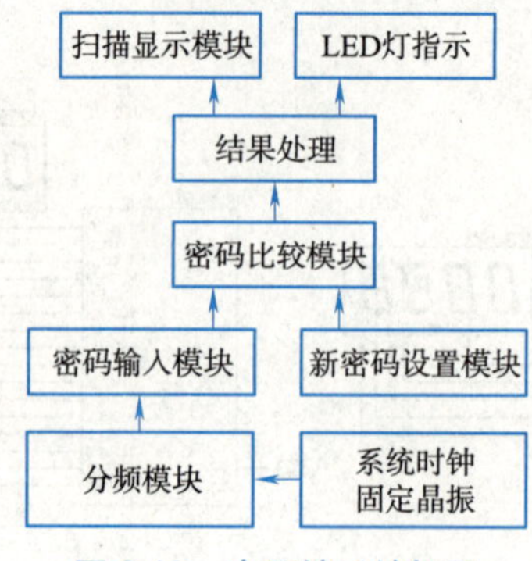

图 8.10　密码锁系统框图

2. 项目设计思路

本项目设计电子密码锁，设计结构图如图 8.11 所示，密码锁每次操作需要按键 5 下。首先输入 4 位密码，指示灯会显示密码正确与否，然后再任意按一个按键，密码锁打开或保持。

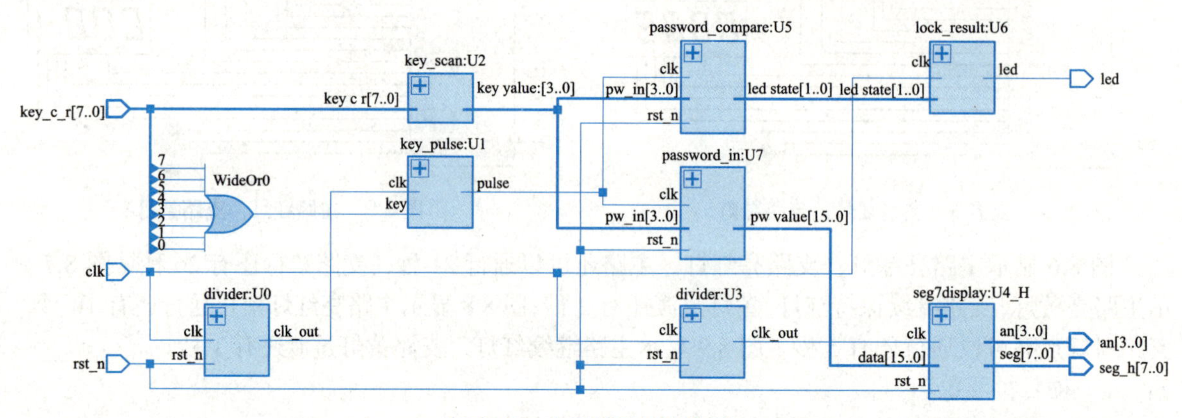

图 8.11　密码锁设计结构图

本项目顶层文件为 password_lock。U0 模块产生分频信号，作为按键脉冲产生电路的时钟信号，该模块由顶层调用例 4.4-11 参数化分频器实现；U1 模块是顶层调用例 7.5-1 按键脉冲产生电路实现，每次按键都会产生一个脉冲；U3 模块是顶层调用例 4.4-11 参数化分频器实现，作为后续动态显示电路的位扫描信号；U4_H 模块显示输入密码锁密码，由顶层调用例 7.2-2 数码管动态显示电路实现；U2 模块用来对阵列键盘的按键进行编码，由顶层调用模块文件 key_scan 实现；U7 模块为按键输入密码模块，用于确定 4 次按键输入的密码，由顶层调用模块文件 password_in 实现；U5 模块为密码比较模块，用于对比输入的密码和初始密码（默认为 9765，可以修改）是否相同，由顶层调用模块文件 password_compare 实现；U6 模块为密码锁处理模块，用于判断输入密码是否正确，通过 LED 灯指示，密码正确灯点亮，密码错误灯闪烁，由顶层调用模块文件 lock_result 实现。程序设计参见例 8.3-1。

【例 8.3-1】 基于 Verilog HDL 的电子密码锁设计与实现。

```
// 电子密码锁顶层模块
module password_lock(
```

```
input clk,rst_n,
input [7:0] key_c_r,
output led,
output [7:0] seg_h,
output [3:0] an
);

wire clk_10khz;
divider #(.CLK_FREQ(25000000),          //系统时钟输入频率: 10 MHz
          .CLK_OUT_FREQ(10000))         //分频器待输出时钟频率: 10 kHz
      U0 ( .clk(clk),
          .rst_n(rst_n),
          .clk_out(clk_10khz)  );
wire pulse;
key_pulse U1(
        .clk(clk_10khz),                    //时钟信号
        .key(|key_c_r),                     //按键输入
        .pulse(pulse)                       //脉冲输出
        );

wire [3:0] key_value;
key_scan U2(
    .key_c_r(key_c_r),                      //定义按键
    .key_value(key_value)                   //输出指示
    );

wire [1:0] led_state;
password_compare #(.PASSWORD(16'b1001_0111_0110_0101))//初始密码
    U5(
        .clk(pulse),
        .rst_n(rst_n),
        .pw_in(key_value),
        .led_state(led_state) );

lock_result U6(
        .clk(clk),
        .led_state(led_state),
        .led(led));

wire clk_1khz;
divider #(.CLK_FREQ(25000000),          //系统时钟输入频率: 25 MHz
          .CLK_OUT_FREQ(1000))          //分频器待输出时钟频率: 1000 Hz
      U3 ( .clk(clk),
          .rst_n(rst_n),
          .clk_out(clk_1khz)  );

wire [15:0] password;
password_in U7(
          .clk(pulse),
```

```
                .rst_n(rst_n),
                .pw_in(key_value),
                .pw_value(password)
                );

    seg7display U4_H(
                .clk(clk_1khz),
                .rst_n(rst_n),
                .data(password),
                .seg(seg_h),
                .an(an) );
endmodule

//按键扫描
module key_scan(
    input [7:0] key_c_r,                                    //定义按键1和0
    output reg [3:0] key_value                               //输出指示
    );
    always @ (key_c_r)
        case (key_c_r)
        8'b0001_0001: key_value <= 4'b0001;  //显示1,c4,c3,d2,c1,r4,r3,r2,r1
        8'b0010_0001: key_value <= 4'b0010;  //显示2
        8'b0100_0001: key_value <= 4'b0011;  //显示3
        8'b1000_0001: key_value <= 4'b1100;  //显示C
        8'b0001_0010: key_value <= 4'b0100;  //显示4
        8'b0010_0010: key_value <= 4'b0101;  //显示5
        8'b0100_0010: key_value <= 4'b0110;  //显示6
        8'b1000_0010: key_value <= 4'b1101;  //显示D
        8'b0001_0100: key_value <= 4'b0111;  //显示7
        8'b0010_0100: key_value <= 4'b1000;  //显示8
        8'b0100_0100: key_value <= 4'b1001;  //显示9
        8'b1000_0100: key_value <= 4'b1110;  //显示E
        8'b0001_1000: key_value <= 4'b1010;  //显示A
        8'b0010_1000: key_value <= 4'b0000;  //显示0
        8'b0100_1000: key_value <= 4'b1011;  //显示B
        8'b1000_1000: key_value <= 4'b1111;  //显示F
        default:  ;
    endcase
endmodule
//按键输入密码模块
module password_in (
    input clk, rst_n,
    input [3:0] pw_in,
    output reg [15:0] pw_value
    );
    parameter s0=4'h0,
        s1=4'h1,
        s2=4'h2,
        s3=4'h3,
```

```
        s4=4'h4;
    reg [3:0] next_st = s0;
    always @ (posedge clk or negedge rst_n)
        if ( !rst_n ) begin next_st = s0;pw_value=0;end
        else begin
            case(next_st)
            s0: begin
                next_st =s1;
                pw_value <= {pw_in,pw_value[11:0]};
            end
            s1: begin
                next_st =s2;
                pw_value <= {pw_value[15:12],pw_in,pw_value[7:0]};
            end
            s2: begin
                next_st =s3;
                pw_value <= {pw_value[15:8],pw_in,pw_value[3:0]};
            end
            s3: begin
                next_st =s4;
                pw_value <= {pw_value[15:4],pw_in};
            end
            s4: begin
                next_st =s0;
                pw_value <= 16'b0000_0000_0000_0000;
            end
            default: next_st = s0;
        endcase
    end
endmodule
//密码比较模块
module password_compare #(parameter PASSWORD = 16'b1111_0011_0010_0001)(
    input clk, rst_n,
    input [3:0] pw_in,
    output [1:0] led_state
    );
    parameter led_on=2'b00,
              led_off=2'b11,
              led_blink=2'b10;
    parameter s0=4'h0,
              s1=4'h1,
              s2=4'h2,
              s3=4'h3,
              s4=4'h4,
              e1=4'h5,
              e2=4'h6,
              e3=4'h7,
              e4=4'h8;
    reg [3:0] next_st = s0;
```

```
    always @ (posedge clk or negedge rst_n)
        if ( !rst_n ) next_st = s0;
        else begin
            case(next_st)
            s0: begin
                if(PASSWORD[15:12]==pw_in) next_st =s1;
                else next_st = e1;
            end
            s1: begin
                if(PASSWORD[11:8]==pw_in) next_st =s2;
                else next_st = e2;
            end
            s2: begin
                if(PASSWORD[7:4]==pw_in) next_st =s3;
                else next_st = e3;
            end
            s3: begin
                if(PASSWORD[3:0]==pw_in) next_st =s4;
                else next_st = e4;
            end
            s4: next_st = s0;
            e1: next_st = e2;
            e2: next_st = e3;
            e3: next_st = e4;
            e4: next_st = s0;
            default: next_st = s0;
        endcase
    end
assign led_state = (next_st == s4) ? led_on:(next_st ==e4)? led_blink:led_off;
endmodule
//密码锁处理模块
module lock_result(
    input clk,
    input [1:0] led_state,
    output reg led
    );
    reg [23:0] cnt;
    parameter led_on =2'b00,led_off=2'b11,led_blink=2'b10;
    always @(posedge clk) begin
        cnt = cnt + 1;
        if(led_state == led_on ) begin led =1;end
        else begin
            if(led_state == led_off ) led=0;
            else begin led=cnt[23]; end
        end
    end
endmodule
```

3. 项目显示结果

电子密码锁端口说明见表 8.3。

表 8.3　电子密码锁端口信号说明

实验信号名称	FPGA I/O 名称	程序信号名称	功能说明
CLK	Pin_M2	clk	25 MHz 时钟信号
RST	Pin_A14	rst_n	低电平复位
KEY_C_R[0]	Pin_A12	key_c_r[0]	按键输入数据
KEY_C_R[1]	Pin_N8	key_c_r[1]	
KEY_C_R[2]	Pin_P11	key_c_r[2]	
KEY_C_R[3]	Pin_T11	key_c_r[3]	
KEY_C_R[4]	Pin_B13	key_c_r[4]	
KEY_C_R[5]	Pin_N11	key_c_r[5]	
KEY_C_R[6]	Pin_B4	key_c_r[6]	
KEY_C_R[7]	Pin_A4	key_c_r[7]	
LED	Pin_C6	led	指示灯
SEG[0]	Pin_B6	seg_h[0]	数码管段码，依次 a,b,c,d,e,f,g,dp
SEG[1]	Pin_B5	seg_h[1]	
SEG[2]	Pin_A5	seg_h[2]	
SEG[3]	Pin_A6	seg_h[3]	
SEG[4]	Pin_B7	seg_h[4]	
SEG[5]	Pin_A7	seg_h[5]	
SEG[6]	Pin_C8	seg_h[6]	
SEG[7]	Pin_N5	seg_h[7]	
C1_H	Pin_R5	an[3]	位码控制端：从左至右
C2_H	Pin_T5	an[2]	
C3_H	Pin_P3	an[1]	
C4_H	Pin_T2	an[0]	

新建 Quartus II 工程，通过例 8.3-1 产生 .rbf 文件，远程烧写 FPGA，显示如图 8.12 所示密码锁实验，通过阵列键盘输入 9765（键盘信息从左到右，从上到下依次代表：1、2、3、C；4、5、6、D；7、8、9、E；A、0、B、F），指示灯会点亮，表明密码输入正确，然后再任意按一个按键，密码锁打开。

视 频

电子密码锁

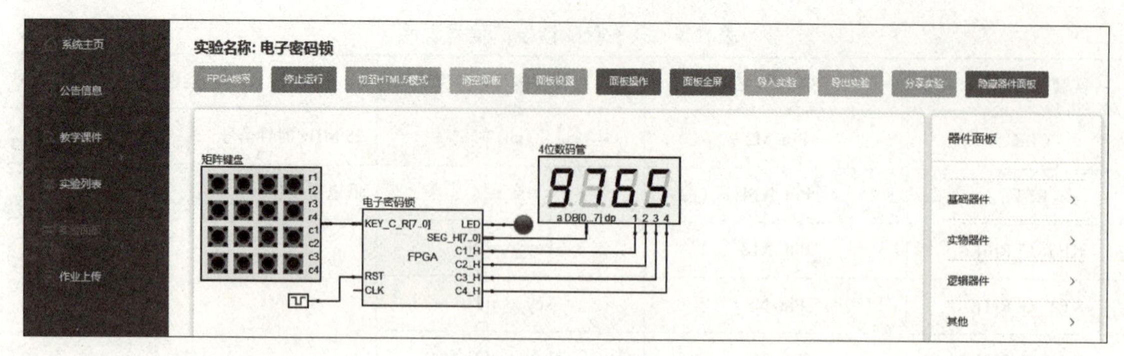

图 8.12　电子密码锁实验

4. 项目扩展练习

以上只是实现了简单的电子密码锁功能，通过扩展模块使功能更加完善。

① 添加密码重置功能。

② 添加蜂鸣器，区分指示密码锁正常打开、密码错误和报警等。

③ 修改数码管动态显示模块，能够指示更多信息，如密码显性 / 隐形显示等。

④ 添加模块，完善对键盘相应功能按键的操作。

⑤ 采用液晶 LCD1602 对密码锁相关操作进行显示。

8.4 频率计设计

1. 项目设计要求

本项目设计一个能测量方波信号频率的频率计，测得频率后要求用十进制数稳定显示输出结果。测量的频率范围是 1 ~ 9 999 Hz，用四位数码管显示测量频率。当测量频率大于 9 999 Hz 时，显示“EEEE”，表示越限。

设计原理为：在 1 秒内对被测信号的上升沿计数，计数器的值就是被测信号的频率。为了使数码管显示数据稳定，在 1 秒计数结束后，计数值被锁存，然后对计数器清零，为下一次测频计数周期做好准备。因此可以先设计一个周期为 4 秒的控制电路，其中 1 秒用于控制计数器计数，其余 3 秒用于数据显示。其系统框图如图 8.13 所示。

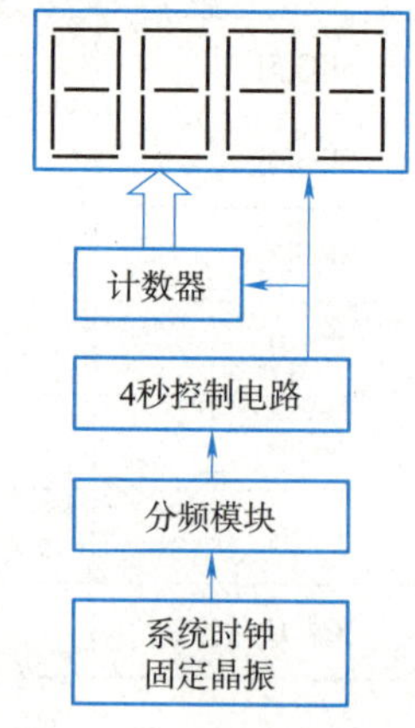

图 8.13　频率计系统框图

2. 项目设计思路

频率计设计结构图如图 8.14 所示。本项目顶层文件为 freq_meter。U1 模块产生 0.5 Hz 分频信号，作为对待测频率信号进行频率测量的基准信号，该模块由顶层调用例 4.4-11 参数化分频器实现；U2 模块是顶层调用例 4.4-11 参数化分频器实现，作为后续动态显示电路的位扫描信号；U5 模块显示测量频率，由顶层调用例 7.2-2 数码管动态显示电路实现；U3 模块首先产生一个 4 秒周期的信号，其中 1 秒时间内进行计数器计数，其余 3 秒时间，计数器停止计数，用于数码管稳定显示，由顶层调用模块文件 freq_test 实现；U4 模块将频率测量结果转换成数码管显示的十进制数据，通过顶层调用模块文件 freq_process 实现。频率计项目的程序设计参见例 8.4-1。

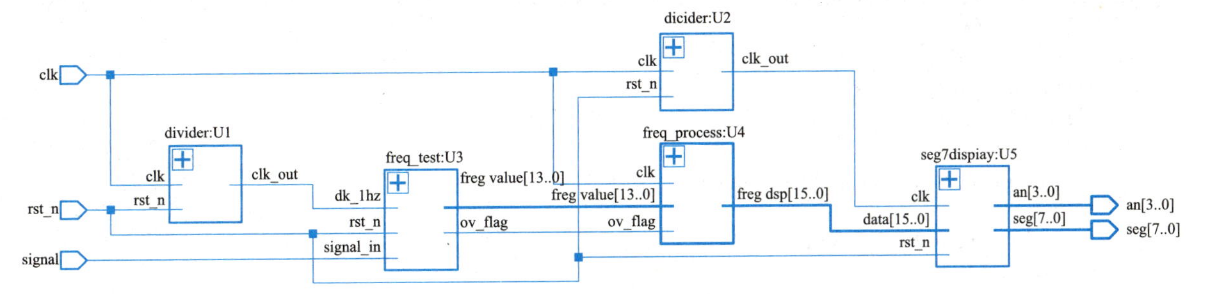

图 8.14　频率计设计结构图

【例 8.4-1】 基于 Verilog HDL 的频率计设计与实现。

```
// 频率计顶层模块，signal 为待测频率的输入信号
module freq_meter(
    input clk, rst_n,
    input signal,
    output [7:0] seg,
    output [3:0] an
    );
    wire [15:0] freq_dsp;
    wire [13:0] freq_value;
    wire clk_1s, clk_1khz, ov_flag;

    divider #(.CLK_FREQ(25000000),.CLK_OUT_FREQ(0.5))
               U1(.clk(clk),
                  .rst_n(rst_n),
                  .clk_out(clk_1s) );
    divider #(.CLK_FREQ(25000000),.CLK_OUT_FREQ(1000))
               U2(.clk(clk),
                  .rst_n(rst_n),
                  .clk_out(clk_1khz) );
    // 频率测量模块
    freq_test U3(    .clk_1s(clk_1s),
                     .rst_n(rst_n),
                     .signal_in(signal),
                     .ov_flag(ov_flag),
                     .freq_value(freq_value) );
    // 数据处理模块
    freq_process U4(     .clk(clk),
                         .ov_flag(ov_flag),
                         .freq_value(freq_value),
                         .freq_dsp(freq_dsp) );
    seg7display U5(.clk(clk_1khz),
                   .rst_n(rst_n),
                   .data(freq_dsp),
                   .seg(seg),
                   .an(an) );
endmodule

// 测频率模块，每 4 秒测量 1 次，clk_1s = delay = 1 时的 1 秒时间用于测量，其余 3 秒用于显示。
```

即使待测频率没有改变，在测量结束后，结果显示 3 秒，之后重新测量。该频率计的测量范围为 1 ~ 9 999 Hz，采用四位数码管动态显示，ov_flag 作为测量溢出标志位，当测量频率大于 9 999 Hz 时，显示“EEEE”表示越限。

```
module freq_test(
    input clk_1s, rst_n,
    input signal_in,
    output reg ov_flag,
    output reg [13:0] freq_value
    );
    reg [13:0] freq_temp;
    reg delay;

    always @(posedge clk_1s or negedge rst_n) begin
        if(!rst_n) delay <= 0;
        else delay <= ~delay;                               // 周期 4 秒
    end

    always @(posedge signal_in or negedge rst_n) begin
        if(!rst_n) begin
            freq_temp <= 0;
            ov_flag <= 0;
        end
        else begin
            if(delay == 0) freq_temp <=0;
            else if (delay ==1 )begin
                if(clk_1s) freq_temp <= freq_temp + 1;
                else freq_value <= freq_temp;
            end
            if (freq_value > 9999) ov_flag <=1;         // 测量越限
            else ov_flag <= 0;
        end
    end
endmodule

// 数据处理模块，将测量的频率数据转换为 4 位 BCD 码显示
module freq_process(
input clk,
    input ov_flag,
    input [13:0] freq_value,
    output [15:0] freq_dsp
    );
    reg [3:0] gewei,shiwei,baiwei,qianwei;
    wire [3:0] sm0,sm1,sm2,sm3;
    integer i,j,m;
    reg [13:0] freq_disp;

    always @(posedge clk) begin
        if (ov_flag) begin                            // 数值越限，显示“EEEE”
            gewei =4'hE;
            shiwei = 4'hE;
            baiwei = 4'hE;
```

```
            qianwei = 4'hE;
        end
        else begin
            freq_disp = freq_value;
            for (i=0;i<10;i=i+1)
                if(((i*1000)<= freq_disp)&(((i+1)*1000)>freq_disp))
                    qianwei = i;
            freq_disp = freq_disp - qianwei * 1000;
            for (j=0;j<10;j=j+1)
                if(((j*100)<= freq_disp)&(((j+1)*100)>freq_disp))
                    baiwei = j;
            freq_disp = freq_disp - baiwei * 100;
            for (m=0;m<10;m=m+1)
                if(((m*10)<= freq_disp)&(((m+1)*10)>freq_disp))
                    shiwei = m;
            gewei = freq_disp - shiwei * 10;
        end
    end

    assign sm3 = (qianwei ==0) ? 4'hF : qianwei;
    assign sm2 = ((qianwei ==0)&(baiwei==0)) ? 4'hF : baiwei;
    assign sm1 = ((qianwei ==0)&(baiwei==0)&(shiwei==0)) ? 4'hF : shiwei;
    assign sm0 = gewei;
    assign freq_dsp = {sm3,sm2,sm1,sm0};
endmodule
```

如果测试频率的高位没有数字，就熄灭对应位数码管，为了熄灭数码管，将例 7.2-2 中对应的显示“F”对应的段码修改为：4'b1111: seg = 8'b1_1111111;。

3. 项目测试

通过对例 8.4-1 所描述频率计的 signal 输入端外接待测信号可以测量其频率。

下面验证例 8.4-1 所设计频率计的正确性。采用如图 8.15 所示的测试电路，通过 U1 模块产生对开发板上 25 MHz 的时钟信号进行不同的分频，按键 key 可以改变分频信号频率，且分频后的待测信号频率通过计算为已知值，将已知的待测信号输入到频率计模块 U2 中，如果频率计显示出的频率与已知分频后的信号频率相同，则验证了所设计频率计的正确性。频率计的测试电路描述参考例 8.4-2。测试中，按键的值对应 0~15，通过 LED 灯指示按键值，待测的信号由模块 U1 通过计数器的不同输出端得到不同频率信号，语句 signal = clkdiv[led + 10] 描述分频信号，频率最大值为 $25MHz/2^{11}$ = 12 207 Hz。

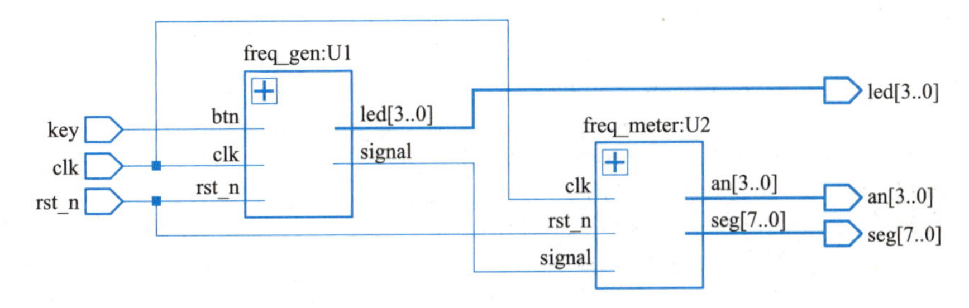

图 8.15 频率计测试电路

【例 8.4-2】 对例 8.4-1 所设计的频率计进行测试验证。

```
//测试顶层模块
module freq_meter_test(
    input clk, rst_n,
    input key,
    output [7:0] seg,
    output [3:0] an,
    output [3:0] led
    );
    wire signal;

//产生待测频率信号
freq_gen U1(.clk(clk),
            .rst_n(rst_n),
            .btn(key),
            .signal(signal),
            .led(led) );

//调用例 8.4-1 频率计模块
freq_meter U2( .clk(clk),
               .rst_n(rst_n),
               .signal(signal),
               .seg(seg),
               .an(an) );
endmodule

//产生待测频率模块
module freq_gen(
   input clk, rst_n,
   input btn,
   output signal,
   output reg [3:0] led
   );
   reg [25:0] clkdiv;

   always @ (posedge btn, negedge rst_n) begin
      if(!rst_n) led <= 0;
      else led <= led + 1;
   end
   assign signal = clkdiv[led + 10];            //产生分频信号

   always @ (posedge clk, negedge rst_n)
        if(!rst_n)  clkdiv <= 0;
        else    clkdiv <= clkdiv + 1;
endmodule
```

4. 项目显示结果

频率计实验端口信号说明见表 8.4。本项目设计的频率计测量范围小于 9 999，当待测频率超出测量范围时，频率计显示“EEEE”，如图 8.16 所示；待测信号频率不超范围时可以显示正确的信号频率值，如图 8.17 所示，此时 LED 灯指示为 0001，表示按键值为 1，根据分频描述 signal = clkdiv[led + 10]，此时待测信号频率为计数器 clkdiv[11] 的频率，根据计算待测频率为 25 MHz/2^{12} = 6 103.5 Hz，而频率计测量显示出来的数据为 6103；通过按键改变待测信号的频率，频率计均能够正确显示，频率计测量值与理论计算的待测波形频率值相差不超过 1Hz。

视频

频率计

表 8.4　频率计端口信号说明

实验信号名称	FPGA I/O 名称	程序信号名称	功能说明
CLK	Pin_M2	clk	25 MHz 时钟信号
RST	Pin_A14	rst_n	低电平复位
KEY	Pin_A12	key	按键输入
SEG[0]	Pin_C6	seg[0]	数码管段码，依次 a,b,c,d,e,f,g,dp
SEG[1]	Pin_B6	seg[1]	
SEG[2]	Pin_B5	seg[2]	
SEG[3]	Pin_A5	seg[3]	
SEG[4]	Pin_A6	seg[4]	
SEG[5]	Pin_B7	seg[5]	
SEG[6]	Pin_A7	seg[6]	
SEG[7]	Pin_C8	seg[7]	
C1	Pin_N5	an[3]	位码控制端：从左至右
C2	Pin_R5	an[2]	
C3	Pin_T5	an[1]	
C4	Pin_P3	an[0]	
LED3	Pin_T2	led[3]	四位 LED 灯
LED2	Pin_R1	led[2]	
LED1	Pin_N6	led[1]	
LED0	Pin_T6	led[0]	

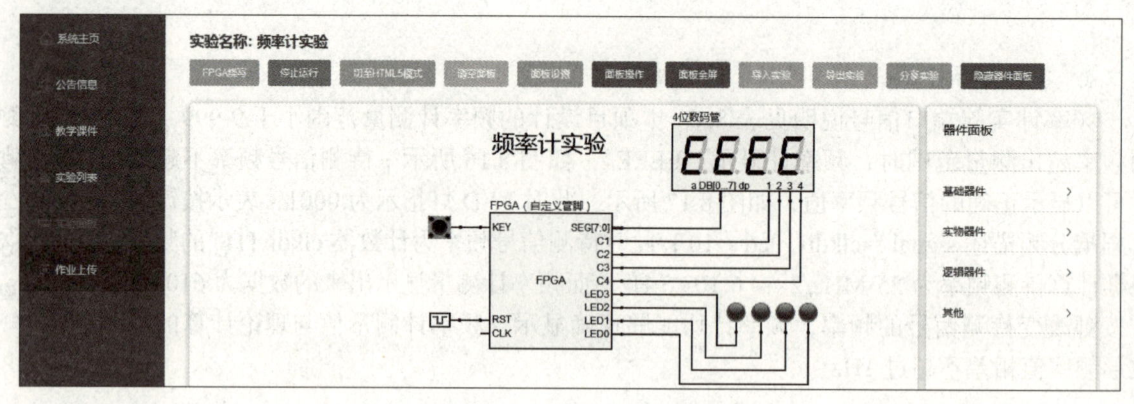

图 8.16　频率计测量超限

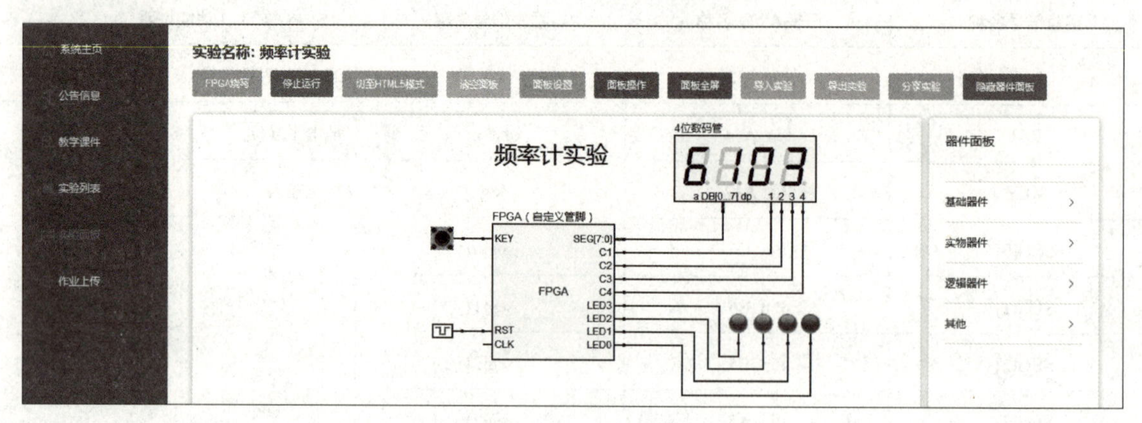

图 8.17　频率计正常测量

5. 项目扩展练习

① 通过按键可改变量程，如 ×10 挡、×100 挡等。

② 修改数据处理模块，实现小数位显示，提高精度。

③ 添加模块，可以测量其他波形的频率。

④ 通过液晶 LCD1602 对频率计信息进行显示。

8.5 信号发生器设计

1. 项目设计要求

本项目设计一个信号发生器，使用自制的 ROM 存储信号波形数据。

2. 项目设计思路

本项目设计简易信号发生器，可以产生正弦波、方波、三角波和锯齿波。设计结构图如图 8.18 所示。

本设计由顶层模块 wave_generation 和 5 个子模块构成。U20 为正弦信号数据模块，存储正弦波形的数据点，模块文件 sin_wave；U21 为方波信号产生模块，模块文件 square_wave；U22 为三角波信号产生模块，模块文件 triangular_wave；U23 为锯齿波信号产生模块，模块文件 sawtooth_wave；U1 为波形输出选择模块，模块文件 wave_sel。简易信号发生器项目的完整代码可以参见例 8.5-1。

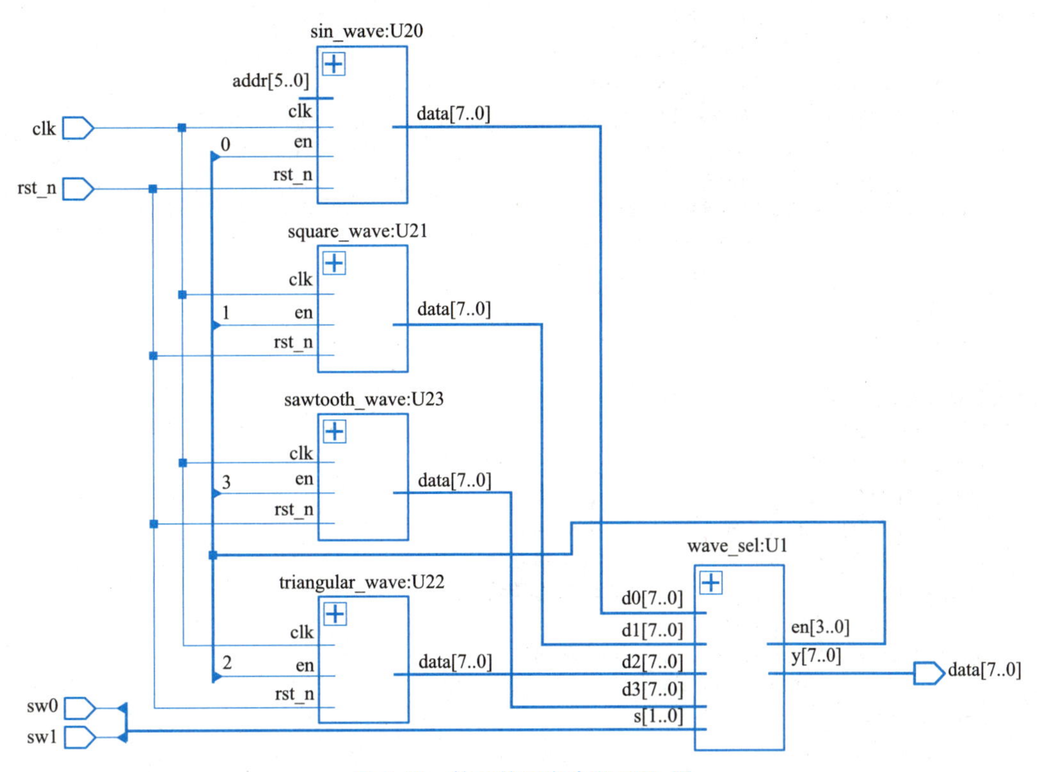

图 8.18　简易信号发生器 RTL 图

【例 8.5-1】 基于 Verilog HDL 的简易信号发生器设计与实现。

```
//信号发生器顶层模块
module wave_generation(
    input clk,
    input rst_n,
    input sw1, sw0,
    output [7:0] data
    );
    wire [3:0] en;
    wire [7:0] d0,d1,d2,d3;
    wave_sel U1(
            .d0(d0),              //正弦波
            .d1(d1),              //方波
            .d2(d2),              //三角波
            .d3(d3),              //锯齿波
            .s({sw1,sw0}),        //波形选择端
            .en(en),
            .y(data));            //波形信号输出
    sin_wave U20 (.clk(clk),
                .rst_n(rst_n),
                .en(en[0]),
```

```
                        .addr(),
                        .data(d0) );
    square_wave U21(.clk(clk),
                    .rst_n(rst_n),
                    .en(en[1]),
                    .data(d1));
    triangular_wave U22(.clk(clk),
                    .rst_n(rst_n),
                    .en(en[2]),
                    .data(d2));
    sawtooth_wave U23(.clk(clk),
                    .rst_n(rst_n),
                    .en(en[3]),
                    .data(d3));
endmodule

//波形选择模块
module wave_sel (
    input [7:0] d0,             //数据端 d0
    input [7:0] d1,             //数据端 d1
    input [7:0] d2,             //数据端 d2
    input [7:0] d3,             //数据端 d3
    input [1:0] s,              //地址选择端
    output reg [3:0] en,
    output reg [7:0] y);        //输出端口定义
    always @ ( * )
    begin
        case (s)
        2'b00: begin y = d0; en = 4'b0001;end
        2'b01: begin y = d1; en = 4'b0010;end
        2'b10: begin y = d2; en = 4'b0100;end
        2'b11: begin y = d3; en = 4'b1000;end
        default: y = d0;        //默认选择数据 d0
        endcase
end
endmodule

//正弦信号数据存储模块
module sin_wave(clk, rst_n, en, addr, data);
    parameter N=6;
    parameter M=8;
    input clk;
    input rst_n, en;
    input [N-1:0] addr;
    output [M-1:0] data;
    reg [N-1:0] addr_r;
    reg [M-1:0] memory[0:2**N-1];
    integer i;
    parameter rom_init={8'd255,8'd254,8'd252,8'd249,8'd245,8'd239,8'd233,
                    8'd225,8'd217,8'd207,8'd197,8'd186,8'd174,8'd162,
```

```
                    8'd150,8'd137,8'd124,8'd112,8'd99,8'd87,8'd75,
                    8'd64,8'd53,8'd43,8'd34,8'd26,8'd19,8'd13,8'd8,
                    8'd4,8'd1,8'd0,8'd0,8'd1,8'd4,8'd8,8'd13,8'd19,
                    8'd26,8'd34,8'd43,8'd53,8'd64,8'd75,8'd87,8'd99,
                    8'd112,8'd124,8'd137,8'd150,8'd162,8'd174,8'd186,
                    8'd197,8'd207,8'd217,8'd225,8'd233,8'd239,8'd245,
                    8'd249,8'd252,8'd254,8'd255
                    };
    assign data = memory[addr_r];

    always @ (posedge clk ,negedge rst_n) begin
        if(!rst_n) begin
            addr_r <= 0;
            for(i=0;i<2**N;i=i+1)                           //初始化存储器
            memory[i] <= rom_init[(M*(2**N)-1-M*i)-:M];     //从高位开始取M位
        end
        else if (en) addr_r <= addr_r + 1;
    end
endmodule

//方波产生模块
module square_wave(clk, rst_n, en, data);
    parameter N=6;
    parameter M=8;
    input clk;
    input rst_n;
    input en;
    output reg [M-1:0] data;
    reg [N-1:0] cnt;

    always @ (posedge clk, negedge rst_n) begin
        if( !rst_n) begin
            cnt <= 0;
        end
        else if (cnt == 2**N -1) begin
            cnt <= 0;
        end
        else cnt <= cnt + 1;
    end

    always @ (posedge clk, negedge rst_n) begin
        if( !rst_n) begin
            data <= 0;
        end
        else begin
            if (en)
                if (cnt < 32) data <= 0;
                else data <= 255;
        end
```

```
    end
endmodule

//三角波信号产生模块
module triangular_wave(clk, rst_n, en, data);
    parameter N=6;
    parameter M=8;
    input clk;
    input rst_n;
    input en;
    output reg [M-1:0] data;
    reg wave_sign;

    always @ (posedge clk, negedge rst_n) begin
        if( !rst_n) begin
            wave_sign <= 1;
            data <= 0;
        end
        else
            if (en) begin
                if (wave_sign == 1) begin
                    if (data == 248) wave_sign <= 0;
                    else data <= data + 8;
                end
            else begin
                if( data ==0 ) wave_sign <= 1;
                else data <= data - 8;
            end
        end
    end
endmodule

//锯齿波产生模块
module sawtooth_wave(clk, rst_n, en, data);
    parameter N=6;
    parameter M=8;
    input clk;
    input rst_n;
    input en;
    output reg [M-1:0] data;

    always @ (posedge clk, negedge rst_n) begin
        if( !rst_n) begin
            data <= 0;
        end
        else
            if (en)     begin
                if ( data == 252 ) data <= 0;
                else data <= data + 4;
```

```
                end
        end
endmodule
```

3. 项目仿真调试

为了验证信号发生器设计的正确性，通过 Altera-ModelSim 对该项目中添加了仿真调试，如图 8.19 所示，分别输出了正弦波、方波、三角波和锯齿波，初步验证了设计的正确性。

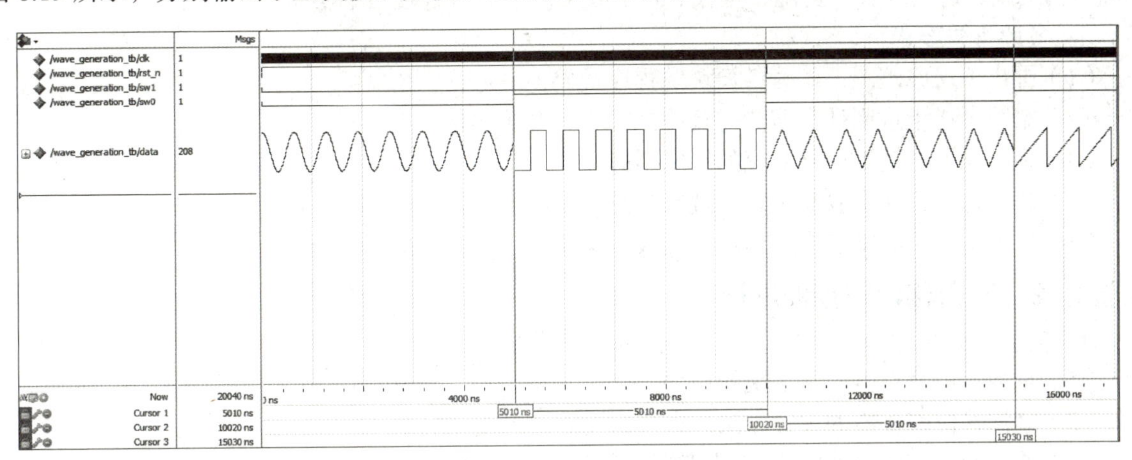

图 8.19　信号发生器仿真图

4. 项目扩展练习

① 通过按键控制输出正弦波、方波、三角波和锯齿波的切换选择。

② 通过按键可以改变输出波形的频率和幅值。

③ 添加显示模块，显示波形信息。

④ 添加 8.4 节频率计，对信号发生器产生的各种波形频率进行测量。

8.6 实验与设计

实验 8-1　含有异步清零、同步使能的十进制可逆计数器设计

1. 实验目的

（1）掌握可逆计数器的基本功能。

（2）掌握计数器的设计方法。

（3）使用 Quartus II 软件对可逆计数器进行设计并仿真。

（4）学会程序下载及调试。

2. 预习要求

（1）预习时序逻辑电路的设计方法。

（2）预习异步清零、同步使能的含义。

（3）预习分频器的设计方法。

（4）预习结构化的设计方法。

3. 实验内容

通过本实验将学习使用 Quartus II 软件完成可逆十进制计数器的设计与实现。设计原理如下：对系统 25 MHz 信号进行分频，得到 1 Hz 的信号，该信号作为可逆十进制计数器的时钟信号，通过 4 个 LED 灯显示计数器的计数状态，通过 1 个 LED 灯表示计数器的进 / 借位，该计数器具有加 / 减计数控制键，具有异步清零和同步使能控制键。设计完成后，对可逆十进制计数器进行功能仿真，添加引脚约束，进行综合、适配、生成 .rbf 下载文件、通过远程云端实验平台验证。

4. 实验报告要求

（1）画出顶层原理图，编写各模块源程序代码。

（2）编写可逆十进制计数器的仿真测试代码，并画出仿真波形。

（3）列出输入、输出信号对应的锁定引脚。

（4）通过远程云端实验显示实验现象，总结本次实验体会。

（5）扩展练习，尝试扩展应用场合或改进策略。

实验 8-2　双向移位寄存器设计

1. 实验目的

（1）掌握移位寄存器的基本功能。

（2）掌握移位寄存器的设计方法。

（3）使用 Quartut II 软件对移位寄存器进行设计并仿真。

（4）学会程序下载及调试。

2. 预习要求

（1）预习移位寄存器的基本功能。

（2）预习分频器的设计方法。

（3）预习结构化的设计方法。

3. 实验内容

通过本实验将学习使用 Quartut II 软件完成八位双向移位寄存器的设计与实现。设计原理如下：对系统 25 MHz 信号进行分频，得到 1 Hz 的信号，该信号作为移位寄存器的时钟信号，通过八个 LED 灯显示寄存器的状态，移位寄存器具有异步复位、双向移位、并行置数等功能。设计完成后，对双向移位寄存器进行功能仿真，添加引脚约束，进行综合、适配、生成 .rbf 下载文件、通过远程云端实验平台验证。

4. 实验报告要求

（1）画出顶层原理图，编写各模块源程序代码。

（2）编写双向移位寄存器的仿真测试代码，并画出仿真波形。

（3）列出输入、输出信号对应的锁定引脚。

（4）通过远程云端实验显示实验现象，总结本次实验体会。

（5）扩展练习，尝试扩展应用场合或改进策略。

实验 8-3　数码管动态扫描显示电路设计

1. 实验目的

（1）掌握数码管动态扫描显示的基本原理。

（2）掌握显示译码器的设计方法。

（3）使用 Quartut II 软件对动态扫描显示电路进行设计并仿真。

（4）学会程序下载及调试。

2. 预习要求

（1）预习显示译码器的功能表。

（2）预习分频器、计数器的设计方法。

（3）预习结构化的设计方法。

3. 实验内容

通过本实验将学习使用 Quartut II 软件来完成数码管动态扫描显示电路的设计与实现。对系统 25 MHz 信号进行适当的分频，设计一个八进制计数器，通过八进制计数器的八种状态分别控制八个数码管的位码和需要显示的四位二进制码，最后将四位二进制码通过显示译码器（字库）输出需要的字形，且该电路还具有全局复位功能。设计完成后，对八进制计数器和控制电路进行功能仿真，添加引脚约束，进行综合、适配、生成 .rbf 下载文件、通过远程云端实验平台验证。

4. 实验报告要求

（1）画出顶层原理图，编写各模块源程序代码。

（2）编写八进制计数器和控制电路的仿真测试代码，并画出仿真波形。

（3）列出输入、输出信号对应的锁定引脚。

（4）通过远程云端实验显示实验现象，总结本次实验体会。

（5）扩展练习，尝试扩展应用场合或改进策略。

实验 8-4　键盘显示电路设计

1. 实验目的

（1）掌握键盘优先编码的基本原理。

（2）使用 Quartut II 软件对键盘显示电路进行设计并仿真。

（3）学会程序下载及调试。

2. 预习要求

（1）预习 CASE 语句与 IF 语句的使用方法。

（2）预习优先编码器的功能及设计方法。

（3）预习动态扫描显示电路的设计方法。

3. 实验内容

通过本实验将学习使用 Quartut II 软件，通过原理图连线来完成键盘显示电路的设计与实现。十个拨码开关表示键盘的 0 ~ 9，并且 9 的优先级最高，依次降低，0 的优先级最低；用 10 个 LED 分别表示对应的键盘数值被按下；通过设计优先编码器输出四位二进制代码，并用七段数码管显示所按键盘的数值。具体要求如下：

（1）设计优先编码器模块，编写测试代码及仿真，并封装成电路图。

（2）设计七段数码管显示模块，并封装成电路图。

（3）顶层创建原理图，调用（1）、（2）两步中的原理图，进行正确的连线，实现键盘显示电路。

（4）进行功能仿真，添加引脚约束，进行综合、适配、生成 .rbf 下载文件、通过远程云端实验平台验证。

4. 实验报告要求

（1）画出顶层原理图，编写各模块源程序代码。

（2）编写优先编码器的仿真测试代码，并画出仿真波形。

（3）列出输入、输出信号对应的锁定引脚。

（4）通过远程云端实验显示实验现象，总结本次实验体会。

（5）扩展练习，尝试扩展应用场合或改进策略。

实验 8-5　出租车模拟计价器设计

1. 实验目的

（1）了解出租车计价器的工作原理。掌握出租车计价器的设计思路和设计方法。

（2）掌握里程计算的设计方法。

（3）综合应用计数器、分频器、数码管显示等电路。

（4）熟练 Quartut II 开发流程、仿真及下载调试。

2. 预习要求

（1）预习频率计设计方法。

（2）根据频率计原理计算行驶里程。

（3）预习按键输入和显示输出设计方法。

（4）进行模块的合理划分，并设计各子模块及必要的仿真。

（5）设计顶层模块及引脚锁定。

3. 实验内容

（1）设计一个出租车模拟计价器，为简化处理，假设计费只与里程相关，行程不足 3 千米，计费 10 元，超过 3 千米后 2 元 / 千米。具有以下功能：

① 计算功能：计算出出租车的行驶路程。

② 复位功能：能用按键将计价器清零。

③ 计算功能：计算出租车总费用。

④ 显示功能：同时使用 8 个数码管扫描显示行驶里程、行驶时间和车费。

（2）进行设计的仿真及下载验证。通过编写仿真测试代码，对出租车计价器各功能模块进行功能仿真，添加引脚约束，进行综合、适配、生成 .rbf 下载文件、通过远程云端实验平台验证。

4. 实验报告要求

（1）画出顶层原理图及设计流程。

（2）编写各模块源程序代码。

（3）画出相关计数器仿真波形。

（4）列出输入、输出信号对应的锁定引脚。

（5）通过远程云端实验显示实验现象，总结本次实验体会。

实验 8-6　具有 4 种信号灯的交通灯控制器设计

1. 实验目的

（1）了解交通灯控制器的工作原理，掌握设计思路和设计方法。

（2）掌握有限状态机的设计方法。

（3）综合应用计数器、分频器、数码管显示等电路。

（4）熟练 Quartut II 开发流程、仿真及下载调试。

2. 预习要求

（1）预习 8.2 节交通灯控制器的设计方法。

（2）预习有限状态机的设计方法。

（3）预习按键输入和显示输出的设计方法。

（4）进行模块的合理划分，并设计各子模块及必要的仿真。

（5）设计顶层模块及引脚锁定。

3. 实验内容

（1）设计一个具有四种信号灯的交通灯控制器，由一条主路和一条支路组成十字路口，每个入口设置红、黄、绿、左转放行灯四种信号灯，设计要求：

① 控制功能：主路直行绿灯 30 秒，黄灯 5 秒；左转放行 15 秒，黄灯 5 秒；然后支路直行绿灯 20 秒，黄灯 5 秒；左转放行 10 秒，黄灯 5 秒。

② 复位功能：能用按键将交通灯复位至主路绿灯支路红灯开始，计数器复位。

③ 计时功能：通行时间倒计时。

④ 显示功能：同时使用 8 个数码管扫描显示 4 个入口倒计时，并使用 16 个 LED 灯显示相应信号灯状态。

（2）进行设计的仿真及下载验证。

通过编写仿真测试代码，对交通灯控制器各功能模块进行功能仿真，添加引脚约束，进行综合、适配、生成 .rbf 下载文件、通过远程云端实验平台验证。

4. 实验报告要求

（1）画出顶层原理图及设计流程。

（2）编写各模块源程序代码。

（3）画出相关计数器仿真波形。

（4）画出状态转换图。

（5）列出输入、输出信号对应的锁定引脚。

（6）通过远程云端实验显示实验现象，总结本次实验体会。

实验 8-7　拔河游戏机设计

1. 实验目的

（1）了解拔河游戏机的工作原理，掌握设计思路和设计方法。

（2）掌握计数器和译码器的设计方法。

（3）综合应用计数器、分频器、数码管显示等电路。

（4）熟练 Quartut II 开发流程、仿真及下载调试。

2. 预习要求

（1）预习可逆计数器的设计方法。

（2）预习编码器及译码器的设计方法。

（3）预习按键输入和显示输出设计方法。

（4）进行模块的合理划分，并设计各子模块及必要的仿真。

（5）设计顶层模块及引脚锁定。

3. 实验内容

（1）设计一个拔河游戏机，用 15 个 LED 灯表示拔河的“电子绳子”，中间灯亮即为拔河的中心点。游戏双方通过迅速地不断按动按键，谁按得快，LED 灯向谁的方向移动一次，每次只有一个灯亮，当灯移动到任一方终端就获胜，此时双方按键均不起作用，输出保持，只有复位才能使 LED 灯恢复到中心点。比赛开始由裁判下达开始命令后，双方按键输入才有效。使用数码管显示双方的分数，获胜方自动加分。

（2）进行设计的仿真及下载验证。

通过编写仿真测试代码，对拔河游戏机各功能模块进行功能仿真，添加引脚约束，进行综合、适配、生成 .rbf 下载文件、通过远程云端实验平台验证。

4. 实验报告要求

（1）画出顶层原理图及设计流程图。

（2）编写各模块源程序代码。

（3）编写可逆计数器的仿真测试代码，并画出仿真波形。

（4）列出输入、输出信号对应的锁定引脚。

（5）通过远程云端实验显示实验现象，总结本次实验体会。

小结

本章重点介绍综合应用项目的设计，包括简易数字钟设计、交通灯控制设计、密码锁设计、频率计设计和信号发生器设计。通过远程虚拟实验平台验证设计的正确性，进一步加深对数字系统设计的理解，掌握较复杂的数字系统设计方法。

习题

8-1　设计一个反应测量仪，用于测量人体反应时间。要求 LED 灯随机点亮。当看到灯点亮，立即按下按键。测量从灯亮到人按下按键这段时间就是人体反应时间。最后将该反应时间以十进制数的形式在四位数码管上显示，以 ms 为单位，当高位为 0 时，不显示。试采用 Quartus II 软件进行逻辑功能仿真，并给出仿真波形。试采用适当的实验平台进行硬件测试。

8-2　设计一个乒乓球游戏模型。要求用左右两个按键（代表选手 A 和选手 B）作为左右球拍控制信号发生器，8 个发光管分别依次点亮作为乒乓球运行路线，用两个两位数码管分别显示两位选手的得分情况，系统设一个清 0 控制按键，控制比赛重新开始。试采用 Quartus II 软件进行逻辑功能仿真，并给出仿真波形。试采用适当的实验平台进行硬件测试。

8-3　设计一个具有时、分、秒计时的数字钟电路，按 24 小时制计时。要求：

（1）输出时、分、秒的 8421BCD 码，计时输入脉冲频率为 1 Hz；

（2）具有分、时校正功能，校正输入脉冲频率为 1 Hz；

（3）采用分层次、分模块的方法，用 Verilog HDL 语言进行设计。

附录A

远程云端实验平台

根据EDA课程的教学要求以及实验室所具备的软硬件条件，在此首先介绍远程云端实验平台登录系统和平台所包含的远程器件，方便实验中数字系统搭建；介绍平台的硬件接口电路及引脚定义，方便实验中程序的引脚锁定；最后通过一个完整实例来演示远程云端实验平台的使用。

A.1 远程云端实验平台简介

远程云端实验平台通过网络真实操作硬件设备，不受时间和空间限制，方便用户操作，而且实验现象真实重现，克服了软件仿真的缺点。另外通过远程操作，减少实验设备的损坏，同时方便对设备的检修与维护。远程云端实验平台拓扑结构如图A.1所示。客户端首先登录远程云端实验平台，通过各类器件可视化搭建实验系统；接着在EDA集成开发环境下进行数字系统设计，进行仿真、综合、硬件引脚锁定和适配等，生成FPGA下载文件，通过网页登录平台进行FPGA烧写，在服务器端对FPGA芯片下载。服务器端采集客户端实验系统的输入，通过网络以及处理器传输到FGPA内部，FGPA根据用户设计系统运行，产生输出信号经过处理器及网络，到达客户端进行真实现象显示，根据输入及输出验证及调试用户所设计的数字系统。

本书所用平台是北京杰创永恒科技有限公司开发的远程云端实验平台（包括Altera版本和Xilinx版本），EDA集成开发环境使用Quartus II。当然书中所有例程也可以在任何Altera实验平台使用。若将本书中的所有例程代码移植到Vivado集成开发环境下，就可以在Xilinx硬件平台下使用。

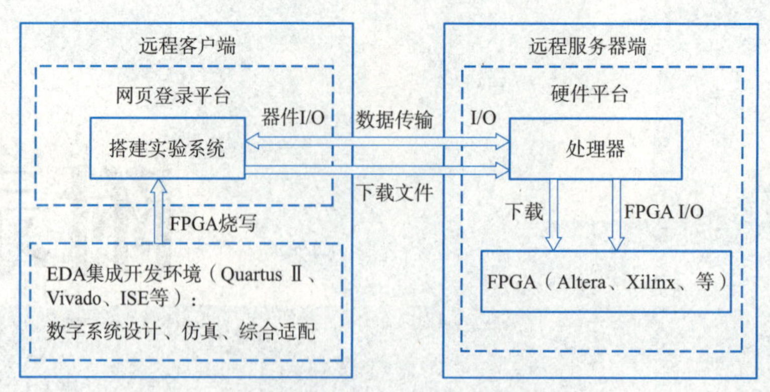

图 A.1　远程云端实验平台拓扑图

A.2　远程云端实验平台登录简介

本节详细介绍远程云端实验平台的功能，使读者能够更好地使用远程实验平台。

1. 平台登录

视频

远程平台操作指导（教师端）

输入网址，登录远程云端硬件实验平台，如图 A.2 所示。图为远程云端实验平台登录页，在此页面中输入用户名和密码，勾选“学生或老师”单击按钮后单击“登录”按钮。

视频

远程平台操作指导（学生端）

图 A.2　登录界面

2. 进入平台

以学生身份登录成功后，远程实验平台主界面如图 A.3 所示。主界面主要分为三个区域，分别是：“功能选择区”、“效果显示区”和“用户信息区”。功能选择区主要包含：系统主页、公告信息、教学课件、实验列表、实验面板、作业上传。“系统主页”为远程远端实验平台 UI 界面。“公告信息”用于学生查收老师发布的所有公告信息，如图 A.4 所示。“教学课件”用于接收教师上传的教学课件，如图 A.5 所示，如单击“操作”栏中的“下载”按钮可以将实验课件下载到本地。“实验列表”用于查看教师发布的所有实验，如实验的结束日期，实验名称等信息。还可以在“操作”

栏中通过单击相应的按钮“下载实验指导书”，“下载实验模板”，“一键去做实验”等功能，如图 A.6 所示。“实验面板”主要包含：功能选择区域、器件面板、实验图纸，如图 A.7 所示。器件面板中的器件将在下一节介绍。实验图纸区域用于实验器件的放置及连线。

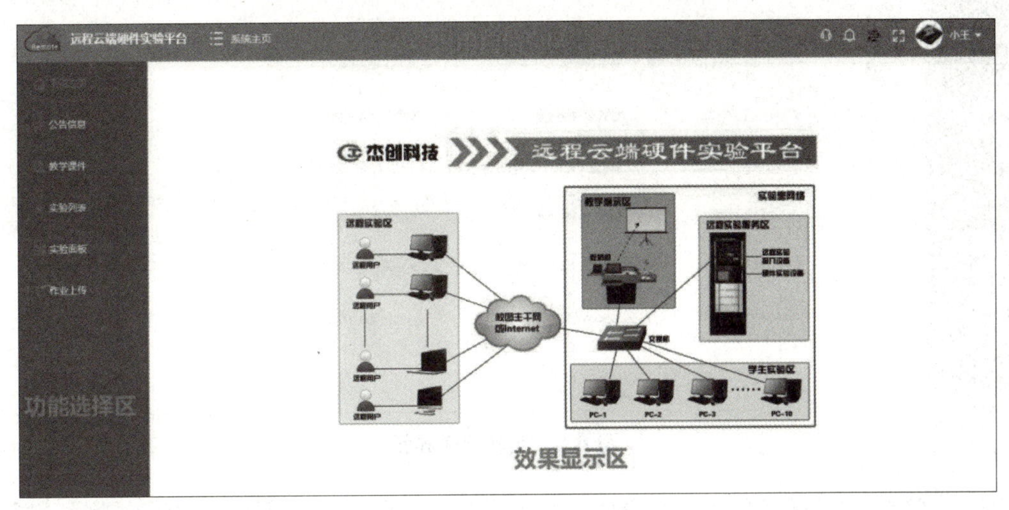

图 A.3 主界面

系统主页
公告信息
教学课件
实验列表
实验面板
作业上传

教师发布的公告信息，请及时查看

#	发布时间	标题	内容	操作
1	2019-12-13 15:11:39	板卡信息	线上可用板卡ID altera：1003-1011 xilinx：2001-2002	查看

共 1 条 20条/页 1 前往 1 页

图 A.4 公告信息界面

系统主页
公告信息
教学课件
实验列表
实验面板
作业上传

教师发布的教学课件，可下载进行查看

#	上传时间	课件名称	课件说明	课件大小	操作
1	2019-12-13 15:19:45	单周期MIPS微处理器测试程序以及验证说明.docx	单周期MIPS微处理器测试程序以及验证说明	15.6KB	下载课件
2	2019-12-13 15:19:01	远程二代HTML5二次开发规范V1.0_20190608.doc	远程二代HTML5二次开发规范	48.5KB	
3	2019-12-13 15:18:31	二代远程网页实物器件说明手册-V2.docx	二代远程网页实物器件说明	804.9KB	
4	2019-12-13 15:18:13	二代远程网页逻辑器件说明手册-V1.docx	二代远程网页逻辑器件说明手册	368.4KB	
5	2019-12-13 15:17:59	二代远程网页基础器件说明手册.docx	二代远程网页基础器件说明手册	22.4KB	
6	2019-12-13 15:17:29	二代远程管脚对应关系_V9.xlsx	altera管脚对应关系	15.3KB	
7	2019-12-13 15:13:19	二代远程主板v1.3.PDF	Xilinx板卡原理图	3.2MB	

共 9 条 20条/页 1 前往 1 页

图 A.5 教学课件界面

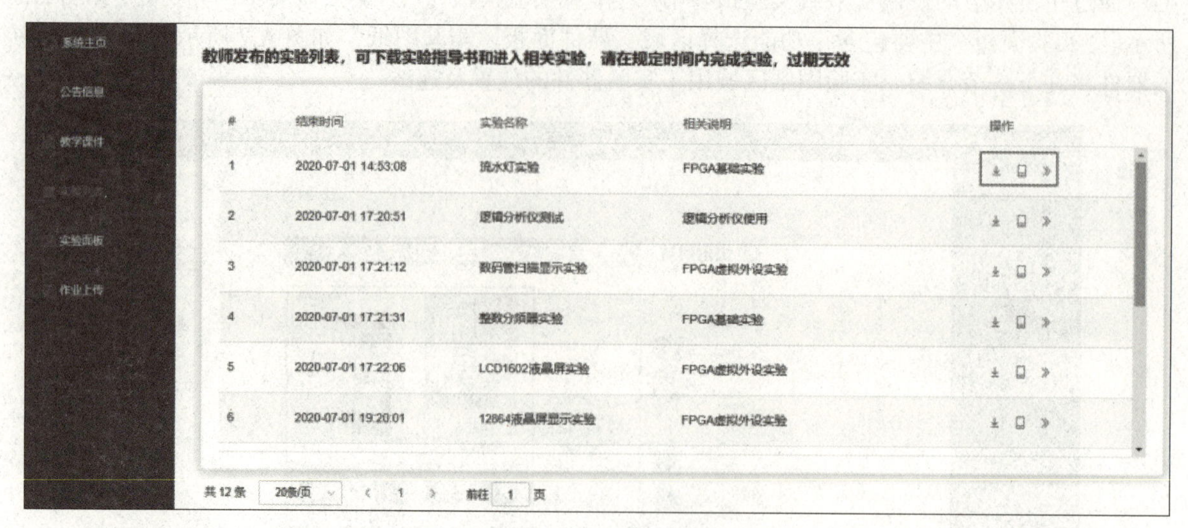

图 A.6　实验列表界面

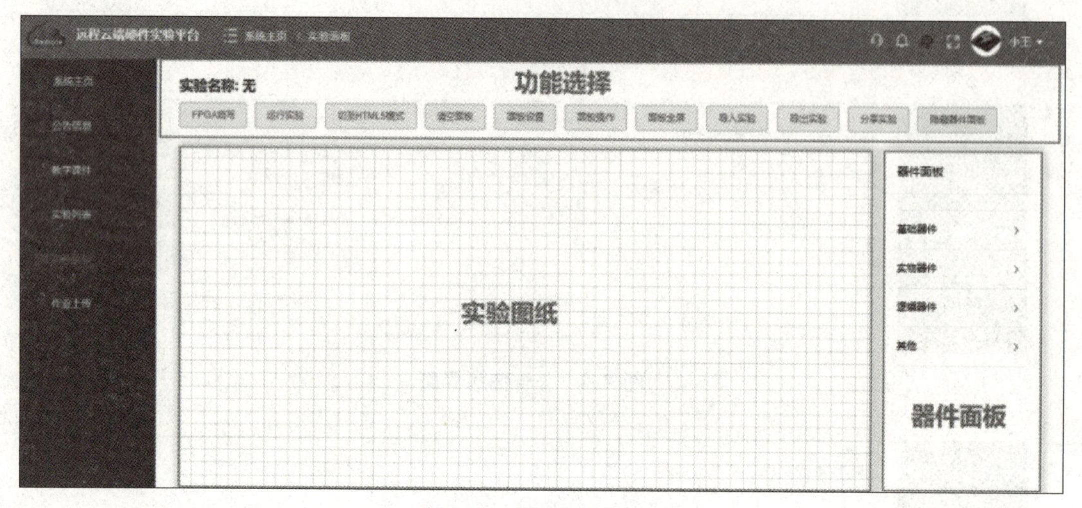

图 A.7　实验面板界面

以下对图 A.7 实验面板界面中的功能选择区各选项进行介绍：

① FPGA 烧写：烧写 rbf/bin 文件到目标 FPGA 设备中。

② 运行实验：烧写成功后，单击运行实验，即可查看实验效果。（运行实验时，实验图纸的网格会自动消失）。

③ 切换 HTML5 模式：切换到 HTML5 实验操作模式。

④ 清空面板：通过单击此按键，可以清空实验图纸中的内容。

⑤ 面板设置：通过设置面板高度、画布的偏移量、缩放系数、更改下方实验图纸参数，如图 A.8 所示。

⑥ 面板操作：对下方的实验图纸进行放大 / 缩小 / 位移等操作，如图 A.9 所示。通过键盘也可以实现同样的操作。例如：键盘上 q 键就是放大。

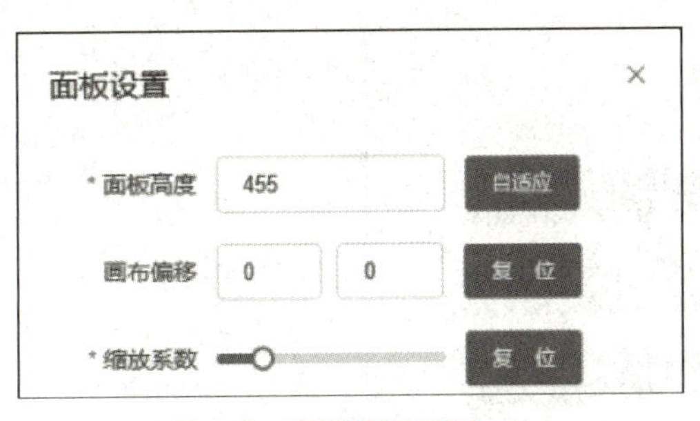

图 A.8　面板设置界面

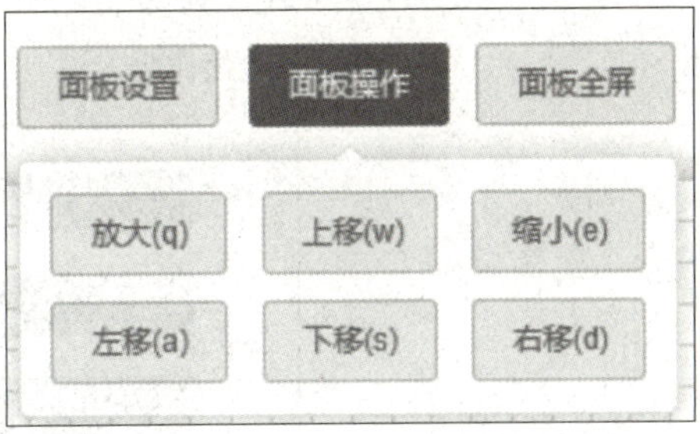

图 A.9　面板操作界面

⑦ 面板全屏：单击此按键，下方实验图纸将全屏幕显示。

⑧ 导入实验：导入本地预设模板 .epl 文件。

⑨ 导出实验：导出下方实验图纸上的模型，以 .epl 文件保存到本地。

⑩ 分享实验：通过此按钮即可分享实验图纸上的模型到如图 A.10 所示的平台上。接收到分享链接的用户可以通过链接直接查看实验模型。

图 A.10　分享实验界面

⑪ 隐藏器件面板：对右下方的器件面板实现折叠隐藏。

“作业上传”界面如图 A.11 所示，学生通过这个通道完成老师要求的作业提交任务，此处还可以下载到教师上传的实验报告模板。选择对应实验单击“操作”栏的“上传”按钮，上传实验的作业内容，如图 A.12 所示。

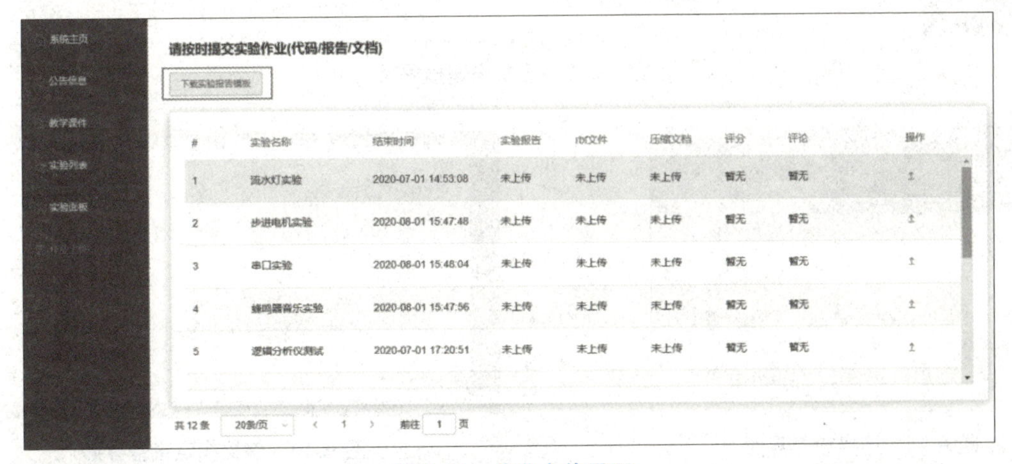

图 A.11　作业上传界面

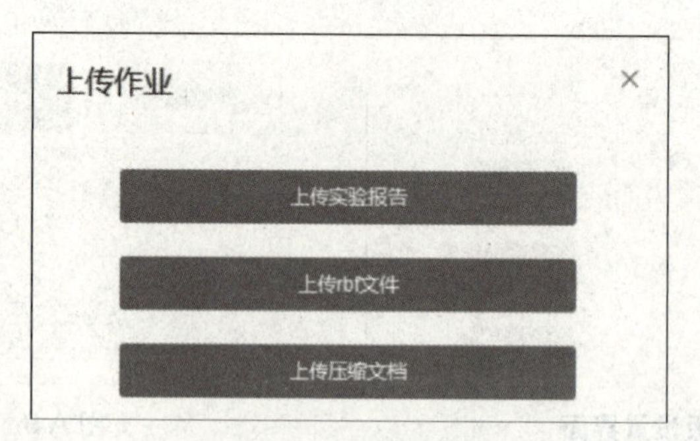

图 A.12　上传作业界面

3. 设备连接

初次登录后，首先需要注意设备是否连接正常。如图 A.13 所示的界面是设备未连接的状态，右上角设备连接图标会变成红色（成功连接时为白色），当页面提示设备未连接时，请单击右上角的用户名，单击如图 A.14 所示的用户名“小王”，单击下拉菜单中的“连接设备”命令。在如图 A.15 所示的对话框中输入设备编号进行设备连接（设备编号请咨询教职人员）。单击“确定”按钮，连接成功后如图 A.16 所示会显示设备编号、设备类型，以及设备 ID。

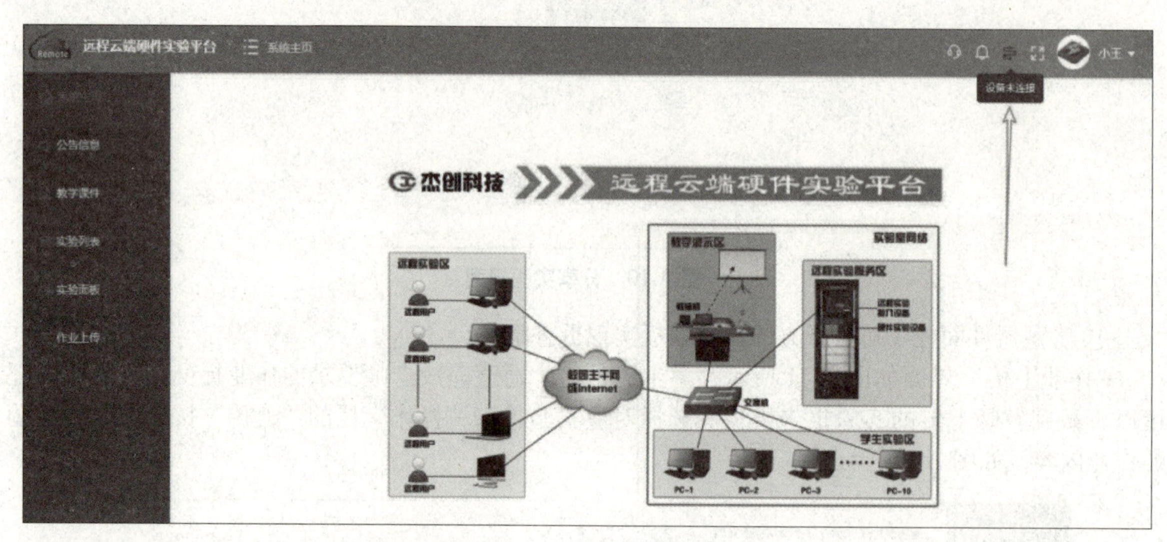

图 A.13　设备未连接界面

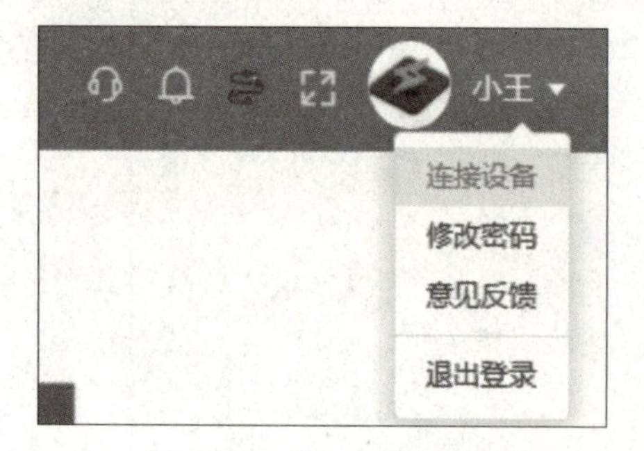

图 A.14　连接设备界面

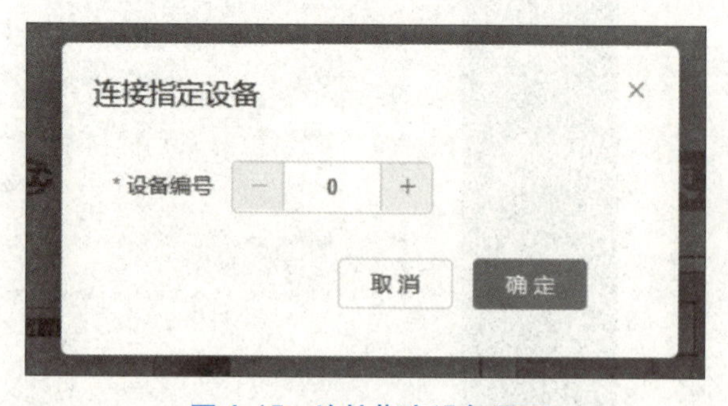

图 A.15　连接指定设备界面

图 A.16 设备已连接界面

A.3 远程云端实验平台器件简介

在上一节介绍了平台界面，接下来介绍实验平台上器件面板中所包含的器件，主要有基础器件、实物器件、逻辑器件和其他器件，重点介绍前三类，分别如图 A.17~ 图 A.19 所示。

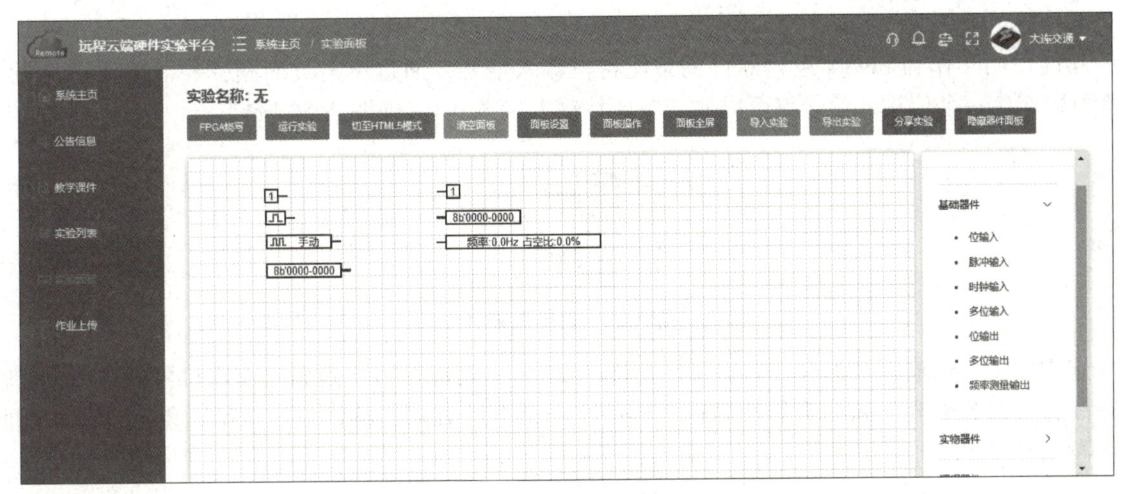

图 A.17 基础器件

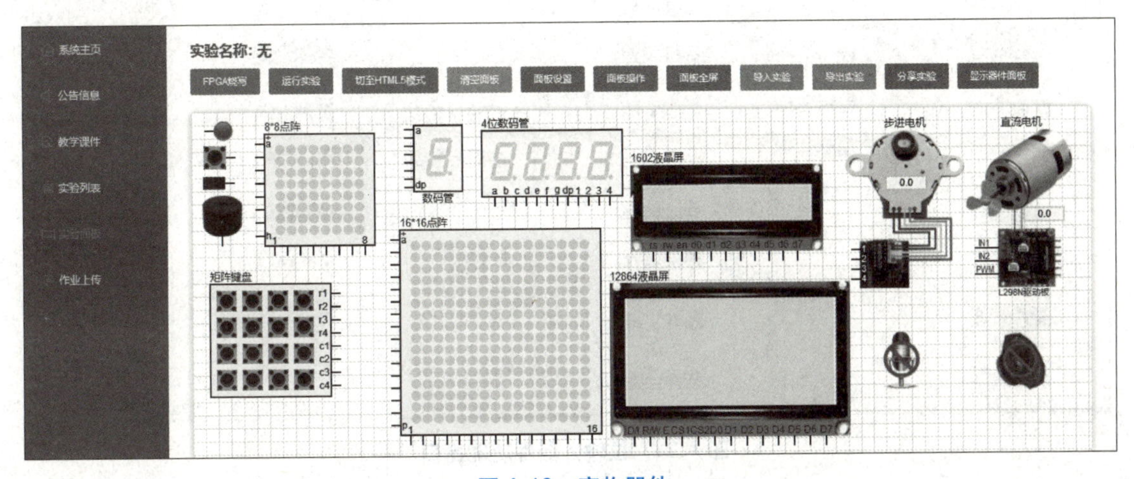

图 A.18 实物器件

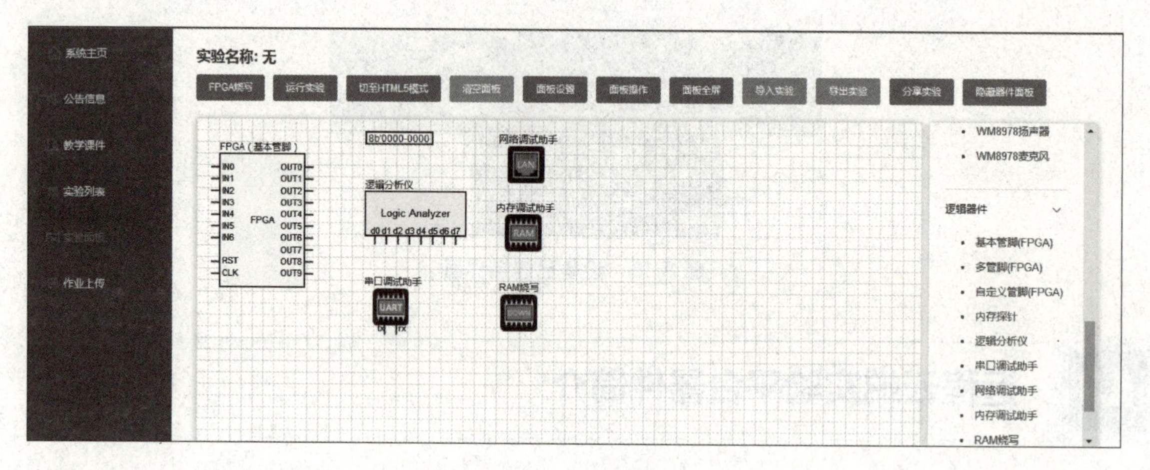

图 A.19　逻辑器件

A.3.1　基础器件介绍

1. 位输入

功能说明：作为 FPGA 逻辑器件的单比特位输入信号，通过单击页面图标并拖拽到实验图纸上就可以产生一个位输入信号，可以改变单比特输入状态 0/1，如图 A.20 所示。

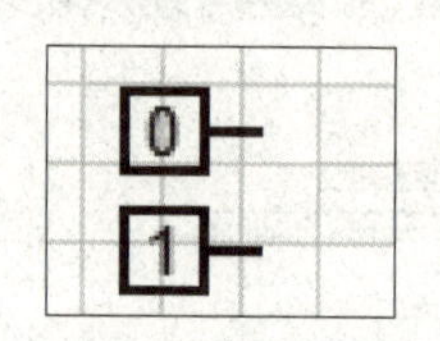

图 A.20　位输入器件

选中任意“位输入”器件，右击弹出如图 A.21 所示功能窗口，附属功能窗口可以对单个位输入器件进行细节更改，如编辑器件名称、器件在图纸上的方向、器件显示层级、复制器件和删除器件等。

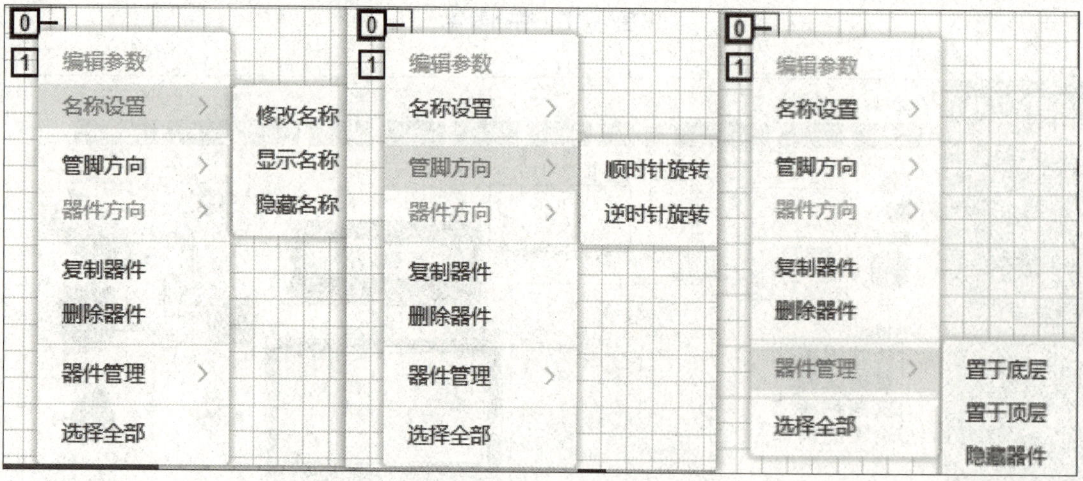

编辑参数
名称设置
管脚方向
器件方向
复制器件
删除器件
器件管理
选择全部
修改名称
显示名称
隐藏名称
顺时针旋转
逆时针旋转
置于底层
置于顶层
隐藏器件

图 A.21　位输入器件功能窗口

注：同类型器件最多添加 20 个。选中器件按【Delete】键也可对器件进行删除。

2. 脉冲输入

功能说明：作为 FPGA 逻辑器件的单脉冲输入信号。单击网页图标并拖拽到实验图纸中即可产生单个边沿脉冲信号，可以改变脉冲信号为上升沿 / 下降沿，如图 A.22 所示。

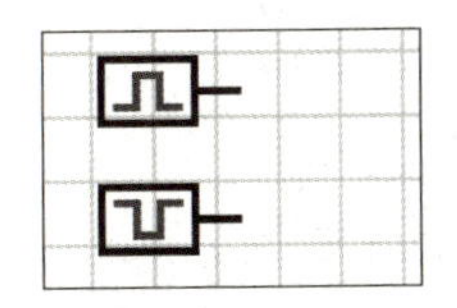

图 A.22　脉冲输入器件

选中任意“脉冲输入”器件，右击弹出如图 A.23 所示功能窗口，附属功能窗口可以对单个“脉冲输入”器件进行细节更改，如修改器件属性如图 A.24、修改 / 隐藏器件名称、更改器件在图纸上的方向、选择器件显示层级、复制器件和删除器件等。

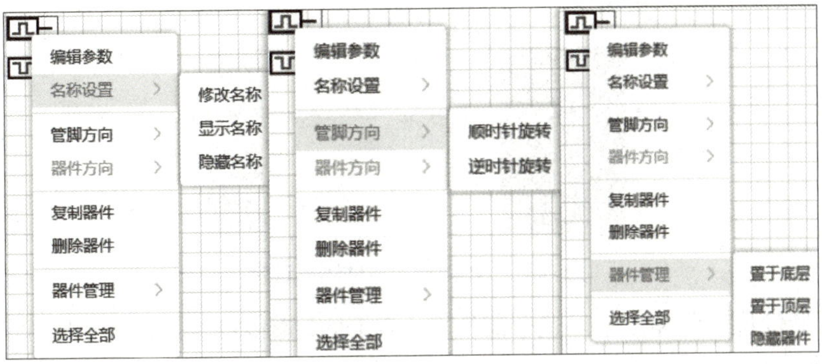

图 A.23　脉冲输入器件功能窗口

注：同类型器件最多添加 20 个。选中器件按【Delete】键也可对器件进行删除。

3. 时钟输入

功能说明：作为 FPGA 逻辑器件的时钟输入信号，通过修改器件参数可以产生 1 Hz、10 Hz、100 Hz、1 KHz、10 KHz、100 KHz、1 MHz 和 10 MHz 的时钟信号。手动模式下，单击网页图标并拖拽到实验图纸上即可产生单个时钟脉冲信号，如图 A.25 所示。

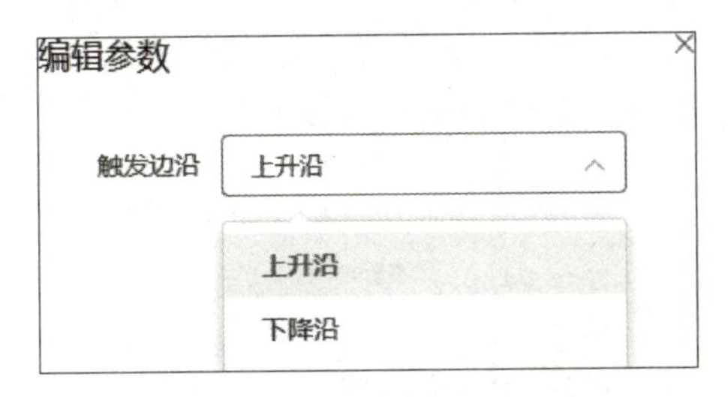

图 A.24　脉冲输入器件编辑参数

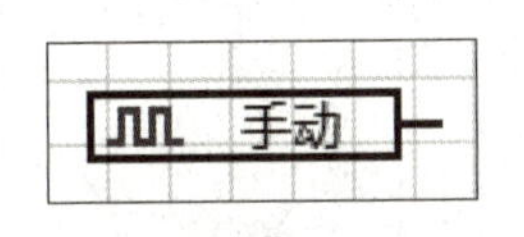

图 A.25　时钟输入器件

选中任意“时钟输入”器件，右击弹出如图 A.26 所示功能窗口，附属功能窗口可以对单个“时钟输入”器件进行细节更改，如修改器件属性（见图 A.27）、修改 / 隐藏器件名称、更改器件在图纸上的方向、选择器件显示层级、复制器件和删除器件等。

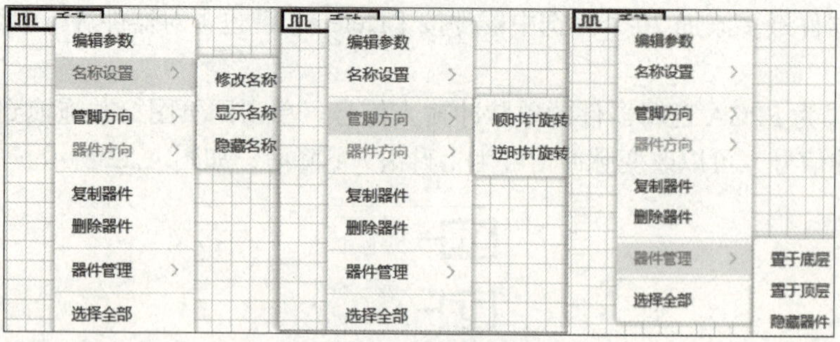

图 A.26　时钟输入器件

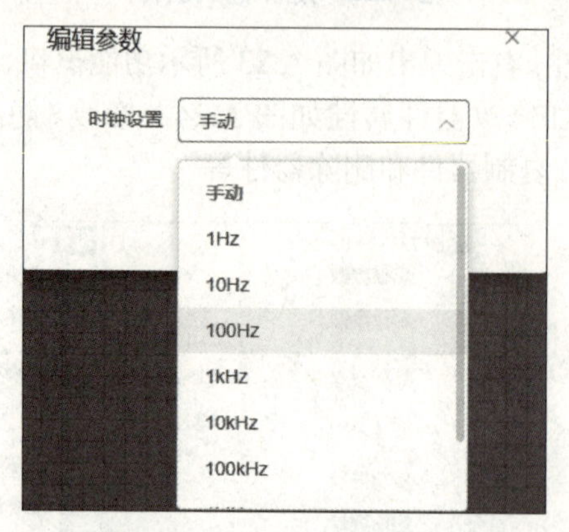

图 A.27　时钟输入器件频率选择

注：同类型器件最多添加 1 个。选中器件按【Delete】键也可对器件进行删除。

4. 多位输入

功能说明：作为 FPGA 逻辑器件的多比特位数据输入信号，单击并拖拽到实验图纸上就可以产生多位输入信号。通过器件参数可以更改输入位宽，可选范围在 1~16 位，数据可以调整为二进制、十进制、十六进制显示，可以通过器件参数选项更改多比特数据数值，如图 A.28 所示。

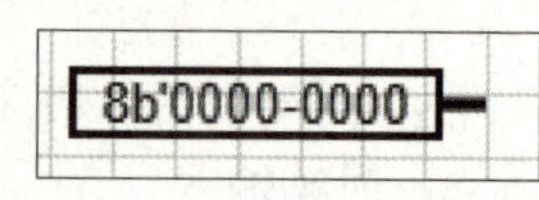

图 A.28　多位输入器件

选中任意“多位输入”器件，右击弹出如图 A.29 所示功能窗口，附属功能窗口可以对单个“多位输入”器件进行细节更改，如修改器件属性改变数据位宽进制以及数值（见图 A.30）、修改 / 隐藏器件名称、更改器件在图纸上的方向、选择器件显示层级、复制器件和删除器件等。

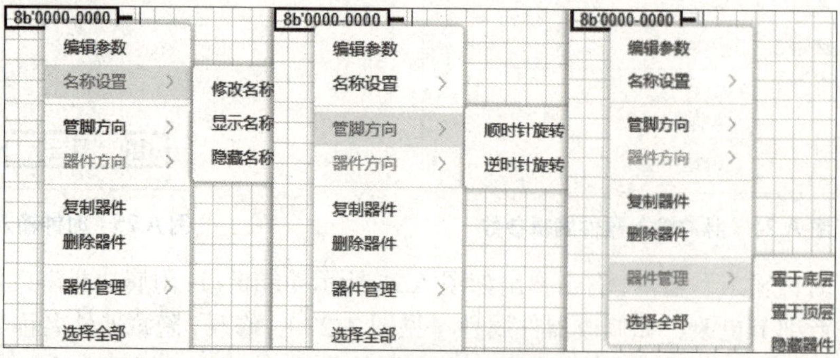

图 A.29　多位输入器件功能窗口

注：同类型器件最多添加 10 个。选中器件按【Delete】键也可对器件进行删除。

5. 位输出

功能说明：配合逻辑器件用作于单比特数据输出信号监测，单击并拖拽到实验图纸上就可以产生位输出信号，如图 A.31 所示。

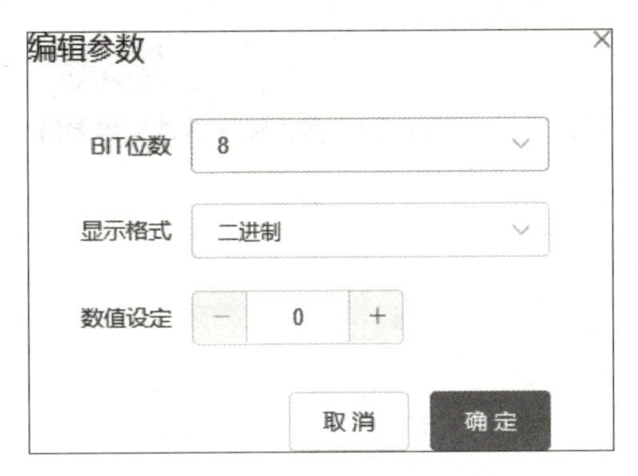

图 A.30　多位输入器件编辑参数

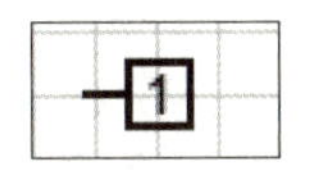

图 A.31　位输出器件

选中任意“位输出”器件，右击弹出如图 A.32 所示功能窗口，附属功能窗口可以对单个“位输出”器件进行细节更改，如修改 / 隐藏器件名称、更改器件在图纸上的方向、选择器件显示层级、复制器件和删除器件等。

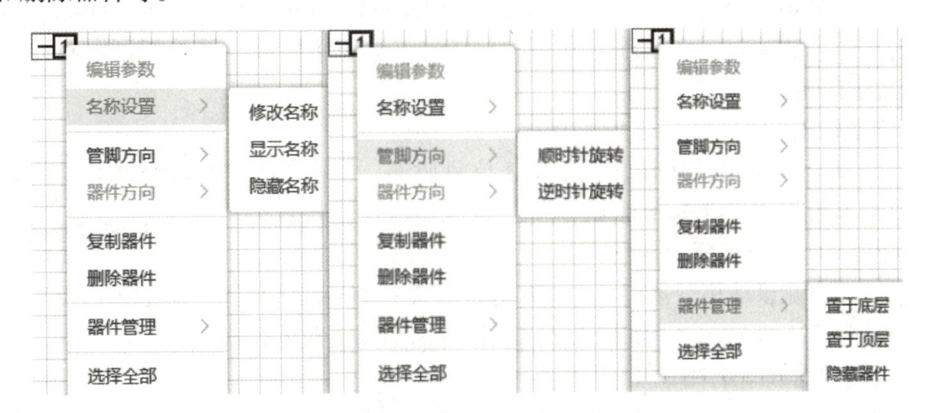

图 A.32　位输出器件功能窗口

注：同类型器件最多添加 30 个。选中器件按【Delete】键也可对器件进行删除。如果逻辑器件与位输出器件无法通过导线相连，则多为相连器件位宽不匹配，请检查逻辑器件输出信号位宽与位输出监测器件位宽。

6. 多位输出

功能说明：配合逻辑器件用于多比特数据输出信号监测，单击并拖拽到实验图纸上就可以产生多位输出信号，如图 A.33 所示。通过器件参数如图 A.34 所示可以更改输出监测位宽可选范围在 1~16 位，数据可以调整为二进制、十进制、十六进制显示。

选中任意“多位输出”器件，右击弹出如图 A.35 所示功能窗口，附属功能窗口可以对单个“多位输出”器件进行细节更改，如更改器件参数、修改 / 隐藏器件名称、更改器件在图纸上的方向、选择器件显示层级、复制器件和删除器件等。

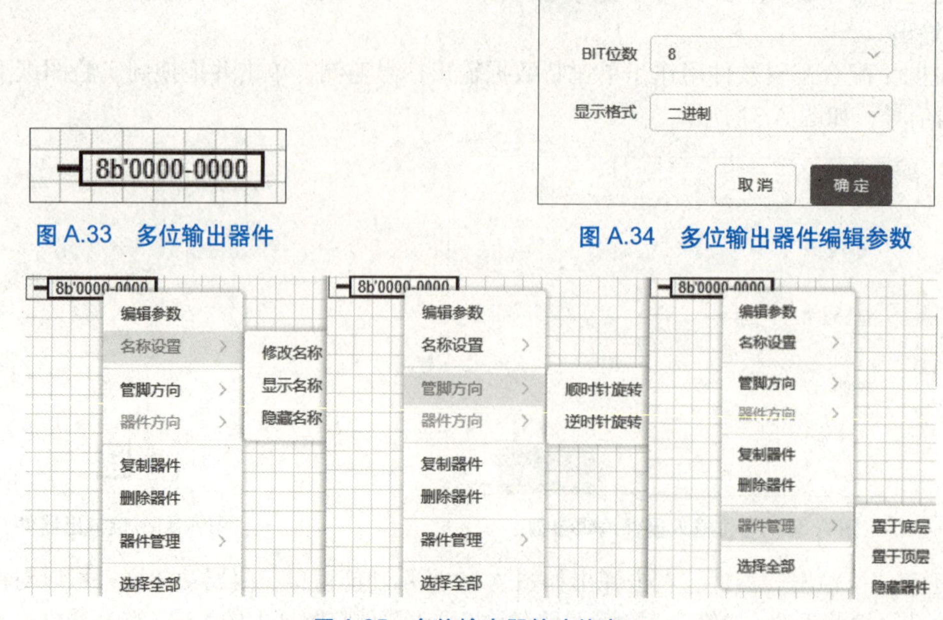

图 A.33　多位输出器件

图 A.34　多位输出器件编辑参数

图 A.35　多位输出器件功能窗口

注：同类型器件最多添加 10 个。选中器件按【Delete】键也可对器件进行删除。如果逻辑器件与多位输出器件无法通过导线相连，则多为相连器件位宽不匹配，请检查逻辑器件输出信号位宽与多位输出监测器件位宽。

7. 频率测量输出

功能说明：配合逻辑器件用作输出 PWM 信号监测，单击并拖拽到实验图纸上就可以产生频率测试器件，可以显示单比特数据频率和占空比，如图 A.36 所示。

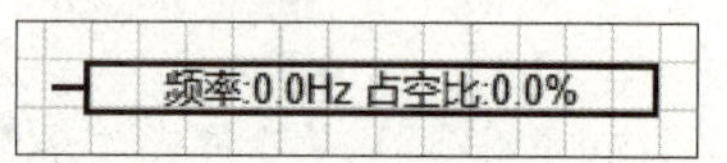

图 A.36　频率测量输出器件

选中任意“频率测量输出”器件，右击弹出如图 A.37 所示功能窗口，功能窗口可以对单个“频率测量输出”器件进行细节更改，如修改 / 隐藏器件名称、更改器件在图纸上的方向、选择器件显示层级、复制器件和删除器件等。

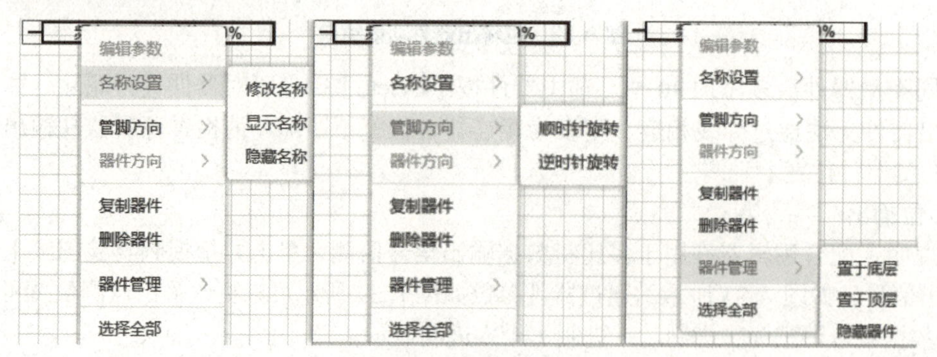

图 A.37　频率测量输出

注：同类型器件最多添加 2 个。选中器件按【Delete】键也可对器件进行删除。此管脚为特殊管脚，仅能与 FPGA 逻辑器件的 12 号管脚相连接。

A.3.2　实物器件介绍

1. LED 灯

功能说明：远程云端硬件实验平台模拟实物的 LED 灯器件如图 A.38 所示，配合逻辑器件用于单比特输出信号的显示，逻辑器件对 LED 灯输出高低电平控制亮灭（高电平触发）。

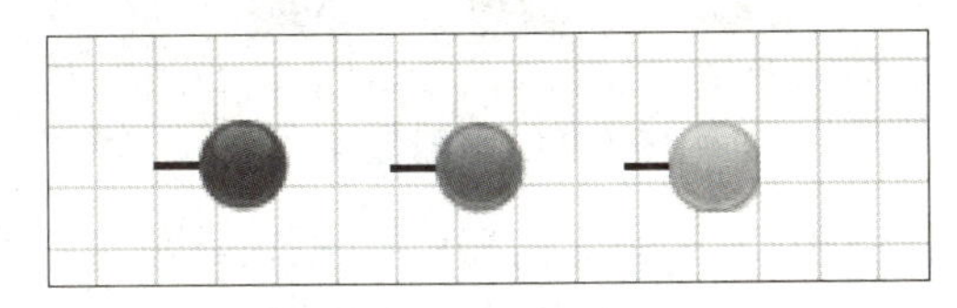

图 A.38　LED 灯器件

选中 LED 灯器件，右击弹出任务窗口，如图 A.39 所示页面，可以执行修改器件参数、修改器件名称、修改页面中管脚方向、修改器件显示层级、复制器件、删除器件以及其他操作。

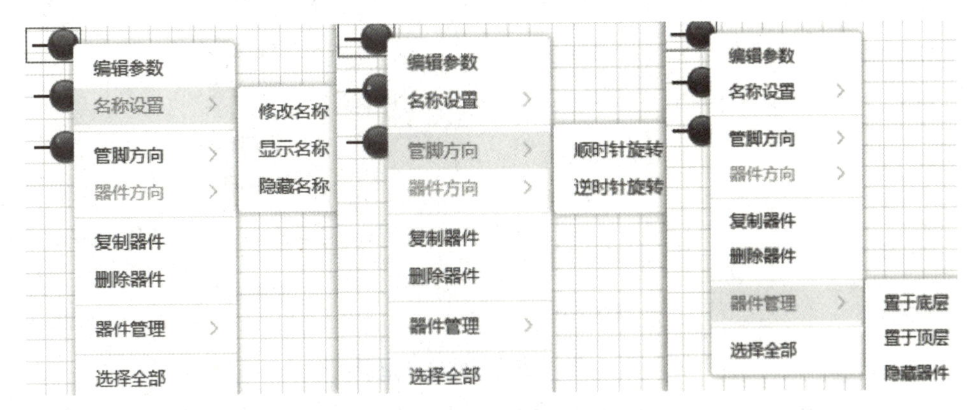

图 A.39　LED 灯器件功能窗口

如图 A.40 所示弹出任务窗口选择编辑器件参数，修改页面 LED 灯显示颜色，可选的选项有红色、绿色和黄色。

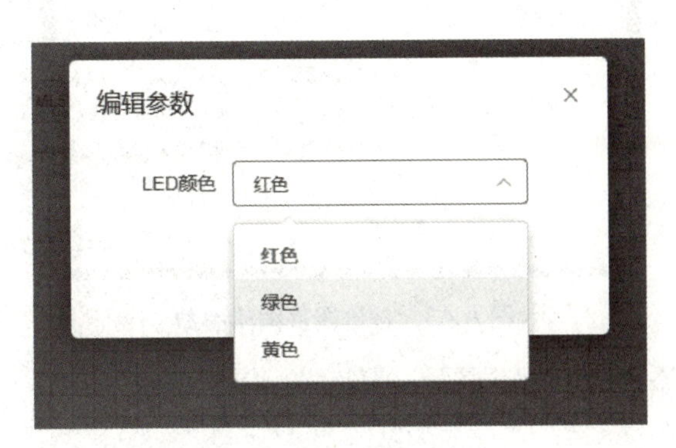

图 A.40　LED 灯器件编辑参数

注意：同页面下最多添加 30 个相同属性器件。

2. 按键

功能说明：远程云端硬件实验平台的模拟实物按键器件。配合逻辑器件用于单比特输入信号控制，通过单击页面按键实现单比特电平单次输入，（按下为高电平），如图 A.41 所示。

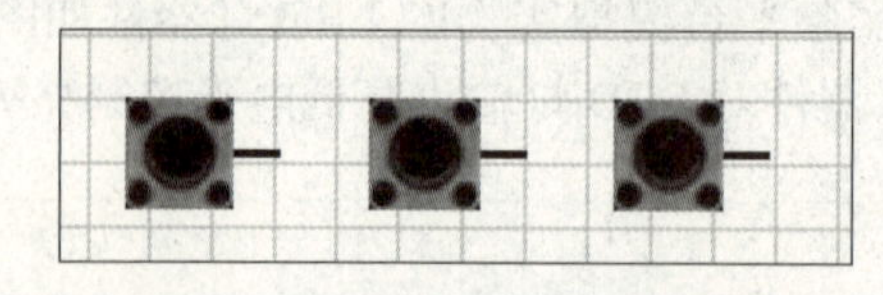

图 A.41　按键器件

如图 A.42 所示页面，选中按键可以通过右击器件弹出任务窗口修改器件参数、修改器件名称、修改页面中管脚方向、修改器件显示层级、复制器件和删除器件等。

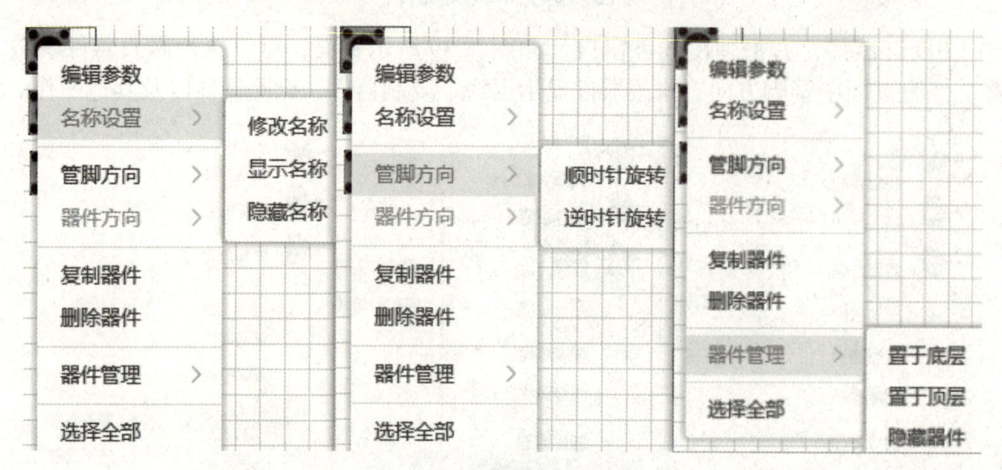

图 A.42　按键器件功能窗口

如图 A.43 所示为弹出任务窗口选择编辑器件参数，修改页面按键触发边沿模式，可选的选项有上升沿和下降沿。

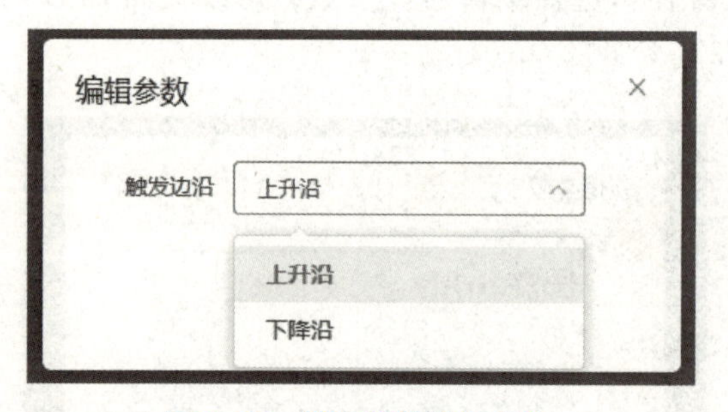

图 A.43　按键器件编辑参数

注意：同页面下最多添加 30 个相同属性器件。

3. 矩阵键盘

功能说明：远程云端硬件实验平台的模拟实物矩阵键盘器件。配合逻辑器件用于输入信号控制，通过行列扫描实现 4 × 4 矩阵数字信号输入，如图 A.44 所示。

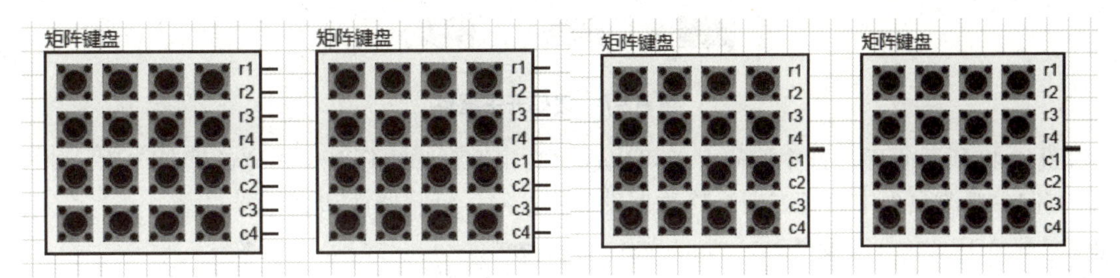

图 A.44　矩阵键盘器件

如图 A.45 所示页面，选中矩阵键盘可以通过右击器件弹出任务窗口修改器件参数、修改器件名称、修改器件显示层级、复制器件和删除器件等。

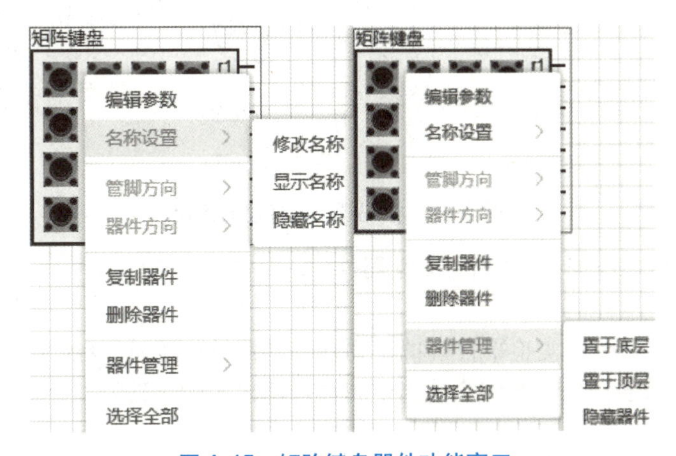

图 A.45　矩阵键盘器件功能窗口

如图 A.46 所示弹出任务窗口选择编辑器件参数，修改页面矩阵键盘管脚显示方式，可将器件管脚合并为总线模式。

图 A.46　矩阵按键器件编辑参数

注意：同页面下最多添加 2 个相同属性器件。

4. 拨码开关

功能说明：远程云端硬件实验平台的模拟实物拨码开关器件如图 A.47 所示，配合逻辑器件通过页面单击器件实现对逻辑器件输入端高低电平控制。将开关置于左侧输出高电平，右侧输出低电平。

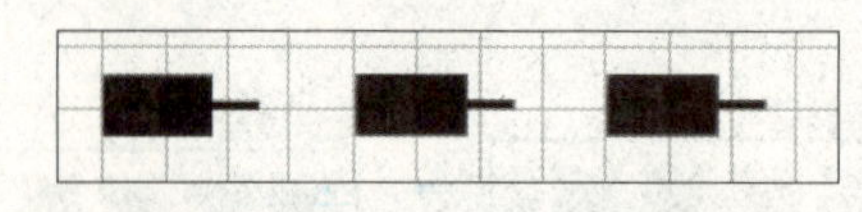

图 A.47　拨码开关器件

如图 A.48 所示页面，选中拨码开关可以通过右击器件弹出任务窗口修改器件名称、修改页面中器件方向、修改页面中管脚方向、修改器件显示层级、复制器件和删除器件等。

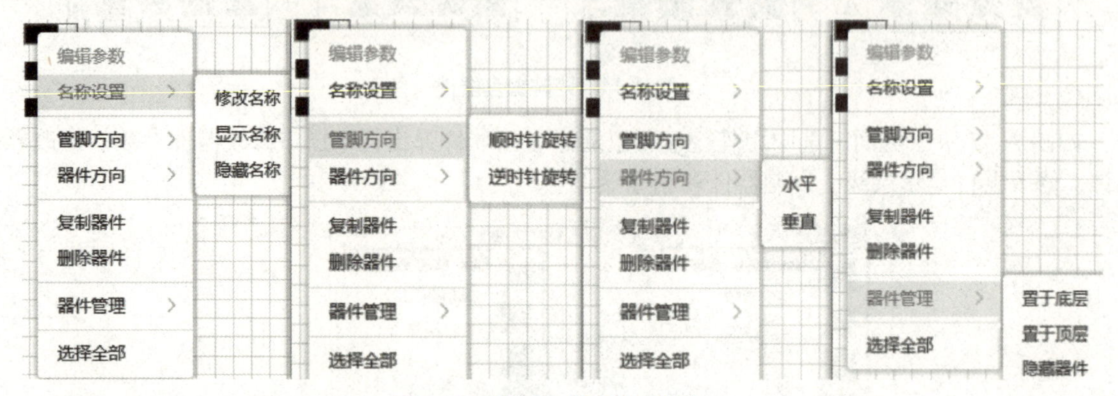

图 A.48　拨码开关器件功能窗口

注意：同页面下最多添加 20 个相同属性器件。

5. 蜂鸣器

功能说明：远程云端硬件实验平台模拟实物蜂鸣器器件如图 A.49 所示，配合逻辑器件用于输出 PWM 信号，PC 端将通过扬声器同步输出逻辑器件输出的数字信号。

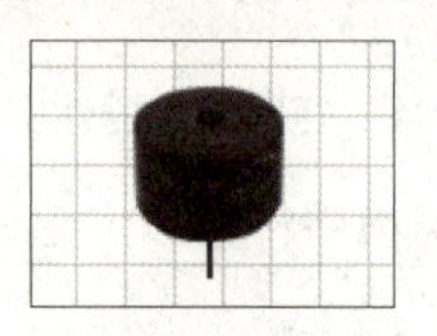

图 A.49　蜂鸣器器件

如图 A.50 所示页面，选中蜂鸣器可以通过右击器件弹出任务窗口修改器件名称、修改页面中管脚方向、修改器件显示层级、复制器件和删除器件等。

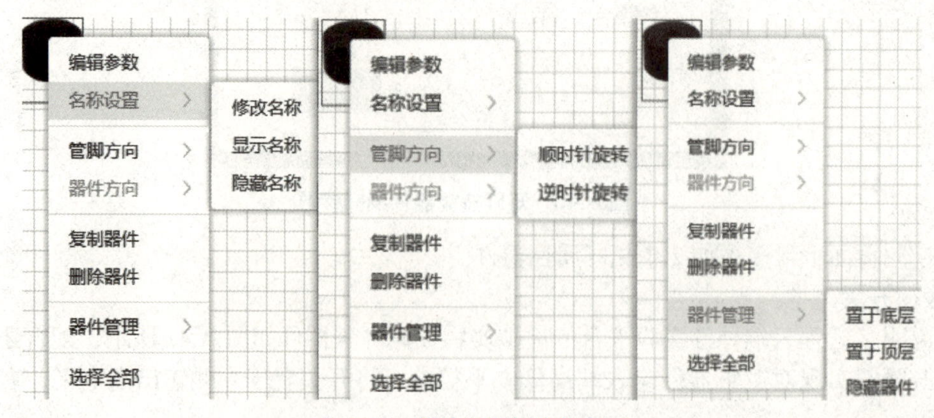

图 A.50　蜂鸣器器件功能窗口

如图 A.51 所示调出任务窗口选择编辑器件参数，修改页面蜂鸣器波形类型，可供选择的有方波、正弦波、三角波。

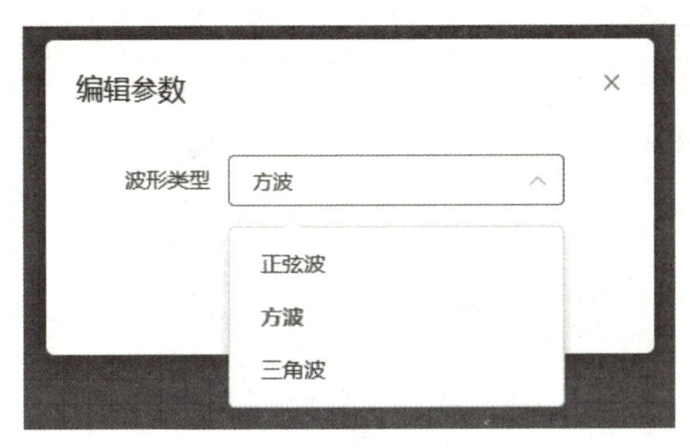

图 A.51　蜂鸣器器件编辑参数

注意：同页面下最多添加 1 个相同属性器件。此管脚为特殊管脚，仅能与逻辑器件的 12 号管脚相连接。

6. 数码管

功能说明：远程云端硬件实验平台模拟实物一位数码管器件如图 A.52 所示，配合逻辑器件用作输出显示，数码管控制原理和实物类单个数码管相同，通过控制段码（a,b,c,d,e,f,g,dp）8 个管脚高低电平控制各段 LED 显示各种形状。

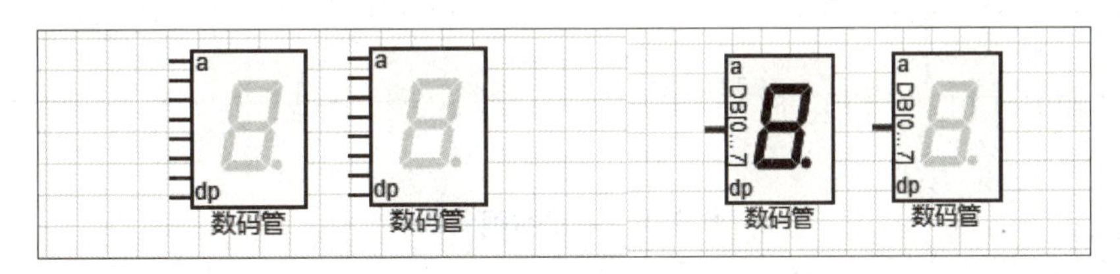

图 A.52　数码管器件

如图 A.53 所示页面，选中数码管可以通过右击器件弹出任务窗口修改器件参数、修改器件名称、修改页面中管脚方向、修改器件显示层级、复制器件和删除器件等。

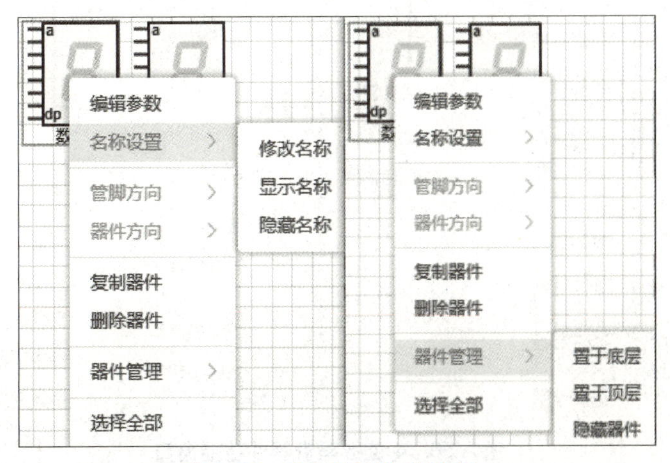

图 A.53　数码管器件功能窗口

如图 A.54 所示弹出任务窗口选择编辑器件参数，修改页面数码管公共极类型，如共阴数码管或共阳数码管，也可以合并管脚为总线模式。

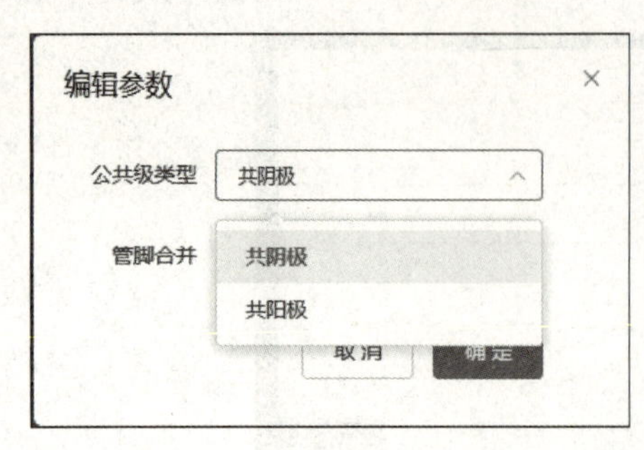

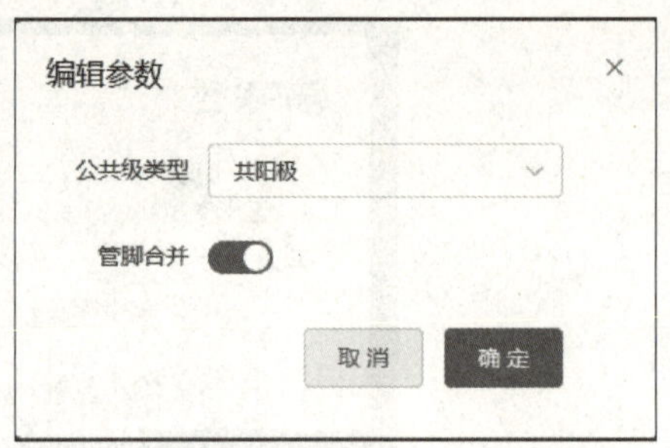

图 A.54　数码管器件编辑参数

注意：同页面下最多添加 10 个相同属性器件。

7. 4 位数码管

功能说明：远程云端硬件实验平台模拟实物 4 位数码管器件如图 A.55 所示，用作输出显示，数码管控制原理和实物类多位数码管相同，通过控制段码（a,b,c,d,e,f,g,dp）8 个管脚高低电平控制单个数码管显示，通过 1~4 号管脚控制位码，实现 4 位数码管动态显示。

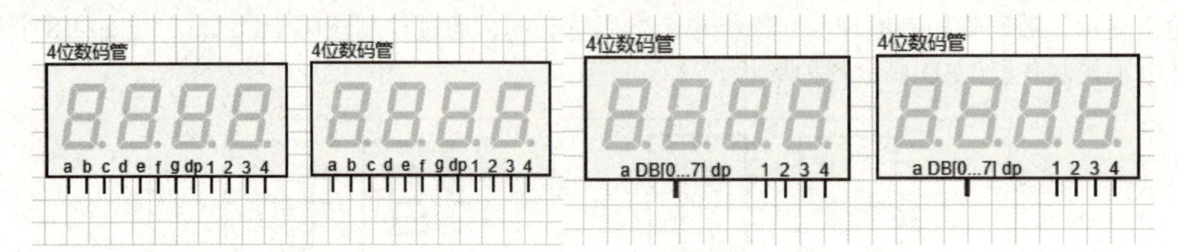

图 A.55　4 位数码管器件

如图 A.56 所示页面，选中数码管可以通过右击器件调出任务窗口修改器件参数、修改器件名称、修改器件显示层级、复制器件和删除器件等。

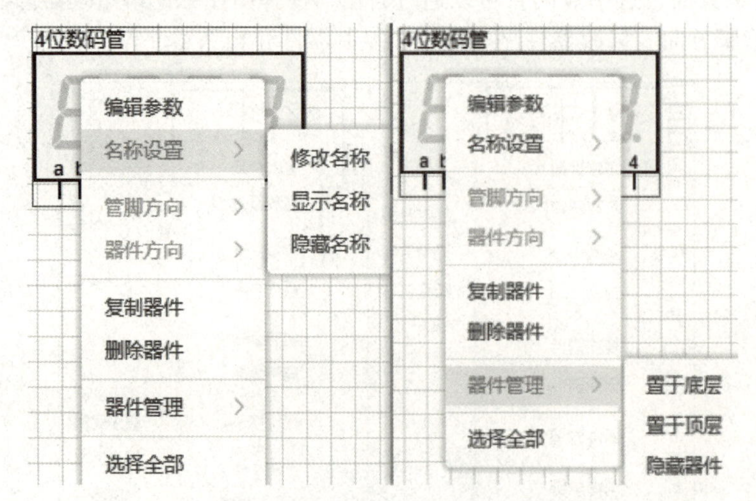

图 A.56　4 位数码管器件功能窗口

如图 A.57 弹出任务窗口选择编辑器件参数，修改页面数码管公共极类型，如共阴数码管或共阳数码管，也可以合并管脚为总线模式。

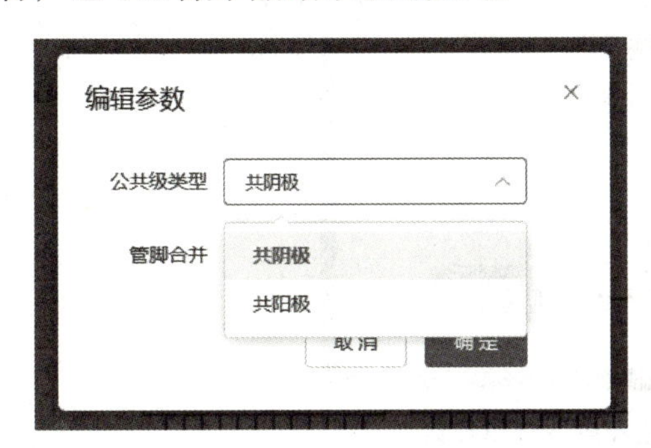

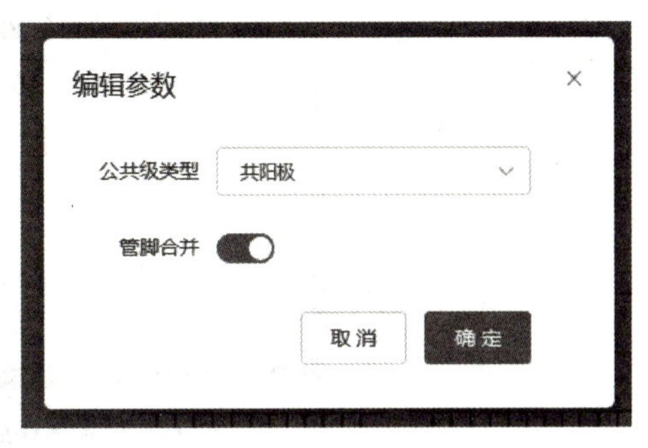

图 A.57　4 位数码管编辑参数

注意：同页面下最多添加 4 个相同属性器件。

8. 8×8 点阵

功能说明：远程云端硬件实验平台模拟实物的 8×8 点阵器件如图 A.58 所示，配合逻辑器件使用，器件 A~H 管脚输入高电平，1~8 管脚输入低电平即可点亮整个点阵，例如，点亮 A 行 8 列，就需要给 A 行输出高电平，第 8 列输出低电平即可点亮 A 行 8 列。显示字符需要使用取模软件把二进制数字通过 FPGA 控制输出到点阵屏幕上进行显示。

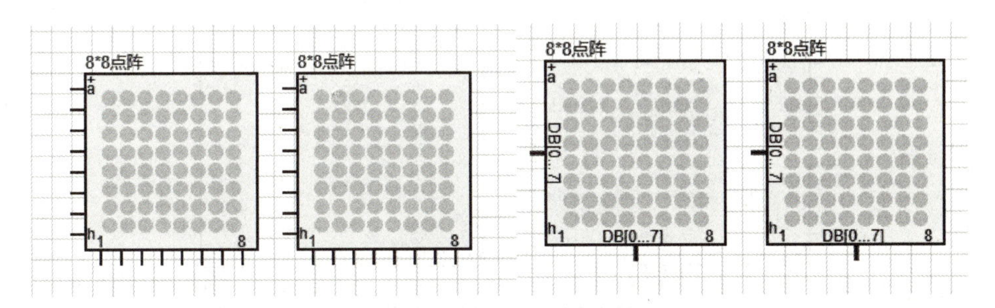

图 A.58　8×8 点阵器件

如图 A.59 所示页面选中 8×8 点钟可以通过右击器件弹出任务窗口修改器件参数、修改器件名称、修改器件显示层级、复制器件和删除器件等。

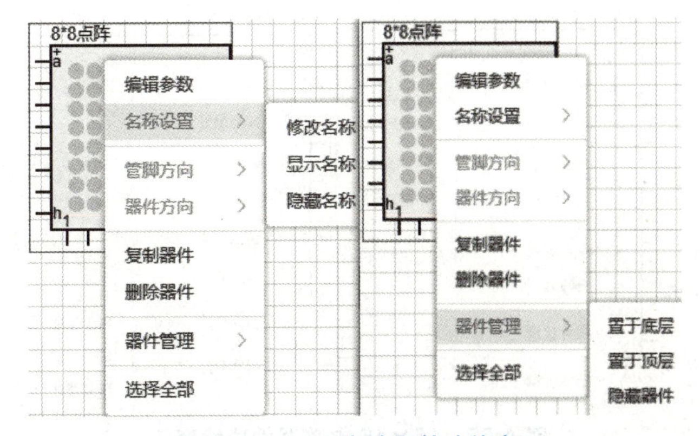

图 A.59　8×8 点阵器件功能窗口

如图 A.60 所示调出任务窗口选择编辑器件参数，可以选择是否进行管脚合并，选择管脚合并即为总线模式。

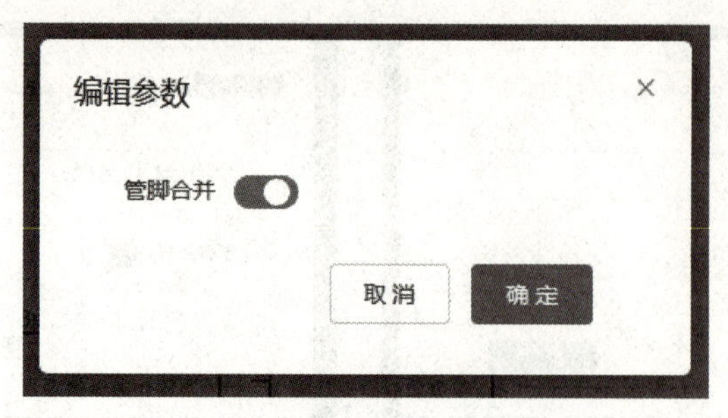

图 A.60　8×8 点阵器件编辑参数

注意：同页面下最多添加 4 个相同属性器件。

9. 16×16 点阵

功能说明：远程云端硬件实验平台的模拟实物的 16×16 点阵器件如图 A.61 所示，配合逻辑器件使用，点亮原理与 8×8 点阵相同，控制 A~P 管脚输出高电平，控制 1~16 管脚输出低电平即可点亮整个点阵。显示字符需要使用取模软件把二进制数字通过 FPGA 控制输出到点阵屏幕上进行显示。

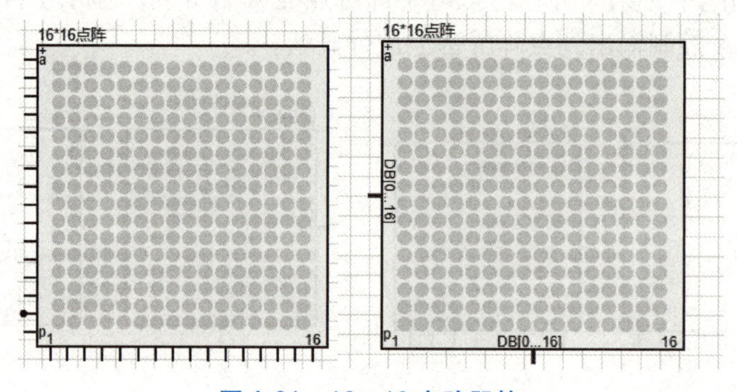

图 A.61　16×16 点阵器件

如图 A.62 所示页面，选中 16×16 点阵可以通过右击器件弹出任务窗口修改器件参数、修改器件名称、修改器件显示层级、复制器件和删除器件等。

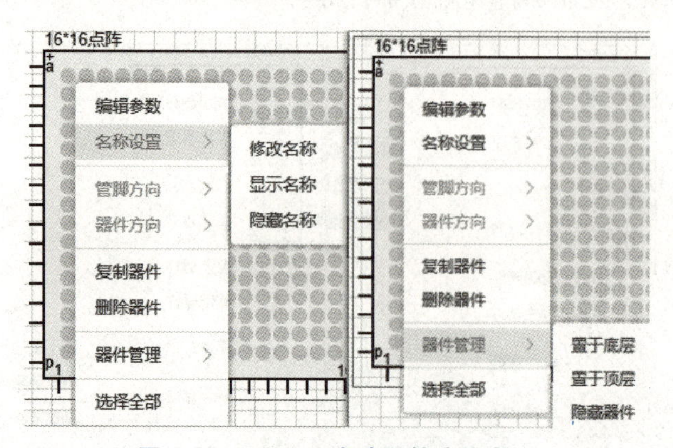

图 A.62　16×16 点阵器件功能窗口

如图 A.63 调出任务窗口选择编辑器件参数，可以选择是否进行管脚合并，选择管脚合并即为总线模式。

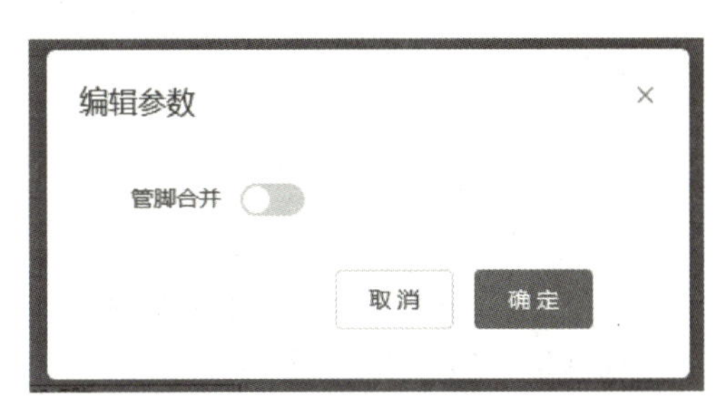

图 A.63　16×16 点阵器件编辑参数

注意：同页面下最多添加 1 个相同属性器件。

10. 1602 液晶屏

功能说明：远程云端硬件实验平台的模拟实物 LCD1602 液晶屏器件如图 A.64 所示，配合逻辑器件使用。LCD1602 液晶屏器件使用通用的 1602 标准驱动接口。具体指令时序请参阅相关 LCD1602 显示器手册。

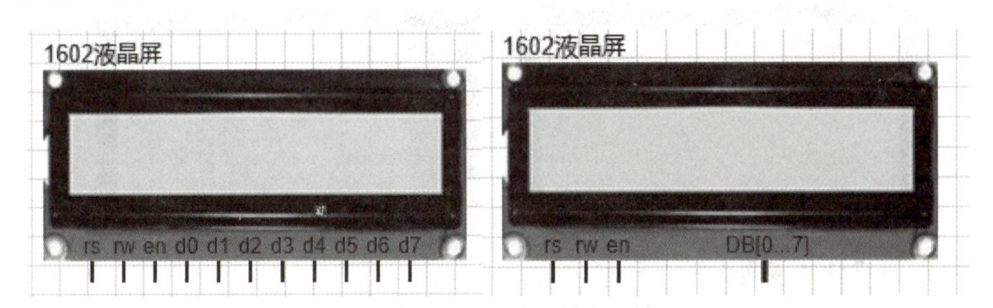

图 A.64　LCD1602 液晶屏器件

如图 A.65 所示页面，选中 1602 液晶屏可以通过右击器件弹出任务窗口修改器件参数、修改器件名称、修改器件显示层级、复制器件和删除器件等。

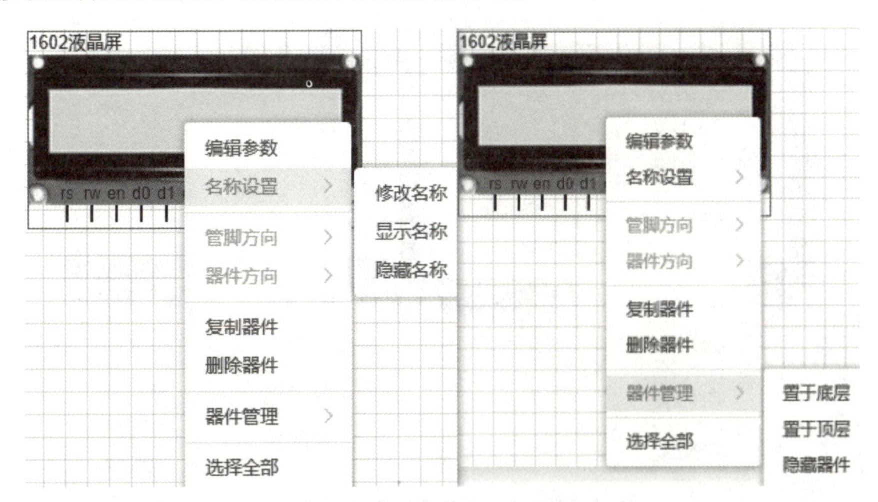

图 A.65　1602 液晶屏器件功能窗口

如图 A.66 所示弹出任务窗口选择编辑器件参数，选择是否对 1602 液晶屏数据线进行管脚合并，若管脚合并即为总线模式。

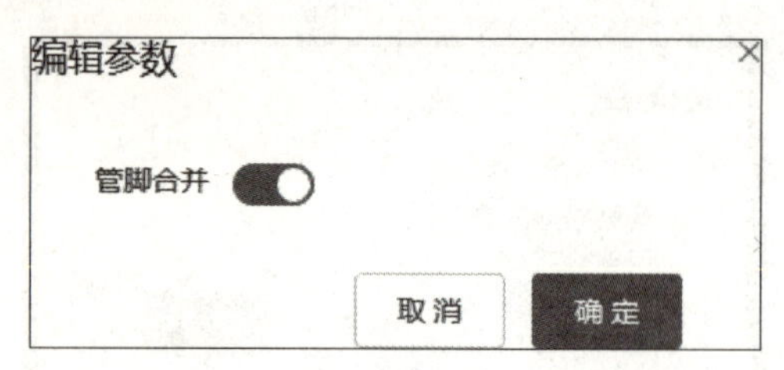

图 A.66　1602 液晶屏器件编辑参数

注意：同页面下最多添加 1 个相同属性器件。

11. 12864 液晶屏

功能说明：远程云端硬件实验平台的模拟实物 12864 液晶屏器件如图 A.67 所示，配合逻辑器件使用。12864 液晶屏器件使用通用的 12864 标准驱动接口。具体指令时序请参阅相关 12864 显示器手册。

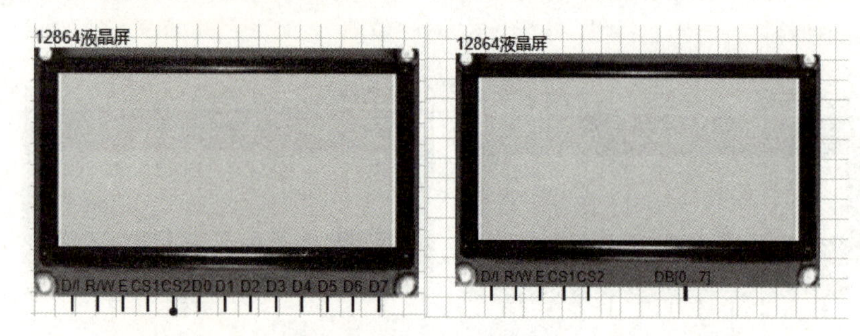

图 A.67　12864 液晶屏器件

如图 A.68 页面，选中 12864 液晶屏可以通过右击器件弹出任务窗口修改器件参数、修改器件名称、修改器件显示层级、复制器件和删除器件等。

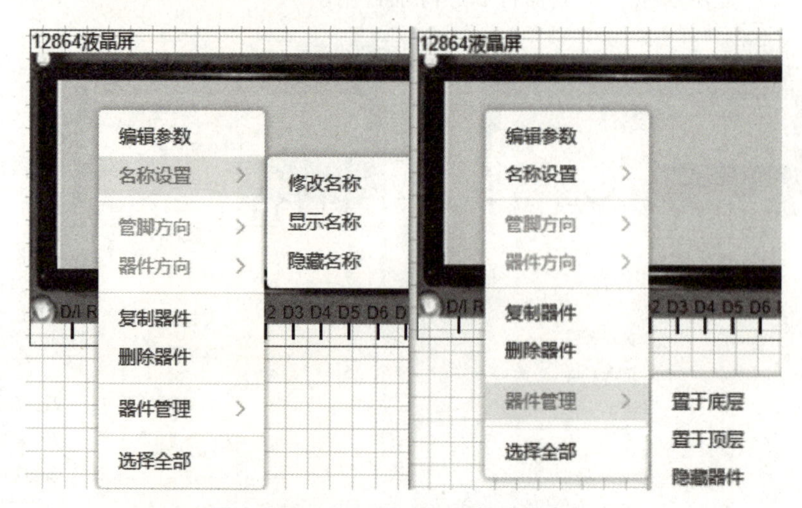

图 A.68　12864 液晶屏器件功能窗口

如图 A.69 所示弹出任务窗口选择编辑器件参数，选择是否对 12864 液晶屏数据线进行管脚合并，若选择管脚合并即为总线模式。

注意：同页面下最多添加 1 个相同属性器件。

12. 步进电机

功能说明：远程云端硬件实验平台的模拟实物步进电机器件如图 A.70 所示，配合 FPGA 逻辑器件使用。五线四项步进电机，通过 FPGA 逻辑器件分别给步进电机 1~4 管脚输出脉冲信号控制电机的转动。电机中央的数字用作速度监测显示。

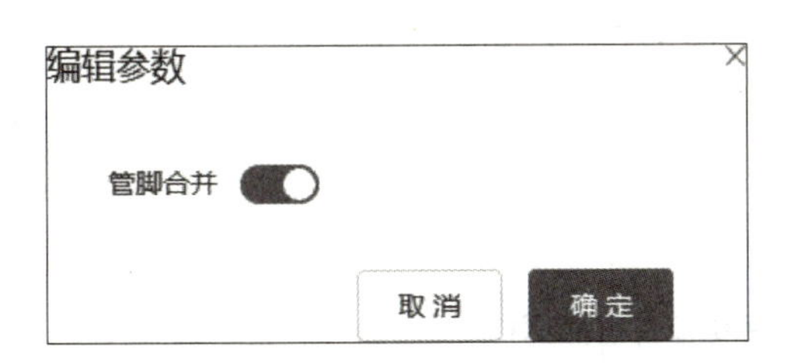

图 A.69　12864 液晶屏器件编辑参数

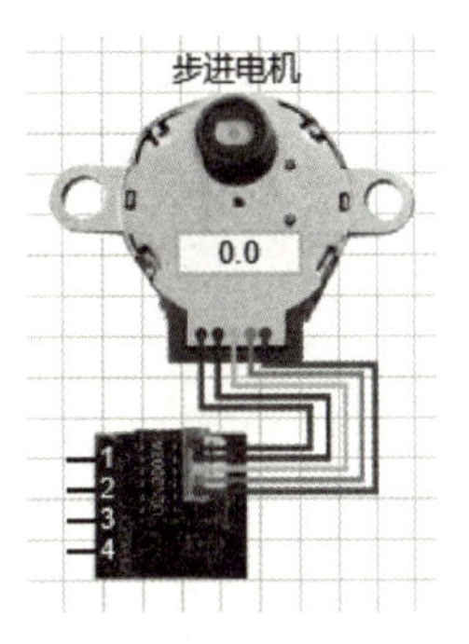

图 A.70　步进电机器件

步进电机的步进角度为 15°，连续转 360° 需要 24 个脉冲即可。如图 A.71 所示页面，选中步进电机器件可以通过右击器件弹出任务窗口修改器件名称、修改器件显示层级、复制器件和删除器件等。

注意：同页面下最多添加 2 个相同属性器件。

13. 直流电机

功能说明：远程云端硬件实验平台的模拟实物直流电机器件如图 A.72 所示，配合逻辑器件使用。通过逻辑器件（FPGA）输出 PWM 来控制直流电机的转速。L298N 驱动板右上方数字监测电机转速。通过改变直流电机 IN1 和 IN2 信号电平控制直流电机进行正转 / 反转 / 停止操作，PWM 信号控制直流电机转速。

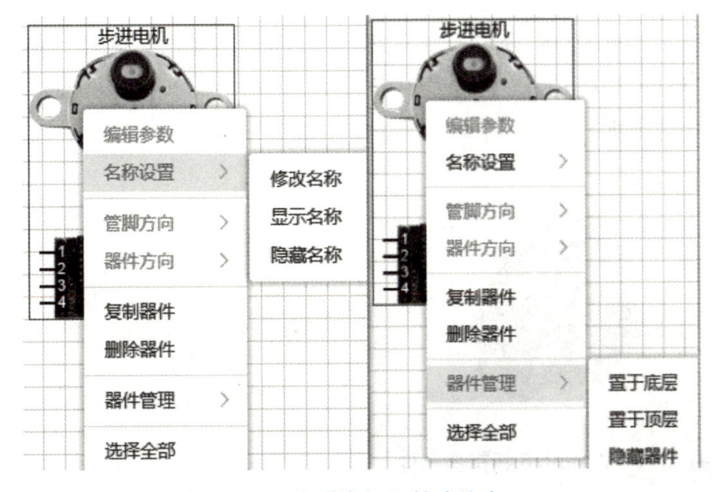

图 A.71　步进电机器件功能窗口

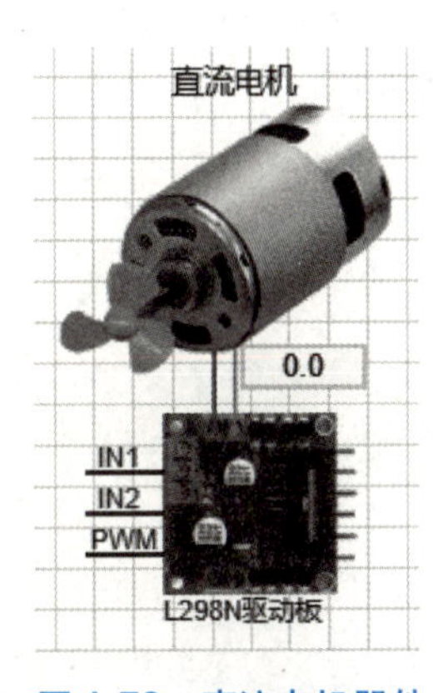

图 A.72　直流电机器件

如图 A.73 所示页面，选中直流电机器件可以通过右击器件弹出任务窗口修改器件名称、修改器件显示层级、复制器件和删除器件等。

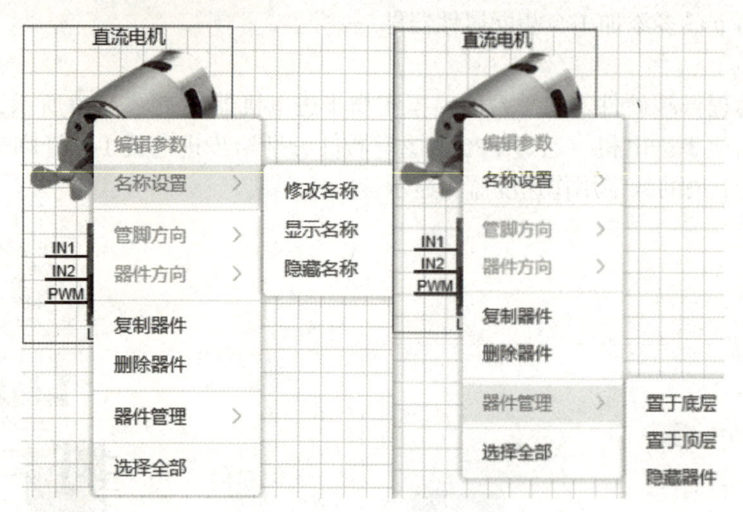

图 A.73　直流电机器件功能窗口

电机控制模式见表 A.1。

表 A.1　直流电机控制模式

模式说明	IN1-IN2 控制电平
正转	10
反转	01
停止	00

注意：同页面下最多添加 2 个相同属性器件。PWM 管脚为特殊管脚，仅能与逻辑器件的 12 号管脚相连接。

14. WM8978 扬声器

功能说明：远程云端硬件实验平台的模拟实物 DAC 器件如图 A.74 所示，配合逻辑器件使用，HIFI 级 DAC 芯片，通过 IIC 配置芯片寄存器，IIS 协议数据传输。内置运算放大器，页面烧写成功后，将驱动 PC 扬声器发声。驱动方式见详细手册。

图 A.74　WM8978 扬声器器件

如图 A.75 所示页面，选中扬声器器件可以通过右击器件弹出任务窗口修改器件名称、修改器件显示层级、复制器件和删除器件等。

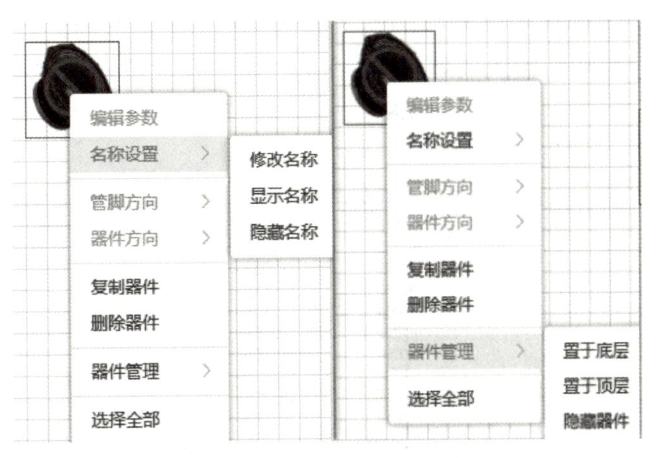

图 A.75　WM8978 扬声器器件功能窗口

注意：同页面下最多添加 1 个相同属性器件。默认为静音状态，如需使用请在页面运行状态下双击页面图标即可。

15. WM8978 麦克风

功能说明：远程云端硬件实验平台的模拟实物 ADC 器件如图 A.76 所示，配合逻辑器件使用，HIFI 级 ADC 芯片，通过 IIC 配置芯片寄存器，IIS 协议数据传输。页面烧写成功后，通过 PC 麦克风采集模拟信号。驱动方式见详细手册。

图 A.76　WM8978 麦克风器件

如图 A.77 所示页面，选中麦克风器件可以通过右击器件弹出任务窗口修改器件名称、修改器件显示层级、复制器件和删除器件等。

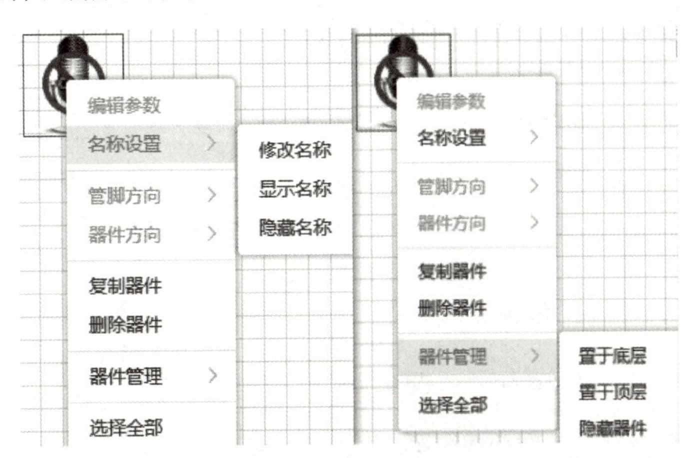

图 A.77　WM8978 麦克风器件功能窗口

注意：同页面下最多添加 1 个相同属性器件。默认为静音状态，如需使用请在页面运行状态下双击页面图标即可。

A.3.3 逻辑器件介绍

1. 基本管脚（FPGA）

功能说明：远程云端硬件实验平台的基本管脚 FPGA 逻辑器件，如图 A.78 所示基础管脚（FPGA）器件提供 7 位单比特输入信号（IN0-IN6）、10 位单比特输出信号（OUT0-OUT9）、1 个复位输入信号 RST 和 1 个时钟输入信号 CLK。

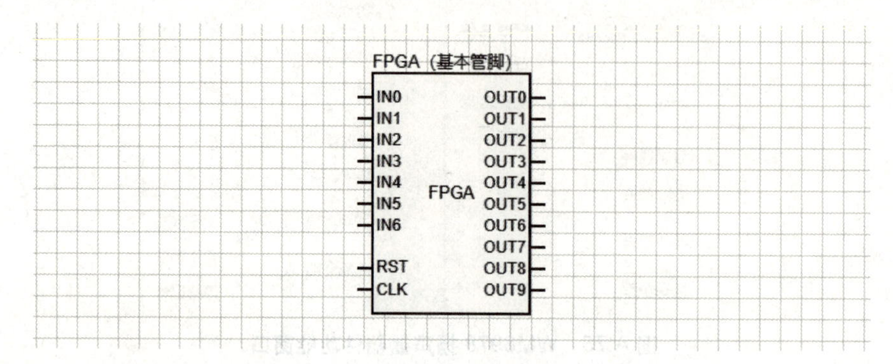

图 A.78 基本管脚（FPGA）器件

选中器件通过右击弹出功能菜单如图 A.79 所示，修改器件参数（如图 A.80 所示选择隐藏或显示时钟复位管脚）、修改器件名称，更改器件显示层级、复制器件和删除器件等。

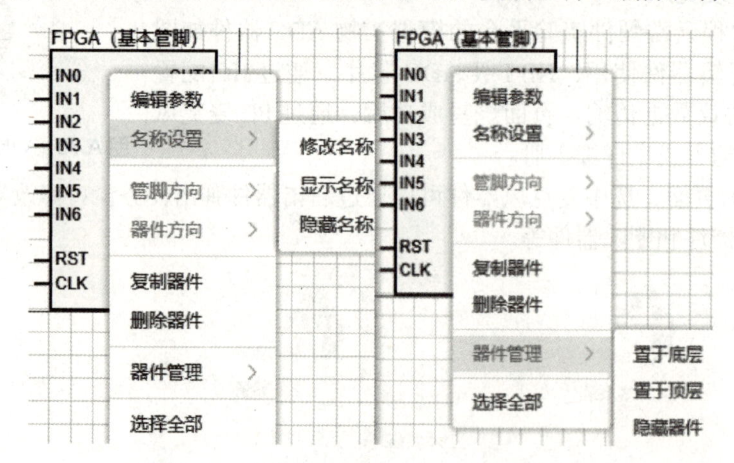

图 A.79 基本管脚（FPGA）器件功能窗口

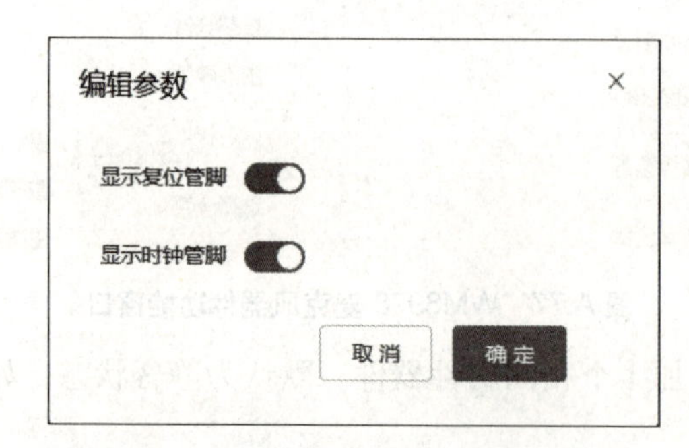

图 A.80 基本管脚（FPGA）器件编辑参数

注：逻辑器件最多添加 1 个。

2. 多管脚（FPGA）

功能说明：远程云端硬件实验平台的多管脚（FPGA）逻辑器件，如图 A.81 所示器件提供 17 位单比特输入信号（IN0-IN16）、20 位单比特输出信号（OUT0-OUT19）、1 位复位输入 RST 和 1 位时钟输入 CLK。

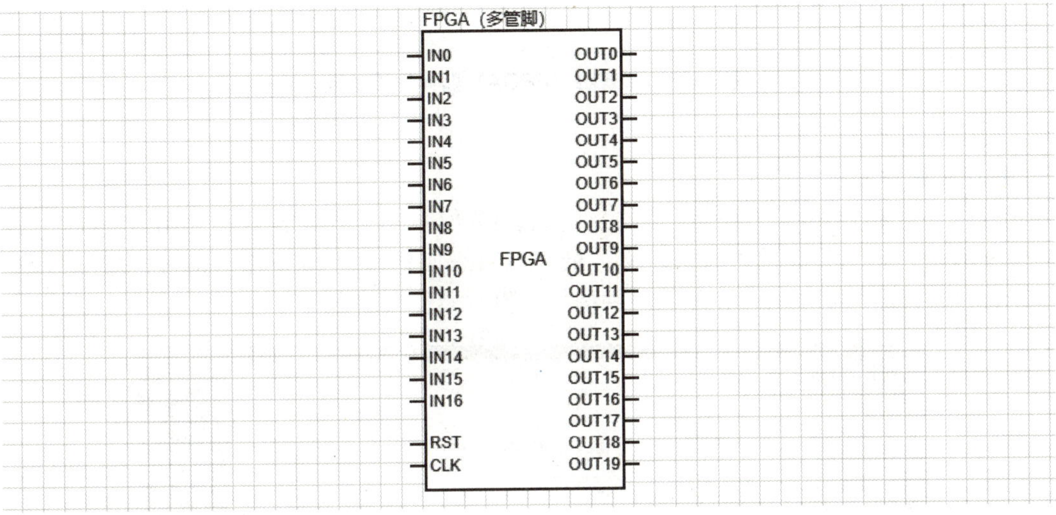

图 A.81 多管脚（FPGA）器件

选中器件通过右击弹出功能菜单如图 A.82 所示，修改器件参数（如图 A.83 所示选择隐藏或显示时钟复位管脚）、修改器件名称，更改器件显示层级、复制器件和删除器件等。

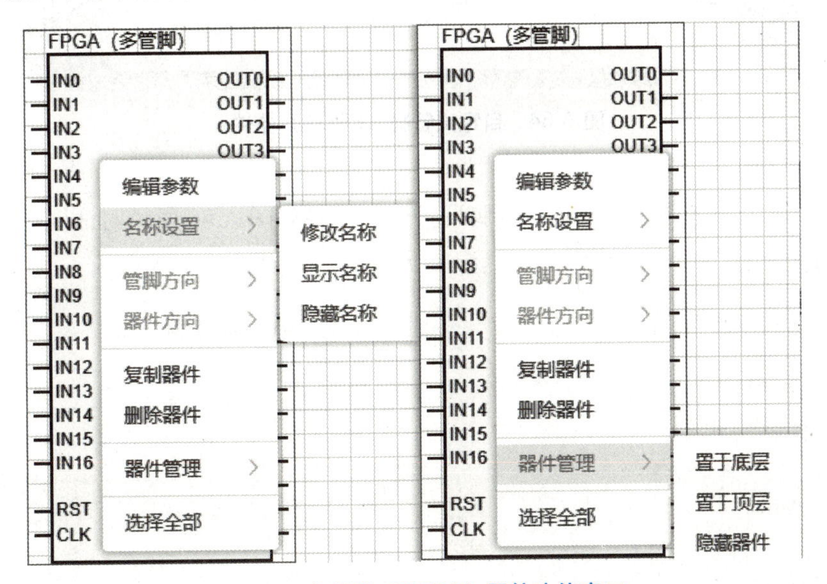

图 A.82 多管脚（FPGA）器件功能窗口

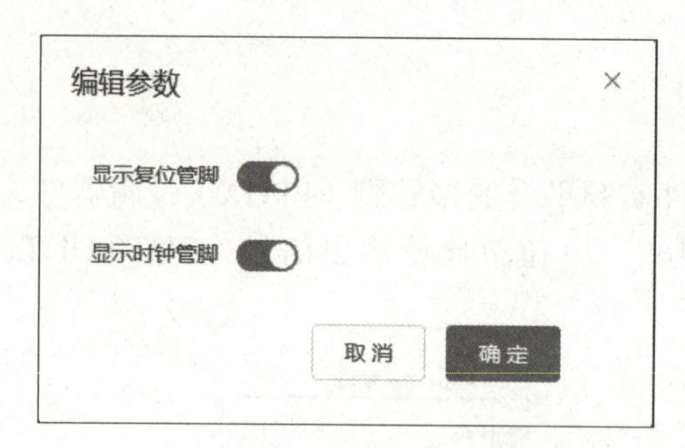

图 A.83　多管脚（FPGA）器件编辑参数

注：逻辑器件最多添加 1 个。

3. 自定义管脚（FPGA）

功能说明：远程云端硬件实验平台的自定义管脚（FPGA）逻辑器件，如图 A.84 所示通过编辑此器件实现输入输出管脚数量的自定义，最多可以添加总和为 20 位输入信号，总和为 50 位输出信号，选择是否显示复位信号和显示时钟信号，更改器件页面显示宽度。

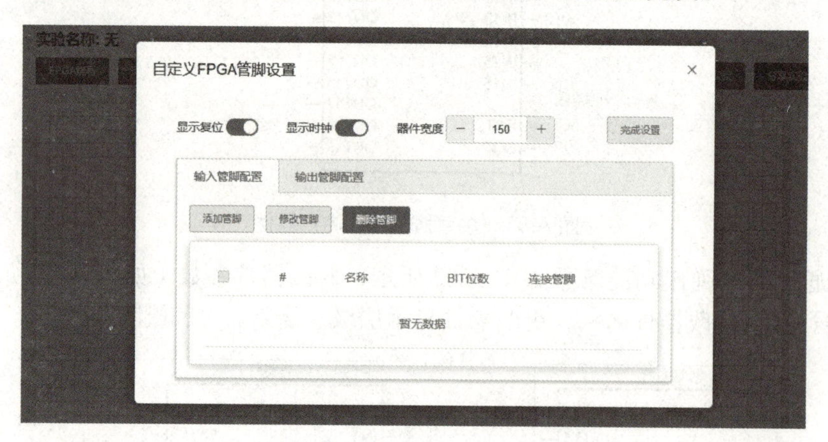

图 A.84　自定义管脚（FPGA）器件

（1）添加输入管脚

如图 A.85 所示，单击图示的“添加管脚”按钮，出现如图 A.86 所示对话框。

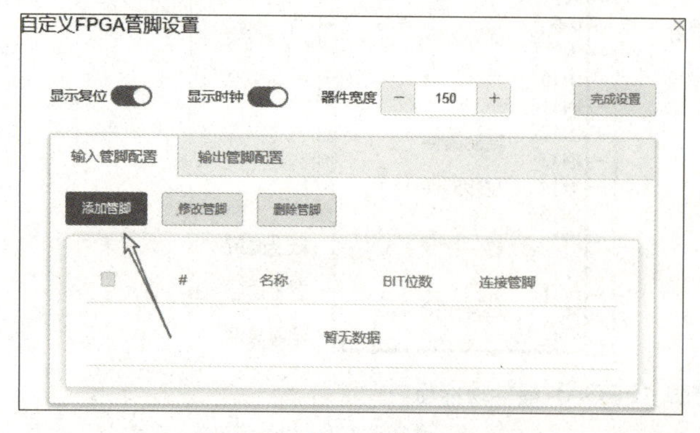

图 A.85　输入管脚配置

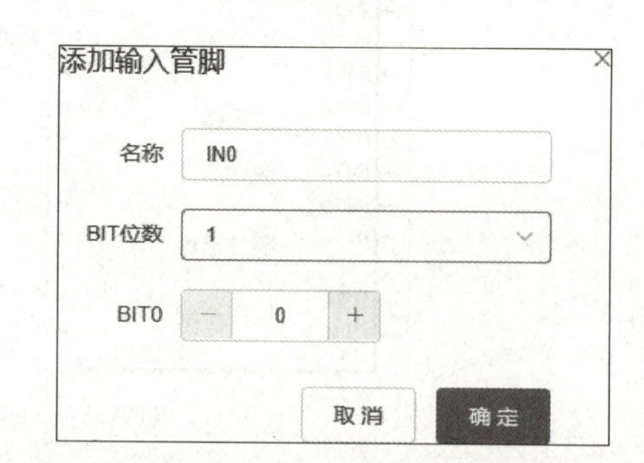

图 A.86　添加 1 比特输入管脚

在“名称”栏可以编辑管脚的显示名称，“BIT 位数”可以选择添加信号的位宽，单次最大可以选择 16BIT，随着 BIT 位数的改变，下面的 BIT0 也会随之递增，“BIT0”则需结合 FPGA 工程管脚约束和管脚对应表格进行慎重更改。例如，图 A.87 所示添加一个 BIT 位数为 3 的输入管脚，注意当更改 BIT 位数的数值时，这里将下方的“BIT0-BIT1-BIT2”暂命名为 BITn，BITn 随着“BIT 位数”的更改，n 是随之递增的，通过 +、– 符号进行更改。保证 BITn 后跟随的数字无重复即可。

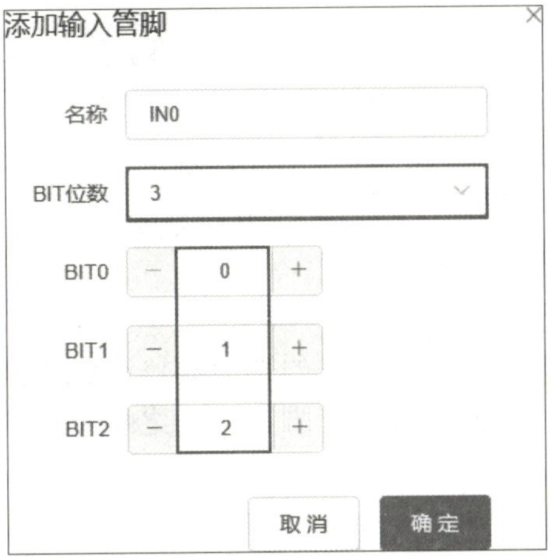

图 A.87　添加 3 比特输入管脚

（2）添加输出管脚

如图 A.88 输出管脚配置，首先单击切换到输出管脚配置页面，再次单击添加管脚按钮，显示如图 A.89 所示对话框。

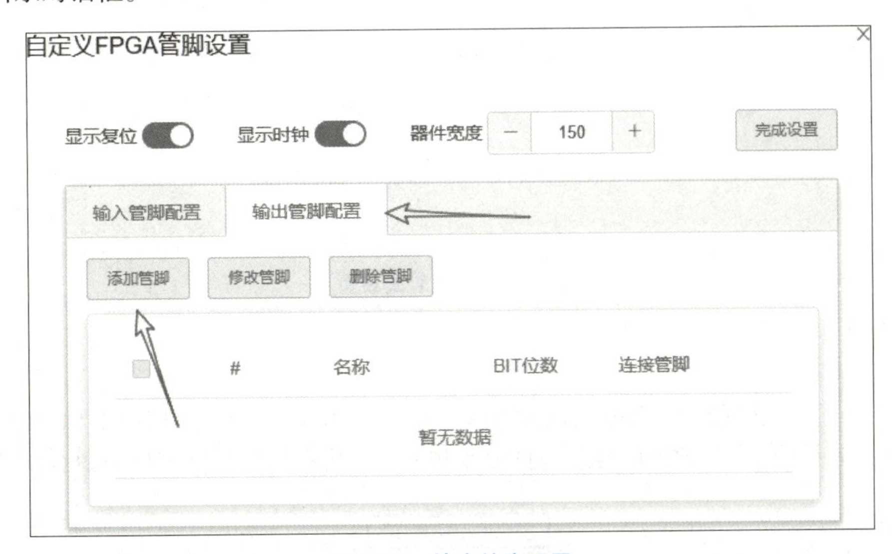

图 A.88　输出管脚配置

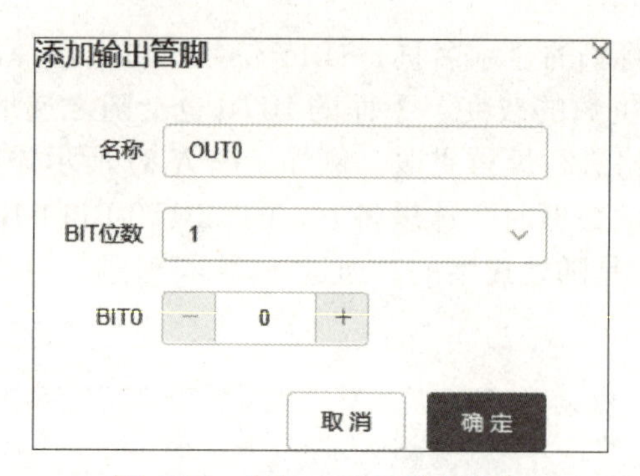

图 A.89　添加 1 比特输出管脚

在“名称”栏可以编辑管脚的显示名称，“BIT 位数”可以选择添加信号的位宽，单次最大可以选择 16BIT，随着 BIT 位数的改变，下面的 BIT0 也会随之递增，“BIT0”则需结合 FPGA 工程管脚约束和管脚对应表格进行慎重更改。

（3）修改或删除输入输出管脚

如需对某一管脚的参数进行修改，首先勾选需要修改的管脚，之后单击“修改管脚”按钮。删除管脚操作与之相同，需删除哪个管脚，勾选之后单击“删除管脚”按钮即可，如图 A.90 所示。

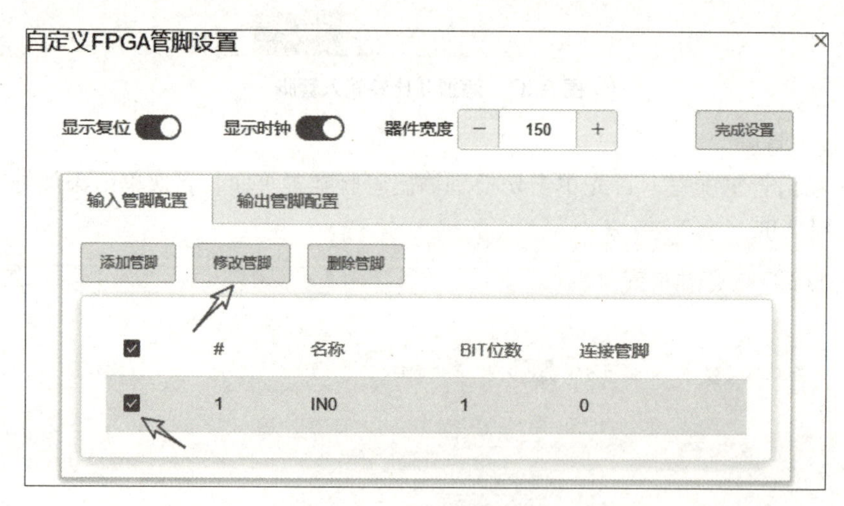

图 A.90　修改管脚设置

注：逻辑器件最多添加 1 个。

4.　内存探针

功能说明：远程云端硬件实验平台的内存探针工具如图 A.91 所示，探针工具可以对复杂系统设计（如 CPU 设计）的内部数据信号进行页面监测显示。内存探针功能窗口如图 A.92 所示。

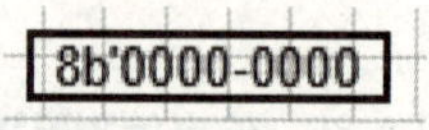

8b'0000-0000

图 A.91　内存探针器件

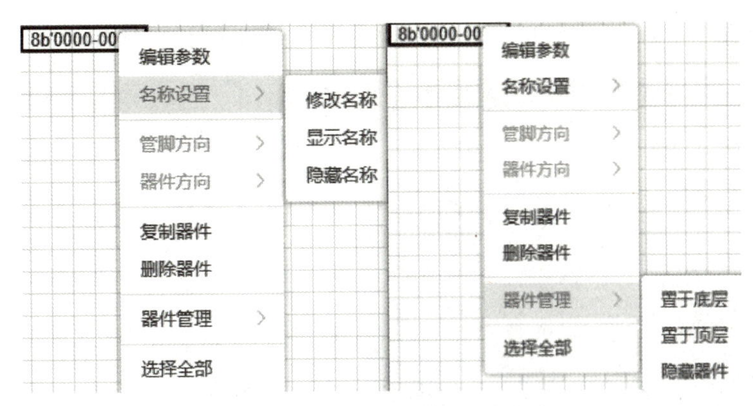

图 A.92　内存探针器件功能窗口

如图 A.93 所示，编辑器件参数可以更改内存探针工具的监测数据位宽、页面显示数据进制等。但需要注意的是，这里需要监测的数据内存地址和 BIT 偏移地址需要与设计者提供的顶层通信模板数据地址一一对应，否则会出现数据无法被准确监测的情况。

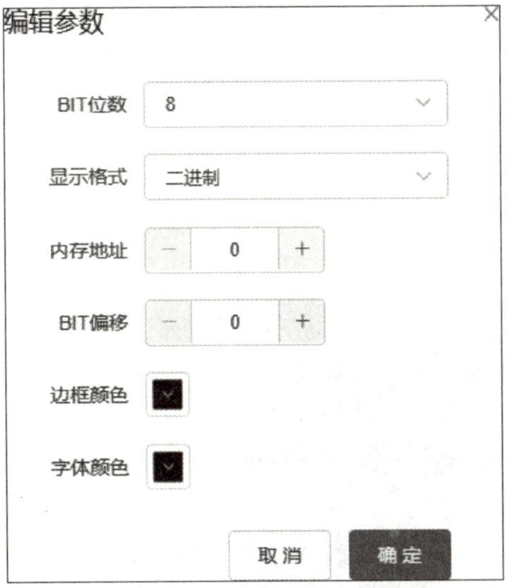

编辑参数

BIT位数　8

显示格式　二进制

内存地址　0

BIT偏移　0

边框颜色

字体颜色

取消　确定

图 A.93　内存探针器件编辑参数

注：同类型的工具最多添加 100 个。

5. 逻辑分析仪

功能说明：远程云端硬件实验平台的逻辑分析仪工具如图 A.94 所示，用于连接逻辑器件输出端口，监测输出的数字信号，最多同时可以监测 8 路数字信号。

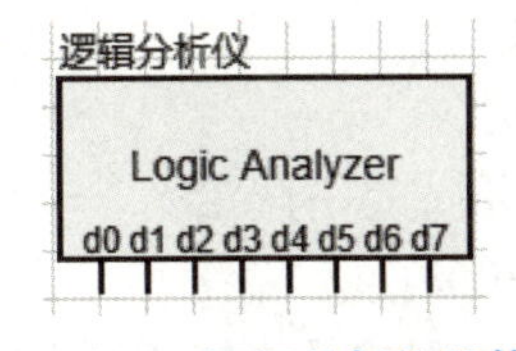

图 A.94　逻辑分析仪器件

在实验运行状态下，双击图 A.94 所示的逻辑分析仪工具即可调出波形窗口，如图 A.95 所示。

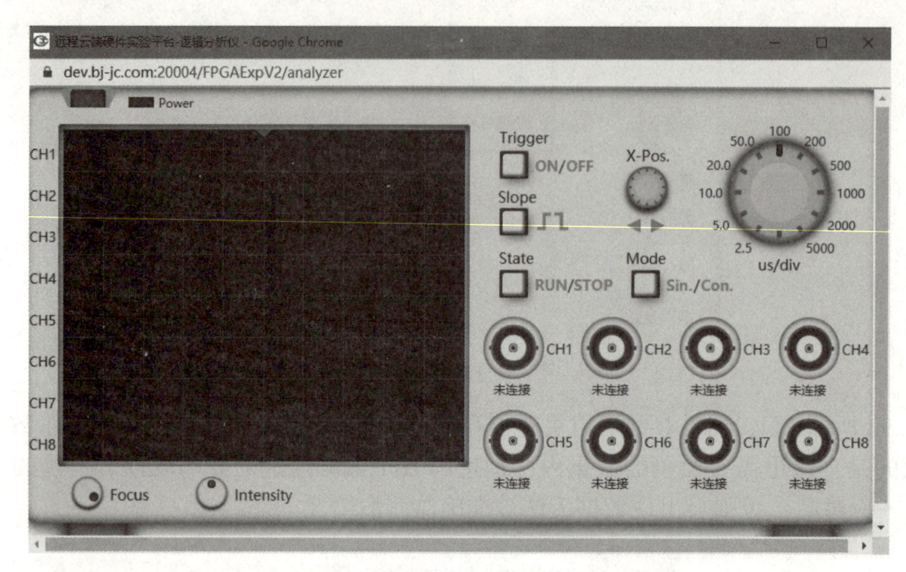

图 A.95　逻辑分析仪工具

初次使用请先单击页面左上角红色按钮，Power 绿灯亮起，逻辑分析仪才算开始工作。如图 A.96 所示，处于运行状态下的逻辑分析仪。

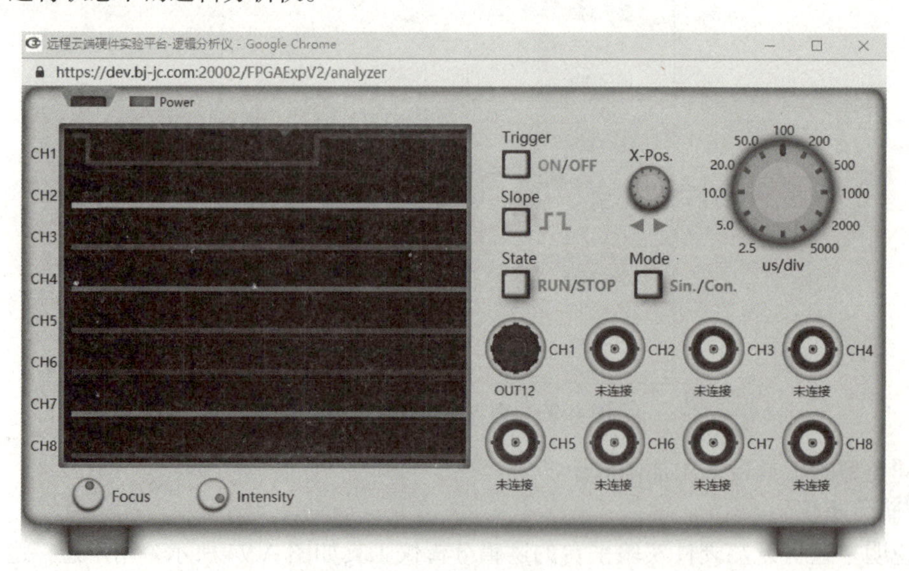

图 A.96　逻辑分析仪运行

逻辑分析仪页面按键功能描述如下：

Trigger 按键：控制通道触发的开关。

Slope 按键：控制触发方式是上升沿或是下降沿。

State 按键：控制逻辑分析仪运行和停止。

Mode 按键：控制逻辑分析仪单次监测或是连续监测。

X-Pos 旋钮：调节波形位置左右移动。

Us/div 旋钮：调节刷新周期，单位为 us。

Focus 旋钮：负责调节波形宽度。

Intensity 旋钮：负责调试波形亮度。

注：同类型的工具最多添加 1 个。

6. 串口调试助手

图 A.97 串口调试助手器件

功能说明：远程云端硬件实验平台的串口调试助手工具如图 A.97 所示，连接逻辑器件模拟 UART 的接收与发送。

与逻辑器件连接完成后需在实验运行状态下，双击远程云端硬件实验平台页面中的串口调试助手，即可调出操作界面，如图 A.98 所示。

图 A.98 串口调试助手

操作界面由上至下分为参数设置区、数据接收区、数据发送区。

参数设置区可以调节串口的波特率、协议数据位宽、校验位、停止位位宽，设置完成后单击“连接”按钮。

波特率可供选择的有 256000、128000、115200、57600、56000、38400、19200、9600、4800、2400、1200、600、300。

协议数据位宽可选择的有 8 和 9。

校验位可供选择的有奇校验、偶校验、无校验。

停止位位宽可供选择的有 0.5、1、1.5、2。

接收区负责显示接收到的内容，显示方式可以选择 ASCII 码或文本。

发送区负责发送数据，直接在此区域输入想要发送的内容单击发送，可以选择发送数据类型 ASCII 码或文本，也可以勾选循环发送设置循环发送周期等。

注：同类型的工具最多添加 1 个。设置完波特率等参数后单击连接按钮才可以发送 / 接收数据。

图 A.99　网络调试助手器件

7. 网络调试助手

功能说明：远程云端硬件实验平台的网络调试助手工具如图 A.99 所示，配合逻辑器件调试以太网的实验。

与逻辑器件连接完成后需在实验运行状态下，双击远程云端硬件实验平台页面中的网络调试助手，即可调出操作界面，如图 A.100 所示。

图 A.100　网络调试助手

操作界面由上至下分为参数设置区、数据接收区、数据发送区：

（1）参数设置区设置协议类型，可以选择的有 UDP、TCP-Client、TCP-Server 三种。设置板卡 IP 以及板卡的端口号，同时页面中会显示本机 IP 以及端口号。

（2）数据接收区负责显示接收到的内容，显示方式可以选择 ASCII 码或文本。

（3）数据发送区负责发送数据，直接在此区域输入想要发送的内容单击“发送”按钮即可，可以选择发送数据类型 ASCII 码或文本，也可以勾选“循环发送”复选框设置循环发送周期等。

注：同类型的工具最多添加 1 个。设置完参数后单击连接按钮才可以发送 / 接收数据。

8. 内存调试助手

图 A.101 内存调试助手器件

功能说明：远程云端硬件实验平台的内存调试助手工具如图 A.101 所示，配合逻辑器件使用，可以实现网页在线烧写 RAM 内的数据。

与逻辑器件连接完成后需在实验运行状态下，双击远程云端硬件实验平台页面中的内存调试助手，即可调出操作界面，如图 A.102。页面最上方修改页面数据显示进制和刷新周期等参数。通过此窗口修改表格中指定地址的 RAM 数据。单击操作界面下方“导入”按钮可以导入预设 RAM 数据数据文件，单击操作界面下方“导出”按钮可以将页面中 RAM 数据导出到本地文件。

远程云端硬件实验平台-内存调试助手 - Google Chrome

https://dev.bj-jc.com:20002/FPGAExpV2/ram-debugger

内存监控

数据格式 16进制　　定时刷新　　刷新周期 1000　　刷新数据

地址	数据															
0x00000000	FF	FF	FF	FF	FF	FF	FF	FF	FF	FF	FF	FF	FF	FF	FF	FF
0x00000010	FF	FF	FF	FF	FF	FF	FF	FF	FF	FF	FF	FF	FF	FF	FF	FF
0x00000020	FF	FF	FF	FF	FF	FF	FF	FF	FF	FF	FF	FF	FF	FF	FF	FF
0x00000030	FF	FF	FF	FF	FF	FF	FF	FF	FF	FF	FF	FF	FF	FF	FF	FF
0x00000040	FF	FF	FF	FF	FF	FF	FF	FF	FF	FF	FF	FF	FF	FF	FF	FF
0x00000050	FF	FF	FF	FF	FF	FF	FF	FF	FF	FF	FF	FF	FF	FF	FF	FF
0x00000060	FF	FF	FF	FF	FF	FF	FF	FF	FF	FF	FF	FF	FF	FF	FF	FF
0x00000070	FF	FF	FF	FF	FF	FF	FF	FF	FF	FF	FF	FF	FF	FF	FF	FF
0x00000080	FF	FF	FF	FF	FF	FF	FF	FF	FF	FF	FF	FF	FF	FF	FF	FF
0x00000090	FF	FF	FF	FF	FF	FF	FF	FF	FF	FF	FF	FF	FF	FF	FF	FF
0x000000A0	FF	FF	FF	FF	FF	FF	FF	FF	FF	FF	FF	FF	FF	FF	FF	FF
0x000000B0	FF	FF	FF	FF	FF	FF	FF	FF	FF	FF	FF	FF	FF	FF	FF	FF
0x000000C0	FF	FF	FF	FF	FF	FF	FF	FF	FF	FF	FF	FF	FF	FF	FF	FF
0x000000D0	FF	FF	FF	FF	FF	FF	FF	FF	FF	FF	FF	FF	FF	FF	FF	FF
0x000000E0	FF	FF	FF	FF	FF	FF	FF	FF	FF	FF	FF	FF	FF	FF	FF	FF
0x000000F0	FF	FF	FF	FF	FF	FF	FF	FF	FF	FF	FF	FF	FF	FF	FF	FF

‹ 1 2 3 4 5 6 ··· 65536 ›　前往 1 页

数据导入导出

起始地址 0　导入　　起始地址 0　数据长度 256　导出

图 A.102 内存调试助手

注：同类型的工具最多添加 1 个。

9. RAM 烧写

功能说明:远程云端硬件实验平台的 RAM 烧写工具如图 A.103 所示，可以实现将本地预设文件烧写硬件 RAM 内。页面实验运行状态下，双击 RAM 烧写工具选择本地文件，实现快速烧写硬件 RAM。

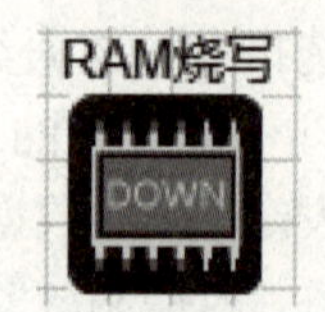

图 A.103　RAM 烧写器件

注：同类型的工具最多添加 5 个。

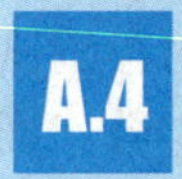

A.4 远程云端实验平台硬件简介

A.4.1　硬件平台接口电路

1. 电源电路

电源电路如图 A.104 所示。电源输入 DC_5V，电源指示灯为 V3，电源可以输出 +5V、多路 3.3V、2.5V 和 1.2V 供各器件使用。

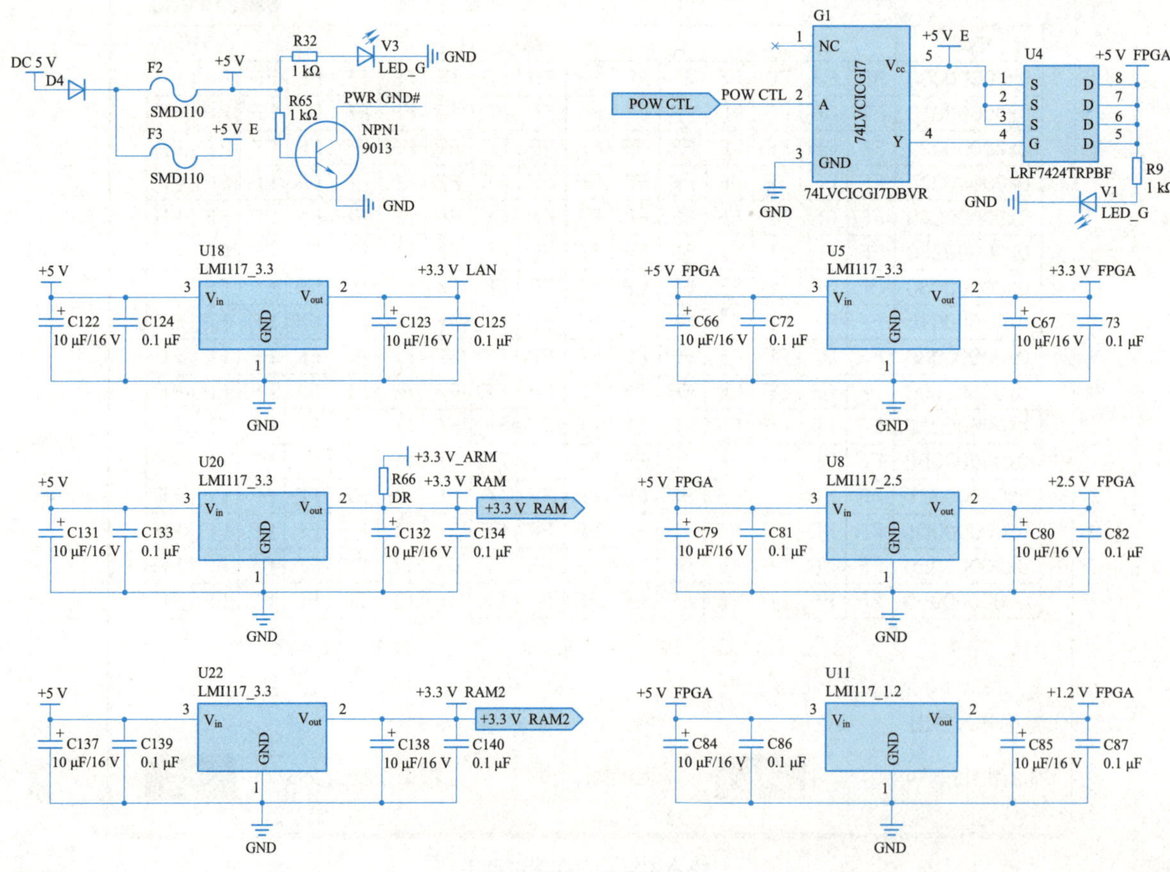

图 A.104　电源电路

2. 时钟电路

时钟电路如图 A.105 所示，FGPA_CLK 时钟信号可以由处理器控制的时钟信号，另两路是固定 25 MHz 和固定 24 MHz 时钟信号。

3. 复位电路

该平台有两路复位，一路为处理器对 FPGA 进行复位的复位电路如图 A.106~ 图 A.109 所示，处理器的 PJ14 对应 FPGA 的 I/O 口 A14，另一路为硬件复位，如图 A.110 和图 A.111 所示，FPGA_NRST 对应 D4，低电平复位。

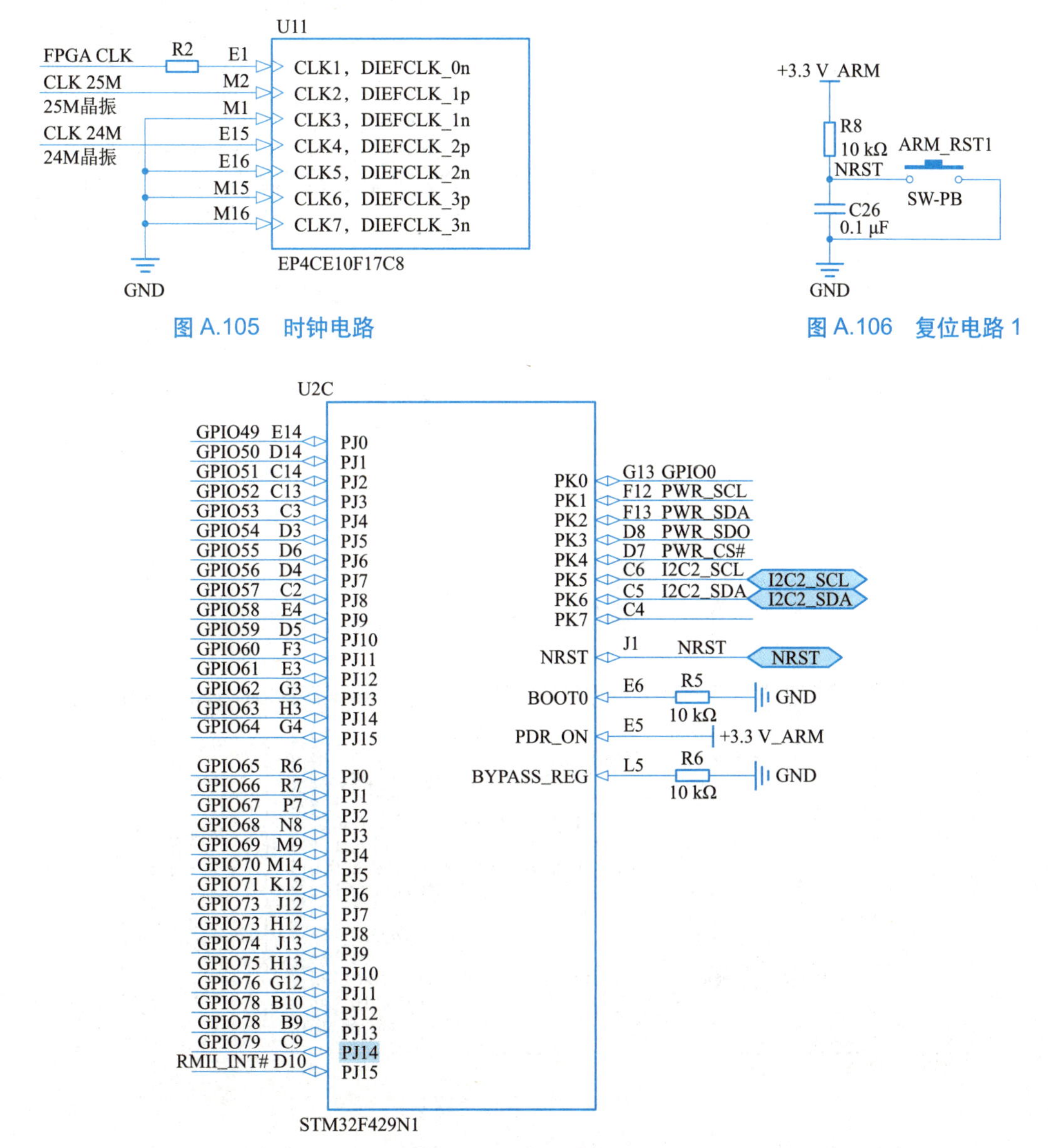

图 A.105　时钟电路

图 A.106　复位电路 1

图 A.107　复位电路 2

网络	引脚	引脚	网络
C16RN12	2	1	GPIO72
C15	4	3	GPIO73
C14	6	5	GPIO74
D14	8	7	GPIO75
D11	10	9	GPIO76
D12	12	11	GPIO77
A13	14	13	GPIO78
A14	16	15	GPIO79

图 A.108　复位电路 3

U1G　BANK7　EP4CE10F17C8

引脚功能	引脚	网络
IO, DIFFIO_T21n	C14	C14
IO, DIFFIO_T21P, (DQ5T)/(DQ5T)	D14	D14
IO, DIFFIO_T20n	D11	D11
IO, DIFFIO_T20p, (DQS0T/CQ1T, DPCLK6)/(DQS0T/CQIT, DPCLK6)	D12	D12
IO, DIFFIO_T19n	A13	A13
IO, DIFFIO_T19n, (DQ5T)/(DQ5T)	B13	B13
IO, PLL2_CLKOUTn	A14	A14
IO, PLL2_CLKOUTp	B14	FPGA_LED2
IO, RUP4	E11	FPGA_A17
IO, RDN4	E10	FPGA_A18
IO, DIFFIO_T18n, (DQ5T)/(DQ5T)	A12	A12
IO, DIFFIO_T18p, (DQ5T)/(DQ5T)	B12	B12
IO, DIFFIO_T17n, (DQ5T)/(DQ5T)	A11	A11
IO, DIFFIO_T17p, (DQ5T)/(DQ5T)	B11	B11
IO, VREFB7N0	C11	C11
IO, DIFFIO_T16n	F10	FPGA_A19
IO, DIFFIO_T16p, (DQ52T/CQ3T)/(DQS2T/CQ3T)	F9	FPGA_D8
IO, DIFFIO_T15n	F11	FPGA_D9
IO, DIFFIO_T15p	A15	FPGA_D10
IO, DIFFIO_T14n, (DQ5T)/(DQ5T)	A10	A10
IO, DIFFIO_T14p, (DQ5T)/(DQ5T)	B10	B10
IO, DIFFIO_T13n, (DQ5T)/(DQ5T)	C9	C9
IO, DIFFIO_T13p, (DM5T/BWS#5T)/(DM5T/BWS#5T)	D9	FPGA_D11
IO, (DQ54T/CQ5T)/(DQ54T/CQ5T)	E9	FPGA_D12
IO, DIFFIO_TI2n	A9	A9
IO, DIFFIO_TI2p	B8	B8

图 A.109　复位电路 4

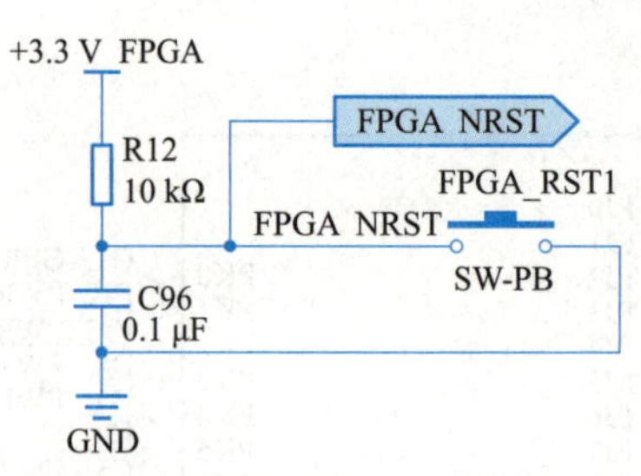

图 A.110　复位电路 5

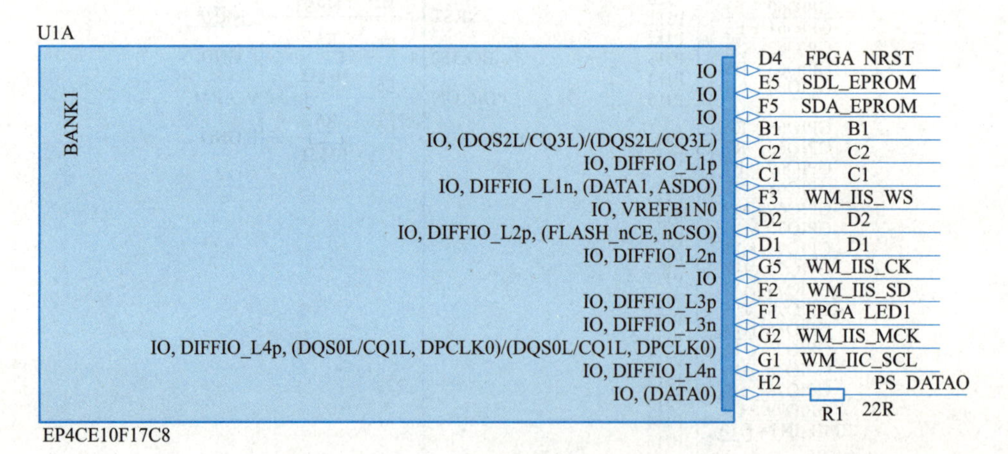

图 A.111　复位电路 6

4. 输入 / 输出电路

通过处理器对 FPGA 的输入 / 输出口进行控制，电路如图 A.112~ 图 A.114 所示，其中标亮的为 FPGA 输入口，其余主要是输出口。

RN12			
A3	2	1	GPIO0
B4	4	3	GPIO1
A4	6	5	GPIO2
B5	8	7	GPIO3
A5	10	9	GPIO4
C6	12	11	GPIO5
B6	14	13	GPIO6
A6	16	15	GPIO7

2RN22			
B7	2	1	GPIO8
A7	4	3	GPIO9
C8	6	5	GPIO10
B8	8	7	GPIO11
A8	10	9	GPIO12
C9	12	11	GPIO13
B9	14	13	GPIO14
A9	16	15	GPIO15

RN32			
B10	2	1	GPIO16
A10	4	3	GPIO17
C11	6	5	GPIO18
B11	8	7	GPIO19
A11	10	9	GPIO20
B12	12	11	GPIO21
A12	14	13	GPIO22
B13	16	15	GPIO23

RN42			
N11	2	1	GPIO24
P11	4	3	GPIO25
T11	6	5	GPIO26
R10	8	7	GPIO27
T10	10	9	GPIO28
N9	12	11	GPIO29
P9	14	13	GPIO30
R9	16	15	GPIO31

RN52			
T9	2	1	GPIO32
N8	4	3	GPIO33
P8	6	5	GPIO34
R8	8	7	GPIO35
T8	10	9	GPIO36
R7	12	11	GPIO37
T7	14	13	GPIO38
N6	16	15	GPIO39

RN62			
P6	2	1	GPIO40
C15	4	3	GPIO41
C14	6	5	GPIO42
D14	8	7	GPIO43
D11	10	9	GPIO44
D12	12	11	GPIO45
A13	14	13	GPIO46
A14	16	15	GPIO47

图 A.112　输入 / 输出电路 1

RN72			
N3	2	1	GPIO48
P3	4	3	GPIO49
R3	6	5	GPIO50
T3	8	7	GPIO51
N2	10	9	GPIO52
P2	12	11	GPIO53
T2	14	13	GPIO54
R1	16	15	GPIO55

RN8			
D2	2	1	GPIO56
D1	4	3	GPIO57
C1	6	5	GPIO58
B1	8	7	GPIO59
C2	10	9	GPIO60
A2	12	11	GPIO61
C3	14	13	GPIO62
B3	16	15	GPIO63

图 A.113　输入 / 输出电路 2

RN11			
F13	2	1	GPIO64
F16	4	3	GPIO65
F15	6	5	GPIO66
B16	8	7	GPIO67
F14	10	9	GPIO68
D16	12	11	GPIO69
D15	14	13	GPIO70
G11	16	15	GPIO71

RN12			
C16	2	1	GPIO72
C15	4	3	GPIO73
C14	6	5	GPIO74
D14	8	7	GPIO75
D11	10	9	GPIO76
D12	12	11	GPIO77
A13	14	13	GPIO78
A14	16	15	GPIO79

图 A.114　输入 / 输出电路 3

A.4.2　硬件平台引脚定义

1. FPGA 时钟与复位引脚

参见图 A.105 时钟电路、图 A.109 复位电路 4 和图 A.111 复位电路 6，FPGA 时钟和复位管脚定义说明见表 A.2。

表 A.2 FPGA 时钟与复位管脚说明

时钟和复位管脚				
名称	FPGA	STM32	备注	说明
CLK	E1	PA6	TIM13_CH1	STM32 输出的时钟，可设置
CLK2	M2	无		固定 25 MHz
CLK3	E15	无		固定 24 MHz
RST	A14	PJ14	GPIO79	STM32 控制的复位
RST2	D4	无		硬件复位管脚，低有效

2．FPGA 输入管脚

参见图 A.112 输入 / 输出电路 1，FPGA 输入管脚定义说明见表 A.3。

表 A.3 FPGA 输入管脚说明

输入管脚				
编号	FPGA	STM32	备注	说明
0	A12	PD3	GPIO22	
1	N8	PG15	GPIO33	
2	P11	PE5	GPIO25	TIM9_CH1
3	T11	PE6	GPIO26	TIM9_CH2
4	B13	PE2	GPIO23	
5	N11	PE4	GPIO24	
6	A3	PK0	GPIO0	
7	B4	PA8	GPIO1	
8	A4	PA15	GPIO2	
9	B10	PC0	GPIO16	
10	A10	PC2	GPIO17	
11	C11	PC3	GPIO18	
12	B11	PC6	GPIO19	UART6_TX
13	A11	PC7	GPIO20	UART6_RX
14	B12	PC13	GPIO21	
15	C14	PJ9	GPIO74	
16	D14	PJ10	GPIO75	
17	D11	PJ11	GPIO76	
18	D12	PJ12	GPIO77	
19	A13	PJ13	GPIO78	

3. FPGA 输出管脚

参见图 A.112、图 A.113 和图 A.114 输入 / 输出电路图，FPGA 输出管脚定义说明见表 A.4。

表 A.4　FPGA 输出管脚说明

编　号	FPGA	STM32	备　注	说　明
0	C6	PB4	GPIO5	TIM3_CH1
1	B6	PB5	GPIO6	TIM3_CH2
2	B5	PB0	GPIO3	TIM3_CH3
3	A5	PB1	GPIO4	TIM3_CH4
4	A6	PB6	GPIO7	TIM4_CH1
5	B7	PB7	GPIO8	TIM4_CH2
6	A7	PB8	GPIO9	TIM4_CH3
7	C8	PB9	GPIO10	TIM4_CH4
8	N5	PH10	GPIO43	TIM5_CH1
9	R5	PH11	GPIO44	TIM5_CH2
10	T5	PH12	GPIO45	TIM5_CH3
11	P3	PI0	GPIO49	TIM5_CH4
12	T2	PI5	GPIO54	TIM8_CH1
13	R1	PI6	GPIO55	TIM8_CH2
14	N6	PH6	GPIO39	TIM12_CH1
15	T6	PH9	GPIO42	TIM12_CH2
16	T10	PF7	GPIO28	UART7_TX
17	R10	PF6	GPIO27	UART7_RX
18	N9	PF8	GPIO29	
19	P9	PF9	GPIO30	
20	R9	PF10	GPIO31	
21	T9	PF11	GPIO32	
22	B8	PB10	GPIO11	TIM2_CH3
23	A8	PB12	GPIO12	SPI2_NSS
24	C9	PB13	GPIO13	SPI2_SCK
25	B9	PB14	GPIO14	SPI2_MISO
26	A9	PB15	GPIO15	SPI2_MOSI
27	P8	PK7	GPIO34	逻辑分析仪不行
28	R8	PH2	GPIO35	
29	T8	PH3	GPIO36	
30	R7	PH4	GPIO37	
31	T7	PH5	GPIO38	
32	P6	PH7	GPIO40	

续表

编　号	FPGA	STM32	备　注	说　明
33	R6	PH8	GPIO41	
34	R4	PH13	GPIO46	
35	T4	PH14	GPIO47	
36	N3	PH15	GPIO48	
37	R3	PI1	GPIO50	
38	T3	PI2	GPIO51	
39	N2	PI3	GPIO52	
40	P2	PI4	GPIO53	
41	D2	PI7	GPIO56	
42	D1	PI8	GPIO57	
43	C1	PI9	GPIO58	
44	B1	PI10	GPIO59	
45	C2	PI11	GPIO60	
46	A2	PI12	GPIO61	
47	C3	PI13	GPIO62	
48	B3	PI14	GPIO63	
49	F13	PI15	GPIO64	

4. 特殊管脚

参见图 A.114 输入 / 输出电路 3，FPGA 特殊管脚定义说明见表 A.5。

表 A.5　特殊管脚说明

特殊管脚						
名称	FPGA	STM32	备注	管脚功能	说明	
通信总线	F16 F15 B16 F14	PJ0-PJ3	GPIO65-GPIO68	Data Bus	数据 & 地址 & 命令复用总线	命令 0000: 空闲模式，操作无效 0001: 写低地址指令 0010: 写低地址完成指令 0011: 写高地址指令 0100: 写高地址完成指令 0101: 读写数据开始指令 0110: 读写数据完成指令
	D16	PJ4	GPIO69	CS	片选使能 0：使能 1：禁止	
	D15	PJ5	GPIO70	RD/WR	读使能 / 写使能 0: 读使能 1：写使能	
	G11	PJ6	GPIO71	RS	数据 / 地址选择 0：数据 1：命令	命令模式下无效 数据模式下写 [00-11] 都有效 读写数据 [00] 代表低四位，[01] 代表高四位，[10] 代表读写数据完成，地址自动加 1
	C16 C15	PJ7-PJ8	GPIO72-GPIO73	SEL0-SEL1	[00]:DB0-DB3 [01]:DB4-DB7 [10]:DB8-DB11 [11]:DB12-DB15	

A.5 远程云端实验开发流程简介

本节详细介绍使用杰创科技远程云端实验平台进行远程实验的基本操作和开发流程，更多的技巧和经验需要读者在大量实践中逐步掌握。首先通过远程云端实验平台搭建实验模型，接着使用 Quartus II 编程工具完成相应功能的程序设计，最后将综合、适配后的下载文件烧写到远程硬件平台，通过远端将实验现象反馈给用户，实现远程实验调试。

以一个三位流水灯实验详细介绍实验步骤：

视频

流水灯

① 登录远程实验平台确认设备连接情况，如图 A.115 所示。

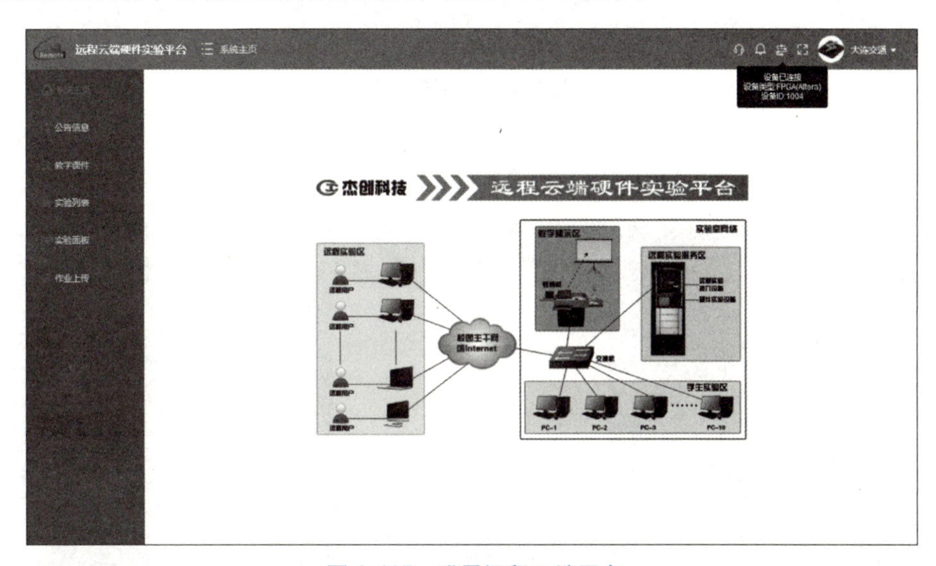

图 A.115　登录远程云端平台

② 选择实验面板，如图 A.116 所示，在右侧器件面板选择自定义管脚（FPGA）器件。

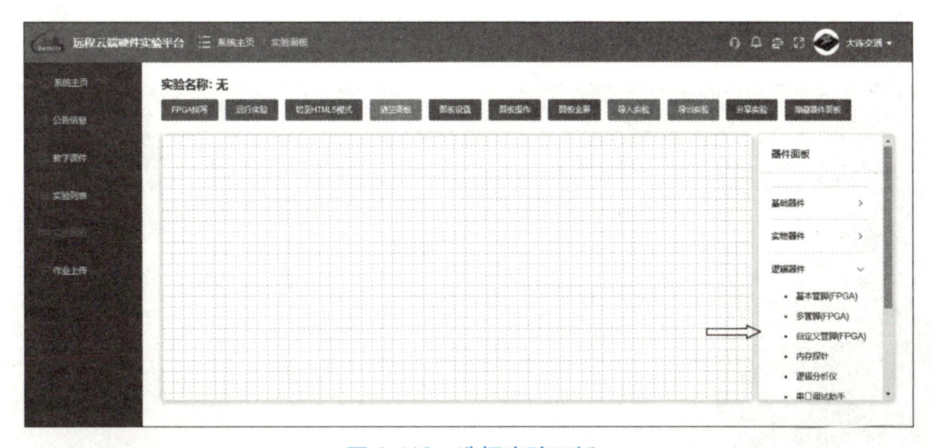

图 A.116　选择实验面板

③ 将自定义管脚 FPGA 拖拽到实验图纸上，出现如图 A.117 管脚设置对话框。

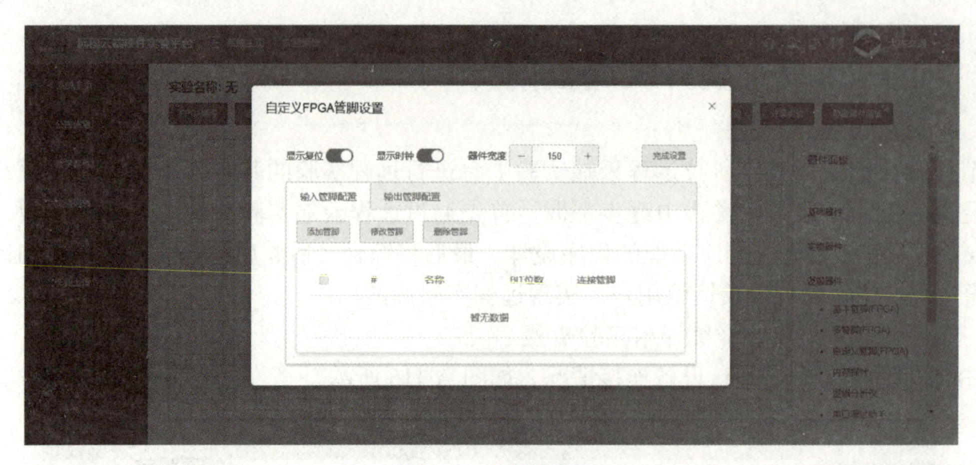

图 A.117　管脚设置

④ 添加输入输出管脚，如图 A.118 所示，由于此设计只需要三个输出管脚，故在输出管脚配置一栏添加三次管脚，每个管脚默认 1bit，连接管脚编号依次顺延即可，设置完成如图 A.119 所示。

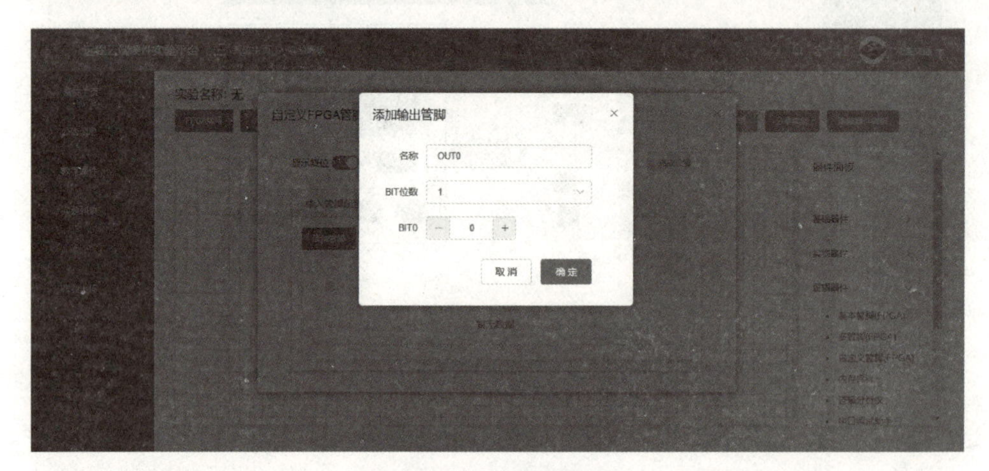

图 A.118　添加输出管脚

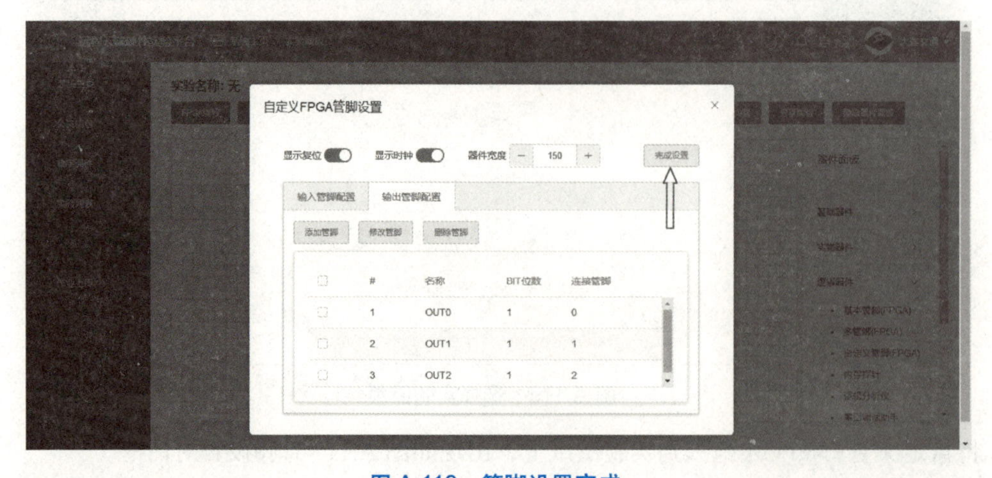

图 A.119　管脚设置完成

⑤ 添加管脚之后单击完成设置。图纸中央会出现如图 A.120 所示的自定义管脚 FPGA 的逻辑器件。

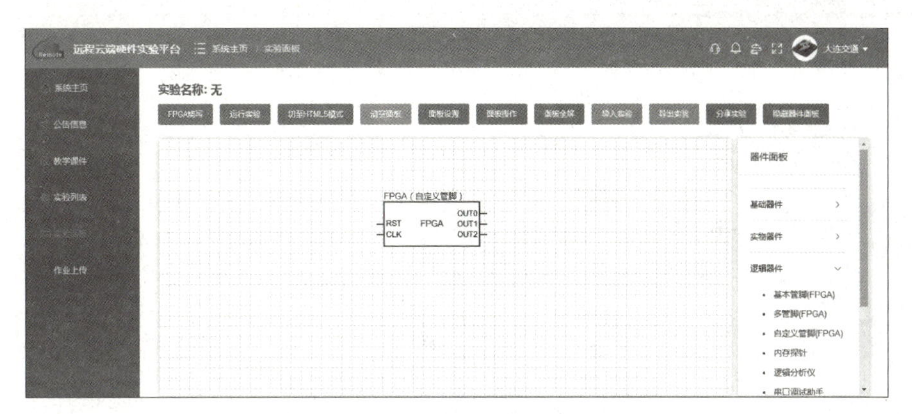

图 A.120　自定义管脚逻辑器件

⑥ 接下来在图纸中选择实物器件，添加三个 LED 灯，在基础器件中选择添加时钟输入和脉冲输入，如图 A.121 所示。

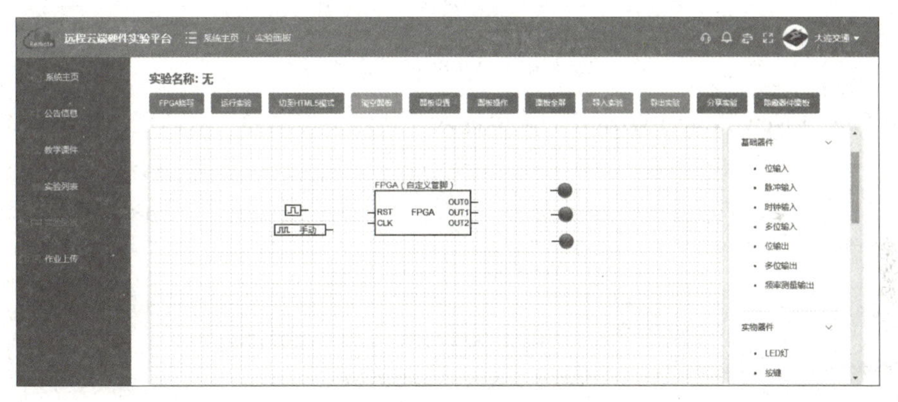

图 A.121　添加器件

⑦ 如图 A.122 所示，连接好输入 / 输出器件，连接好导线之后，请将脉冲发生器改为下降沿触发，时钟更改为 1 Hz。最后导出实验模型保存到本地，方便以后继续导入实验。

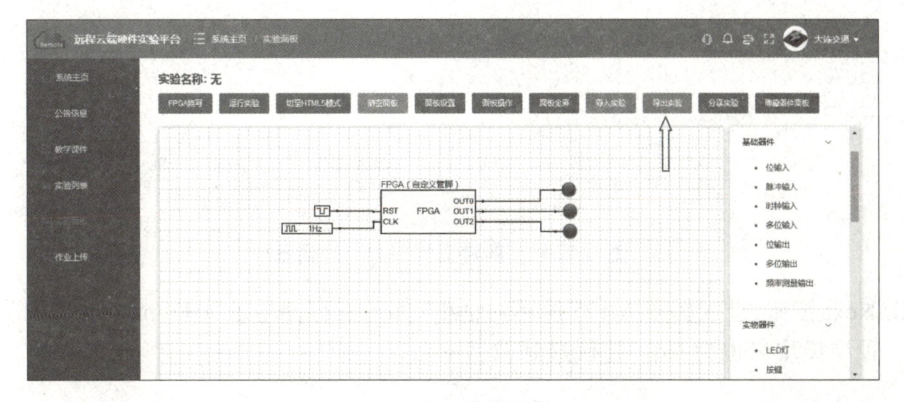

图 A.122　连接器件

⑧ 启动 Quartus II 集成开发环境，出现主界面如图 A.123 所示。

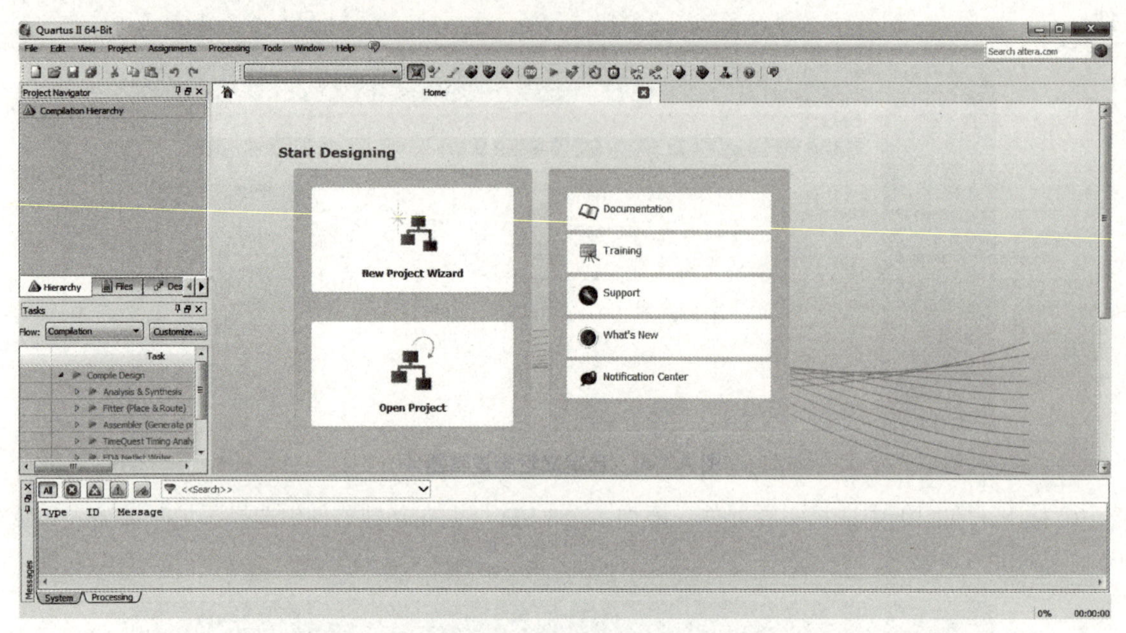

图 A.123 Quartus II 主界面

⑨ 单击 File → New Project Wizard …菜单进入“新建工程向导”对话框，如图 A.124 所示。

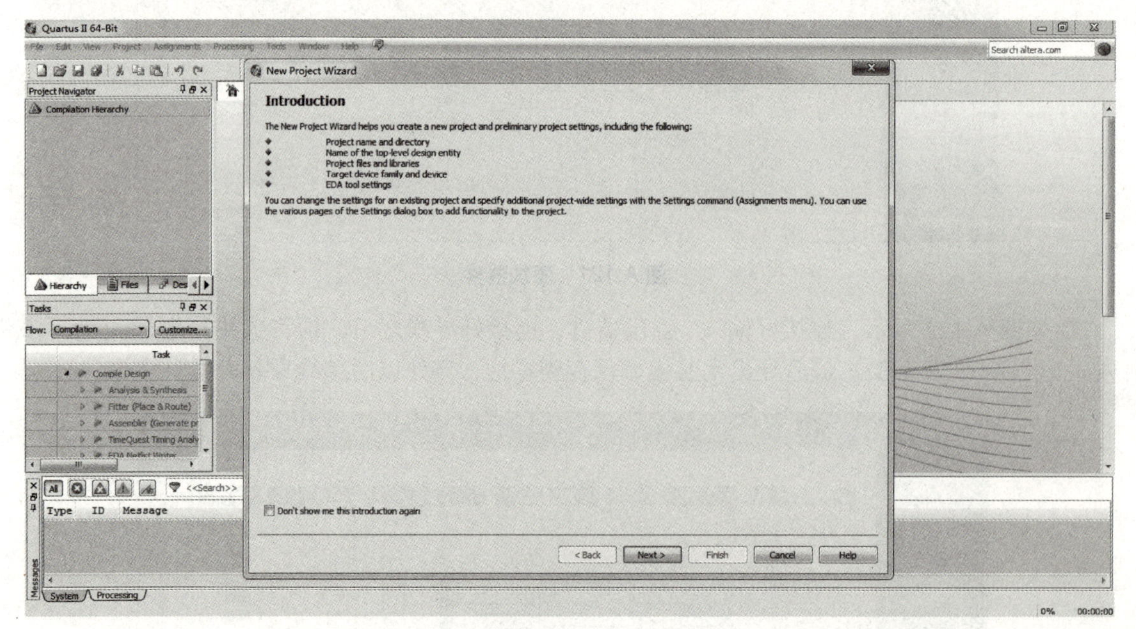

图 A.124 “新建工程向导”对话框

⑩ 单击 Next 按钮，进入如图 A.125 所示对话框，如工程存储地址为 D:/project/ch01/led 文件夹，工程名 led，顶层模块名也为 led，建议最好取名一致。

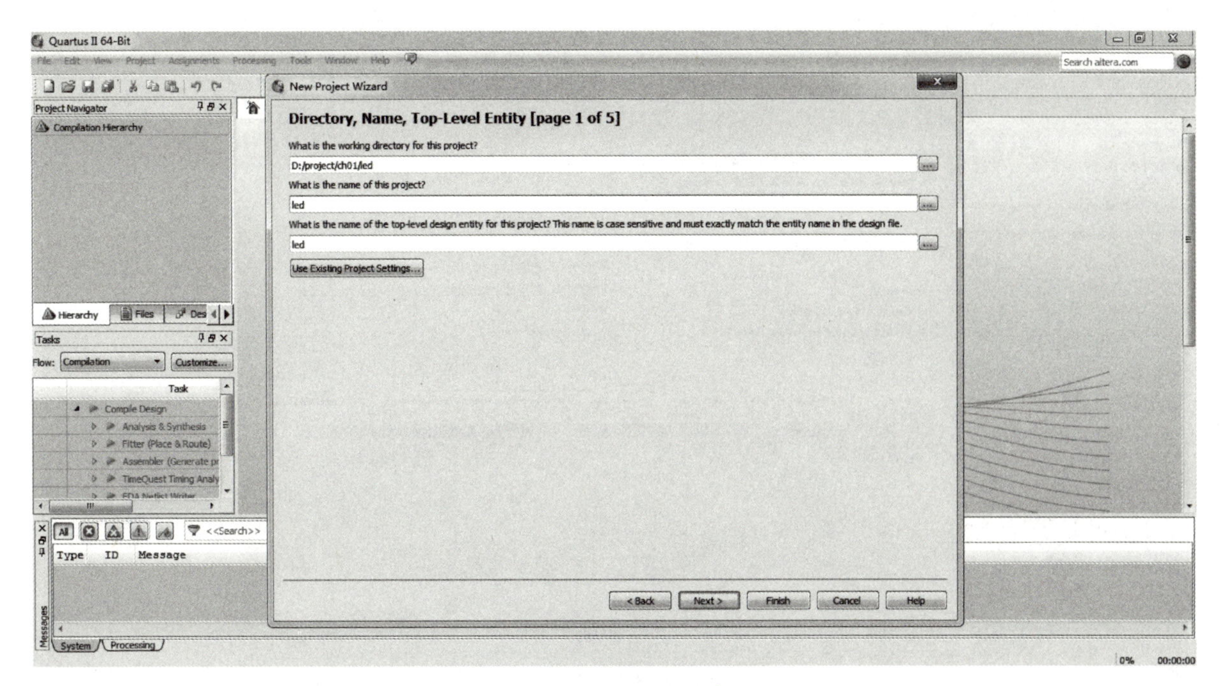

图 A.125　设置工程名

⑪ 单击 Next 按钮，进入如图 A.126 所示对话框，可以添加已有设计文件。

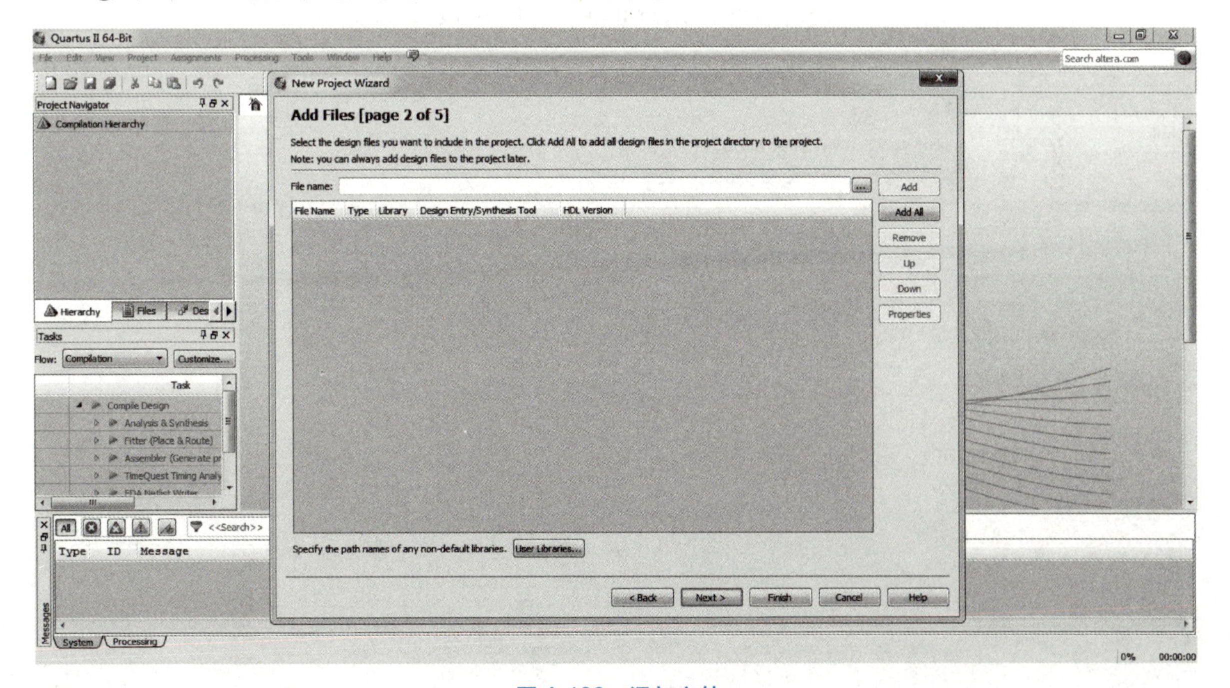

图 A.126　添加文件

⑫ 单击 Next 按钮，进入如图 A.127 所示对话框，选择 FPGA 器件类型。平台使用器件为 EP4CE10F17C8，器件引脚数为 256 个，速度等级为 8。

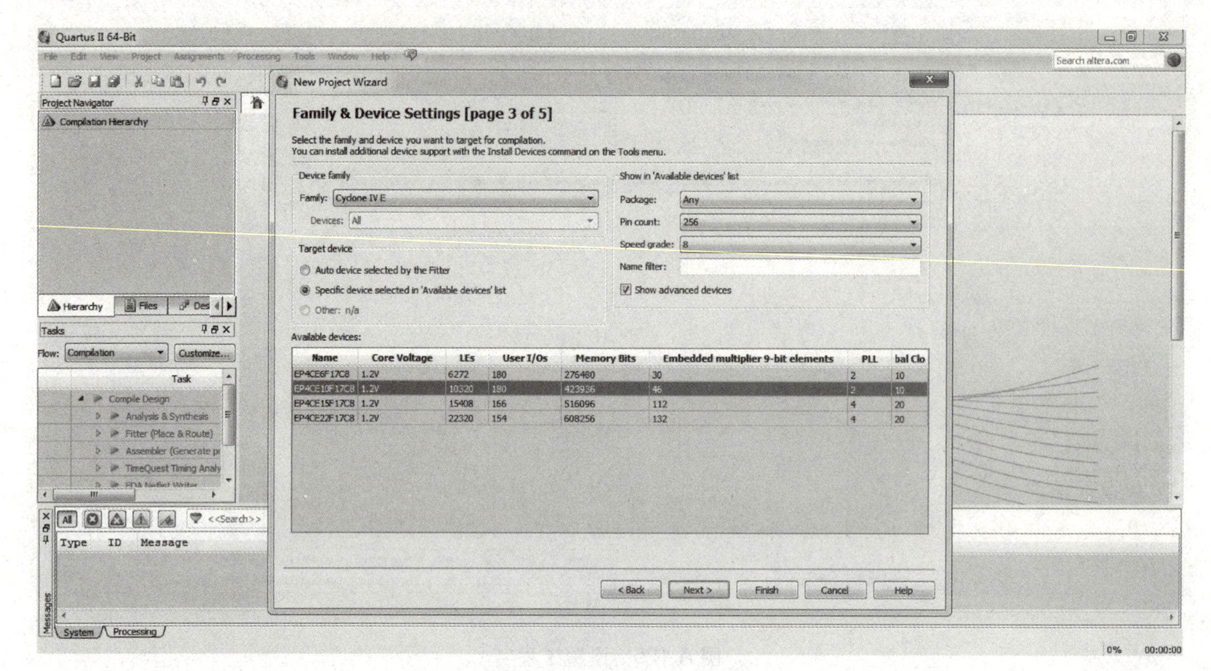

图 A.127　选择 FPGA 型号

⑬ 单击 Next 按钮，进入如图 A.128 所示对话框，选择 EDA 工具及语言。

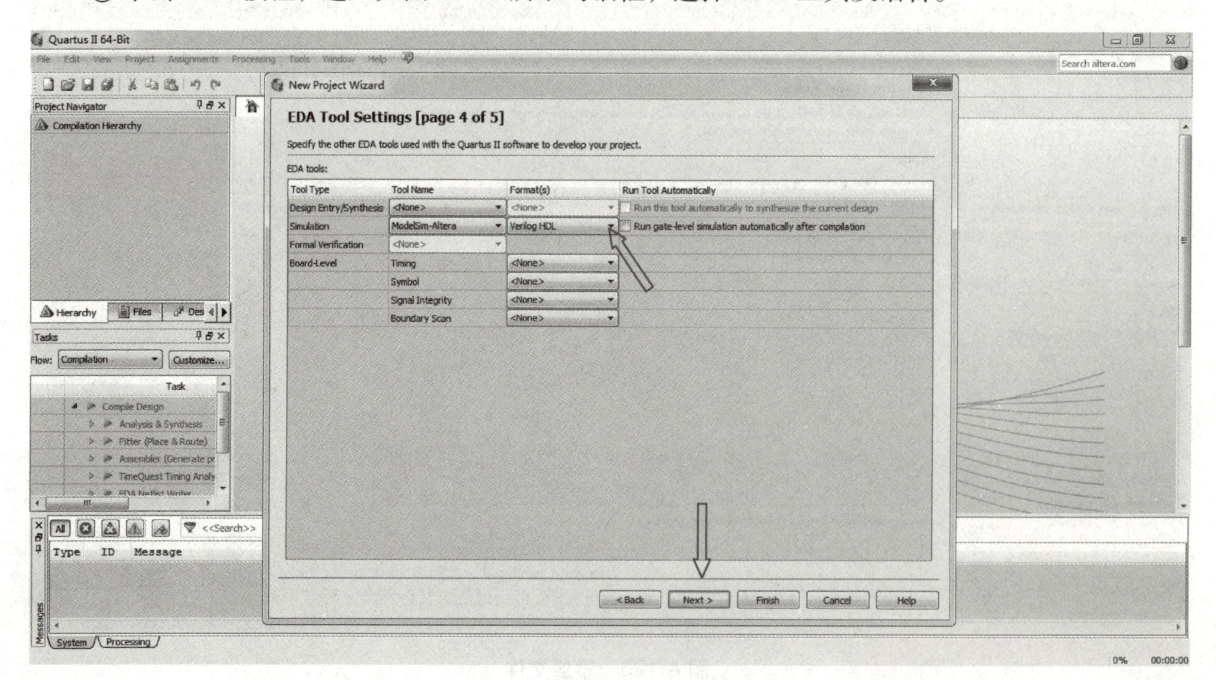

图 A.128　EDA 工具设置

⑭ 单击 Next 按钮，进入如图 A.129 所示对话框，显示工程概要。

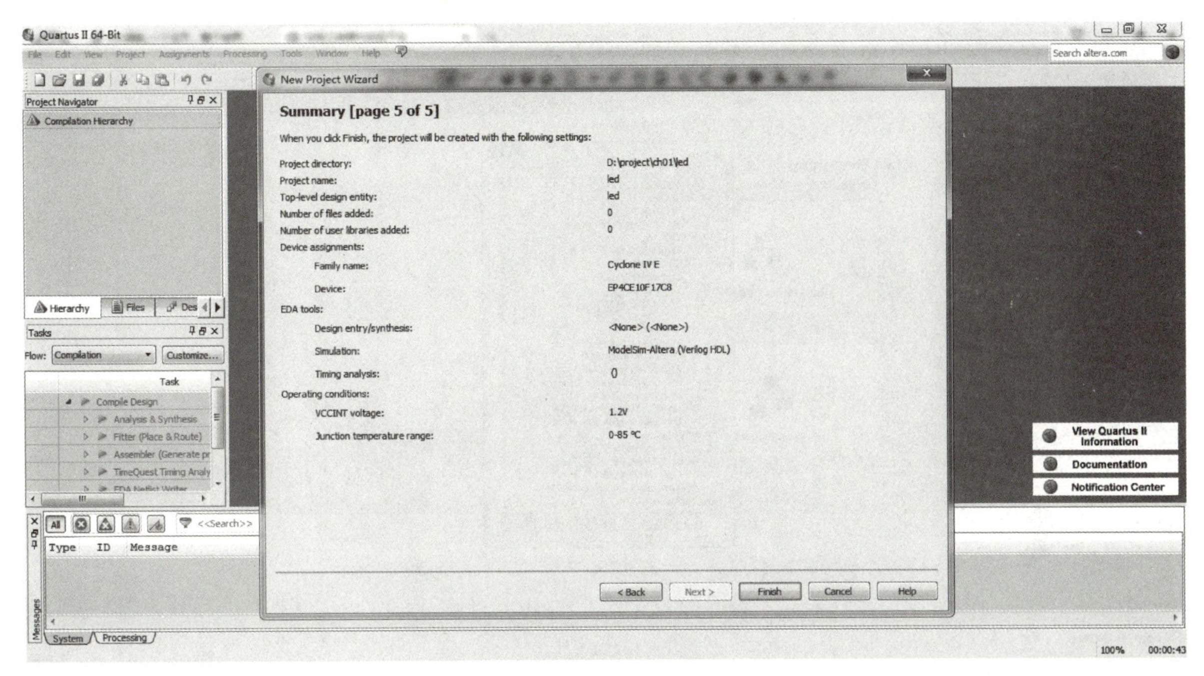

图 A.129 工程概要

⑮ 单击 Finish 按钮，进入如图 A.130 所示对话框，工程创建完成。

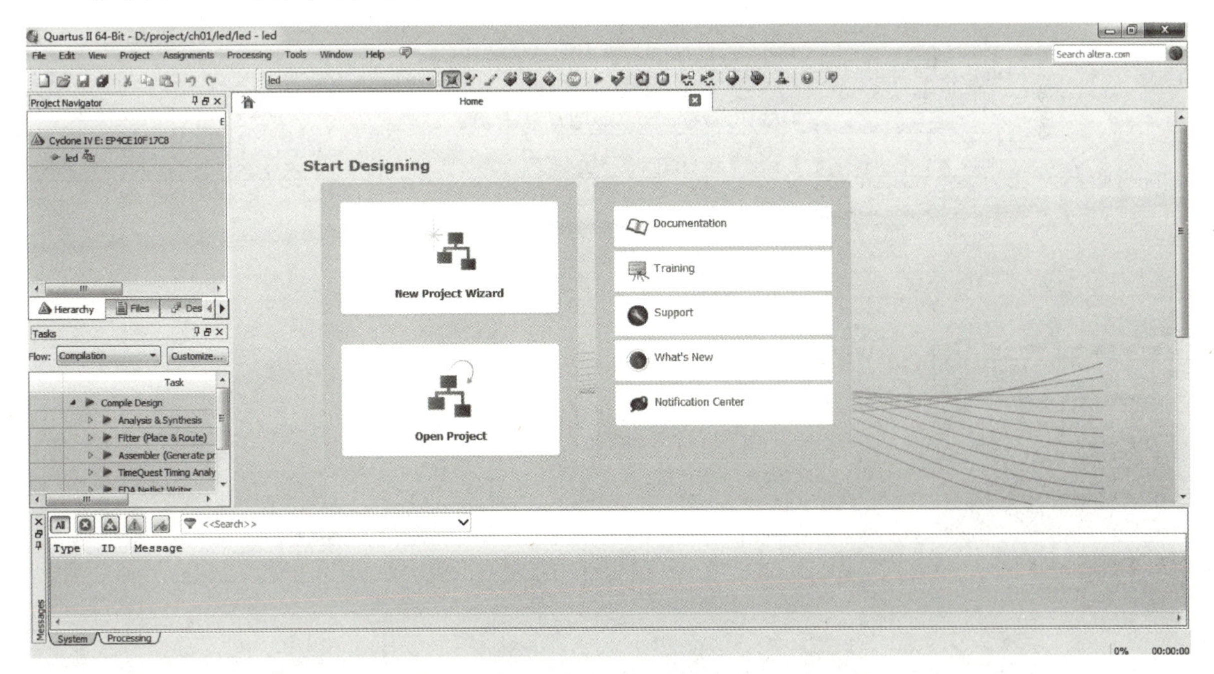

图 A.130 工程创建完成

⑯ 新建文件，如图 A.131 所示对话框，选择 Verilog HDL File 文件。

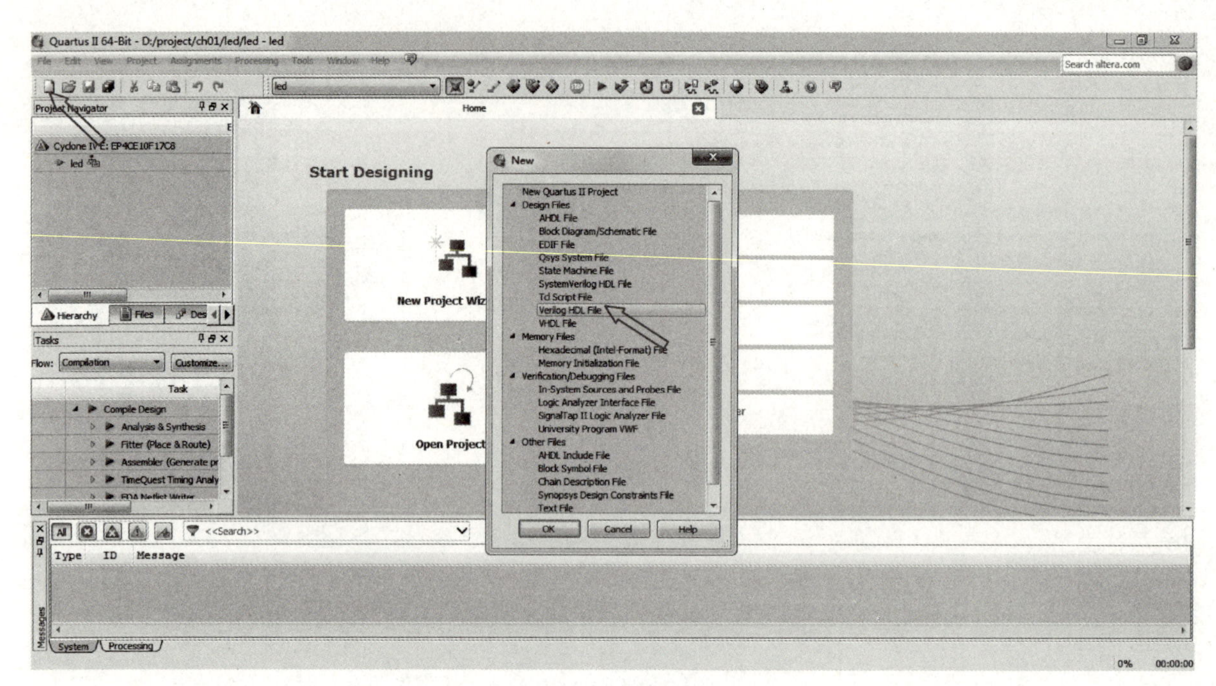

图 A.131　新建文件

⑰ 编写代码，如图 A.132 所示，编写完成后保存文件 led.v，文件名需要与模块名 led 一致。

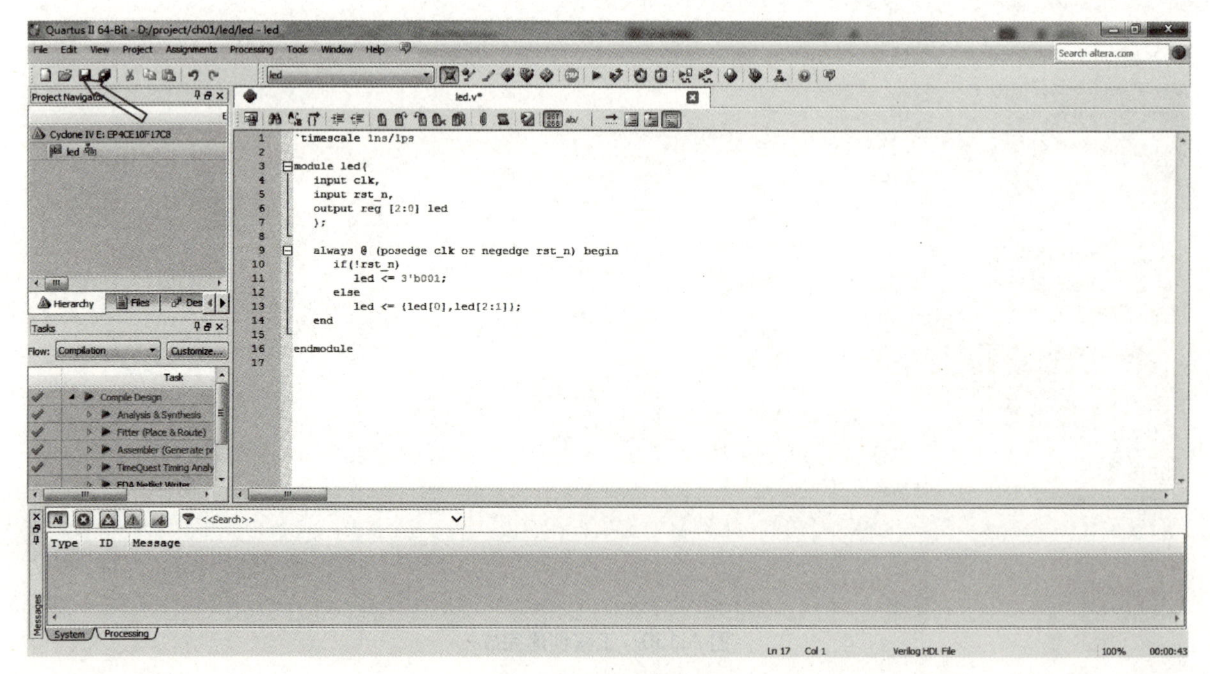

图 A.132　保存文件

⑱ 语法分析与综合，如图 A.133 所示，对编写完的文件进行 RTL 分析及综合，显示没有错误才可以进行下一步。

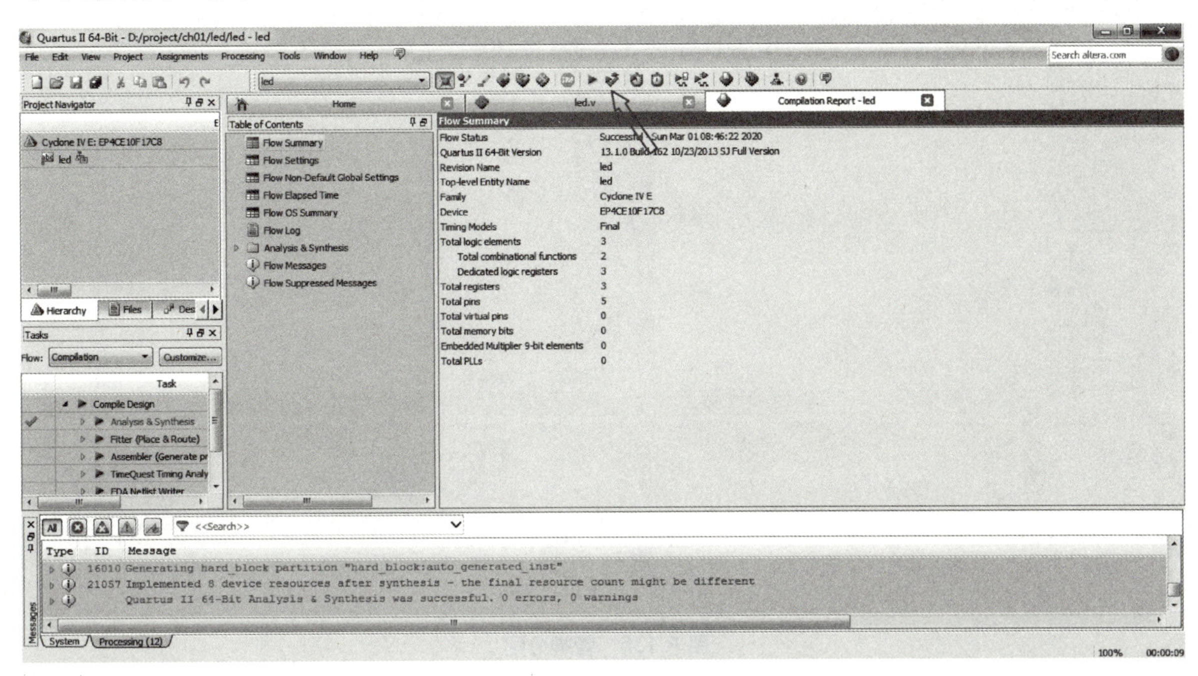

图 A.133 分析与综合

⑲ RTL 分析正确后可以进行 RTL 仿真及查看 RTL 级电路试图，接下来如图 A.134 进行管脚分配。

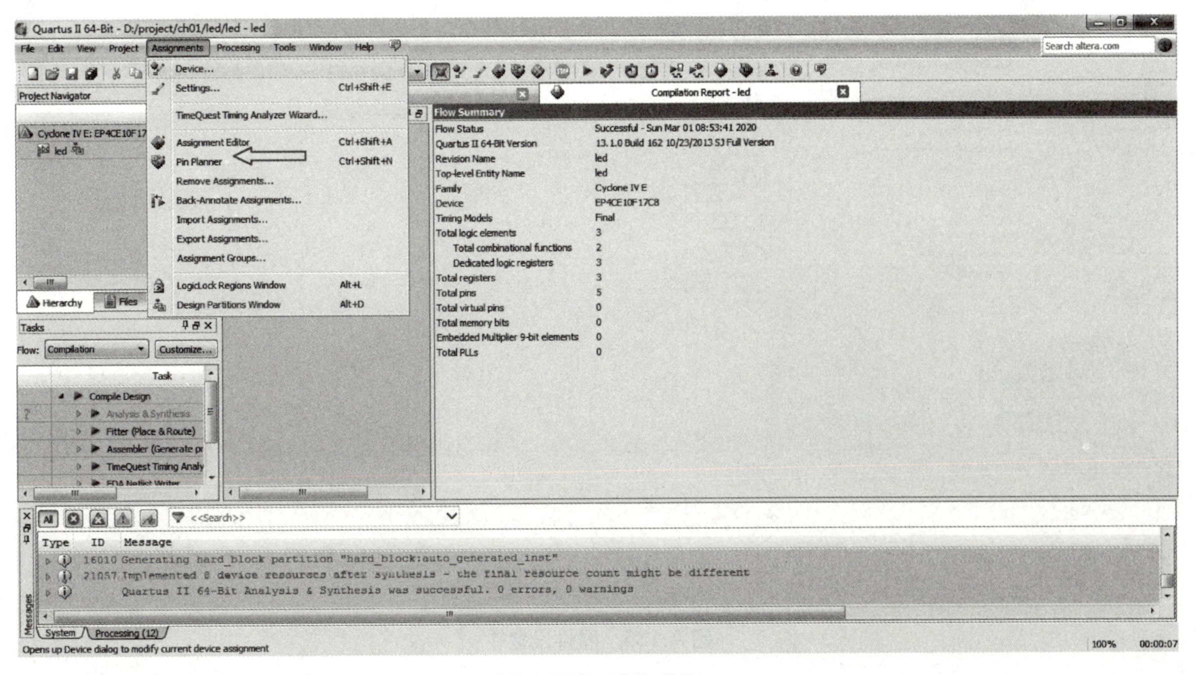

图 A.134 管脚分配

⑳ 根据 A.4.2 节中的硬件平台引脚定义对管脚进行分配，如图 A.135 所示。

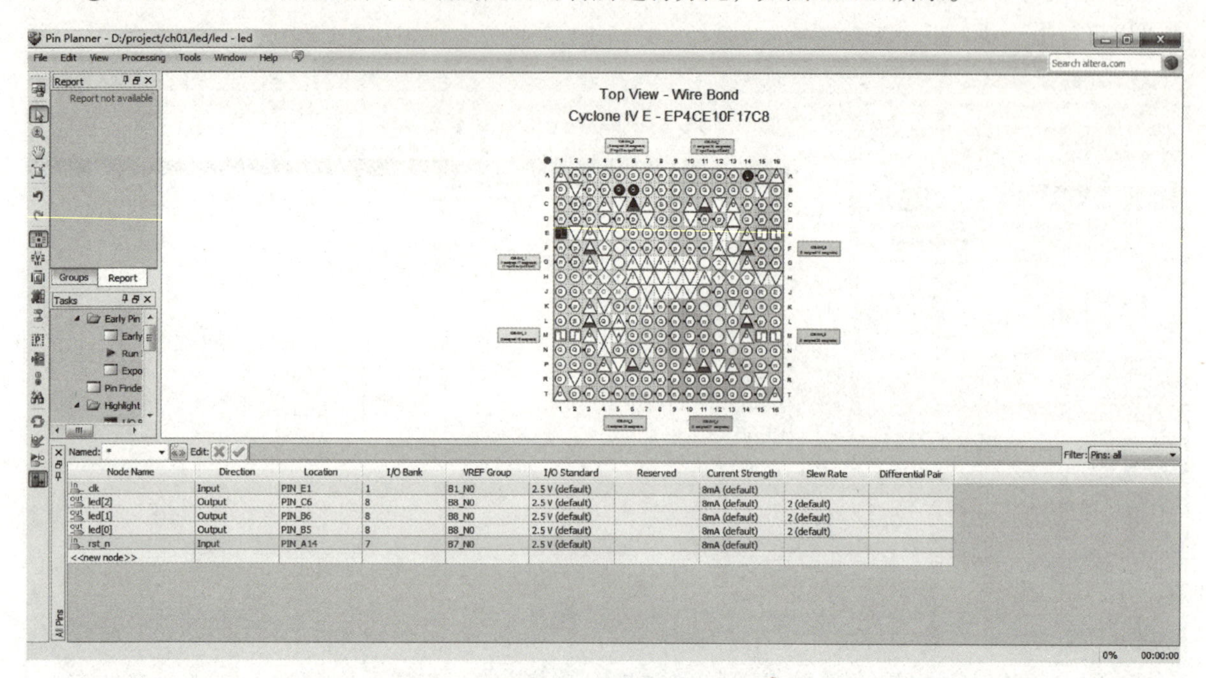

图 A.135　管脚分配

㉑ 在编译工程之前请做如下操作，让工程在编译的情况下生产我们需要上传的 .rbf 文件。单击 Quartus II 的 Assignments 菜单，下拉菜单选择第一项 Device 命令，如图 A.136 所示。

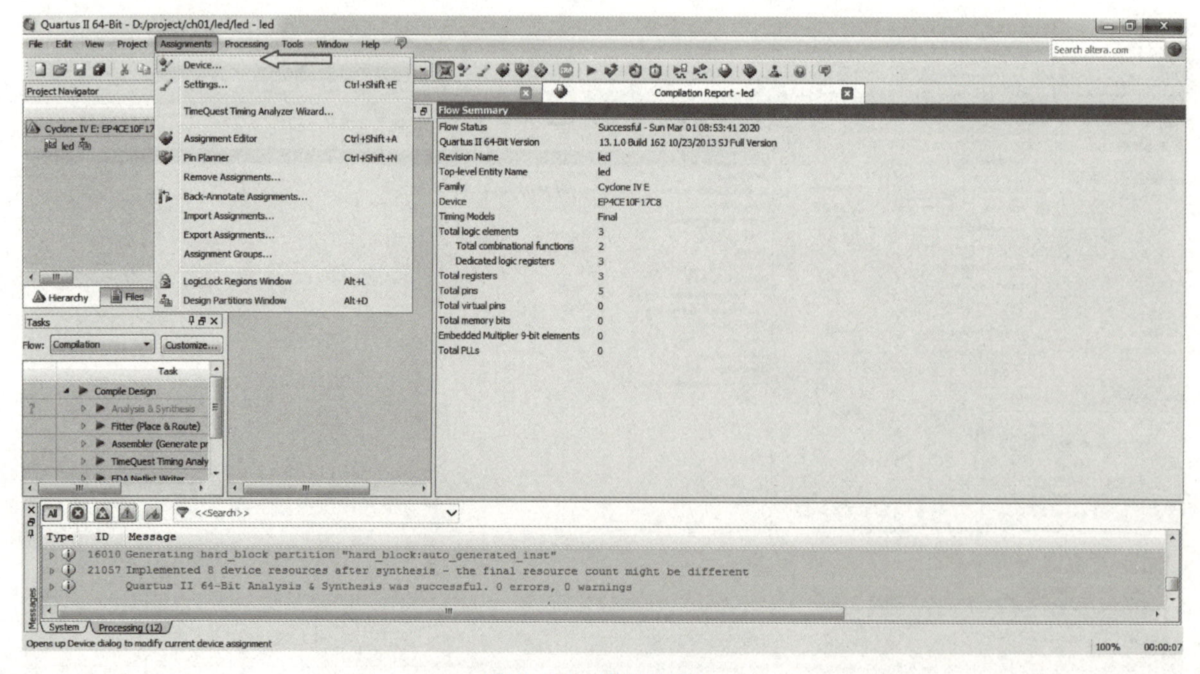

图 A.136　器件设置 1

㉒ 单击 Device and Pin Options... 按钮，如图 A.137 所示。

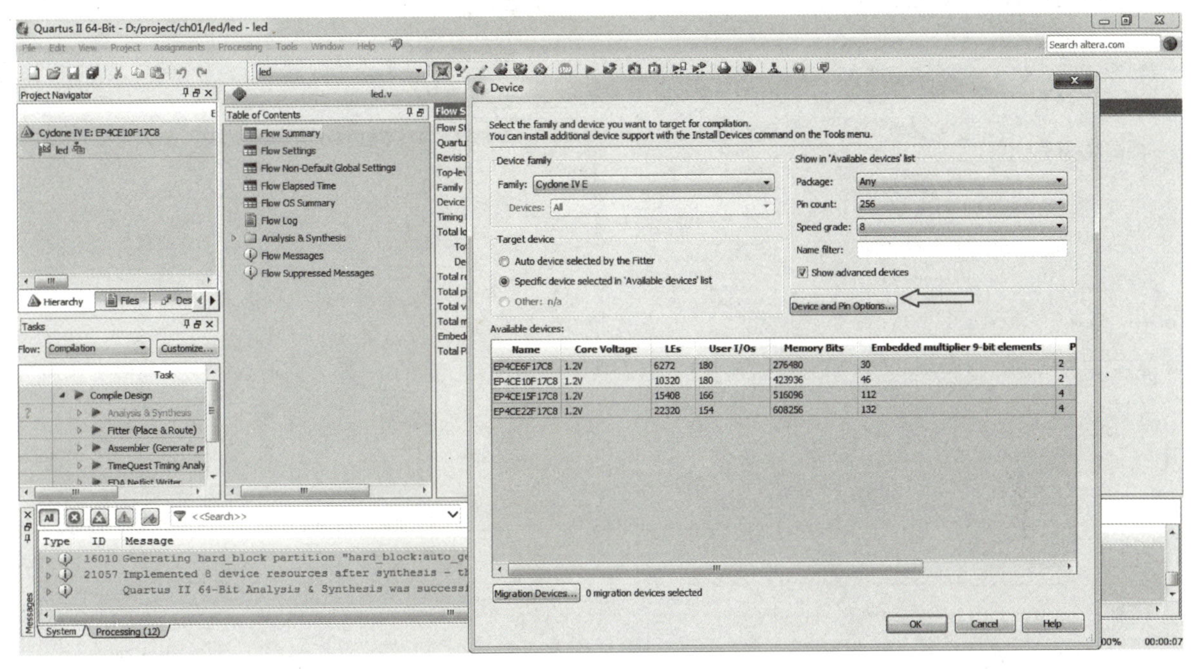

图 A.137　器件设置 2

㉓ 选中左侧的 Programming Files 选项，勾选 Ram Binary File（.rbf）复选框，如图 A.138 所示，最后单击 OK 按钮，完成设置。

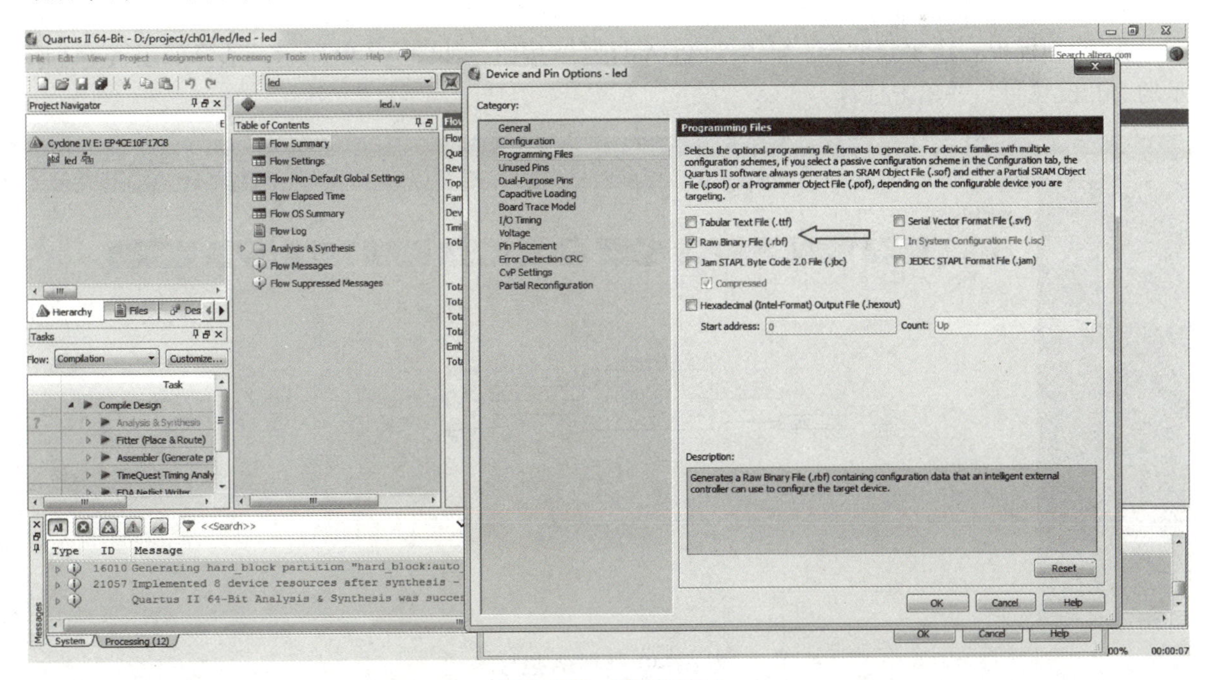

图 A.138　器件设置 3

㉔ 回到软件主界面，如图 A.139 所示，编译整个工程。

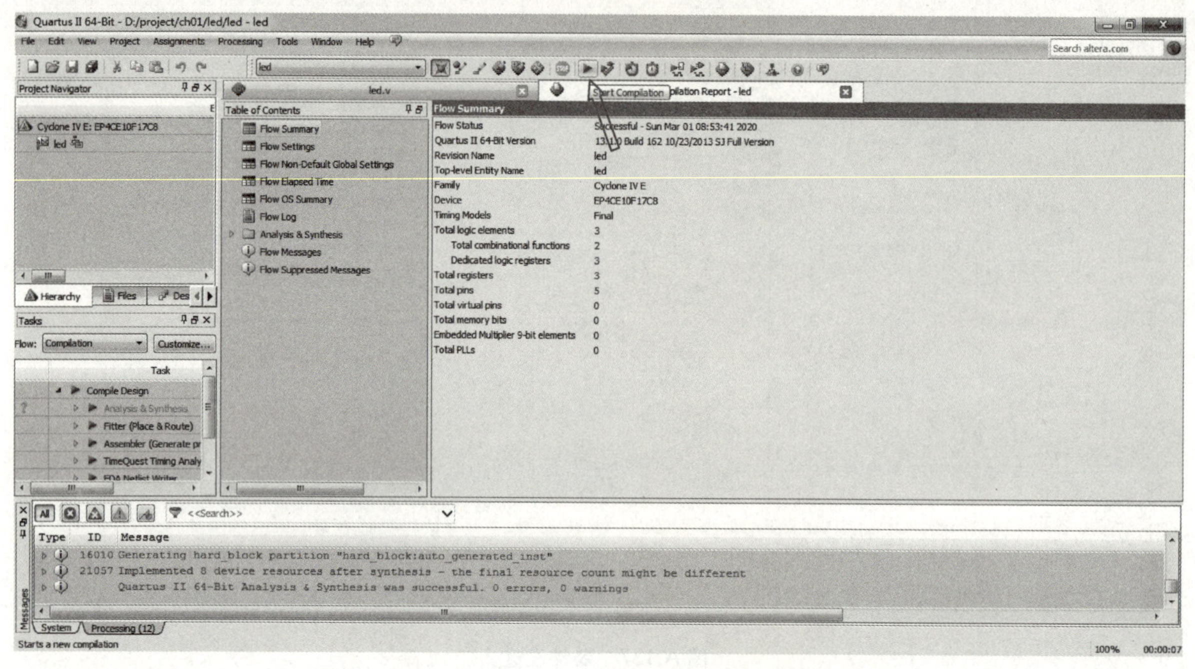

图 A.139　编译工程

㉕ 工程编译通过之后，在工程本地文件中就会生成相应的 .rbf 文件。回到远程云端实验平台，烧写 FPGA 运行实验，即可观察到现象。

㉖ 回到远程云端实验平台，单击“FPGA 烧写”按钮，如图 A.140 所示。选择如图 A.141 所示的 led.rbf 文件，并单击打开。

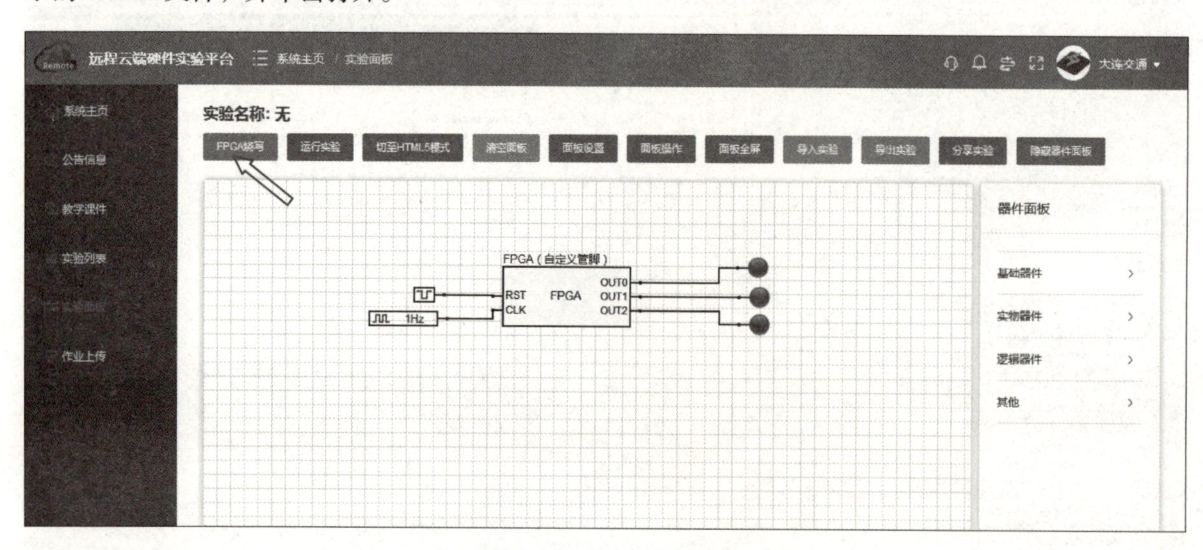

图 A.140　FPGA 烧写

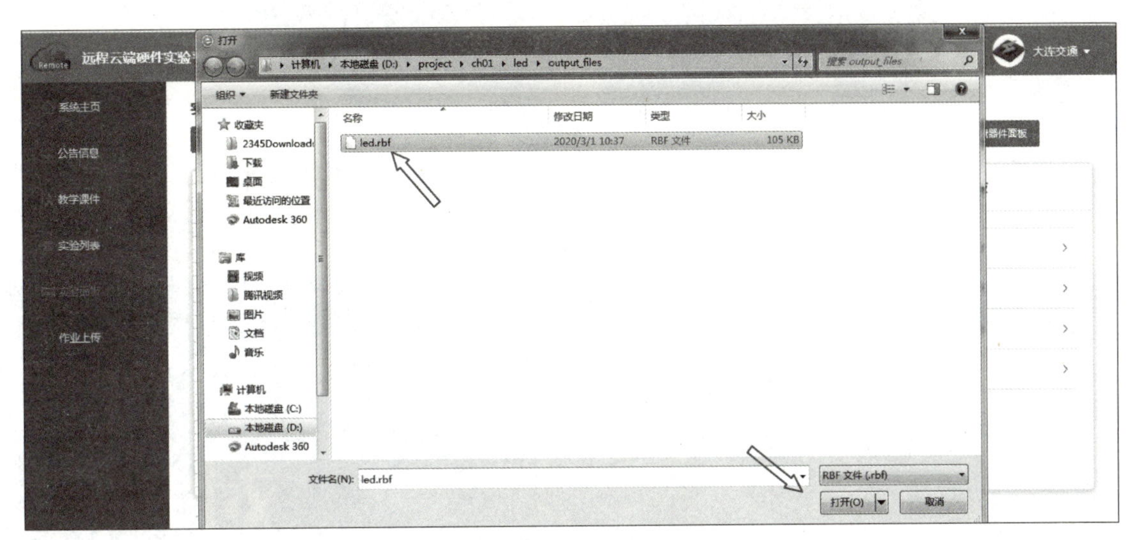

图 A.141　选择 rbf 文件

㉗ 回到远程云端实验平台，单击“运行实验”后，实验现象如图 A.142 所示。三个 LED 灯轮流点亮，实现流水灯效果，至此第一个实验设计并验证完成。

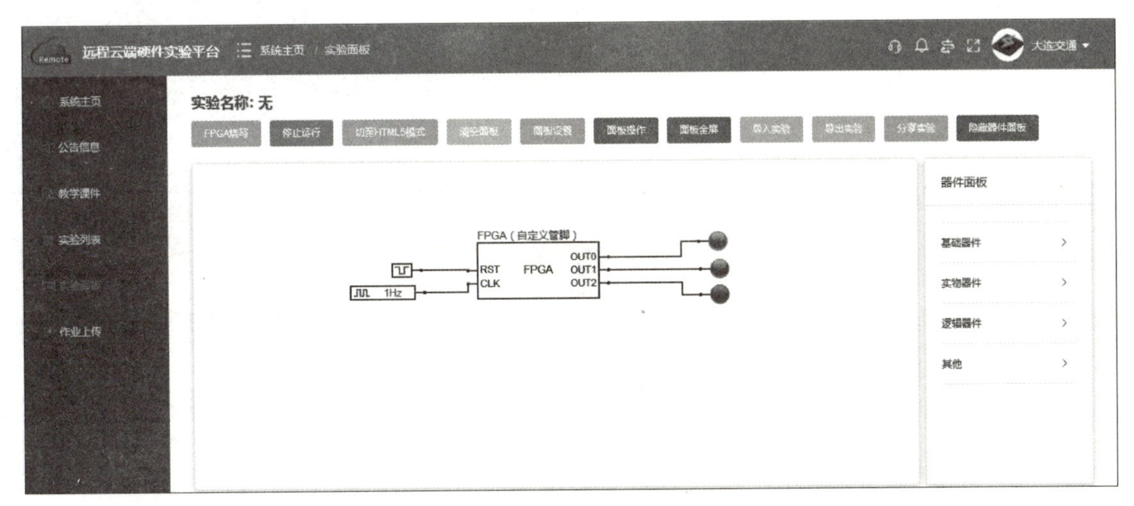

图 A.142　运行实验

附录B

国家标准符号与书中符号对照表

序号	名称	国家标准符号	书中的符号
1	异或门	=1	
2	与门	&	
3	或门	≥1	

参考文献

[1] 赵科，鞠艳杰 . 基于 Verilog HDL 的数字系统设计与实现 [M]. 北京：电子工业出版社，2019.

[2] 潘松，黄继业，陈龙 . EDA 技术与 Verilog HDL[M]. 北京：清华大学出版社，2010.

[3] 何宾 . EDA 原理及 Verilog HDL 实现 [M]. 北京：清华大学出版社，2017.

[4] 贺敬凯 . Xilinx FPGA 应用开发 [M]. 2 版 . 北京：清华大学出版社，2017.

[5] 艾明晶 . EDA 设计实验教程 [M]. 北京：清华大学出版社，2014.

[6] 李国丽，朱维勇，何剑春 . EDA 与数字系统设计 [M]. 2 版 . 北京：机械工业出版社，2013.

[7] 张德学，张小军，郭华 . FPGA 现代数字系统设计及应用 [M]. 北京：清华大学出版社，2015.

[8] 刘睿强，童贞理，尹洪剑 . Verilog HDL 数字系统设计及实践 [M]. 北京：机械工业出版社，2011.

[9] 西勒提 . Verilog HDL 高级数字设计（第二版）[M]. 李广军，林水生，阎波，等译 . 北京：电子工业出版社，2014